Kugler

W0027365

Impulse Physik 1

für die Klassen 7/8
der Gymnasien in Baden-Württemberg

Neubearbeitung von

Kerstin Dekorsy
Ursula Gutjahr
Thilo Höfer
Florian Karsten
Jens Maier
Alexander Mittag
Horst Welker
Michael Wolf

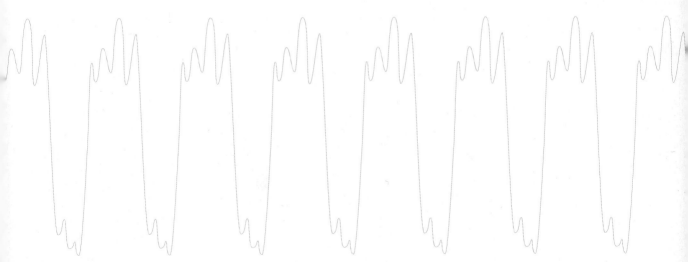

Ernst Klett Verlag
Stuttgart · Leipzig

Dieses Unterrichtswerk

Impulse Physik 1
für die Klassen 7/8
der Gymnasien in Baden-Württemberg

wurde auf der Grundlage der Ausgabe
Impulse Physik Mittelstufe (Klett-Nr. 772444)
sowie weiterer Regionalausgaben
(Impulse Physik Klasse 6 Sachsen,
Klett-Nr. 772431, Impulse Physik Klasse 6
Nordrhein-Westfalen, Klett-Nr. 772411) von

Kerstin Dekorsy, Ursula Gutjahr, Thilo Höfer,
Florian Karsten, Jens Maier, Alexander
Mittag, Horst Welker und Michael Wolf

in Zusammenarbeit und Beratung mit
Gerd Methfessel entwickelt und verfasst.

Die Ausgabe Impulse Physik Mittelstufe
(Klett-Nr. 772444) wurde von
Wilhelm Bredthauer, Klaus Gerd Bruns,
Prof. Dr. Wieland Müller, Gunter Klar, Martin
Schmidt und Peter Wessels entwickelt
sowie in Zusammenarbeit und Beratung mit
Ute Schlobinski-Voigt, Manfred Grote,
Klaus Niemann, Jürgen Reimers,
Prof. Dr. Werner Theis und Peter Wojke
verfasst.

Die weiteren Regionalausgaben wurden von
Georg Heinrichs, Reiner Kohl, Detlef Müller,
Dr. Michael Neffgen, Johannes Opladen,
Uwe Petzschler, Jürgen Reimers,
Dr. Peter Siebert und Dr. Klaus Weber ent-
wickelt und verfasst.

1. Auflage   1 9 8 7 6 5 | 2014 2013 2012 2011 2010

Alle Drucke dieser Auflage sind unverändert und können im Unterricht nebeneinander verwendet werden. Die letzte Zahl bezeichnet das Jahr des Druckes.

Das Werk und seine Teile sind urheberrechtlich geschützt. Jede Nutzung in anderen als den
gesetzlich zugelassenen Fällen bedarf der vorherigen schriftlichen Einwilligung des Verlages.
Hinweis zu § 52 a UrhG: Weder das Werk noch seine Teile dürfen ohne eine solche Einwilligung
eingescannt und in ein Netzwerk eingestellt werden. Dies gilt auch für Intranets von Schulen
und sonstigen Bildungseinrichtungen.

Fotomechanische oder andere Wiedergabeverfahren nur mit Genehmigung des Verlages.

© Ernst Klett Verlag GmbH, Stuttgart 2005. Alle Rechte vorbehalten. www.klett.de

Redaktion: Peter Anselment
Einbandgestaltung: normaldesign GbR, Maria und Jens-Peter Becker, Schwäbisch Gmünd.
Grafiken: Alfred Marzell, Schwäbisch Gmünd.
Entstanden in Zusammenarbeit mit dem Projektteam des Verlages.
Reproduktion: Meyle + Müller, Medien-Management, Pforzheim.
Druck: Druckhaus Götz GmbH, Ludwigsburg.

ISBN-13: 978-3-12-772452-3

Hinweise zur Gliederung des Buches

Dieses Buch soll Schüler und Lehrer durch den Physikunterricht begleiten. Es will den Unterricht mit seinen Experimenten nicht ersetzen, doch bietet es die Möglichkeit, den Lernstoff selbstständig nachzuarbeiten. Ferner enthält es interessante Zusatzinformationen und gibt zahlreiche Anregungen, um selbst zu forschen.

Die Seiten im Buch sind so gestaltet worden, dass ein rascher Überblick über deren Inhalt und den Gedankengang möglich ist. Dabei werden die Informationen nur mit den notwendigen Begriffen angeboten, um unnötige Schwierigkeiten zu vermeiden. Dies kann und soll eine Erarbeitung nach eigenen Bedürfnissen nicht ersetzen.

Gliederungskennzeichen im Buch

Kapitelbeginn
Überschrift mit Kennfarbe des Themenbereiches (siehe Inhaltsverzeichnis); die Überschrift wird auf jeder der folgenden Seiten unten bei der Seitenzahl wiederholt.
Inhalt: Verschiedene Probleme, die auf den folgenden Stoff hinführen.

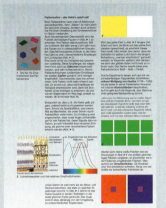

Ergänzungen
Abschnitte oder ganze Seiten auf grauem oder braunem Hintergrund; die Schrift ist kleiner als beim Grundwissen.
Inhalt: Weiterführender Stoff sowie Zusatzinformationen für Kontexte aus Umwelt, Medizin und Naturwissenschaften, Technik und Geschichte.

Versuche
Kennzeichnung: „Fahne" in Kapitelfarbe.
Inhalt: Beschreibung der grundlegenden Versuche, Beobachtungen und Messergebnisse.

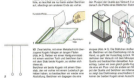

Grundwissen
Kennzeichnung: „Fahne" in Kapitelfarbe.
Inhalt: Problemgeschichte mit Begriffsdefinitionen, Erklärungen und Folgerungen aus Experimenten, Merksätzen und Fragen.

Abschluss mit Rückblick und Aufgaben
Am Ende eines Kapitels befinden sich, mit „Fahnen" gekennzeichnet, zusammenfassend
– Fragen zum Merkwissen als Rückblick auf die wichtigsten Inhalte zum Selbstprüfen,
– Lösungsbeispiele von Musteraufgaben,
– Heimversuche,
– Aufgaben zu verschiedenen Stoffgebieten.

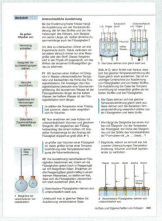

Werkstatt
Kennzeichnung: „Fahne" in Kapitelfarbe.
Inhalt: Beschreibung der grundlegenden Arbeitsmethoden und Vorgehensweisen der Physik sowie Anleitungen zu selbstständigem Arbeiten und Experimentieren.

Vorhaben
Das Buch ordnet den Stoff in sieben Themenbereiche, denen projektartige Fragestellungen vorangestellt werden. Mit ihnen kann der Stoff selbstständig, etwa in Arbeitsgruppen, erarbeitet werden. Die Lehrkraft sollte organisatorische und inhaltliche Hilfestellung bieten. Die Stoffreihenfolge wird dann von den Anforderungen beim Lösen bestimmt.

Inhaltsverzeichnis

Physik – Was ist das eigentlich? 6

Akustik
Vorhaben Akustik:
Töne erzeugen, hören und sehen 7

Akustik 9

Akustik – Lehre vom Schall 10
Schall fühlen und sehen 11
Das Oszilloskop:
    Aufzeichnung von Schwingungen 13
Schall unterwegs 15
Erzwungene Schwingungen 18
Unser Ohr, ein Schallempfänger 20
Werkstatt – Wir nehmen eine Hörkurve auf 21
Lärm schädigt unsere Gesundheit! 23
Rückblick, Heimversuche, Fragen 25

Optik
Vorhaben Optik:
Licht – zu Bildern umgelenkt 27

Ausbreitung des Lichtes 29

Lichtstrahlen 30
Licht und Schatten 32
Finsternisse 35
Werkstatt – Die Lochkamera 37
Rückblick, Heimversuche, Fragen 39

Licht an Grenzflächen 41

Die Reflexion des Lichtes 42
Ebene Spiegel 44
Die Brechung des Lichtes 45
Die Totalreflexion 48
Rückblick, Beispiele, Heimversuche,
    Fragen 51

Farbiges Licht 55

Woher kommen die Farben? 56
Neue Farben entstehen 58
Rückblick, Beispiel, Heimversuche,
    Fragen 62

Optische Geräte 65

Von der Glaskugel zur Sammellinse 66
Abbildungen mit Linsen 70
Unser Auge, ein optisches Instrument 77
Linsen vergrößern 79
Die Lupe 79
Das Mikroskop 80
Das Fernrohr 82
Rückblick, Heimversuche, Beispiele,
    Fragen 83

Aufbau und Eigenschaften von Körpern
Vorhaben Aufbau und Eigenschaften
von Körpern: Schwimmen und Sinken 87

Aufbau und Eigenschaften von Körpern 89

Messen pysikalischer Größen 90
Werkstatt – Längenmessungen 91
Einteilung der Körper 92
Volumina von Körpern 93
Volumenbestimmung 94
Werkstatt – Messen mit Messzylindern 95
Aufbau von Stoffen 96
Werkstatt – Der Modellbegriff 97
Feste Körper dehnen sich aus 98
Werkstatt – Ausdehnung 99
Werkstatt – Das Bimetall 101
Flüssigkeiten und Gase dehnen sich aus 102
Werkstatt – Ausdehnung 103
Werkstatt – Thermostatventil 105
Heiß oder kalt? 106
Werkstatt – Temperaturskalen 107
Werkstatt – Temperaturkurven 108
Bratfett bei verschiedenen
    Temperaturen 110
Die Masse 112
Dichte von Stoffen 113
Rückblick, Beispiele, Heimversuche,
    Fragen 115

Mechanik
Vorhaben Mechanik:
Fahrzeuge anschieben 119

Bewegungen 121

Körper in Bewegung 122
Die Geschwindigkeit 124
Werkstatt – Bewegungsdiagramm 126
Werkstatt – Messfehler 127
Werkstatt –
    Geschwindigkeit näher untersucht 128
Rückblick, Heimversuche, Fragen 130

Impuls und Kraft 131

Werkstatt – Alltag „impulsiv" betrachtet 132
Impuls und Trägheit 133
Impulsänderung und Impulserhaltung 136
Impuls und Kraft 137
Kräfte wirken überall! 138
Kraftmessung 140
Gewichtskräfte 142
Wechselwirkung von Kräften 144
Beschleunigung durch Rückstoß 145
Hebel 146

Schwerpunkt und Gleichgewicht 150
Rückblick, Beispiel, Heimversuche,
　Fragen 152

Energie
Vorhaben Energie:
Der Gummibandmotor 155

Energie 157

Eigenschaften von Energie 158
Energie speichern und übertragen 159
Bestimmung übertragener Energie 160
Nutzbarkeit von Energie 162
Werkstatt – Wasserkraftwerke 163
Werkstatt – Zurück zur Sonne 164
Rückblick, Beispiel, Heimversuche,
　Fragen 166

Druck
Vorhaben Druck:
Springbrunnen 169

Druck 171

Teilchenbewegung 172
Druck in Gasen 173
Druckunterschiede 174
Werkstatt – Der Schweredruck 176
Auftrieb in Flüssigkeiten und Gasen 179
Rückblick, Beispiel, Heimversuche,
　Fragen 182

Elektrizitätslehre
Vorhaben Elektrizitätslehre:
Licht allein ist nicht genug! 185

Magnetismus 187

Magnete und ihre Eigenschaften 188
Das Modell der Elementarmagnete 190
Das magnetische Feld 191
Werkstatt –
　Wir arbeiten mit dem Kompass 193
Rückblick, Heimversuche, Fragen 194

Elektrizität 195

Betrieb elektrischer Geräte 196
Werkstatt – Schaltpläne 198
Modell des elektrischen Stromes 199
Potenziale und Nullpotenzial 201
Werkstatt – Reihen- und
　Parallelschaltung 202
Die Messung der Stromstärke 203
Werkstatt – Gesetzmäßigkeiten 204
Spannung und Stromstärke 205
Werkstatt – Drähte sind Widerstände 207
Werkstatt – Versuchsprotokolle 209
Wirkungen des elektrischen Stromes 210

Unerwünschte elektrische Ströme 212
Die elektrische Ladung 216
Bewegte Ladung 218
Rückblick, Beispiele, Heimveruche,
　Fragen 219

Analogien und Strukturen 225

Modelle 226

Die naturwissenschaftliche Methode 226
Eine Welt – viele Modelle! 227
Teilchen- und Lichtmodelle 228
Wasserwellen – Schallwellen:
　eine Analogie 229
Teilchenmodell und Schall 230

Felder und Ströme 231

Von Feldern und Strömen 231
Strom, Antrieb und Widerstand 233

Physikalische Größen 234

Größen und Symmetrie, Teilchenzahl
　und Richtung 234
Proportionalitäten, Größendichten 235
Murmelspiel und Energie –
　eine Analogie 236

Tabellen 237–243

Stichwort- und
Personenverzeichnis 244 – 247

Der „Analogien &
Strukturen"-Stempel
verweist auf themen-
und fachübergreifen-
de Begriffe und
Denkansätze, auf die
im Kapitel Analogien
& Strukturen geson-
dert eingegangen
wird.

Allgemeiner Gefahrenhinweis
zu den Versuchen im Buch

Sämtliche Versuche dürfen nur
von der Lehrkraft oder unter
ihrer Aufsicht durchgeführt werden. Feh-
lende Gefahrenhinweise bedeuten nicht,
dass der Versuch immer gefahrlos ist.

Physik – Was ist das eigentlich?

Bei einem Gewitter sehen wir manchmal einen Blitz und hören Donner.

Blitzt es immer vor dem Donner?
Wie verläuft ein Blitz?
Welche Zeit vergeht zwischen Blitz und Donner?
Warum ist ein Blitz gefährlich?

Ein Naturphänomen wird beobachtet.

Wenn du mit offenen Augen durch die Welt gehst, kannst du viele interessante Erscheinungen beobachten. Manche sind beeindruckend, manche erschreckend, andere wiederum sonderbar, aber alle regen uns dazu an, Fragen zu stellen. Zu allen Zeiten war der Mensch neugierig und wollte die Vorgänge, die er in der Natur wahrnehmen konnte, verstehen und ihre Ursachen erforschen.

Was ist nun Physik? „Physis" nannten die Griechen in der Antike die „Natur". Die Physik ist also eine Naturwissenschaft. Physikerinnen und Physiker versuchen wie du, Erscheinungen und Formen in der Natur zu beobachten und zu beschreiben. Meist handelt es sich dabei um die unbelebte Natur (im Gegensatz zu den Forschungsobjekten in der Naturwissenschaft Biologie). Dies alleine genügt Wissenschaftlerinnen und Wissenschaftlern aber nicht. Forscher versuchen dabei immer, Erklärungen für die beobachteten Vorgänge zu finden. Im besten Fall stoßen sie dabei auf Gesetzmäßigkeiten. Diese Gesetzmäßigkeiten versuchen sie auch mithilfe der Mathematik zu formulieren, denn dies schließt zum einen Missverständnisse aus, zum anderen lassen sich dann auch zukünftige Erscheinungen im Voraus berechnen.

Untersuchung des Phänomens im Experiment unter Laborbedingungen

Zündkerze als technische Anwendung

Beispielsweise gelang es, aus genauen Beobachtungen der Sonnen- und Mondbewegung die Prinzipien zu ermitteln, nach denen sich Erde, Mond und Sonne im Weltall bewegen. Mit diesen Prinzipien ist es möglich, z. B. die Zeitpunkte von Sonnen- und Mondfinsternissen genau vorherzusagen. Physikalische Phänomene und ihre Ursachen in der Natur genau zu erforschen, ist recht schwierig. Denn oft gibt es Randerscheinungen und Störungen, die die Physiker bei ihrer Untersuchung nicht interessieren oder sie erschweren. Deshalb werden in Experimenten die Gegebenheiten der Umwelt sorgfältig im Labor nachgestellt, und zwar möglichst ohne die störenden Randerscheinungen. Meist fällt es so leichter, in der kontrollierten Untersuchung die Erklärungen zu finden. Zudem ergeben sich auch vielfältige Möglichkeiten, diese Arbeitsweise für die Entwicklung technischer Geräte zu nutzen. Beispiele für dieses Vorgehen der Wissenschaftler zeigen die Abbildungen. Je nach Untersuchungsgegenstand unterscheidet man in der Physik verschiedene Teilgebiete. In diesem Buch wirst du einzelne Phänomene aus den Bereichen **Akustik** (Warum kann man eine Hundepfeife nicht hören?), **Optik** (Was passiert bei einer Sonnenfinsternis?), **Mechanik** (Ist man auf dem Mond leichter? Wieso schwimmt ein Schiff aus Stahl? Wie funktioniert ein Wasserkraftwerk? Warum fliegt ein Zeppelin?) und **Elektrizitätslehre** (Wie funktioniert eine Sicherung? Was ist ein Elektromagnet?) kennen lernen. Viele Zusammenhänge und Gesetzmäßigkeiten kannst du dabei selbst entdecken. Unzählige Phänomene der Natur warten aber noch auf eine wissenschaftliche Klärung. Vielleicht einmal durch dich?

Töne erzeugen, hören, sehen

Um Töne zu erzeugen, müssen Gegenstände in schnelle Schwingungen versetzt werden. Das geschieht zum Beispiel durch Anblasen, Zupfen oder Anschlagen.

Musikinstrumente sind so gebaut, dass die Töne der schwingenden Teile gut hörbar werden.

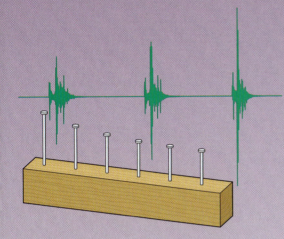

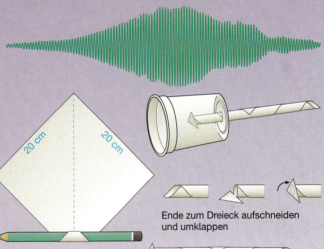

Versuche verschiedene Tonerzeuger zu bauen, die nicht nur laut sind, sondern auch angenehm klingen.

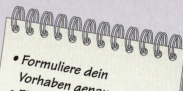

Hilfen:

Zur Konstruktion eines „Nagelholzes" brauchst du nur ein paar lange, nicht zu starke Nägel und ein etwa 1 m langes Kantholz.
Für die „Zungentrompete" genügt kräftiges Papier, das man schneiden, kleben und falzen kann. Ein Joghurtbecher verstärkt das Flattergeräusch, das beim Ansaugen von Luft entsteht.
Wie kannst du verschiedene Töne erzeugen?

Was wird erwartet?

Baue einfache Instrumente und untersuche, welches Bauteil die Ursache für die Entstehung von Tönen ist und wovon Tonhöhe und Lautstärke abhängen.
Vergleiche dein Instrument mit anderen in deiner Klasse gebauten. Am Ende sollte gemeinsam ein Musikstück gespielt werden.

- Formuliere dein Vorhaben genau.
- Plane deine Experimente und führe sie sorgfältig durch.
- Protokolliere zuverlässig.
- Entwickle eine Präsentation und trage sie vor.
- Die „Werkstätten" im Buch geben dazu Hilfe!

Vorhaben Akustik 7

Töne erzeugen, hören, sehen

Wichtige Kenntnisse zur Lösung

Was ist Schall und wie nehmen wir ihn wahr?
Manche Töne klingen angenehm, manche nicht. Was unterscheidet sie physikalisch?
Was ist eine Tonleiter?
Wann klingen mehrere Töne gleichzeitig harmonisch?

Informiere dich über folgende Themen anhand des Lehrbuches:
– Frequenz und Amplitude einer Schwingung;
– Schallentstehung, -ausbreitung;
– erzwungene Schwingung und Resonanz;
– Hören.

Was ändert sich, wenn der Winkel der beiden Holzleisten größer wird?

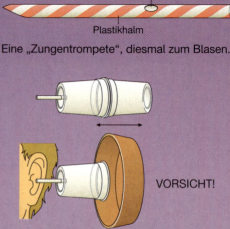

Eine „Zungentrompete", diesmal zum Blasen.

VORSICHT!

Wie kann man sich das Geräusch erklären, das beim Lauschen zu hören ist? Wie lässt sich seine Höhe ändern?

Wichtige Untersuchungen

– Untersuche verschiedene Instrumente, bei denen gespannte Drähte, Gummibänder oder Schnüre Schall erzeugen. Was bestimmt ihre Tonhöhe und Lautstärke?
– Lege die Instrumente beim Erklingen einmal auf eine weiche, einmal auf eine harte Unterlage, bzw. halte sie einmal fest und einmal locker in der Hand. Was ändert sich?
– Nimm die Töne mit dem Mikrofon auf und mache sie auf dem Oszilloskop bzw. mit Hilfe eines geeigneten Programms auf dem Bildschirm eines Computers sichtbar. Was kannst du aus den Bildern ableiten?
– Untersuche den Wahrnehmungsbereich des menschlichen Gehörs. Welche Eigenschaften des Ohres entscheiden darüber?
– Miss die Lautstärke mit einem Schallpegelmesser und vergleiche die Messwerte für verschiedene Orte und Zeitpunkte.

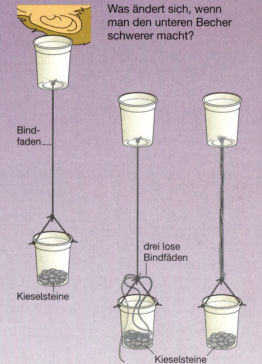

Was ändert sich, wenn man den unteren Becher schwerer macht?

Bindfaden

Kieselsteine

drei lose Bindfäden

Kieselsteine

Was ändert sich, wenn man die Aufhängung durch weitere Bindfäden verstärkt?

Zum weiteren Nachdenken:
– Wie erzeugt die menschliche Stimme ihre Töne?
– Wie geschieht die technische Schallaufzeichnung und -wiedergabe?
– Was versteht man unter einem Raumklang und wie entsteht er?
– Lärm macht krank; was ist Lärm, wie wirkt er und wie kann man sich davor schützen?

Ergebnisbetrachtungen

Vergleiche verschiedene Instrumente in deiner Klasse unter folgenden Gesichtspunkten:
1. Welches Instrument klingt am schönsten?
2. Welches Instrument kann die meisten Töne erzeugen?
3. Kann jedes Instrument laut und leise spielen?
4. Nenne Beispiele von käuflichen Musikinstrumenten und unterscheide sie nach der Art der Tonerzeugung. Ordne die selbst gebauten Instrumente ein.

Akustik

Schall als Lärm

Ohrenärzte stellen schon bei jungen Menschen immer häufiger Schädigungen des Gehörs fest. Ursachen für diese Gehörschäden sind hohe Lautstärken, die auf das menschliche Ohr einwirken. Man muss sich also vor bestimmtem Schall schützen. Kann man sich vor Schall schützen?

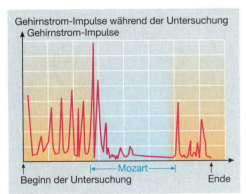

Wilhelm Busch

„Musik wird oft nicht schön gefunden, weil stets sie mit Geräusch verbunden."

Musik kann sehr beruhigend wirken

Klassische Musik soll im Kuhstall die Milchproduktion steigern.
In Kaufhäusern rieselt ständig leise Musik auf die Kunden, denn der Verkauf soll durch die beruhigende Atmosphäre gesteigert werden. Seit über hundert Jahren lassen sich Gehirnströme nachweisen. Sie zeigen, dass klassische Musik einen starken Einfluss auf unsere Gehirntätigkeit hat. Amerikanische Wissenschaftler haben sogar entdeckt, dass Musik von Mozart Epileptiker beruhigt.

Die Glasorgel

Es gibt Straßenmusikanten, die mit Wein- oder Wassergläsern Töne erzeugen können. Das kannst auch du.
Fülle Gläser teilweise mit Wasser und streiche mit dem feuchten Finger über den Rand oder schlage sie mit einem Holzstab an. Wiederhole dieses mit unterschiedlich hohen Wasserständen. Stelle dir so aus mehreren Gläsern ein Musikinstrument her.

Akustik 9

Akustik – Lehre vom Schall

Schall umgibt uns ständig.
Höre eine Minute bewusst auf alles, was du mit den Ohren wahrnimmst. Du wirst feststellen, dass pausenlos irgendwelche Geräusche und Klänge auf dich einströmen. Ein Vogel zwitschert, die Uhr tickt, ein Auto hupt, Wasser rauscht, eine Katze schnurrt, eine Tür quietscht, usw.
Den ganzen Tag brummt, summt, klappert, knallt, pfeift und klingt es um uns herum. Jeder nimmt diese Eindrücke anders wahr. Manche Geräusche empfinden wir als angenehm, andere wiederum als störend und unangenehm.
Finde Beispiele bei deinem „Hörversuch", bei denen ein Hörereignis gleichzeitig als störend und angenehm empfunden werden könnte!

Grundwissen

Von der Quelle zum Empfänger

Musikinstrumente, Lautsprecher, Maschinen können **Schall** erzeugen. Beim Sprechen entsteht Schall. Grillen erzeugen ein für sie typisches Zirpen. Wir nehmen alle diese Eindrücke mit unseren Ohren wahr.

| Alles, was man hören kann, ist Schall.

Gegenstände, die Schall erzeugen oder mit denen sich Schall erzeugen lässt, sind **Schallquellen**. Körper, die Schall aufnehmen, nennt man **Schallempfänger** (Abb. ➤ 1). Nicht nur mit unseren Ohren nehmen wir Schall auf, mit Hilfe technischer Geräte wie z. B. Mikrofonen lässt sich Schall empfangen und dann weiterverarbeiten.

1 Nenne verschiedene Schallquellen und beschreibe, wie sie sich anhören!

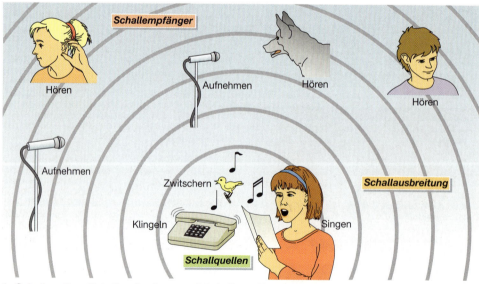

1 Schallquellen, Schallausbreitung und Schallempfänger

10 Akustik

Schall fühlen und sehen

Versuche

V1 Spanne eine lange Stricknadel oder eine Fahrradspeiche in einen Schraubstock und lasse das obere Ende der Nadel frei schwingen (Abb. ➤ 1). Wiederhole dies mit unterschiedlich tief eingespannter Nadel. Du hörst jedes Mal einen Ton, allerdings ist die Tonhöhe verschieden.

V2 Schlage eine Stimmgabel an, die eine Schreibspitze an einem Zinken hat, und ziehe die Spitze über eine berußte Glasscheibe. Ihre Spur ist eine Wellenlinie (Abb. ➤ 2).

V3 Befestige eine aus Alufolie oder Papier geformte kleine Kugel an einem dünnen Faden. Halte sie wie in Abb. ➤ 3 so, dass sie den Rand eines leeren Glases oder einer Stimmgabel gerade berührt. Schlägst du leicht gegen den Rand des Glases bzw. der Stimmgabel, tanzt die Kugel hin und her.

V4 Schlägst du eine Stimmgabel an und tauchst sie dann sofort wie in Abb. ➤ 4 ins Wasser, so spritzt das Wasser beim Eintauchen der Stimmgabel auf.

V5 Lege Reiskörner auf die Membran eines tönenden Lautsprechers. Die Reiskörner beginnen zu tanzen.

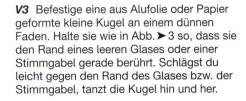
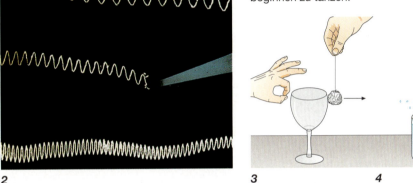

1   *2*   *3*   *4*

Grundwissen

Schallentstehung

Legt man beim Sprechen die Hand an den Kehlkopf, so kann man die Worte nicht nur hören, sondern auch ein Vibrieren in der Kehle fühlen.
Berührt man mit den Lippen eine angeschlagene Stimmgabel, so spürt man, dass die Zinken hin und her schwingen. Die Bewegung der Membran eines tönenden Lautsprechers kann man ebenfalls fühlen.
Offensichtlich ist die Entstehung von Schall mit der Hin- und Herbewegung eines Körpers verbunden. Diese Hin- und Herbewegungen nennt man **Schwingungen.**

> Die Erzeugung von Schall ist mit Schwingungen von Schallquellen verbunden.

Diese Schwingungen von Schallquellen verlaufen in der Regel so schnell, dass sie mit bloßem Auge kaum zu sehen sind. Um sie sichtbar zu machen, braucht man Hilfsmittel wie z. B. Wasser, Aluminiumkügelchen oder Reiskörner (s. V3, 4, 5). Bei Mücken, Fliegen oder Bienen entstehen die für sie so charakteristischen Geräusche wie Summen und Brummen durch die schnellen Hin- und Herbewegungen ihrer Flügel im Flug.
Was aber bewegt sich bei einer Blockflöte? In die Öffnung geblasener Rauch zeigt, dass es die Luft ist, die schwingt.

5 Der Maikäfer brummt.

Akustik 11

Grundwissen

1

Es ist:

$1\,\text{Hz} = 1\,\frac{1}{\text{s}}$

$1\,\text{kHz} = 1000\,\text{Hz}$
$1\,\text{MHz} = 1000\,\text{kHz}$

Schwingungen sichtbar gemacht

Um Schwingungen besser zu untersuchen, wäre es gut, wenn man sie „festhalten" könnte. Dies lässt sich erreichen, indem man an einem Zinken einer Stimmgabel eine Schreibspitze befestigt und die schwingende Zinke gleichmäßig über eine Rußplatte zieht (vgl. V2). Man erhält wie in Abb. ▶1 eine gleichmäßige geschlängelte Linie, deren seitliche Ausschläge im Lauf der Zeit hin kleiner werden.

Ein ähnliches Bild erhält man, wenn man einen Sand gefüllten Sack (Abb. ▶2) an einer Schnur aufhängt und durch ein Loch im Sandsack beständig Sand rieseln lässt. Wird der Sandsack durch eine Auslenkung in Schwingung versetzt und senkrecht zur Bewegungsrichtung ein Papierstreifen vorbeigezogen, so entsteht wieder eine gleichmäßige Schlangenlinie. Diese Linie wird als **Schwingungskurve** bezeichnet. Sie zeigt die sich ständig verändernde Lage des schwingenden Sandsacks an.

> Die Schwingungskurve gibt die Lage des schwingenden Körpers in Abhängigkeit von der Zeit wieder.

Die Lage des nicht schwingenden, ruhenden Körpers heißt **Ruhelage**.
Ein schwingender Körper bewegt sich abwechselnd von der Ruhelage aus in die eine und anschließend in die andere Richtung. Die maximale Auslenkung von der Ruhelage bis zum jeweiligen Umkehrpunkt heißt **Amplitude** (Abb. ▶3).
Diese Hin- und Herbewegung wiederholt sich ständig in gleichen Zeitabständen.

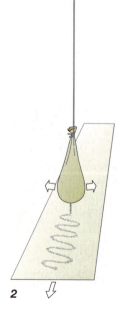

2

3 Kennzeichnende Größen einer Schwingung

Eine vollständige Hin- und Herbewegung des schwingenden Körpers wird als **Periode** bezeichnet. Die Zeit, die ein schwingender Körper für genau eine Periode benötigt, ist die **Periodendauer**. Sie hat das Formelzeichen T. Die **Frequenz** gibt die Anzahl der Perioden an, die ein schwingender Körper in einer Sekunde durchläuft. Sie hat das Formelzeichen f. Die Einheit der Frequenz wird zu Ehren von **Heinrich Hertz** (1855 – 1894) mit 1 Hz (Hertz) bezeichnet. 1000 Hz bezeichnet man auch als 1 Kilohertz (1 kHz).

> Eine Schwingung ist durch ihre Amplitude und ihre Frequenz gekennzeichnet. Die Einheit der Frequenz ist 1 Hz.

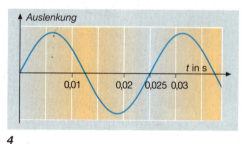

4

Abb. ▶4 zeigt die mit einem so genannten Oszilloskop aufgezeichnete Schwingungskurve eines schwingenden Lautsprechers. Die Schwingungskurve entspricht der Bewegung der Membran im Lautsprecher. Wir entnehmen daraus als Dauer einer Periode 0,025 s. In 1 Sekunde würde die Membran daher 1 s/0,025 s = 40 Perioden durchlaufen. Das ist eine Frequenz von 40 Hz. Für den Zusammenhang zwischen Frequenz und Periodendauer gilt:

$$f = \frac{1}{T} \quad \text{bzw.} \quad T = \frac{1}{f}$$

Abb. ▶1 zeigt, dass die Amplitude der Schwingung mit der Zeit abnimmt. Die Abnahme der Amplitude heißt **Dämpfung**. Die Auslenkung der schwingenden Stimmgabel wird durch Reibung laufend verringert. Die Frequenz bleibt dabei annähernd gleich. Allgemein gilt:

> Die Frequenz ist nahezu unabhängig von der Amplitude.

1 Wie lange dauert eine Periode einer Schwingung mit 50 Hz?

12 Akustik

Das Oszilloskop: Aufzeichnung von Schwingungen

Versuche

V1 Spanne eine Membran über einen runden Rahmen. Bestreue die Membran mit Sand und stelle einen Lautsprecher, der mit einem Tongenerator verbunden ist, darunter. Sobald der Lautsprecher ertönt, tanzt der Sand auf bestimmten Stellen der Membran (Abb. ➤ 1).

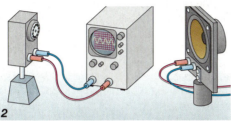

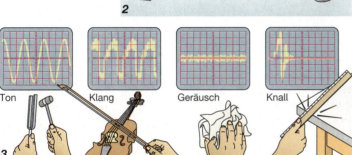

Ton   Klang   Geräusch   Knall

3

V2 Wir verbinden ein Mikrofon mit einem Oszilloskop (Abb. ➤ 2). Mit einer Stimmgabel, einer Geige, einem Papier und einem Lineal erzeugen wir einen Ton, einen Klang, ein Geräusch und einen Knall. Abb. ➤ 3 zeigt die dabei auftretenden Schwingungsbilder auf dem Oszilloskop.

Grundwissen

Lautstärke und Amplitude, Tonhöhe und Frequenz

Eine Membran lässt sich durch Schall zum Schwingen anregen. Auch in Schallempfängern regt der ankommende Schall einen Körper zu Schwingungen an. Im Ohr ist es das Trommelfell, das durch Schall zum Schwingen angeregt wird. Im Mikrofon ist es häufig eine Membran, über die der ankommende Schall in elektrische Schwingungen umgewandelt wird. Mit Hilfe eines **Oszilloskops** lassen sich diese elektrischen Schwingungen sichtbar machen und auswerten (Abb. ➤ 2).

Die Schwingungskurven zeigen, dass die Periodendauer bei tiefen Tönen größer ist als bei hohen Tönen (Abb. ➤ 4). Entsprechend haben tiefe Töne eine kleine Frequenz und hohe Töne eine große Frequenz.
Bei leisen Tönen beobachten wir auf dem Oszilloskop Schwingungen mit kleinen Amplituden. Bei lauten Tönen sind die Amplituden der Schwingungen groß. Das lässt sich auch bei einem schwingenden Lineal beobachten (Abb. ➤ 5). Je länger das frei schwingende Ende des Lineals ist, desto langsamer schwingt es. Es erklingt ein tiefer bzw. gar nicht mehr hörbarer Ton. Dagegen ergibt sich ein höherer Ton, wenn ein kürzeres Stück des Lineals schwingt. Die Hin- und Herbewegung erfolgt so schnell, dass sie mit bloßem Auge kaum zu sehen ist. Weit ausgelenkt erklingt das Lineal viel lauter als bei geringer Auslenkung.

> Die Tonhöhe steigt mit der Frequenz. Werden die Töne lauter, so nehmen die Amplituden der Schwingungen zu.

Merke: Schallquellen erzeugen Schall. Schallempfänger reagieren auf Schall.

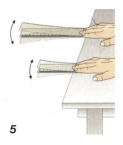

5

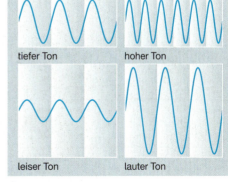

tiefer Ton   hoher Ton

leiser Ton   lauter Ton

4

Akustik 13

Grundwissen

Schall ganz unterschiedlich

Je nach Schwingungsbild lässt sich Schall in Ton, Geräusch, Knall und Klang einteilen.

Bei gleichmäßigen Schwingungen spricht man von reinen **Tönen**, wie sie z. B. von Stimmgabeln erzeugt werden. Durch viele verschiedene Schwingungen mit unterschiedlichen Periodendauern und Amplituden entsteht ein **Geräusch**. Bei einem **Knall** schwingt die Schallquelle dabei nur kurz, aber heftig. Instrumente erkennt man an ihrer Klangfarbe. So unterscheidet sich der gleiche Ton a – von verschiedenen Instrumenten erzeugt – in seinem Schwingungsbild. Ein **Klang** erscheint auf dem Oszilloskopschirm als von höheren Tönen überlagerter Grundton. Gerade in dieser Vielfalt von Klängen liegt der Reiz der Musik.

Die Stimmen von Menschen weisen ebenfalls große Unterschiede im Schwingungsbild auf. Anhand dieser Abweichungen lassen sich Stimmen eindeutig wiedererkennen, was z. B. der Kriminalpolizei bei der Identifizierung von Telefonerpressern hilft.

> Bei einem Ton schwingt die Schallquelle gleichmäßig. Bei einem Geräusch schwingt die Schallquelle unregelmäßig. Bei einem Knall schwingt sie kurz, aber heftig.

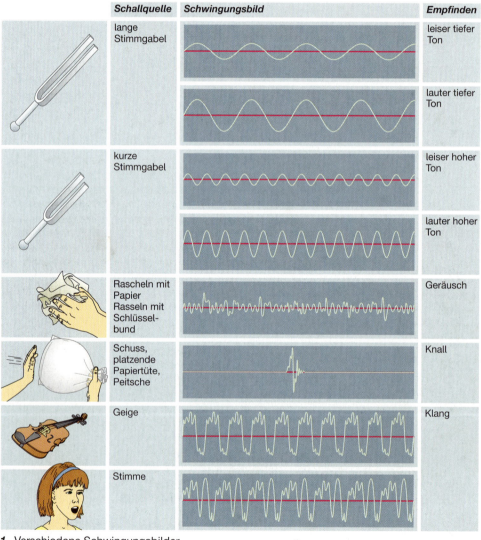

1 Verschiedene Schwingungsbilder

14 Akustik

Schall unterwegs

Versuche

V1 Vor ein Tamburin stellen wir in einigen Zentimetern Entfernung eine brennende Kerze (Abb. ➤ 1). Schlagen wir das Tamburin an, so flackert die Kerze.

V2 Entfernen wir eine tickende Uhr etwa 1 m von unserem Ohr, so hören wir sie nicht mehr. Halten wir eine Stativstange direkt zwischen Ohr und Armbanduhr, so hören wir das Ticken wieder deutlich.

V3 Ein Wecker (Abb. ➤ 2) ist nicht zu überhören. Sein Ton wird leiser, wenn wir ihn auf weiches Schaumgummi legen und eine Glasglocke darüber stülpen. Pumpen wir die Luft aus der Glasglocke ab, so wird der Ton immer leiser, bis wir ihn zuletzt gar nicht mehr hören. Am Vibrieren sehen wir, dass er sogar unhörbar klingelt.

V4 Ein Schüler stellt sich weit entfernt von der Klasse auf den Schulhof. Versucht er, den anderen etwas zuzurufen, so ist er nur schlecht zu hören. Hält er seine Hände wie einen Trichter vor den Mund, so hört man ihn wesentlich besser.

V5 Mehrere Schülerinnen und Schüler stellen sich mit Stoppuhren verschieden weit von einem Mitschüler mit einer Starterklappe auf einem Weg auf. Im Augenblick des Zusammenschlagens der Klappen starten sie ihre Stoppuhren. Beim Hören des Knalls stoppen sie die Uhren.

Bei einer Entfernung von zum Beispiel 480 m messen sie als Mittelwert 1,5 s; bei 600 m ergibt sich als Mittelwert 1,8 s.

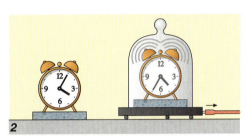

Grundwissen

siehe S. 227 u. 230!

Viele Eigenschaften der Schallausbreitung lassen sich auch mit Wasserwellen veranschaulichen!

Ein Modell zur Ausbreitung des Schalls

Stimmbänder, Saiten, Lautsprecher sind Schallquellen, die schnelle Schwingungen ausführen. In der Physik bedienen wir uns eines **Modells** (Abb. ➤ 3), um zu veranschaulichen, wie solche Schwingungen von der Quelle zum Empfänger übertragen werden:
Bei der Schraubenfeder besitzen zunächst alle Windungen den gleichen Abstand. Werden an einem Ende einige Windungen zusammengeschoben, so wandert diese Verdichtung der Windungen durch die gesamte Feder.

Ziehen wir die Feder an einem Ende auseinander, wandert eine Verdünnung durch die Feder. Bei einer Verdünnung sind also die Abstände der Windungen größer als im Ruhezustand, bei Verdichtungen kleiner als im Ruhezustand. Bewegen wir ein Ende der Feder periodisch hin und her, so laufen abwechselnd Verdichtungen und Verdünnungen der aneinander gekoppelten Windungen wie eine Welle durch die Feder. Luft stellen wir uns als eine Menge von Teilchen vor. Ähnlich wie bei einer Schraubenfeder werden die an eine schwingende Membran angrenzenden Luftteilchen zur Seite gestoßen. Diese geben – mit geringer Verzögerung – den Stoß an die angrenzenden Teilchen weiter. Bewegt sich die Membran wieder zurück, so füllt die angrenzende Luft den frei werdenden Raum wieder. Die so erzeugten Luftverdichtungen und Luftverdünnungen wandern nun von der Schallquelle weg und breiten sich als „**Schallwelle**" in alle Richtungen aus.

> Die Ausbreitung einer Folge von Luftverdichtungen und Luftverdünnungen wird als Schallwelle bezeichnet.

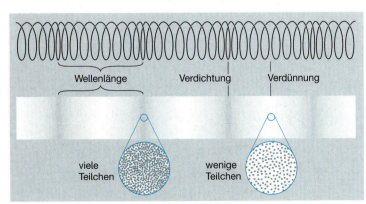

3 Schraubenfeder als Modell für die Schallausbreitung in Luft

Akustik 15

Grundwissen

Gummi	150
Luft	340
Kork	540
Alkohol	1180
Wasserstoff	1330
Wasser	1480
Silber	2640
Eis	3300
Buchenholz	3400
Glas	5100
Eisen	5170

1 Schallgeschwindigkeit in m/s bei 20 °C

2

Schallträger

Nach dem Modell mit der Schraubenfeder lösen die Schwingungen einer Schallquelle in der sie umgebenden Luft eine Folge von Luftverdichtungen und Luftverdünnungen aus.

Nicht nur in Luft, sondern auch in flüssigen und festen Stoffen breiten sich Schallwellen auf diese Weise aus. Ohne einen Stoff als **Schallträger** gibt es keine Verdichtungen und Verdünnungen, Schall kann sich also im leeren Raum nicht ausbreiten.

Bei der Ausbreitung wird die Schallschwingung vom Schallträger gedämpft. Harte Stoffe dämpfen weniger als weiche. Stoffe, in denen sich der Schall schnell ausbreitet, bezeichnet man auch als gute Schallträger.

| Schall braucht einen Träger, um von der Schallquelle zum Schallempfänger zu gelangen.

Schall braucht Zeit

Aus Erfahrung weiß jeder, dass ein Gewitterblitz immer vor dem Donner bemerkt wird. Die Ausbreitung der Verdichtungen und Verdünnungen im Schallträger braucht Zeit.
Die **Schallgeschwindigkeit** ist von der Stoffart und der Temperatur des Schallträgers abhängig.

In Luft legt der Schall in einer Sekunde etwa 340 Meter zurück. In Flüssigkeiten und festen Stoffen breitet er sich meistens wesentlich schneller aus (Abb. ➤ 1).

| Die Schallgeschwindigkeit in Luft beträgt ca. 340 m/s (Meter pro Sekunde).

Abb. ➤ 3 zeigt einen Versuchsaufbau zur Messung der Schallgeschwindigkeit in Luft. Eine Stoppuhr misst die Zeit zwischen dem Empfang des Signals am ersten Mikrofon und dem Empfang am zweiten Mikrofon.
Wenn diese Messung für verschiedene Strecken durchgeführt wird, so erhalten wir für den Quotienten aus Strecke und Zeit immer denselben Wert. Schall breitet sich im selben Stoff also immer gleich schnell aus.

Schall wird reflektiert

Treffen Schallwellen auf harte Gegenstände wie z. B. Bergwände oder Glasscheiben, so können sie von diesen zurückgeworfen, **reflektiert** werden. Dabei ändert sich die Ausbreitungsrichtung des Schalls, der Schall wird umgelenkt. Diese Eigenschaft kann man bei folgendem Experiment beobachten:

Stellt man einen laut tickenden, auf Watte gebetteten Wecker in ein oben offenes Gefäß (Abb. ➤ 2), so hört man das Ticken des Weckers nur noch direkt über der Öffnung des Gefäßes deutlich. Hält man allerdings über die Öffnung des Gefäßes einen Spiegel, so dass eine Person von einem beliebigen Platz aus die Uhr im Spiegel sehen kann, wird sie das Ticken wieder hören können, wenn sie ihr Ohr in Richtung Spiegel dreht.

Der Schall wird zunächst an den Wänden des Gefäßes reflektiert und kann sich hauptsächlich nach oben ausbreiten. Anschließend wird er an der glatten Oberfläche des Spiegels reflektiert und somit umgelenkt. Statt des Spiegels können auch andere feste Materialien mit glatter Oberfläche benutzt werden.

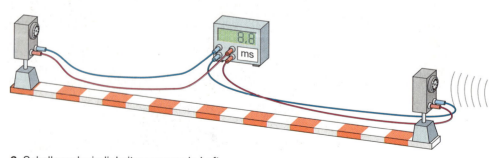

3 Schallgeschwindigkeitsmessung in Luft

16 Akustik

Grundwissen

2

Echo und Nachhall

Wenn Schallwellen reflektiert werden, kann dies zu einem **Echo** führen. In den Bergen ist ein Echo nichts Ungewöhnliches. Die Schallwellen werden dabei an den hohen Felswänden reflektiert und kommen mit einer gewissen Zeitverzögerung wieder an unserem Ohr an. Da der Schall in 1s etwa 340m zurücklegt, ist der Effekt umso größer, je weiter die Entfernung zwischen Schallquelle und reflektierender Wand ist.

In Räumen mit glatten Wänden kann das Echo so rasch auf das gesprochene Wort folgen, dass das Echo nur als **Nachhall** wahrgenommen wird. Während er beim Reden sehr stört, ist Nachhall bei Musikveranstaltungen oft erwünscht. Wände und Decken von Konzerthallen oder -pavillons werden als Reflektoren für Schallwellen gebaut (Abb. ➤ 1).

Soll die Schallreflexion hingegen vermieden werden, müssen raue und poröse Oberflächen gewählt werden, da diese die Schallwellen nicht in eine bestimmte Richtung zurückwerfen, sondern in alle Richtungen reflektieren und einen großen Teil des Schalls sogar absorbieren (verschlucken).

Echolot

In der Technik nutzt man die Reflexion des Schalls, um Entfernungen zu bestimmen. Das in der Schifffahrt eingesetzte Gerät zur Bestimmung von Meerestiefen nennt man **Echolot**. Es besteht aus einem Schallsender und einem Schallempfänger, die am Rumpf des Schiffes angebracht sind. Das von der Schallquelle erzeugte Signal wird am Meeresboden reflektiert und vom Empfänger wieder aufgenommen (Abb. ➤ 2). Die Zeit zwischen Aussendung und Empfang des Signals dient zur Berechnung der Meerestiefe.

Mit dem Echolotverfahren können auch große Fischschwärme geortet werden, die diese Schallsignale reflektieren. So erhalten die Fischer Informationen, in welcher Tiefe die Netze geschleppt werden müssen.

Schall geht um die Ecke

Treffen Schallwellen auf eine Öffnung in der Wand (z.B. ein offenes Fenster), so breitet sich der Schall hinter der Öffnung in alle Richtungen (z.B. im ganzen Zimmer) aus. Auch an den Kanten eines Gebäudes werden die Schallwellen in alle Richtungen umgelenkt, ohne dass eine Reflexion erfolgt. Der Schall wird **gebeugt** und gelangt so auch um die Ecke weiter.

Abb. ➤ 3 zeigt, dass Schallwellen nicht nur geradeaus weiterlaufen, sondern um die Ecke des Hauses gelenkt werden, ohne an gegenüberliegenden Hauswänden reflektiert zu werden. So können sich Anja und ihr Hund bereits ohne direkten Sichtkontakt hören.

1 Wie kommt es in großen Räumen zum Nachhall?

2 Berechne die Meerestiefe, wenn bei einem Echolot die Zeit zwischen Aussendung und Empfang des Signals 0,5 s beträgt. (Die Schallgeschwindigkeit in Meerwasser beträgt 1522 m/s.)

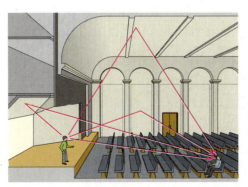

1 Konzerthalle

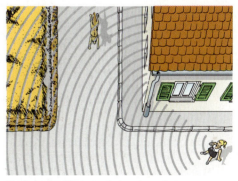

3 Schallwellen werden gebeugt.

Akustik 17

Erzwungene Schwingungen

Versuche

1

V1 Halte eine schwingende Stimmgabel dicht vor deinen geöffneten Mund. Finde eine Mundstellung, bei der der Ton besonders laut zu hören ist (Abb. ➤ 1).

V2 Bewege eine Blattfeder mit der Hand hin und her; sie schwingt mit. Wenn du die Hand schneller bewegst, dann wird die Amplitude der schwingenden Feder größer. Wenn die Schwingung der Hand noch schneller wird, nimmt die Amplitude der Feder wieder ab.

V3 Zwei gleiche Stimmgabeln stehen auf Holzkästchen in einem Abstand von 0,3 m (Abb. ➤ 2). Eine Stimmgabel wird angeschlagen und nach kurzer Zeit durch einen Griff am weiteren Schwingen gehindert. Obwohl die zweite Stimmgabel nicht angeschlagen wurde, ist jetzt auch ein Ton von ihr zu hören.
Wir wiederholen den Versuch mit Stimmgabeln, die verschieden hohe Töne erzeugen. Jetzt schwingt die zweite Stimmgabel nur wenig oder gar nicht.

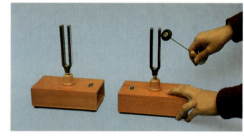

2

Grundwissen

Schwingungen werden übertragen

Eine schwach angeschlagene Stimmgabel ist im Klassenraum kaum zu hören. Der Ton ist dagegen deutlich zu hören, wenn der Stiel der schwingenden Stimmgabel an die Tafel gehalten wird. Der Stiel der tönenden Stimmgabel bewegt sich auf und ab. Er überträgt diese Schwingungen auf die Tafel. Die Tafel wird dadurch in der Frequenz der Stimmgabel zum **Mitschwingen** gebracht. Die Schwingungen der Tafel sind **erzwungen**.

| Wird ein schwingungsfähiger Körper durch einen zweiten zum Mitschwingen angeregt, so nennen wir dies eine erzwungene Schwingung.

Ein zum Schwingen gebrachter und dann sich selbst überlassener Körper schwingt mit einer für ihn typischen Frequenz weiter. Diese Frequenz heißt **Eigenfrequenz** des Körpers.
Werden Körper mit ihrer Eigenfrequenz zum Mitschwingen angeregt, so gelingt dies besonders gut. Verschieden lange Blattfedern zeigen dies (Abb. ➤ 3). Sie werden durch einen Lautsprecher zum Mitschwingen gezwungen. Je nach Frequenz der Schwingungen des Lautsprechers nimmt die Amplitude einer der Blattfedern besonders stark zu. In diesem Fall sprechen wir von **Resonanz**.
Das Mitschwingen kann manchmal so stark sein, dass der Körper zerstört wird.

Der Klangkörper einer **Geige** soll bei allen Tönen, die von den schwingenden Saiten erzeugt werden, stark mitschwingen. Deshalb muss die Geige so gebaut sein, dass ihr Körper keine bestimmte Frequenz bevorzugt, also keine ausgeprägte Eigenfrequenz hat. Dies ist ein Grund für ihre komplizierte Form und Bauweise.

| Wird ein Körper mit seiner Eigenfrequenz zum Schwingen angeregt, so ist die Amplitude am größten. Man spricht von Resonanz.

Beim Singen passen wir die Form und die Größe der Mundhöhle dem Ton an. So kann die Luft bei jeder Frequenz kräftig mitschwingen. Der Rachenraum wirkt als Resonanzraum.
Überall wo etwas schwingen kann, ist auch Resonanz möglich. Jeder Motor erzeugt Schwingungen. Ein vorbeifahrender Lastkraftwagen kann eine Fensterscheibe, der Motor eines Kühlschranks Geschirr zum Klirren bringen.

Manchmal kann es zur **Resonanzkatastrophe** kommen. Windstöße haben zum Beispiel 1985 einen Sendemast in der Nähe von Detmold so stark ins Schwingen gebracht, dass er schließlich einstürzte.

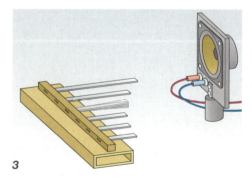

3

18 Akustik

Der Resonanzkasten

Stimmgabeln mit unterschiedlichen Frequenzen haben unterschiedlich große Holzkästen, so genannte **Resonanzkästen.** Durch den Holzkasten wird der Ton der Stimmgabel lauter, da der Holzkasten und die Luft im Holzkasten mit der gleichen Frequenz schwingen wie die Stimmgabel. Setzt man eine Stimmgabel auf einen falschen Resonanzkasten, so ist die Verstärkung nicht so gut oder tritt überhaupt nicht auf. Es kommt nicht zur Resonanz, weil die Eigenfrequenz von Stimmgabel und Holzkasten nicht übereinstimmen.

Bei **Saiteninstrumenten** wie der Gitarre oder Geige erzeugen gespannte Saiten Töne, wenn sie durch Anzupfen oder seitliches Anstreichen mit einem rauen Bogen in Schwingung versetzt werden. Papierreiter auf einer Saite eines Kontrabasses machen sie sichtbar. Man erkennt, dass bei manchen Tönen bestimmte Stellen der Saite in Ruhe bleiben, während sich andere bewegen.

Das Schwingen einer solchen Saite ist jedoch sehr leise (Abb. ➤ 2). Deshalb haben schon die ersten Musikinstrumentenbauer Körper aus Holz gefertigt. Über diese Klangkörper werden die Saiten gespannt. Die schwingende Saite zwingt den Körper und die darin enthaltene Luft zum Mitschwingen. Der erzeugte Ton klingt lauter.

Der Klangkörper eines Musikinstrumentes soll natürlich alle Töne gleichermaßen verstärken, die auf dem Instrument gespielt werden können. Deshalb handelt es sich nicht um Resonanz. Es ist also falsch, den Klangkörper als „Resonanzkasten" zu bezeichnen.
Natürlich hat ein Klangkörper auch eine Eigenfrequenz. Diese Frequenz muss jedoch tiefer oder höher liegen als die Frequenzen aller Töne, die auf dem Instrument gespielt werden können. Wenn das nicht so wäre, könnte Folgendes geschehen: Der Musiker spielt den Ton, dessen Frequenz mit der Eigenfrequenz des Klangkörpers übereinstimmt. Durch Resonanz würde dieser eine Ton, dessen Frequenz mit der Eigenfrequenz des Klangkörpers übereinstimmt, plötzlich viel lauter als alle anderen Töne klingen, was beim Musizieren störend wäre.
Zum Stimmen von Saiteninstrumenten wird meist die Spannung der Saite verändert, indem man einen Wirbel verdreht, auf dem ein Saitenende aufgewickelt ist. Mit einer Anordnung wie in Abb. ➤ 3 lassen sich Schwingungen von Saiten näher untersuchen. Man findet: Ein Ton, also auch die Frequenz der schwingenden Saite, ist umso höher, je stärker sie gespannt ist und je kleiner Saitenlänge, Querschnittsfläche und Dichte des Saitenmaterials sind.

Zum Stimmen wird häufig eine Stimmflöte mit fester Tonhöhe benutzt. Ein geübtes Ohr kann wahrnehmen, wann Flöte und Saite gleiche Tonhöhe haben. Aber auch bei gleicher Tonhöhe lassen sich Saiten- und Flötenton voneinander unterscheiden. Der unterschiedliche Schalleindruck, den verschiedene Musikinstrumente bei gleicher Tonhöhe hervorrufen, nennt man Klang. Mit Mikrofon und Oszilloskop aufgezeichnete Schwingungsbilder zeigen, dass sich die Schwingungskurven der bei gleicher Tonhöhe erklingenden Musikinstrumente in ihrer Form unterscheiden. Auch bei gleicher Tonhöhe gesungene Vokale lassen sich so unterscheiden.

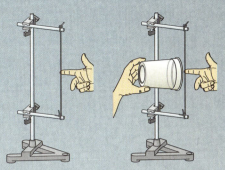

2 Der Becher erhöht die Lautstärke deutlich.

1 Sichtbar gemachte Schwingungen des Geigenkörpers. Er wird von den Saitenschwingungen zum Mitschwingen angeregt.

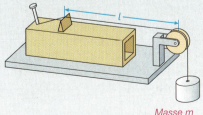

3 Saitenspannung und Tonhöhe

Akustik 19

Unser Ohr, ein Schallempfänger

Versuche

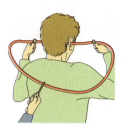

1 Klopfzeichen

V1 Flüstert dir jemand aus der Klasse etwas zu, so kannst du deinen Höreindruck verbessern, indem du deine Ohrmuscheln mit deinen Händen vergrößerst.

V2 Überprüfe mit einem Frequenzgenerator den Bereich der Frequenzen, den du hören kannst.
Dieser liegt zwischen 16 Hz und 20 000 Hz.

V3 Stelle dich mit verschlossenen Augen mit dem Rücken zu deiner Klasse. Halte dir ein Ohr zu. Erst wenn beide Ohren geöffnet sind kannst du bestimmen, woher das Flüstern kommt.

V4 Nimm einen etwa 1 m langen Gummi- oder Plastikschlauch und markiere genau die Mitte. Stecke nun die beiden Enden vorsichtig und nicht zu tief in die Ohren (Abb. ➤ 1). Nun schlägt jemand leicht mit dem Bleistift an den Schlauch.

Dabei wirst du sehr gut erkennen können, ob der Schlauch links oder rechts der Mitte angeschlagen wurde.

Grundwissen

Die Wirkungsweise des Ohres

Der Schall wird von der Ohrmuschel wie von einem Trichter aufgefangen und von dort durch den Gehörgang zum Trommelfell geleitet. Das Trommelfell wird von der Schallwelle zum Mitschwingen angeregt. Die mit ihm verbundenen Gehörknöchelchen (Hammer, Amboss und Steigbügel, Abb. ➤ 3) wirken wie ein Hebelsystem. Sie übertragen die Schwingungen auf ein dünnes Häutchen in der Wand des Innenohres, das ovale Fenster.

Hinter dem ovalen Fenster befindet sich die Gehörflüssigkeit, die die Schwingungen auf den Schneckengang und die dort auf einer Membran befindlichen 20 000 Sinneszellen überträgt. Jede Sinnezelle reagiert nur auf eine bestimmte Frequenz. Deshalb werden für verschiedene Frequenzen unterschiedliche Sinneszellen angeregt. Die hohen Töne werden in der Nähe des ovalen Fensters registriert, die tiefen dagegen in der Spitze der

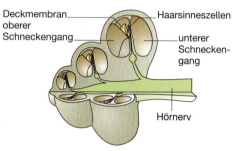

2 Der Aufbau der Gehörschnecke

Schnecke (Abb. ➤ 2). Die Nervensignale werden über den Gehörnerv an das Gehirn weitergeleitet. Mit der Stimme können wir Schall mit 100 Hz bis 5 000 Hz erzeugen. In diesem Bereich liegt auch die größte Empfindlichkeit unseres Ohres.

Der Hörbereich

Unser Ohr kann Schall mit Frequenzen zwischen 16 Hz und 20 000 Hz wahrnehmen. Im Lauf des Lebens sinkt die obere Hörgrenze etwa jedes Lebensjahrzehnt infolge der nachlassenden Elastizität des Trommelfells um ca. 2 000 Hz. Deshalb hören manche ältere Menschen das Zirpen der Grillen nicht mehr, weil die hohen Frequenzen des Zirpens oberhalb ihrer Hörgrenze liegen. Der wahrnehmbare Frequenzbereich kann in einem Hörtest mit einem Tongenerator ausgemessen werden. Dabei zeigt ein Oszilloskop auch die Frequenzen, die wir nicht mehr hören können. Töne, deren Frequenzen über 20 000 Hz liegen, nennt man **Ultraschall** (lat. *ultra*: jenseits). Töne mit Frequenzen unter 16 Hz nennt man **Infraschall** (lat. *infra*: unterhalb).

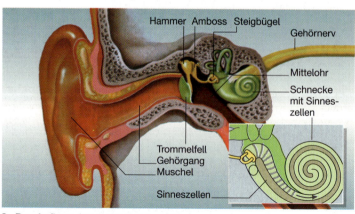

3 Der Aufbau des menschlichen Ohres

20 Akustik

Werkstatt

Wir nehmen eine Hörkurve auf

Das menschliche Ohr kann leise Geräusche recht gut wahrnehmen. Es ist jedoch eine Mindestlautstärke nötig, damit wir einen Ton hören können. Für verschieden hohe Töne wollen wir jetzt diese Mindestlautstärke für dich finden. Dafür musst du den Versuch nach Abb. ➤1 aufbauen. Der Tonfrequenzgenerator ist ein Gerät, mit dessen Hilfe Töne unterschiedlicher Höhe erzeugt werden können, das Oszilloskop hilft, die Lautstärke des Tones zu bestimmen. Dazu musst du als Maß für die Lautstärke die Ausschlagweite (Amplitude) der Schwingung auf dem Oszilloskop messen. Damit die Messwerte gleich in ein passendes Diagramm übertragen werden können, übertrage die folgende Tabelle und das Diagramm in dein Heft.

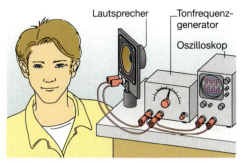

1 Versuch zur Bestimmung der Hörgrenze

Diese sechs Punkte wiederholen sich für alle acht in der Tabelle genannten Frequenzen. Trage deine Werte in die Tabelle und das dazugehörige Diagramm ein. In Abb. ➤3 siehst du die Hörkurve eines gesunden Menschen und eines Menschen mit geschädigtem Gehör.

Hat unser Ohr auch eine Lieblingstonhöhe?

Erzeuge mit dem Tonfrequenzgenerator fünf Töne mit unterschiedlichen Frequenzen, aber gleicher Lautstärke. (Der Ausschlag auf dem Oszilloskop muss für alle gleich hoch sein.) Wähle dabei fünf Frequenzen aus der ganzen Bandbreite deines Hörbereiches, also z. B. 250 Hz, 500 Hz, 1 kHz, 5 kHz und 10 kHz. Hörst du sie auch gleich laut?
Normalerweise müsstest du Töne zwischen 1 kHz und 5 kHz lauter gehört haben als Töne anderer Frequenzen. Wunderbarerweise ist das menschliche Ohr nämlich gerade für diese Tonhöhen, mit denen wir sprechen, besonders empfindlich. Betrachte mit diesem Ergebnis noch einmal deine Hörkurve. Fällt dir etwas auf?

Frequenz in kHz	Amplitude
0,125	
0,25	
0,5	
1	
2	
4	
8	
16	

2 Tabelle und Diagramm zum Versuch aus Abb. ➤1

Hinweise zur Durchführung des Experiments: Während des Experiments muss die Empfindlichkeit am Oszilloskop häufiger verändert werden. Beachte, dass dadurch die Einstellung für die Amplitude verändert wird.
Es kann sich bei der Durchführung als hilfreich erweisen, die Punkte 1 und 2 der folgenden Aufzählung zu vertauschen, um so schneller die gewünschten Einstellungen zu erhalten (d. h. Finden der Frequenz mit kleiner Amplitude). Dabei sollte der Lautsprecher nicht angeschlossen sein.
Verfahre jetzt wie folgt:
1. Lautstärke auf Null drehen.
2. Frequenz des Prüftones einstellen.
3. Lautstärke ganz langsam erhöhen.
4. Versuchsperson hebt die Hand, sobald sie einen Ton hört.
5. Amplitude auf dem Oszilloskop ablesen.
6. Amplitude bei der richtigen Frequenz in die Tabelle eintragen.

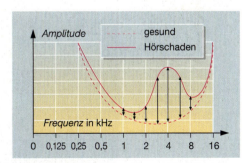

3 Hörkurve beim gesunden und beim geschädigten Ohr

Akustik **21**

Wie hören andere Lebewesen?

Die Hörbereiche verschiedener Tiere unterscheiden sich.

Hunde haben einen anderen Hörbereich als wir Menschen. Deshalb können sie den sehr hohen Ton einer Hundepfeife hören, den das Herrchen selbst nicht mehr hören kann. Weitere Beispiele für Hörbereiche von Tieren zeigt Abb. ▶1.

Auch Fische können hören. Allerdings haben sie kein so kompliziertes Ohr wie die Menschen. Sie haben nur ein einfaches Innenohr ohne Schnecke. Sie hören nur Töne bis zu wenigen Kilohertz.
Wale sind Säugetiere, deren Ohren ähnlich wie unsere aufgebaut sind. Vielleicht hast du schon etwas von den „Walgesängen" der Buckelwale (Abb. ▶2) gehört?

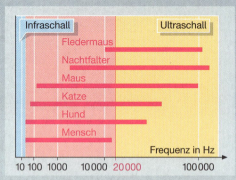

1 Hörbereiche verschiedener Lebewesen

Die Ohrmuschel vergrößert die Fläche für den auftreffenden Schall. Mit den Händen kann diese Empfangsfläche vergrößert werden. Wir hören dann besser.
Einige Tiere haben nicht nur sehr große Ohrmuscheln. Sie können diese auch noch bewegen. Die Tiere können ihre Ohren so stellen, dass sie zur Schallquelle gerichtet sind.

Räumliches Hören

Wir können auch feststellen, woher der Schall kommt. Unsere Ohren sind etwa 15 cm voneinander entfernt. Deshalb kommt der Schall meistens nicht gleichzeitig an beiden Ohren an. Aus dem Zeitunterschied kann unser Gehirn den Ort der Schallquelle bestimmen (Abb. ▶4).
Es kann noch Zeitunterschiede von 1/34 000 s feststellen. Kommt der Schall genau von vorne oder von hinten, ist kein Zeitunterschied vorhanden.
Diese Zeitverzögerung nutzen Stereoaufnahmen für einen räumlichen Höreindruck aus (Abb. ▶5). Über zwei Kanäle (z. B. zwei Mikrofone, die im Abstand der Ohren aufgestellt sind und z. B. ein Konzert aufnehmen) werden die Schallsignale registriert bzw. weitergeleitet.
Am Wiedergabeort strahlt der linke Lautsprecher der Stereoanlage die Aufnahme des linken Kanals, der rechte die des rechten Kanals ab.

2 Buckelwale

Wale verständigen sich mit Signalen, deren Frequenzen etwa im menschlichen Hörbereich liegen. Sie können aber auch Signale erzeugen und hören, die im Ultraschallbereich liegen. Diese verwenden sie – wie die Fledermäuse (Abb. ▶3) – zur Orientierung (Echopeilung).

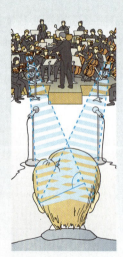

5 Räumliches Hören durch zwei Ohren

3 Fledermaus

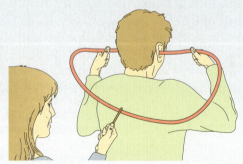

4 Klopfzeichen

22 *Akustik*

Lärm schädigt unsere Gesundheit!

Aufheulende Motoren, startende Passagierjets, quietschende Bremsen von Zügen, Rasenmäher, usw. sind akustische Erscheinungen unserer modernen Umwelt.

Diese Art von Schall, den ein Mensch als störend oder sogar schmerzhaft empfindet, nennt man Lärm. Man kann daher Lärm als unerwünschten Schall bezeichnen. Eine repräsentative Umfrage von über 500 000 Einwohnern der Bundesrepublik Deutschland ergab, dass 50 % der Großstadtbewohner über zu hohen Straßenlärm und 40 % über Fluglärm klagen. Schienenlärm, Lärm aus Industrie und Gewerbe belästigen die Bevölkerung deutlich weniger. Aber auch hier kann es passieren, dass durch das zeitgleiche Auftreten des Lärms dieser auf einmal als störend empfunden wird. Eine starke oder dauerhafte Lärmbelästigung kann zu gesundheitlichen Schädigungen führen.

Als Maß für die Messung der Lautstärke wird das Dezibel (dB) verwendet. Der Schmerzschwelle entsprechen 130 dB. Sehr große Lautstärken können Trommelfell und Teile des Innenohres beschädigen oder sogar zerstören.
Um Schädigungen durch Lärm einschätzen zu können, hat man folgende Klassifizierung vereinbart (Abb. ➤2):

– Lärmstufe 1: 35 – 65 dB, psychische Beeinträchtigung, z. B. der Konzentrationsfähigkeit.

– Lärmstufe 2: 65 – 85 dB, psychische und physische Störungen, vorwiegend im Bereich des vegetativen Nervensystems (Nervosität, Herz- und Kreislaufbeschwerden, Verdauungsstörungen, Kopfschmerzen, Schlaflosigkeit, allgemeine Leistungsabnahme).

– Lärmstufe 3: 85 – 120 dB, bei Dauereinwirkung irreversible Lärmschwerhörigkeit wahrscheinlich.

– Lärmstufe 4: über 120 dB, unmittelbare Schädigung des Gehörorgans.

Dabei ist besondere Vorsicht geboten, da das Lärmempfinden sehr unterschiedlich ist und unter anderem von der Einstellung des Hörers abhängt. In Diskotheken z. B. werden besonders hohe Lautstärken von den Zuhörern kaum als störend empfunden. Leider ändert dies nichts an den teilweise sogar erst zu einem späteren Zeitpunkt auftretenden Nebenwirkungen. So hat eine Untersuchung an 2000 jungen Männern, die vom Bundesgesundheitsministerium durchgeführt wurde, ergeben, dass über 24 % der untersuchten Personen durch zu laute Musik deutlich messbare Gehörschäden im Frequenzbereich zwischen 2 kHz und 6 kHz aufweisen.

Gehörschäden sind endgültig!

1 Haarzellen

Was richtet Lärm im Innenohr an?

In der Schnecke des Innenohres befinden sich etwa 20 000 Hörsinneszellen (Haarzellen), die über Nerven mit dem Gehirn in Verbindung stehen. In der Schnecke des Innenohres wird die Schallwelle wie eine Brandungswelle gebrochen und erregt die Haarzellen (Abb. ➤1).

Damit die empfindlichen Haarzellen ständig einsatzbereit sind, müssen sie gut durchblutet sein. Bei anhaltender Anregung der Haarzellen durch starken Lärm werden einige Sinneszellen direkt zerstört oder die Durchblutung wird gestört. Dadurch können ebenfalls Haarzellen absterben. Abgestorbene Haarzellen können nicht nachwachsen. Deswegen sind solche Schäden irreparabel! Fallen viele Haarzellen aus, wird man schwerhörig oder gar taub.
Mit Hilfe guter Ohrstöpsel kann man sich schnell und wirkungsvoll vor Lärm schützen, ohne Klangeinbußen hinnehmen zu müssen.

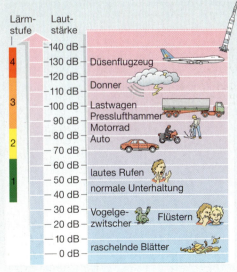

2 Lärmstufen

Schall 23

1 Lärmschutzwand

2 Kleinere Häuser, Gärten und Parks

Wie schützt man sich vor Lärm?

Es gibt eine Reihe von Möglichkeiten, unsere Lärmbelastung zu verringern. Am besten ist es natürlich, wenn weniger Lärm erzeugt wird. In einigen Bereichen ist dies leider aber nur begrenzt möglich, so dass man sich Lärmschutzvorrichtungen überlegt hat.
Für den Straßenverkehr gibt es ein paar Maßnahmen, die zur Lärmreduzierung beitragen.
1. Mit Umgehungsstraßen kann der Durchgangsverkehr von Innenstädten und Ortskernen ferngehalten werden.
2. Durch Geschwindigkeitsminderungen von 50 km/h auf 30 km/h in Wohngebieten sinkt der Lärmpegel um 3 dB.
3. Beim Bau von Straßen ist besonders auf glatte Oberflächen und auf den Einsatz von geräuscharmen Fahrbahnbelägen zu achten.
4. Entlang vieler Bundesstraßen und Autobahnen, die durch dicht besiedelte Wohngebiete führen, werden Lärmschutzwände (Abb. ➤ 1) errichtet.
5. Durch schalldämpfende Maßnahmen an Kraftfahrzeugen kann der Straßenlärm erheblich reduziert werden. Hierzu zählen:
– Verkapselung von Dieselmotoren mit schalldämmenden Materialien
– Einsatz von geräuscharmen Bereifungen bei allen Fahrzeugen.
– Einsatz von Schalldämpfern in Auspuffanlagen (Abb. ➤ 3), die den internationalen Normen entsprechen.

Eine besondere, natürliche Maßnahme ist die Anlage von so genannten „Grünen Zonen" (Abb. ➤ 2). Parks und Gärten sowie Bäume, Sträucher und Hecken verbessern nicht nur die Lebensbedingungen. Sie tragen durch ihre Fähigkeit Lärm zu „verschlucken" dazu bei, die Lärmbelastung zu reduzieren. Zudem verbessern die Bäume als Sauerstoffspender die Lebensqualität.

Im Bereich des Wohnungsbaus hat sich das Schallschutzfenster als eine wirksame Maßnahme gegen zu große Lärmbelästigung erwiesen. Den Aufbau eines solchen Fensters kannst du der Abb. ➤ 4 entnehmen. Die Dreifachverglasung dämmt den Schall genauso gut wie das Mauerwerk. Leider gilt aber auch hier, dass diese Maßnahme ihre Wirkung nur bei geschlossenem Fenster entfaltet. Von den Wänden eines Raumes wird der Schall hin- und herreflektiert. Dadurch entsteht ein Nachhall, der außerordentlich störend wirken kann. Will man den Nachhall insbesondere in Büro- oder Arbeitsräumen verringern, so benutzt man Lochplattenflächen (Abb. ➤ 5). Der Schall dringt durch die Lochplatte und wird im Dämmstoff absorbiert. Durch diese Wandverkleidung kann man Reflexion und Nachhall fast völlig beseitigen. In einem solchen Raum klingen die Stimmen wie auf freiem Feld, wo ebenfalls kaum ein Nachhall registriert wird.

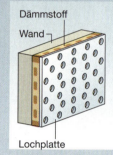

5 Schallschluckende Lochplattenfläche

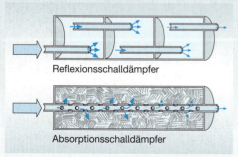

3 Blick in verschiedene Schalldämpfer

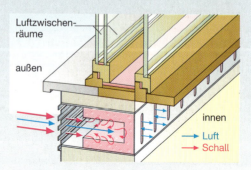

4 Aufbau eines Schallschutzfensters

24 Schall

Rückblick

Begriffe
Was versteht man unter
– Amplitude?
– Periodendauer und Frequenz?
– Eigenfrequenz und Resonanz?
– einer gedämpften Schwingung?
– einer erzwungenen Schwingung?
– Ton, Klang, Knall und Geräusch?

Beobachtungen
Was beobachtet man, wenn
– die Amplitude einer Schallschwingung zunimmt?
– die Frequenz einer Schallschwingung abnimmt?
– eine Schallquelle im luftleeren Raum steht?
– Schall reflektiert wird?

Erklärungen
Wie lässt sich begründen, dass
– Schall durch Schwingungen entsteht?
– ein Körper unter dem Einfluss von Schall bestimmter Frequenz mitschwingen kann?
– sich Schall nur in Stoffen ausbreitet?
– zu lauter Schall Gehörschäden erzeugt?
– man räumlich hören kann?

Gesetzmäßigkeiten
Beschreibe mit eigenen Worten
– wie die Dauer der Periode und die Frequenz einer Schwingung zusammenhängen.
– den Einfluss von Amplitude und Frequenz auf die Schallwahrnehmung.
– das Schraubenfeder-Modell für die Ausbreitung des Schalls.

Erläutere die Erscheinungen in den folgenden Bildern und beantworte die Fragen!

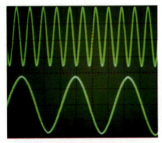
Was lässt sich über die so aufgezeichneten Töne sagen?

Welche der Nadeln schwingt mit der größten Frequenz?

Was demonstriert diese tönende Stimmgabel?

Wie entstehen verschiedene Töne?

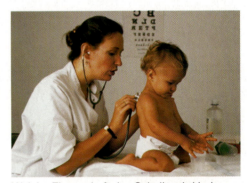
Welche Eigenschaft des Schalls wird beim Abhören mit dem Stethoskop angewandt?

Warum klingt hier alles so gedämpft?

Wie entsteht hier Schall?

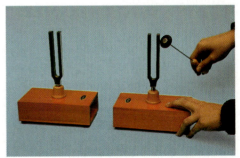
Was soll dieser Versuch mit zwei gleichen Stimmgabeln zeigen?

Akustik

Heimversuche

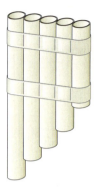

1. Eine Panflöte

Blase die Öffnung eines Strohhalms von der Seite aus an. Du hörst einen Ton. Wenn du das untere Ende zuhältst, so ändert sich die Frequenz.
Kürze jetzt weitere Strohhalme so, dass sich bei offenem Ende eine angenehme Folge von Tönen, eine Tonleiter, ergibt.
Lege die Strohhalme der Länge nach geordnet mit einem Ende auf gleicher Höhe nebeneinander und befestige sie mit Tesafilm aneinander.
Bestimme die Längen der Strohhalme. Lässt sich eine Regelmäßigkeit zwischen den gemessenen Längen erkennen?

2. Das Schnurtelefon

Zwei leere Plastikbecher werden am Boden durchbohrt. Durch die Löcher wird jeweils ein Ende eines langen Bindfadens gezogen und am Ende innen durch einen dicken Knoten gehalten. Wenn du in einen der Becher sprichst, so ist der Ton auch bei einer Fadenlänge von 10 m im anderen Becher noch gut zu hören.
a) Welche Rolle spielt die Fadenspannung?
b) Werden höhere Töne (große Frequenz) oder tiefere (kleine Frequenz) schlechter geleitet?

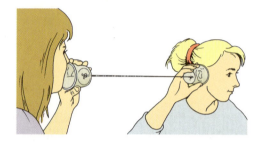

Fragen

Zu Schallschwingungen

1 Eine Kreissäge hat 40 Zähne und dreht sich mit 3600 Umdrehungen pro Minute. Welche Frequenz hat der von ihr erzeugte Ton? Wie ändert sich ihr Ton beim Abschalten?

2 Die Membran eines mit einer bestimmten Frequenz schwingenden Tieftonlautsprechers scheint still zu stehen, wenn sie mit 100 Lichtblitzen pro Sekunde beleuchtet wird. Mit welcher Frequenz wird der Lautsprecher dann schwingen?

3 Woran erkennt man eine gedämpfte Schwingung?

4 Warum hört man Schall in einem leeren Zimmer viel stärker als in einem möblierten?

5 Erläutere die Begriffe Eigenfrequenz und Resonanz. Nenne Beispiele dafür!

6 Ein kleiner Junge zieht am Seil einer schweren Kirchenglocke und bringt diese zum Schwingen. Wie ist das möglich?

7 Mit der Länge der schwingenden Saite sinkt deren Eigenfrequenz. Erläutere die Erzeugung verschieden hoher Töne mit der Harfe.

8 Welche physikalische Bedeutung hat bei einer Gitarre der Klangkörper? Warum ist die Bezeichnung Resonanzkörper für ihn nicht sinnvoll?

9 Beim Anblasen einer leeren Flasche wird ein Ton hörbar. Wie ändert sich der Ton, wenn man die Flasche teilweise mit Wasser füllt?

Zu Schallausbreitung und Ohr

10 Warum formt man beim Zurufen über große Distanz die Hände zu einem Trichter?

11 Welche Beobachtungen im täglichen Leben unterstützen die Aussage, dass die Geschwindigkeit des Schalls unabhängig von dessen Frequenz ist?

12 Indianer sollen Eisenbahnschienen abgehört haben, um sich über das Herannahen eines Zuges zu informieren. Erläutere dies.

13 Welchen Frequenzbereich kann das menschliche Ohr wahrnehmen? In welchem Bereich ist es am empfindlichsten?

14 Warum hört man eine Mücke fliegen, einen Schmetterling dagegen nicht?

15 Nur dann, wenn zwischen zwei Lauten eine Pause von etwa 0,1 s liegt, kann das Ohr sie getrennt wahrnehmen.
Bei welcher kürzesten Entfernung ist daher ein Echo möglich?

16 Warum können wir räumlich hören?

17 Erläutere, wie die Schallaufzeichnung für eine Stereowiedergabe zu erfolgen hat.

18 Ältere Menschen können häufig das Zirpen einer Grille oder das Piepen eines eingeschalteten Fernsehgerätes nicht hören. Woran liegt das?

19 Welche Nachteile hat jemand, dessen Trommelfell ein Loch hat?

Um was für ein Instrument handelt es sich hier?

Licht zu Bildern umgelenkt

Eine brennende Kerze sendet Licht aus. Wie kann es um ein undurchsichtiges Hindernis herumgelenkt werden?

Wie lässt sich auf dem Schirm hinter dem Hindernis ein Bild der Kerzenflamme erzeugen?

Untersuche in „Forschungsvorhaben" das Problem, Licht umzulenken, um Bilder zu erzeugen.

Hilfen:

Für die Konstruktion einer „Lichtumlenkung" darfst du Spiegel, Lochblenden, Linsen, Prismen oder andere durchsichtige Gegenstände, wie Lichtleiter und Folien, verwenden.
Es dürfen auch Abdunklungen der Anordnung vorgenommen werden, damit man lichtschwache Erscheinungen noch erkennen kann.

Was wird erwartet?

Im Ergebnis sollte ein möglichst helles und deutliches Bild der Kerze zu sehen sein. Außerdem sollte eine erklärende Skizze und eine schriftliche Begründung der Lösung der Aufgabe angefertigt werden.

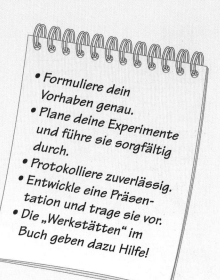

- Formuliere dein Vorhaben genau.
- Plane deine Experimente und führe sie sorgfältig durch.
- Protokolliere zuverlässig.
- Entwickle eine Präsentation und trage sie vor.
- Die „Werkstätten" im Buch geben dazu Hilfe!

Vorhaben Optik

Licht zu Bildern umgelenkt

Wichtige Kenntnisse zur Lösung

Wie breitet sich Licht aus?
Wann sehen wir ein Bild von einem Gegenstand?
Was leisten folgende optische Gegenstände?
– Lochkamera,
– Spiegel,
– Prisma,
– Linsen,
– Lichtleiter.
Trage möglichst viele Informationen zu diesen Themen aus Lexika, Lehrbuch, Internet und sonstigen Quellen zusammen.

Wichtige Untersuchungen

– Untersuche Bilder einer Lochkamera mit mehreren Öffnungen; ändere auch Form und Größe der Öffnungen.
– Beleuchte eine Seite eines Prismas mit einer Taschenlampe. Beschreibe deine Beobachtungen. Wie lässt sich die Erscheinung rückgängig machen?
– Fülle ein zylinderförmiges Wasserglas und ein kugelförmiges Weinglas langsam mit Wasser und erzeuge damit Bilder einer Kerzenflamme.
– Halte eine Sammellinse in das Licht einer vor einem Schirm brennenden Kerze und ändere ihren Abstand.

Diese Anordnung wurde schon im 11. Jahrhundert von Ibn Al-Haitham beschrieben. In Europa erhielt sie die lateinische Bezeichnung „camera obscura" (d. h. dunkle Kammer). Sie diente Malern besonders in der Landschaftsmalerei als Hilfsmittel.

Schlussfolgerungen

Vergleiche verschiedene Konstruktionen in deiner Klasse unter folgenden Gesichtspunkten:
1. Wer erzeugt das klarste (hellste, größte, am wenigsten verzerrte) Bild auf dem Schirm?
2. Wer erzeugt ein aufrechtes, wer ein umgekehrtes Bild?
3. Wer benötigt die wenigsten Bauteile zur Konstruktion?
4. Welche Möglichkeiten zur Änderung des Lichtweges kannst du aufzählen?

Zum weiteren Nachdenken:
– Versuche die von einer Lochkamera mit mehreren Öffnungen ezeugten Bilder mit einer Linse zu vereinigen.
– Wie entstehen Bilder auf dem Bildschirm eines Fernsehers?
– Wie erzeugen Digitalkameras Bilder?

Wie kommt es zu den beiden unten stehenden Bildern?

Vorhaben Optik

Ausbreitung des Lichtes

In einem Dom mit seinen unterschiedlich verglasten Fenstern beobachtet man vielfältige Lichterscheinungen – hell beleuchtete und dunkle Stellen, unterschiedliche Farben an Fenstern und im Inneren. Manchmal erkennt man auch die Lichtbündel, durch die man den Weg des Lichtes von den Fenstern bis zum Auftreffen auf dem Boden verfolgen kann!
Warum sieht man solche Lichtbündel nicht auch im beleuchteten Zimmer? Hast du sie schon bei anderer Gelegenheit beobachtet?

Der Mond zeigt sich in vielen Formen

Das Aussehen des Mondes ändert sich täglich. Beobachte ihn an mehreren aufeinanderfolgenden Tagen, zeichne seine Form und notiere das zugehörige Datum. Nach welcher Zeit wiederholen sich die Bilder?
Betrachtest du den Mond mit dem Fernglas, so werden interessante Einzelheiten erkennbar: Mondkrater und dunkle Gebiete, die Mária (Einzahl „Mare", das Meer).

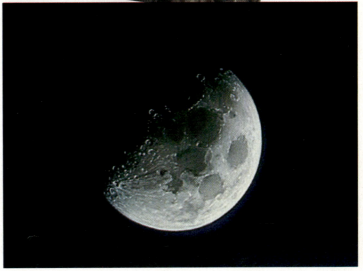

**Achtung!
Schaue niemals mit einem optischen Instrument (Fernglas o. Ä.) direkt in die Sonne! Erblindungsgefahr!**

Ausbreitung des Lichtes 29

Lichtstrahlen

Versuche

V1 Wir bohren in eine leere Konservenbüchse seitlich ein kleines Loch und stülpen die Dose über eine Glühlampe. Die Lampe kann von außen ein- und ausgeschaltet werden, wobei der Schalter nicht sichtbar sein soll. Nicht aus jeder Blickrichtung ist zu erkennen, ob die Lampe leuchtet oder nicht.
Wir drehen die Dose und untersuchen für verschiedene Stellungen, wo das Licht aus dem Loch der Dose zu sehen ist.

V2 Wir ordnen wie in Abb. ➤1 eine Experimentierleuchte und mehrere Platten mit runden Öffnungen in einer Reihe an, so dass

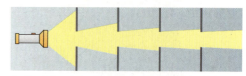

1 Die Blenden erzeugen ein Lichtbündel.

wir einen geraden Stab durch alle Öffnungen schieben können. Wir halten ein Stück weißes Papier als Lichtanzeiger an verschiedene Stellen. Wenn wir Rauch oder Kreidestaub zwischen die Platten bringen, erkennen wir von der Seite ein Lichtbündel.

Grundwissen

Wir beschreiben die Ausbreitung des Lichtes

Kerze, Sonne, Glühlampe oder Laser erzeugen Licht, sie sind **Lichtquellen**. Auge, Fotofilm oder CCD-Bildwandler registrieren Licht, sie heißen **Lichtempfänger**. Sie stellen Licht erst fest, wenn es direkt auf sie trifft. Auch Gegenstände, die selbst kein Licht erzeugen, sehen wir nur, wenn sie Licht einer Lichtquelle in unser Auge umlenken (Abb. ➤2). Wir halten sie dann ebenfalls für Lichtquellen.

| Wir unterscheiden Gegenstände danach, ob sie Lichtquellen sind, Licht umlenken oder Lichtempfänger sind.

Kerze, Sonne und Glühlampe senden Licht nach allen Seiten in den Raum. Gegenstände, die kein Licht durchlassen, verhindern die weitere Ausbreitung des Lichtes. Durch eine Öffnung in ihnen tritt nur ein Lichtbündel aus. Gegenstände,

die speziell zur Erzeugung solcher Lichtbündel gedacht sind, heißen **Blenden**. Werden mehrere Blenden mit gleicher Öffnung hintereinander gestellt, so gelangt Licht nur hindurch, wenn die Öffnungen aller Blenden auf einer Geraden liegen.

| **Licht breitet sich geradlinig aus.**

In Gedanken kann man durch weitere Blenden mit jeweils kleinerer Öffnung immer schmalere Lichtbündel erzeugen. Nur Laser erzeugen ohne Blenden so schmale Lichtbündel. Für die Lichtausbreitung verwenden wir ein **Modell** aus der Geometrie: Statt Lichtbündeln zeichnen wir gerade Linien, die so genannten **Lichtstrahlen**, die von einem Punkt ausgehen (Abb. ➤3). Der Anfangspunkt eines Strahles ist ein Punkt der Lichtquelle, der Lichtstrahl beschreibt Richtung und Weg des Lichts.

siehe S. 227 u. 228!

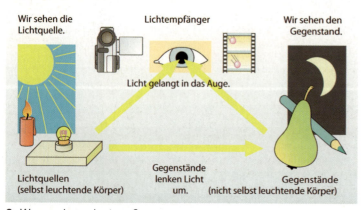

2 Wann sehen wir etwas?

Beachte: Wir schauen zum Gegenstand, aber das Licht kommt von ihm.

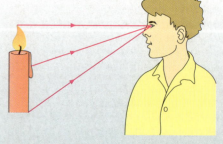

3 Strahlen, die den Lichtweg beschreiben.

Ausbreitung des Lichtes

Licht trifft auf Gegenstände

Trifft Licht auf einen Gegenstand, so kann es von ihm ins Auge umgelenkt werden. Man sieht den Gegenstand (Abb. ▶1a). Licht kann auch durch einen Gegenstand hindurchgehen. Allerdings hängt dieses Durchdringen von der Länge des Lichtweges im Gegenstand ab.
Je länger der Weg ist, umso mehr wird es geschwächt. So dringt Licht in eine Wasserschicht ein, gelangt aber kaum hindurch, wenn sie zu dick ist. Man sagt, das Licht wird von der Schicht **absorbiert**. Je nachdem gibt es mehr oder weniger **durchsichtige** bzw. undurchsichtige Gegenstände (Abb. ▶1b, d).

Durchdringt ein Lichtbündel glasklare Gegenstände, so behält das Licht seine Richtung bei und die Ränder eines Lichtbündels bleiben scharf. Bei trüben, lichtdurchlässigen Gegenständen wird an jeder Stelle etwas Licht umgelenkt, so dass die Grenzen des Lichtbündels unscharf werden und Licht auch von außerhalb des Lichtbündels herzukommen scheint. Man sagt, das Licht wird **gestreut**.

Das Licht der Landschaft beim Durchdringen von...

a) ...durchsichtiger, klarer Luft

...absorbierendem Glas

c) ...durchscheinender Folie

d) ...einer nahezu undurchsichtigen Folie

1

Der Gegenstand ist zwar noch lichtdurchlässig, aber die ursprüngliche Richtung des Lichtbündels geht verloren. Der Gegenstand ist nur noch **durchscheinend** (Abb. ▶1c).

1 Worauf beruht das „Anvisieren" eines Gegenstandes?

2 Warum nehmen Taucher auch bei hellem Sonnenlicht eine Lampe mit?

Aus der Geschichte der Lichtquellen

Früher konnte man nur mit Hilfe eines Feuers Licht erzeugen. Die Verbrennung geeigneter Stoffe liefert aber vor allem Wärme.
1845 brachten A. Starr (England) und J.W. King (USA) sowie 1854 Heinrich Goebel mit elektrischem Strom einen verkohlten Faden in einer luftleeren Glasflasche zum Leuchten. Erst 1879 stellte Thomas Edison Kohlefadenlampen in Serie her, die mehrere hundert Stunden leuchten konnten. Als man 1900 Metallfäden einsetzte, stand eine alltagsgerechte künstliche Lichtquelle zur Verfügung, die ihr Licht nicht durch Verbrennung erzeugt.
Neben der Glühlampe kennen wir heute als Lichtquellen noch Leuchtstoffröhren, Leuchtdioden und Laser. Ihr Bau ist erst mit Hilfe der Physik des 20. Jahrhunderts möglich geworden.
In normalen Glühlampen wird nur etwa 5 % der zugeführten Energie in Licht umgesetzt, der Rest erwärmt die Umgebung. Bei elektronisch geregelten Energiesparlampen beträgt die Lichtausbeute 40 % der aufgewandten Energie. Ob sich diese teureren Lampen lohnen, ist in Anbetracht der Energieknappheit, der Umweltbelastung und Entsorgung nicht nur eine Geldfrage.

Ausbreitung des Lichtes 31

Licht und Schatten

Versuche

1

V1 Wir beleuchten eine Wand mit einer Glühlampe, deren Glühwendel kurz ist. Zwischen dieser Lichtquelle und der Wand steht ein Schüler. Wir sehen einen scharf begrenzten Schatten des Schülers. Nun stellen wir neben die erste Glühlampe eine zweite. Wir sehen jetzt zwei Schatten, die sich überschneiden können (Abb. ➤ 1).

V2 Im Versuch 1 verändern wir den Abstand zwischen den beiden Lichtquellen. Mit einem Papierblatt stellen wir fest, dass der ganz dunkle Bereich hinter dem Schüler spitz zuläuft und ein Ende hat! Hinter diesem Ende finden wir sogar wieder einen ganz hellen Raumbereich!

V3 Wir wiederholen Versuch 1 mit nur einer Glühlampe und verändern die Entfernungen zwischen Lichtquelle, Gegenstand und Schirm. Wir stellen fest, dass die Schattengröße von den Entfernungen abhängt.

V4 Mit einer hellen Lampe und einem Bettlaken kannst du ein Schattentheater (Abb. ➤ 2) einrichten. Wie kann man mit dem Schattentheater Riesen und Zwerge darstellen?

2 Schattentheater

Grundwissen

Schattenraum und Schattenbild

Trifft ein Lichtbündel auf einen lichtundurchlässigen Körper, so bleibt der Raum hinter dem Körper dunkel (Abb. ➤ 3). Dieser lichtfreie Bereich heißt **Schattenraum**. Abb. ➤ 3 unten zeigt seine Entstehung. Auf den Körper trifft ein Lichtbündel. Aufgrund der geradlinigen Ausbreitung kann kein Licht in den Schattenraum fallen. Diejenigen Lichtstrahlen, die gerade noch an dem Körper vorbeigehen, begrenzen den Schattenraum. Sie heißen **Randstrahlen** und legen auf der Wand oder auf einem Schirm das **Schattenbild** fest.

> Beleuchtet man einen undurchsichtigen Körper, so entsteht hinter ihm wegen der geradlinigen Lichtausbreitung ein Bereich ohne Licht, der Schattenraum.

Das Schattenbild hat nur dann einen scharfen Rand, wenn die Lichtquelle sehr klein ist wie z. B. die kurze Glühwendel der Glühlampe. In Modellen und Zeichnungen tun wir so, als ob die Lichtquellen punktförmig seien und nennen sie daher auch **punktförmige Lichtquellen**. Ausgedehnte Lichtquellen erzeugen verschwommene Schattenränder.

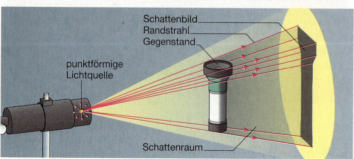

3 Schattenbild eines Körpers und Erklärung mit Hilfe der Randstrahlen

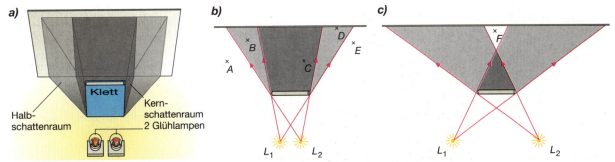

1 Entstehung von Kern- und Halbschattenräumen bei zwei punktförmigen Lichtquellen

Kernschatten und Halbschatten

Beleuchtet man einen Körper mit zwei punktförmigen Lichtquellen, so entstehen komplizierte Schattenräume (Abb. ➤1a). Stehen die Lichtquellen zunächst etwas weiter auseinander, beobachtet man zwei Schatten auf dem Schirm. Schiebt man die Lichtquellen näher zusammen, dann überdecken sich die Schattenräume teilweise. Der besonders dunkle Bereich in der Mitte ist der **Kernschattenraum**. Ihm schließen sich zwei schwach beleuchtete Gebiete, die **Halbschattenräume**, an. Daran grenzen dann die hell beleuchteten Außenbereiche (Abb. ➤1a).

Die geradlinige Ausbreitung des Lichts hilft auch hier bei der Erklärung: Von jeder der beiden Lichtquellen L_1 und L_2 geht ein Lichtbündel aus. Sie erzeugen hinter dem Körper einen Schattenraum.
Ist der Abstand der Lampen größer als die Breite des Körpers (Abb. ➤1c), dann ergibt sich hinter dem Körper ein eng begrenzter, unbeleuchteter Kernschattenraum. Da der Schirm weiter von dem Körper entfernt ist, sieht man nur die einzelnen, von L_1 bzw. L_2 herrührenden Schattenbilder und der Punkt F in Abb. ➤1c erhält Licht von beiden Lichtquellen.
In Abb. ➤1b stehen die Lampen eng beieinander. Die Punkte A und E sind im hellen Gebiet, da sie von beiden Lichtquellen beleuchtet werden. Zu Punkt B gelangt nur das Licht von L_1, zu D nur das von L_2. Beide gehören zum Halbschattenraum. C liegt im Kernschattenraum, da weder von L_1 noch von L_2 Licht zu C gelangt.

> Zwei punktförmige Lichtquellen erzeugen hinter einem undurchsichtigen Körper einen Kernschattenraum und Halbschattenräume.

3 Bei Nacht auf der Straße

Das Modell des Lichtstrahles bewährt sich bei der Konstruktion von Schattenbildern.

Große und kleine Schatten

Die Größe des Schattenbildes hängt von der Größe des Körpers ab, der den Schatten erzeugt (Abb. ➤2a). Aber auch die Abstände Lichtquelle-Körper und Körper-Schirm beeinflussen die Schattengröße (Abb. ➤2b).

> Das Schattenbild eines Körpers wird umso größer, je kleiner sein Abstand von der Punktlichtquelle ist.
> Er ist bei einem größeren Körper größer als bei einem kleineren, wenn der Abstand gleich ist.

1 Welche Eigenschaft des Lichts führt zur Entstehung von Schattenräumen?
2 Wie kann man die Grenzen von Schattenräumen vorhersagen?
3 Erläutere, wie es in Abb. ➤3 zu den drei Schattenfiguren der Katze kommt!

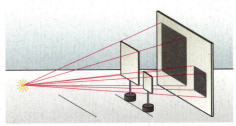

2a Größe von Gegenstand und Schatten

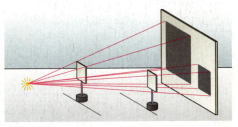

2b Schattengröße und Abstände

Ausbreitung des Lichtes

1 Beleuchtete Erde im Weltraum

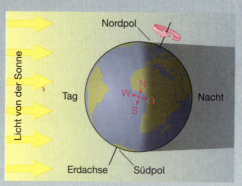

2 So entstehen Tag und Nacht.

Tag und Nacht

Liveübertragungen von Autorennen in Japan sind bei uns in Europa immer nachts zu sehen, obwohl sie dort tagsüber stattfinden. In Japan ist es also Tag und gleichzeitig bei uns Nacht. Dies kannst du dir folgendermaßen erklären: Abb. ➤ 1 zeigt, wie man die Erde aus einer Raumstation im Weltall sieht: Eine Kugel, die im Raum schwebt und von der Sonne beleuchtet wird. Dabei erreicht das Licht nur eine Seite der Erde – während die andere Seite im Schattenraum liegt. Das bedeutet, dass zum gleichen Zeitpunkt auf einem Teil der Erde Tag und auf dem anderen Teil Nacht ist (Abb. ➤ 2). Einmal in 24 Stunden dreht sich die Erde um ihre eigene Achse, die durch den Nord- und den Südpol verläuft. Wir drehen uns dabei mit und durchfahren abwechselnd die Tag- und Nachtseite so, dass für uns die Sonne im Westen „untergeht" und im Osten „aufgeht".

Die Mondphasen

Auch der Mond ist eine Kugel im Weltraum, die um die Erde kreist. Je nachdem, an welcher Position seiner Bahn er sich befindet, sieht er für uns auf der Erde verschieden aus. Um dies zu verstehen, könnt ihr zu zweit folgendes Experiment durchführen:
Ihr braucht dazu eine sehr helle Lichtquelle (z. B. Diaprojektor) und einen weißen Ball. Während du in einem abgedunkelten Raum auf einem Stuhl sitzt, hält der andere den Ball hoch und geht langsam um dich herum. Beobachte genau, was du von der beleuchteten Seite des Balls sehen kannst (Abb. ➤ 3), und zeichne dies für vier verschiedene Positionen.

3 Nur ein Teil des Balls ist beleuchtet.

Genau wie der beleuchtete Ball sich um dich bewegt hat, kreist der Mond um die Erde. Als Lichtquelle dient nun die Sonne. Wir sehen den Mond in verschiedenen Formen oder „Phasen": Als Sichel, Halbmond oder Vollmond. Jede Phase wiederholt sich nach 29,5 Tagen, also etwa nach einem Monat.
Stelle dich in Abb. ➤ 4 in Gedanken auf den Nordpol und blicke von da aus zum Mond. Du erkennst, dass für den Beobachter auf der Erde z. B. in Stellung 7 die linke Mondhälfte, in Stellung 3 die rechte beleuchtet ist. Bei Neumond sehen wir auf die von der Sonne nicht beleuchtete Mondseite.

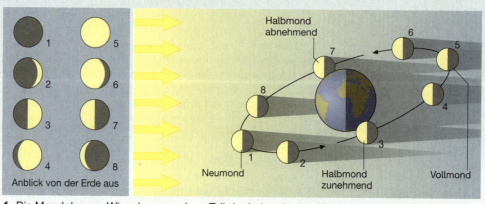

4 Die Mondphasen: Wir sehen nur einen Teil der beleuchteten Mondoberfläche.

Ausbreitung des Lichtes

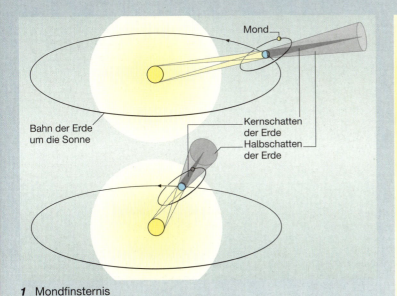

1 Mondfinsternis

2 Totale Sonnenfinsternis

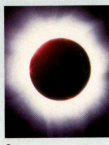

3

Mondfinsternisse

Da die Sonne eine riesige Lichtquelle ist, entstehen hinter der Erde ein Kern- und ein Halbschattenraum (Abb. ➤1). Der Kernschattenraum der Erde reicht fast 1,5 Millionen km in den Weltraum. Wenn nun der Mond in den Kernschattenraum der Erde eintritt, so kommt es zu einer Mondfinsternis.

Abb. ➤1 erklärt, warum das nicht jeden Monat geschieht: Die Bahn des Mondes um die Erde ist gegenüber der Bahn der Erde um die Sonne geneigt. Läuft der Mond nur durch den Halbschattenraum der Erde, wird der Mond nicht ganz dunkel, weil er ja noch von ein wenig Licht getroffen wird. Tritt er in den Kernschattenraum ein, so ist er theoretisch nicht mehr zu sehen. In Wirklichkeit aber wird das Licht der Sonne an der Erdatmosphäre ein wenig abgelenkt und daher der Mond ganz schwach beleuchtet.

Sonnenfinsternisse

Eine Sonnenfinsternis zu sehen ist ein ganz besonderes Erlebnis, das die Menschen schon immer stark beeindruckt hat. Am hellen Tag verfinstert sich die Sonne, und nur die leuchtende Korona (Abb. ➤3) ist zu sehen. Einige Minuten lang tritt Dämmerung ein. Zu einer Sonnenfinsternis kann es nur bei Neumond kommen, wenn sich der Mond zwischen Erde und Sonne befindet. Dort, wo der Mondschatten die Erde trifft, entsteht eine Sonnenfinsternis. Wie du in Abb. ➤2 siehst, entsteht bei einer Sonnenfinsternis ein Kern- und ein Halbschattenraum. Wenn du dich im Kernschattenraum befindest, „siehst" du die Sonne ganz vom Mond verdeckt, eine totale Sonnenfinsternis. Die Menschen, die sich im Halbschattenraum befinden, sehen die Sonne nur teilweise verdeckt, also eine partielle Sonnenfinsternis.

Häufigkeiten von Finsternissen

Totale Sonnenfinsternisse sind recht häufig. Der Kernschattenraum hat auf der Erdoberfläche einen Durchmesser von bis zu 300 km. Durch die Bewegung von Erde und Mond wandert dieser Schattenraum auf der Erdoberfläche auf einem Streifen von mehreren tausend Kilometer Länge. Deshalb kann man eine totale Sonnenfinsternis jeweils nur auf einem Teil der Tagseite der Erde beobachten.

Seltener als Sonnenfinsternisse finden Mondfinsternisse statt. Aber im Gegensatz zur Sonnenfinsternis können sie dafür von der ganzen Nachtseite der Erde aus beobachtet werden.

1 Warum kann es bei Vollmond keine Sonnenfinsternis und bei Neumond keine Mondfinsternis geben?

Ausbreitung des Lichtes

Abbildungen

Gelangt Licht von einem hellen Gegenstand durch eine kleine Öffnung einer Blende auf einen Schirm, so ist darauf ein **Bild** des Gegenstandes zu erkennen. Das Bild ist, verglichen mit dem Gegenstand, **umgekehrt**, es steht auf dem Kopf und ist seitenverkehrt. Die Größe des Bildes hängt vom Abstand zwischen Gegenstand und Blende und vom Abstand zwischen Blende und Schirm ab.

Abb. ➤ 1 zeigt, wie ein Bild entsteht. Mit dem Modell „Lichtstrahl" verdeutlichen wir uns das für verschiedene Punkte einer Kerzenflamme. Jede dieser punktförmigen Lichtquellen ruft einen kleinen Lichtfleck auf dem Schirm hervor. Benachbarte Punkte ergeben benachbarte Flecke, so dass alle Lichtflecke zusammen ein Bild der Kerzenflamme entstehen lassen.

| Das mit einer Blende erzeugte Bild eines Gegenstandes besteht aus Lichtflecken.

Bilder auf der Filmleinwand oder auf dem Fernsehbildschirm bestehen ebenfalls aus einer großen Zahl von winzigen Lichtflecken.

Bei großer Öffnung der Blende entstehen große Lichtflecke, die sich auch überlappen (Abb. ➤ 2).
Das Bild ist unscharf und der Gegenstand ist im Bild kaum zu erkennen. Bei kleiner Öffnung der Blende werden die Lichtflecke kleiner. Das Bild wird schärfer, jedoch weniger hell.

| Ein scharfes Bild entsteht nur, wenn die Lichtflecke ausreichend klein sind.

1 Weshalb entsteht ohne Blende kein Bild der Lichtquelle auf dem Schirm?

2 Was für ein Bild entsteht mit einer viereckigen Blende?

Ohne Blende trifft auf jeden Punkt des Schirms Licht von jedem Punkt der Flamme. Wir erkennen kein Bild.

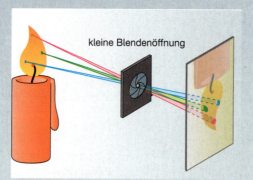

1 Schmale Lichtbündel – scharfe Bilder

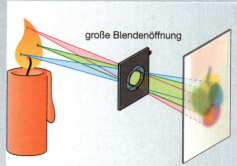

2 Breite Lichtbündel – große Lichtflecke

Das Abbildungsgesetz

Ein Gegenstand und sein Bild unterscheiden sich häufig in ihrer Größe, wie etwa bei der **Lochkamera**, die Bilder durch eine kleine Blende erzeugt. Das Verhältnis $A = B/G$ aus Bildgröße B und Gegenstandsgröße G heißt **Abbildungsmaßstab** (Abb. ➤ 3).

Ist $A > 1$, so liegt eine Vergrößerung vor, bei $A < 1$ eine Verkleinerung.

$A = 1$ bedeutet, dass Gegenstand und Bild gleich groß sind.

Stehen Gegenstand und Schirm wie in Abb. ➤ 3 parallel, so kann man den Abbildungsmaßstab A auch mit dem Verhältnis b/g der Entfernung b des Bildes und der Entfernung g des Gegenstandes von der Lochblende berechnen, man sagt auch, in solchen Fällen „gilt das **Abbildungsgesetz**":

$$A = \frac{B}{G} = \frac{b}{g}$$

3 Größen und Abstände beim Bild eines Gegenstandes mit der Lochkamera.

36 Ausbreitung des Lichtes

Werkstatt

1 Historische Darstellung der Camera obscura

Ein Vorgänger des Fotoapparats ist die **Lochkamera**. Sie wurde früher von Malern benutzt, um z. B. Landschaften abzumalen (Abb. ➤ 1).
Anders als beim Scherenschnitt, der nur einen Umriss zeigt, ist mit der Lochkamera auch eine detaillierte Darstellung möglich.
Die Lochkamera besteht aus einem lichtundurchlässigen Kasten, bei dem in die vordere Wand ein kleines Loch gebohrt ist. Ersetzt man die Rückwand durch einen durchscheinenden Schirm, so sind auf ihm alle Gegenstände vor der Lochkamera, die Licht aussenden, zu erkennen. Diesen Kasten nennt man auch **Camera obscura**, was soviel heißt wie dunkler Raum.

Bauanleitung und Erklärung

Mit einem leeren Schuhkarton kannst du eine solche Camera obscura leicht nachbauen und herausfinden, wie sie funktioniert (Abb. ➤ 2):

a) In der Mitte der Bodenseite des Schuhkartons bohrst du ein Loch mit ungefähr 1 mm Durchmesser.

b) Im Deckel wird ein Viereck ausgeschnitten und durch Pergamentpapier ersetzt.

c) Bis auf das Pergamentpapier malst du den gesamten Innenraum des Kartons mit schwarzer Farbe aus.

d) Richtest du die Seite mit dem Loch gegen einen Gegenstand, der Licht aussendet, so siehst du auf dem Pergamentpapier ein Abbild davon, bei dem allerdings oben und unten sowie rechts und links vertauscht sind.
Ein kleiner Teil des Lichts, das vom Gegenstand ausgeht, trifft das Loch des Schuhkartons und erzeugt ein kleines Bildscheibchen auf dem Pergamentpapier. Alle Bildscheibchen zusammen ergeben das ganze Bild.

Für Landschaftsbilder oder Gegenstände vor dem Fenster ist es günstig, wenn man so, wie es die ersten Fotografen getan haben, über Kopf und Schuhkarton ein schwarzes Tuch stülpt. Genau wie die Maler von damals kannst du dieses Bild mit einem weichen Bleistift nachzeichnen (Aufpassen, dass das Pergamentpapier nicht reißt!). Nun kannst du das Papier austauschen und weiter bearbeiten.

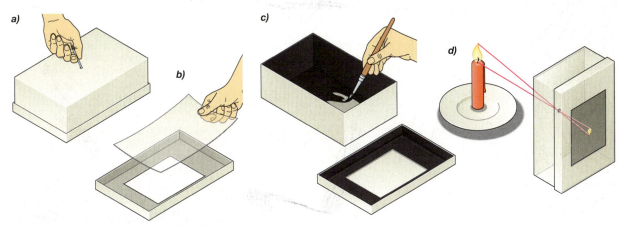

2 Bauanleitung für eine einfache Lochkamera

Ausbreitung des Lichtes

Die Geschwindigkeit des Lichtes

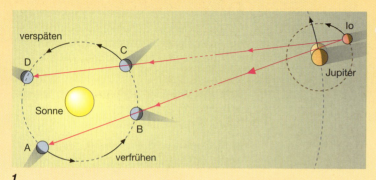

1

Im Alltag merkt man nicht, dass Licht für eine Wegstrecke Zeit braucht. Es ist auch nicht leicht, der Natur dieses Geheimnis zu entlocken.

Der italienische Forscher **Galileo Galilei** (1564–1642) führte dazu folgenden Versuch durch: Er sandte das Licht einer Laterne zu einem Gehilfen in einigen Kilometern Entfernung. Sobald der Gehilfe das Licht aufblitzen sah, öffnete er seine Laterne und sandte Licht zu Galilei zurück. Dieser konnte nun tatsächlich eine Zeit zwischen dem Abschicken und Ankommen der Lichtsignale messen.
Was hatte er aber in Wirklichkeit gemessen? Galilei erkannte, dass für ein korrektes Messen der Lichtgeschwindigkeit mit dieser Methode die Wegstrecke viel zu kurz war.

Für astronomische Zwecke hatte Galilei ein Fernrohr entwickelt und damit als erster die vier größten Monde des Jupiter entdeckt. Auch der dänische Astronom **Olaf Römer** (1644–1710) beobachtete so den Umlauf des Jupitermondes Io (Abb. ➤ 1), der nur 42 Stunden für eine Umkreisung des Jupiter benötigt. Bei jedem Umlauf verschwindet Io im Schatten des Jupiter und taucht wenig später wieder auf. Über mehrere Jahre hinweg notierte er diesen Zeitpunkt des Austritts aus dem Jupiterschatten genau. Dabei machte er eine unerwartete Entdeckung: Dieser Zeitpunkt trat von Mal zu Mal immer früher in den Monaten ein, in denen sich die Erde auf ihrer eigenen Umlaufbahn in Richtung des Jupiter bewegte (z. B. auf dem Weg von A nach B in Abb. ➤ 1). Umgekehrt „verspätete" sich Io immer mehr, wenn sich die Erde vom Jupiter entfernte (z. B. von C nach D in Abb. ➤ 1). Das Licht, das von Io stammt, wenn er aus dem Jupiterschatten austritt, legt zur Position B einen kürzeren Weg zurück als zu A. Es kommt also früher an, der „Io-Aufgang" ist früher beobachtbar als am Ort A. Bei der Bewegung der Erde von C nach D ergibt sich entsprechend eine Verlängerung des Lichtweges, Io geht später auf. Aus diesem Zeitbedarf des Lichtes (rund eine Viertelstunde!), um den Erdbahndurchmesser zu durchlaufen, errechnete Römer die Lichtgeschwindigkeit.

Es dauerte noch einmal über hundert Jahre, bis es gelang, die Lichtgeschwindigkeit auch auf der Erde experimentell zu bestimmen. Im Jahre 1849 schaffte es der Franzose **Armand Fizeau** (1819–1896) folgendermaßen (Abb. ➤ 2): Er schickte für seine Messungen einen Lichtstrahl durch die Lücken eines rotierenden Zahnrades. Der Lichtstrahl wurde an einem 8 km entfernten Spiegel reflektiert und fiel bei langsamer Rotation des Zahnrades wieder durch die gleiche Lücke im Zahnrad zurück. Erhöht man jedoch die Drehzahl des Zahnrades, trifft das zurückkehrende Licht aber gerade auf einen Zahn. Für den Beobachter verdunkelt sich der Spiegel. Bei noch schnellerer Drehzahl trifft das Licht durch die nächste Lücke. So konnte Fizeau Galileis ursprüngliche Idee zum Erfolg führen und einen recht genauen Wert für die Lichtgeschwindigkeit errechnen.
Zum Nachrechnen: Fizeaus Spiegel stand in 8 633 m Entfernung. Das Zahnrad hatte 720 Zähne und drehte sich 12,6-mal pro Sekunde, wenn es den reflektierten Lichtstrahl abfing.

Heute kennt man verschiedene, sehr exakte Verfahren, die es erlauben, die Lichtgeschwindigkeit in verschiedenen Stoffen auf der Länge eines Tisches zu messen.

Medium	Lichtgeschwindigkeit in km/s
Vakuum	299 792,5
Luft	299 711
Wasser	225 000
Glas	160 000 bis 200 000 (je nach Glassorte)
Diamant	122 000

Vergleich: Schallgeschwindigkeit in Luft: 0,340 km/s = 340 m/s

2 Fizeaus Methode zur Bestimmung der Lichtgeschwindigkeit

38 Ausbreitung des Lichtes

Rückblick

Begriffe
Was versteht man unter
- einer Lichtquelle?
- einem Lichtbündel? – einem Lichtstrahl?
- einer Blende? – einem Schatten?

Beobachtungen
Was beobachtet man, wenn
- Licht durch mehrere, hintereinander in gleicher Höhe stehende, gleich große Blenden hindurchtritt?
- ein vor einem Schirm stehender lichtundurchlässiger Gegenstand von einer punktförmigen Lichtquelle beleuchtet wird?
- der Mond mit Erde und Sonne ein rechtwinkliges Dreieck bildet?

Erklärungen
Wie lässt sich erklären, dass
- man einen beleuchteten Gegenstand sieht?
- es Sonnen- und Mondfinsternisse gibt?
- eine ausgedehnte Lichtquelle kein scharfes Schattenbild erzeugt?

Gesetzmäßigkeiten
Beschreibe mit eigenen Worten, wie
- sich Licht in einem Raum mit Gegenständen ausbreitet.
- das Abbildungsgesetz lautet.

Heimversuche

1. Schattenformen
Benutze ein rechteckiges Heft als Schattenkörper. Halte es in verschiedene Richtungen zwischen Lichtquelle und Wand. Welche Schattenformen lassen sich erzeugen? Zeichne sie!
Verwende dann auch andere Gegenstände, wie z. B. eine Getränkedose oder einen Ball!

2. Schattenbilder
Mit den Händen und dem Licht einer Glühlampe kannst du Schattenbilder erzeugen. Erfinde weitere Figuren und zeichne sie in dein Heft. Geht es auch mit zwei Glühlampen?

3. Das sichtbar gemachte Küken im Ei

Schneide aus Pappe den Umriss eines Kükens aus, der etwas kleiner als ein Ei sein soll. Stelle das Küken und das Ei nebeneinander etwa 20 cm vor einen Schirm. Wie kann man mit Hilfe von zwei Kerzen erreichen, dass der Schatten des Kükens im Schatten des Eis erscheint?
Weshalb ist es sinnvoll – um die Erscheinung besonders effektvoll vorzuführen –, den Schirm nicht zu breit zu machen?

4. Das im Raum schwebende Bild

Bewege im abgedunkelten Raum einen Zeigestock im Lichtkegel eines Projektors, der ein Dia enthält, rasch auf und ab. Im Raum erscheint ein Bild, welches dort ohne schnell bewegten Stock nicht zu sehen ist.
Finde eine Erklärung für das Entstehen des Bildes.

5. Untersuchungen mit der Lochkamera
Wie sieht das Bild bei einer Lochkamera aus, wenn das kleine Loch der Kamera nicht rund, sondern eckig ist? Verwende Blenden mit unterschiedlichen Formen der Öffnungen. Stelle zwei Kerzen nebeneinander und erzeuge mit einer Lochkamera ein Bild davon. Nimm eine Kerze weg und erzeuge das gleiche Bild wie vorher mit zwei Kerzen. Was musst du an der Kamera verändern?

6. Absorbieren von Licht
Beleuchte im abgedunkelten Raum ein Blatt Papier mit der Taschenlampe. Halte dann eine, zwei, viele Klarsichtfolien vor die Lampe. Erkläre die Veränderungen auf dem Papier.

7. Wir bauen einen Helligkeitsmesser
Ein Fettfleck auf durchscheinendem Papier erscheint heller als das Papier, wenn man den Fleck gegen das Licht betrachtet. Ist die Helligkeit auf beiden Seiten des Fettflecks gleich, so ist der Fleck nicht mehr zu sehen. Das nutzen wir, um die Helligkeit auf der einen Seite des Papiers mit der auf der anderen Seite zu vergleichen.
Stelle je eine Kerze im gleichen Abstand vor und hinter den Helligkeitsmesser. Vergrößere nun den Abstand einer Kerze auf das Doppelte. Wie viele gleiche Kerzen musst du hinzufügen, um auf beiden Seiten des Flecks wieder gleiche Helligkeit zu bekommen?

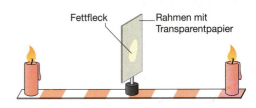
Fettfleck — Rahmen mit Transparentpapier

Ausbreitung des Lichtes 39

Fragen

Zur Ausbreitung des Lichtes

1 Um gerade Linien im Gelände festzulegen, peilen Landvermesser mit einem kleinen Fernrohr auf eine von einem Helfer gehaltene rot-weiß gestrichene Stange. Welche Eigenschaft des Lichtes nutzen sie dabei?

2 Die Zeitnehmer beim 100 m-Lauf sollen ihre Uhr starten, wenn sie die Rauchwolke aus der Startpistole sehen und nicht, wenn sie den Knall hören. Gib einen physikalischen Grund dafür an.

3 „Undurchdringliche Finsternis", ein „stechender Blick", sie „wirft einen Blick zurück". Welche Vorstellung vom Sehen kommt in diesen Worten zum Ausdruck? Sammle ähnliche Aussagen.

4 Welche der Punkte A, B, C, D werden von der Lichtquelle nicht beleuchtet?

5 Du wirst gefragt, wie weit das Licht einer Taschenlampe maximal reicht. Welche Antwort gibst du?

6 Weshalb herrscht auch am Tag in mehr als 100 m Wassertiefe völlige Dunkelheit?

7 Nenne Beispiele für durchscheinende, durchsichtige und undurchsichtige Körper.

8 Warum haben Krankenwagen hinten Milchglasscheiben?

Schatten und Finsternisse

9 Zu verschiedenen Tageszeiten ist dein Schatten im Sonnenlicht verschieden lang. Wann ist er besonders lang/kurz?

10 Wie stehen Sonne, Mond und Erde zueinander, wenn der Mond tagsüber sichtbar ist?

11 Konstruiere die Schatten für die folgenden Anordnungen von Lichtquelle (L), Gegenstand (G) und Schirm (S). Was ist auf dem Schirm zu sehen? Formuliere ein Ergebnis.

Wann erscheint uns der Mond so?

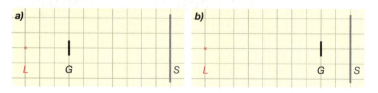

12 Wie lassen sich mit Kerzen und einer Kugel als Schattenspender die folgenden Schattenbilder auf dem Schirm erzeugen? Zeichne die Lichtbündel für **b)** und **d)**.

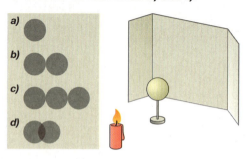

13 Bei einem Fußballspiel unter Flutlicht haben die Spieler manchmal mehrere Schatten. Wie kommt das?

14 Paul ist 140 cm, seine Schwester Friederike 90 cm groß. Sie beobachten, dass ihre Schatten im Licht einer Straßenlaterne gleich lang sind. Zeige anhand einer maßstäblichen Zeichnung, wie dies möglich ist.

15 a) Erkläre mit einer Skizze, wie es zu einer Mondfinsternis kommen kann.
b) Zeichne die Stellung von Sonne, Mond und Erde bei Halbmond von oben aus gesehen.

16 Bei einer Mondfinsternis beobachtet man, dass der Schatten der Erde immer einen kreisförmigen Rand hat. Was kann man daraus schließen?

Abbildungen und Lochkamera

17 Weshalb sollten die Lichtquelle bzw. die Öffnung der Blende möglichst klein sein?

18 Mit einer Lochblende wird ein Bild auf einer Mattscheibe erzeugt. Was geschieht, wenn man die Mattscheibe durch eine saubere Glasscheibe ersetzt?

19 Ein „Passfoto" mit der Lochkamera soll $B = 5$ cm groß werden. Der Kopf der Person sei $G = 30$ cm groß. In welcher Entfernung muss sich der Kopf befinden, wenn die Lochkamera $b = 12$ cm lang ist?

20 Berechne die fehlenden Angaben bei den Abbildungen mit der Lochkamera:

	G in m	g in m	B in m	b in m	A
a)	1,20	1,50	0,12	0,15	100
b)		0,50	0,10	0,20	
c)	0,20		0,05	0,20	……
d)	0,01	0,20	……	……	2,0

40 Ausbreitung des Lichtes

Licht an Grenzflächen

Zwei Schlösser?

Du klebst deine Fotos vom letzten Ausflug in ein Album. Nur das Foto mit dem Schloss macht Probleme. Du fragst dich: Wie herum muss ich das Bild einkleben?

Fata Morgana

Eine so genannte Fata Morgana am Wattenmeer. Die 4 km entfernte Hallig Habel spiegelt sich an der erwärmten Luft über dem Meer. Ähnliche Erscheinungen kannst du über einer heißen Asphaltstraße im Sommer beobachten. Durch Luftspiegelung siehst du Pfützen auf der trockenen Straße. Auch in der Sahara erscheinen plötzlich Oasen am Horizont, die sich eigentlich an einer anderen Stelle befinden.

Der umgedrehte Pfeil

Mit diesem einfachen Versuch kannst du einen Zaubertrick vorführen. Nimm ein zylindrisches Glas und stelle einen Pfeil, der auf eine Pappe gemalt ist, einige Zentimeter hinter das Glas. Fülle das Glas mit Wasser und beobachte das Verhalten des Pfeils.
Drehe den Pfeil so, dass er nach unten zeigt und wiederhole den Versuch.

Die Reflexion des Lichtes

Versuche

1 Zur Reflexion an verschiedenen Flächen

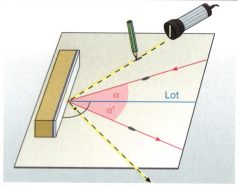

2 Wir messen die Winkel zum Lot.

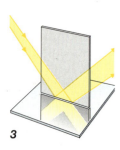

3

V1 Wir legen einen Spiegel, ein Stück leicht zerknitterte Aluminiumfolie und ein weißes Blatt Papier auf einen dunklen Karton. Im verdunkelten Klassenzimmer beleuchten wir sie von der Seite mit einer Experimentierleuchte (Abb. ➤ 1).
Aus allen Richtungen sieht man das weiße Papier gleich hell. Der Spiegel dagegen erscheint – für die meisten Betrachter – dunkel, ebenso große Teile der Aluminiumfolie. Drehen wir die Folie, so leuchtet sie an anderen Stellen.

V2 Auf ein Blatt Papier zeichnen wir eine Gerade und dazu eine Senkrechte, ein Lot. Längs der Strecke stellen wir einen kleinen ebenen Spiegel auf. Dann lassen wir ein schmales Lichtbündel streifend über das Blatt zum Fußpunkt des Lotes auf den Spiegel fallen. Auf dem Blatt kennzeichnen wir das einfallende und das reflektierte Lichtbündel (Abb. ➤ 2). Wir kennzeichnen ebenso die Lichtwege für Lichtbündel, die unter anderen Winkeln zum Lot auf den Spiegel treffen.

In allen Fällen messen wir die zueinander gehörenden Winkel des einfallenden und des reflektierten Lichtbündels zum Lot und vergleichen.

Grundwissen

Reflexion und Absorption

Eine weiße Pappe und ein Spiegel **reflektieren** das Licht einer Lichtquelle, das heißt: Sie „werfen" es zurück.
Von der weißen Pappe wird das Licht in alle Richtungen reflektiert – wir können sie aus allen Richtungen sehen und das Licht erreicht einen großen Teil des Raumes. Diese Art der Reflexion nennt man **ungerichtete Reflexion** oder auch **Streuung**.
Ein Spiegel dagegen reflektiert das Licht nur in eine Richtung, aus allen anderen Richtungen erscheint er dunkel. Man spricht von **gerichteter Reflexion**. Sie tritt nur bei ganz glatten Oberflächen auf.

| Bei gerichteter Reflexion wird ein Lichtbündel von einem Körper nur in eine Richtung reflektiert.
Bei ungerichteter Reflexion wird das Licht in viele Richtungen reflektiert.

Die meisten Körper sind für Licht undurchlässig. Da sie nur einen Teil des Lichts reflektieren, wird ein weiterer Teil des Lichts von ihnen **absorbiert** (verschluckt). Eine Glasscheibe reflektiert einen Teil des Lichts, ein anderer wird durchgelassen. Je dicker die Scheibe ist, desto weniger Licht kommt auf ihrer Rückseite an – auch Glas absorbiert einen Teil des Lichts.

| Licht wird von Körpern mehr oder weniger stark durchgelassen, absorbiert oder reflektiert.

Milchglasscheiben sind zwar lichtdurchlässig, doch wird das Licht in der Scheibe an kleinen weißen eingelagerten Teilchen ungerichtet reflektiert. Daher kann man Gegenstände durch die Scheibe nicht mehr klar erkennen. Man nennt dieses Glas **durchscheinend**, normales Glas dagegen **durchsichtig**.

1 Eine nasse Fahrbahn erscheint im Scheinwerferlicht viel dunkler als eine trockene. Warum?

42 Licht an Grenzflächen

Grundwissen

Das Reflexionsgesetz

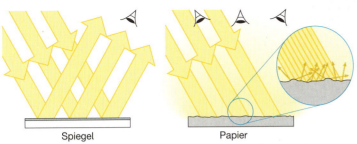

1 Papier reflektiert Licht aus einer Richtung in alle Richtungen, der Spiegel nur in eine.

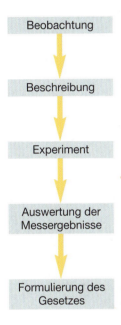

Beobachtung → Beschreibung → Experiment → Auswertung der Messergebnisse → Formulierung des Gesetzes

Eine weiße Pappe reflektiert das Licht in alle Richtungen und wird deshalb von überall gesehen. Ein Spiegel oder eine Glasscheibe reflektieren dagegen das Licht nur in eine Richtung (Abb. ▶1). Aus allen anderen Richtungen erscheinen sie daher dunkel. Dies lässt sich gut beobachten, wenn die untergehende Sonne auf eine Hochhausfassade scheint. Nur wenige Fenster reflektieren das Sonnenlicht zum Beobachter hin (Abb. ▶2).

2 Reflexion des Sonnenlichtes an den Fensterscheiben von Hochhäusern

In welche Richtung reflektiert nun aber ein Spiegel das eintreffende Licht? Dazu muss die gerichtete Reflexion in einem Experiment genauer untersucht werden: Wir beobachten ein Lichtbündel, das über eine Winkelscheibe streifend auf einen Spiegel trifft (Abb. ▶3).

Steht der Spiegel senkrecht auf der Scheibe, so streift auch das reflektierte Lichtbündel die Scheibe in gleicher Weise. Das Licht verläuft also nach der Reflexion in derselben Ebene weiter! Diese Ebene wird durch das Lot auf die Spiegelfläche im Auftreffpunkt des Lichtbündels sowie durch das einfallende und das reflektierte Lichtbündel festgelegt.

Den Winkel zwischen dem einfallenden Lichtbündel und dem Lot nennt man **Einfallswinkel** α. Den Winkel zwischen dem Lot und dem reflektierten Lichtbündel nennt man **Reflexionswinkel** α'. Der Versuch ergibt folgende Messwerte:

α	0°	18°	24°	42°	67°	80°
α'	0°	18°	25°	42°	66°	80°

Die Winkel α und α' sind bis auf geringfügige Abweichungen, z. B. durch Ablesefehler am Winkelmesser, gleich groß. Die Ergebnisse werden im Reflexionsgesetz zusammengefasst.

> Einfallender Strahl, Lot und reflektierter Strahl liegen in einer Ebene.
> Einfallswinkel α und Reflexionswinkel α' sind gleich groß: $\alpha = \alpha'$.

1 Nenne Beispiele für
a) durchscheinende, durchsichtige und undurchsichtige Körper!
b) Körper an denen Licht gerichtet bzw. ungerichtet reflektiert wird!

2 In einem dunklen Raum beobachtest du von der Seite, wie Licht auf weißes Papier und auf einen Spiegel fällt. Warum sieht das Papier hell aus, der Spiegel dagegen dunkel?

3 Erkläre mit Hilfe der Abb. ▶1, dass das Reflexionsgesetz auch bei der ungerichteten Reflexion gilt!

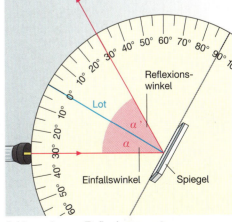

3 Versuch zum Reflexionsgesetz

Licht an Grenzflächen **43**

Ebene Spiegel

Versuche

V1 Schneide mehrere große Buchstaben aus und färbe ihre Vorder- und Rückseiten verschieden. Stelle sie vor einen ebenen Spiegel und vergleiche jeweils Abstand, Lage, Farbe und Größe von Gegenstand und Spiegelbild (Abb. ➤ 1).
Ersetze den Spiegel durch eine Glasscheibe, um die Abstände zu messen.

V2 Wenn du in einen Aufzug steigst, der rundherum verspiegelt ist, beobachtest du Spiegelbilder von dir und den mitfahrenden Personen, die sich unendlich zu wiederholen scheinen (Abb. ➤ 2).
Was stellst du bezüglich der Größe der Spiegelbilder fest? Kannst du dich von vorn und von hinten sehen?

1 Gegenstände und ihr Spiegelbild

2 Spiegelbilder in einem Aufzug

Grundwissen

Bildentstehung am Spiegel

Wenn wir einen Gegenstand in einem ebenen Spiegel betrachten, sehen wir sein **Spiegelbild** hinter der Spiegelscheibe. Wie ist das möglich?

Das Licht, das von dem Gegenstand ausgeht, wird an der Spiegelebene reflektiert und ändert seine Richtung, bevor es in unser Auge trifft. Da unser Gehirn täglich die Erfahrung macht, dass Licht sich geradlinig ausbreitet, nimmt es das auch beim Spiegelbild an. Wir nehmen den Gegenstand dort wahr, wo sich die scheinbar geradlinigen Lichtwege, die in unser Auge treffen, schneiden (Abb. ➤ 3). Das heißt, dass das Spiegelbild nur scheinbar dort ist, wo wir es sehen. Man sagt, das Bild ist *virtuell*.

> Gegenstand und Spiegelbild sind gleich weit vom Spiegel entfernt. Die Verbindungslinie vom Gegenstandspunkt zum Spiegelpunkt steht senkrecht auf der Spiegelebene (Abb. ➤ 3).

Weitere Untersuchungen an Spiegelbildern ergeben folgende Eigenschaften des Spiegelbildes:

> Spiegelbilder von Gegenständen sind gleich groß, aufrecht und vertauschen hinten und vorn (Abb. ➤ 4).

1 Warum erscheinen die Spiegelbilder von Gegenständen meist kleiner als das Original (siehe auch Abb. ➤ 1 und Abb. ➤ 2)?

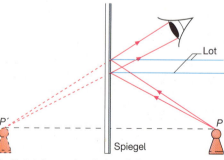

3 Entstehung des Spiegelbildes

4 Gegenstände mit Spiegelbild

44 Licht an Grenzflächen

Die Brechung des Lichtes

Versuche

V1 Stelle eine Kaffeetasse, auf deren Boden sich ein Muster befindet, so vor dich, dass du das Muster gerade nicht mehr siehst. Fülle nun die Tasse mit Wasser.
Du stellst fest, dass das Muster sichtbar wird (Abb. ➤ 1).

V2 Auf dem Boden einer mit Wasser gefüllten Glaswanne liegt eine Münze. Wir blicken durch ein Glasrohr auf die Münze (Abb. ➤ 2). Schieben wir eine Stricknadel durch das Rohr, so trifft sie die Münze nicht. Ein Lichtbündel, das durch das Rohr geht, beleuchtet dagegen die Münze.

1

Wir beobachten, dass das Lichtbündel einen Knick an der Wasseroberfläche hat.

2

Grundwissen

Der geknickte Lichtstrahl

In einer vor uns stehenden Tasse kann man plötzlich bis zum Boden sehen, wenn man sie mit Wasser füllt. Wie gelangt das Licht um die Tassenkante herum?
Wir untersuchen die Ausbreitung des Lichtes beim Übergang von Wasser in Luft genauer.

Wird das schmale Lichtbündel einer Experimentierleuchte von unten auf einen wassergefüllten Trog gerichtet, so wird ein Teil des Lichtbündels an der Wasseroberfläche gerichtet reflektiert. Der andere Teil verlässt das Wasser und ändert dabei an der Wasseroberfläche seine Ausbreitungsrichtung (Abb. ➤ 3). Es sieht aus, als wäre der Lichtstrahl „abgebrochen". Man nennt die Erscheinung deshalb die **Brechung** des Lichtes. Damit ist klar, wie das Licht vom Tassenboden in das Auge des Beobachters gelangt (Abb. ➤ 4).

Die Brechung kann man auch beobachten, wenn der Lichtweg umgekehrt wird

und so der Übergang des Lichtes von Luft in Wasser erfolgt. Auch beim Übergang des Lichtes in andere durchsichtige Körper kommt es zur Brechung.

> Brechung bedeutet, dass sich die Ausbreitungsrichtung eines Lichtstrahls beim Übergang in einen anderen durchsichtigen Körper ändert.

Untersucht man die Brechung genauer und misst die **Einfallswinkel** α, unter denen ein Lichtstrahl auf die **Grenzfläche** zwischen zwei durchsichtigen Körpern auftrifft, und die zugehörigen **Brechungswinkel** β (Abb. ➤ 5), so stellt man fest:

– Trifft das Licht senkrecht auf die Grenzfläche, so ändert sich seine Richtung nicht.

– Wird der Einfallswinkel α größer, so nimmt auch der Brechungswinkel β zu.

3

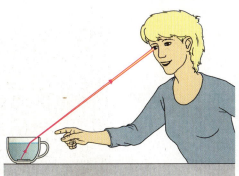

4 Der Lichtweg vom Tassenboden zum Auge

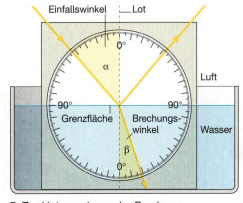

5 Zur Untersuchung der Brechung

Licht an Grenzflächen 45

Werkstatt
Messung des Brechungswinkels

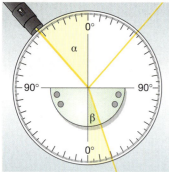

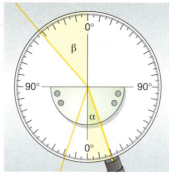

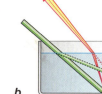

1 Zu Versuch 1

2 Zu Versuch 2

3 Der scheinbare Knick im Trinkhalm

Beschreiben:
Antwort auf die Fragen *„was"* und *„wie"*

Erklären:
Antwort auf die Frage *„warum"*

V1 Licht gelangt zunächst von Luft in den Halbrundglaskörper (Abb. ▶1). Der Einfallswinkel α wird langsam vergrößert, der jeweilige Brechungswinkel β abgelesen:

α	0°	15°	30°	45°	60°	75°
β	0°	10°	20°	30°	35°	41°

Die Messung zeigt, dass der Brechungswinkel stets kleiner ist als der Einfallswinkel. Man sagt, der gebrochene Strahl wird zum Lot hin gebrochen.
Der Stoff, in dem der zum Lot gemessene Winkel des Lichtstrahles kleiner ist, heißt **optisch dichter** als der andere Stoff, der als **optisch dünner** bezeichnet wird.

V2 Die Lampe wird nach rechts unten gebracht (Abb. ▶2). Licht gelangt ohne Richtungsänderung in den Halbrundglaskörper, da es senkrecht auf die gekrümmte Grenzfläche trifft. Erst bei Austritt von Glas in Luft erfolgt die Brechung. In diesem Fall wird der Strahl vom Lot weg gebrochen.

> Geht Licht von einem optisch dünneren Stoff in einen optisch dichteren Stoff über, so wird es stets zum Lot hin gebrochen. Im umgekehrten Fall wird es vom Lot weg gebrochen.

Die Brechung des Lichtes kann man in Natur und Alltag häufig beobachten. Wir wollen ein Beispiel genau beschreiben und mit Hilfe der Kenntnisse über die Brechung erklären.

Beschreibung: Stellt man einen Trinkhalm in ein wassergefülltes Glas und betrachtet ihn von schräg oben, so sieht es aus, als sei er geknickt (Abb. ▶3a).

Erklärung: Das vom Halm ausgehende Licht wird gebrochen. Da unser Gehirn jedoch ständig die Erfahrung macht, dass sich Licht geradlinig ausbreitet, nimmt es das auch hier an. Deshalb sieht man die Spitze des Halms nicht an der Stelle, an der sie sich befindet, sondern weiter oben. Der Halm scheint an der Wasseroberfläche geknickt zu sein (Abb. ▶3b).

1 Beschreibe ein Experiment, mit dem die Brechung untersucht werden kann!

2 Beschreibe und erkläre die in Abb. ▶4 und 5 dargestellten Erscheinungen!

4 Ist der Bleistift in drei Teile zerbrochen?

5 Hat der Junge tatsächlich so kurze Beine?

46 *Licht an Grenzflächen*

Grundwissen

Wie unterscheiden sich die Stoffe?

Aus Messungen in Versuchen mit Lichtbrechung erhält man für verschiedene Stoffpaare zueinander gehörende Einfalls- und Brechungswinkel. Für Luft/Glas bzw. Luft/Wasser ergeben sich z. B. die Werte in Tabelle ▶1. Das Diagramm in Abb. ▶2 enthält zusätzlich noch eine Kurve für Luft/Diamant. Man findet:

	Das Licht geht über	
von Luft	in Glas	in Wasser
Einfallswinkel α	Brechungswinkel β	
0°	0°	0°
20°	13°	15°
40°	25°	29°
60°	35°	40°
80°	40°	47°
89°	41°	48°

1 Brechungswinkel für Luft/Glas, Luft/Wasser

| Einfalls- und Brechungswinkel verändern sich typisch für jedes Stoffpaar.

Bei einem in der Luft von 0° bis nahe 90° wachsenden Einfallswinkel α wächst auch der Brechungswinkel β an. Die Zunahme von β wird jedoch immer geringer. Verwendet man statt weißem rotes oder blaues Licht, so zeigt ein Vergleich, dass das rote Licht immer etwas weniger stark als das blaue gebrochen wird. Dies ist der Grund, dass bei der Brechung von weißen Lichtbündeln farbige Ränder entstehen.

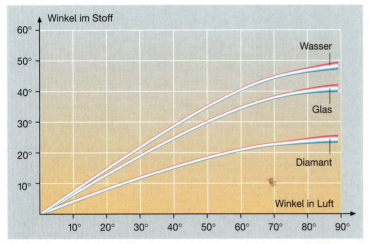

2 Einfallswinkel in Luft/Brechungswinkel in verschiedenen Stoffen

| Blaues Licht wird stärker als grünes, dieses stärker als rotes Licht gebrochen.

1 Welche Messkurve (Abb. ▶2) ist für „hochbrechendes" Glas zu erwarten?

Brechung in der Atmosphäre

In Abb. ▶3 sieht man ein Bild der Sonne, die nicht mehr kreisrund ist, sondern eine ovale Form hat. Diese Abplattung der Sonne hat ihre Ursache in der Lichtbrechung durch die Lufthülle der Erde.
In großer Höhe ist die Luft sehr dünn. Je näher man aber der Erdoberfläche kommt, umso dichter wird sie, weil auf ihr immer mehr darüber befindliche Luft lastet, die sie zusammenpresst. Die optische Dichte der Luft hängt mit dieser stofflichen Dichte zusammen. Die optische Dichte der Luft wächst deshalb ebenfalls, je näher man der Erdoberfläche kommt. Das von der Sonne schräg auf die Lufthülle der Erde einfallende Licht wird an den optisch immer dichter werdenden Luftschichten immer mehr zum Lot hin gebrochen. Der Lichtweg ist deshalb immer steiler auf die Erdoberfläche zu gekrümmt. Die Sonne steht deshalb nicht so hoch über dem Horizont, wie es unsere Blickrichtung erscheinen lässt (Abb. ▶4). Infolgedessen sehen wir morgens die Sonne schon, wenn sie sich noch um etwa 0,5° unter dem Horizont befindet. Abends steht sie schon 0,5° unter dem Horizont, wenn wir sie erst untergehen sehen. Die längere Sichtbarkeit ergibt eine Verlängerung des Tageslichtes von 2 mal 2 Minuten. Der untere Rand der ovalen Sonne befindet sich also in Wirklichkeit weiter unter dem Horizont, als es scheint. Dadurch ergibt sich der Gesamteindruck einer „gestauchten" Sonne.

3 Die ovale Sonne

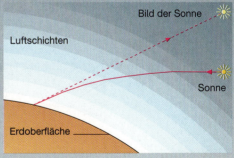

4 Der gekrümmte Lichtweg

Licht an Grenzflächen

Grundwissen

Die Totalreflexion

In dem in Abb. ➤1 gezeigten Versuch erscheint der Schriftzug am Boden des Gefäßes deutlich auf der Oberfläche des Wassers. Das von unten kommende Licht wird vollständig an der Innenseite des Gefäßes nach oben reflektiert.

1

2 Nicht alle Lichtbündel werden gebrochen.

Stoff-paar	Grenz-winkel
Wasser/Luft	49°
Glas/Luft	41°
Rubin/Luft	34°
Diamant/Luft	24°

Geht ein Lichtbündel vom optisch dichteren zum optisch dünneren Stoff über, so wird es vom Lot weg gebrochen. Das geschieht z. B. beim Übergang von Glas in Luft oder von Wasser in Luft. Immer wird dabei auch ein Teil des Lichtbündels an der Grenzfläche reflektiert. Bei großen Einfallswinkeln beobachtet man jedoch, dass nur noch ein reflektiertes Lichtbündel vorhanden ist. Abb. ➤2 zeigt dies für den Übergang des Lichtes von Wasser in Luft. Das in die Luft gebrochene Lichtbündel wird mit wachsendem Einfallswinkel im Wasser immer schwächer. Bei einem bestimmten Einfallswinkel wird der Brechungswinkel nahezu 90°. Dann ist das gebrochene Lichtbündel parallel zur Wasseroberfläche.

Wählt man einen noch größeren Einfallswinkel, so gibt es keinen gebrochenen Lichtanteil mehr. Das Lichtbündel wird vollständig an der Grenzfläche reflektiert. Man spricht deshalb von einer **Totalreflexion** des Lichtes.

Der Einfallswinkel, der zum Brechungswinkel von nahezu 90° gehört, heißt **Grenzwinkel**. Ein solcher Grenzwinkel existiert nur für den Lichtweg vom optisch dichteren zum optisch dünneren Stoff.

| Überschreitet der Einfallswinkel den Grenzwinkel, so entsteht Totalreflexion.

Es gibt Glasprismen, die eintretendes Licht total reflektieren. Solche Prismen können einen Spiegel ersetzen. Die Lichtbündel haben im Glas nur Einfallswinkel, die größer als der Grenzwinkel sind (Abb. ➤3).

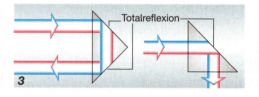

3

Luftspiegelungen

Die Luftdichte ändert sich mit der Temperatur. Warme Luft ist nicht nur leichter, sondern auch optisch dünner als kalte Luft. In der Senke zwischen Sanddünen der Sahara kann sich im Laufe des Tages die Luft so stark erwärmen, dass sie optisch dünner ist als die darüber befindliche Luft. Deshalb sehen wir die Kamelreiter von gegenüber (Abb. ➤4) über dem in der Senke gespiegelten Himmel.

Die Luftschicht unmittelbar über einer Straße ist an heißen Tagen viel heißer als die darüber befindliche Luft. In der Ferne scheint die Straße mit Wasser bedeckt zu sein. Man sieht jedoch nur den an dieser Schicht gespiegelten Himmel. Der Einfallswinkel der Lichtbündel ist so groß, dass es zur Totalreflexion kommt.

Die heiße Luft in der Senke zwischen zwei Dünen spiegelt den Himmel.

4 Luftspiegelung in der Sahara

48 Licht an Grenzflächen

Glasfasern

Die Glasfasertechnik nutzt die Totalreflexion aus. Zur Weiterleitung von Licht verwendet man haardünne Glasfasern. Sie sind biegsam – man kann sie ohne Schaden um den Finger wickeln – und extrem durchsichtig. Wäre das Meerwasser so durchsichtig wie die Glasfasern, würde man den Meeresboden vom Schiff bis in 10 000 m Tiefe sehen können.

großes Faserbündel

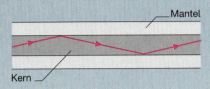
Mantel
Kern

Im Glasfaserkern ist das Glas optisch dichter als im Mantel. Da das Licht nur mit einem großen Einfallswinkel auf die Grenzfläche trifft, wird es am Glasmantel total reflektiert und bleibt in der Faser. Es lässt sich damit sogar auf gekrümmten Wegen übertragen.

Beim Endoskop in der Medizin werden Bündel von Glasfasern benutzt. Sie dienen dazu, Bilder aus dem Körper auf einen Bildschirm zu übertragen. Jede Faser liefert einen Bildpunkt. Mit anderen Fasern wird Licht auf die im Körper zu betrachtende Stelle gelenkt. Durch eine Öffnung lassen sich chirurgische Instrumente einführen, die zum Operieren erforderlich sind.

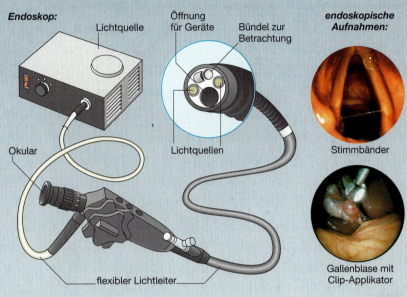

Endoskop: Lichtquelle, Öffnung für Geräte, Bündel zur Betrachtung, Okular, Lichtquellen, flexibler Lichtleiter

endoskopische Aufnahmen:
Stimmbänder
Gallenblase mit Clip-Applikator

Mit Glasfasern lassen sich Fernsehbilder oder Telefongespräche übertragen. Die elektrischen Signale im Fernsehen oder beim Telefon werden in optische Signale umgewandelt. Mit einem Laserlichtbündel können über 100 Millionen Signale pro Sekunde transportiert werden. Auf diese Art lassen sich Hunderttausende von Telefongesprächen oder mehrere Fernsehprogramme gleichzeitig übertragen.

Im Empfänger wird das optische Signal wieder in ein elektrisches Signal zurückverwandelt.
Glasfaserbündel können sehr detailreiche Bilder erzeugen, wie die Abbildung oben mit der Biene zeigt.

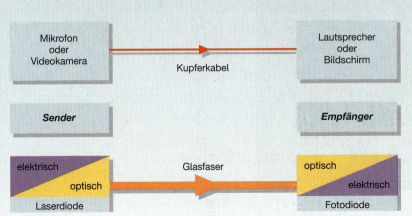

Mikrofon oder Videokamera — Kupferkabel — Lautsprecher oder Bildschirm
Sender — Empfänger
elektrisch/optisch — Glasfaser — optisch/elektrisch
Laserdiode — Fotodiode

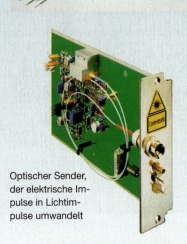
Optischer Sender, der elektrische Impulse in Lichtimpulse umwandelt

Licht an Grenzflächen

1 Lichtquellen ermöglichen den Straßenverkehr auch nachts.

2 Lebenswichtig: Gut sehen und gut gesehen werden!

3 Lichtquellen und Reflektoren am Fahrrad

Licht im Verkehr

Abb. ➤1 zeigt, welche Bedeutung Licht im Straßenverkehr hat: Straßenlampen oder Autoscheinwerfer machen den Straßenverlauf, Verkehrsschilder und andere Verkehrsteilnehmer sichtbar; Ampeln regeln den Verkehr; Rücklichter warnen den nachfolgenden Verkehr usw. Leider gibt es auch störende Spiegelungen auf einer nassen Fahrbahn! Nicht nur im Straßenverkehr ist Licht wichtig – auch Flugzeuge und Schiffe, U-Bahnen und Fernschnellzüge sind auf Licht und Lichtsignale angewiesen.

Ein *Scheinwerfer* beleuchtet Teile der Straße, die Straßenbegrenzung und nahe liegende Hindernisse. Von ihnen wird das Licht umgelenkt, so dass es zum Teil in unsere Augen gelangt. Das ist das Licht, durch das wir diese Gegenstände sehen.

Der Autoscheinwerfer in Abb. ➤2 erfasst zwar beide Fußgänger, aber die dunkle Kleidung des rechten Fußgängers absorbiert beinahe alles Licht. Er wird spät erkannt! Durch die helle Kleidung und die reflektierende Armbinde ist der linke Fußgänger dagegen schon von weitem sichtbar: Man muss nicht nur selbst gut sehen, sondern auch von anderen gut gesehen werden!

Viele Lichtsignale wie Ampeln und Bremslichter, von Reflektoren und Kleidungsstücken umgelenktes Licht dienen der Sicherheit und der Verkehrsregelung. Zu schwache Lichtsignale können bei vielen anderen Lichtquellen leicht übersehen werden.

> Lichtquellen im Verkehr sollen hell leuchten, dürfen aber nicht blenden oder verwirren.

Daraus folgt für Radfahrer:

- die Beleuchtung nicht erst dann einschalten, wenn es richtig dunkel wird! Ebenso wichtig ist, dass ein Autofahrer einen Radfahrer schon von weitem durch das umgelenkte Licht erkennen kann.
- Das Licht des Scheinwerfers muss die Straße weit genug ausleuchten. Der Scheinwerfer darf aber nicht zu hoch eingestellt sein, sonst blendet er andere Verkehrsteilnehmer.
- Ein *Rücklicht* schützt davor, von Verkehrsteilnehmern übersehen zu werden. An mehreren Stellen müssen *Reflektoren* angebracht sein, die möglichst viel von dem auftreffenden Licht zurücklenken. Beim Scheinwerfer sollte ein weißer, über dem Rücklicht ein roter Reflektor und an Speichen und Pedalen sollten mehrere gelbe Reflektoren angebracht sein. Scheinwerfer, Rücklicht und Reflektoren sind nur wirksam, wenn sie nicht verschmutzt sind (Abb. ➤3)! Überprüfe daher ständig die Beleuchtungsanlage und die Reflektoren deines Fahrrades, zur eigenen Sicherheit.

50 *Licht an Grenzflächen*

Rückblick

Begriffe
Was versteht man unter der/einem
- Reflexion von Licht?
- Spiegelbild?
- Brennpunkt?
- Grenzwinkel?
- virtuellem Bild?
- Brechung von Licht?
- optisch dichterem Stoff?
- Totalreflexion?

Beobachtungen
Was beobachtet man, wenn
- ein Gegenstand vor einem Spiegel steht?
- ein Lichtbündel auf eine Grenzfläche von Luft und Glas trifft?
- man unter Wasser schräg nach oben blickt?

Erklärungen
Wie lässt sich erklären, dass
- das Bild am ebenen Spiegel virtuell ist?
- eine Glasscheibe den Lichtweg versetzt?
- ein Gegenstand unter Wasser sich nicht dort befindet, wo man ihn sieht?
- Gegenstände beim Betrachten aus verschiedenen Richtungen durch ein Schaufenster ihre Größe und Lage nicht ändern?

Gesetzmäßigkeiten
Formuliere mit eigenen Worten
- das Reflexionsgesetz.
- das Brechungsgesetz.

Erläutere die Erscheinungen in den folgenden Bildern und beantworte die Fragen!

Warum sieht die Schrift auf dem Rettungswagen so seltsam aus?

Warum siehst du die Fußgänger unterschiedlich gut?

Weshalb ist der schwarze Karton sichtbar?

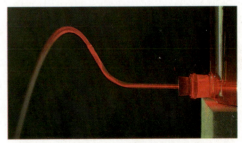

Welches Phänomen zeigt der Versuch?

Ist die Doppelung der Bäume eine Fälschung?

Weshalb entsteht kein Spiegelbild der Sonne?

Licht an Grenzflächen 51

Beispiele

1. Konstruktion des Lichtweges

Ein von einer punktförmigen Lichtquelle ausgehendes, dünnes Lichtbündel trifft unter einem Winkel von 60° auf eine Glasplatte, deren Rückseite durch eine Metallschicht reflektierend wirkt. Zeichne mögliche Lichtwege!

Lösung:
An der Auftreffstelle A wird ein Teil des Lichtbündels reflektiert. Aus der Messwerte-Tabelle entnimmt man, dass der andere Teil mit dem Brechungswinkel 35° in das Glas eindringt. Er wird bis B an der Metallschicht verlängert. Dort wird das Lichtbündel reflektiert. Bei C erreicht es die Oberseite der Glasplatte unter 35° und wird zum Teil unter dem Winkel von 60° nach außen gebrochen, zum Teil zurück ins Glas reflektiert. Das bei A und C austretende Licht ist je nach Einfallswinkel und Dicke der Platte mehr oder weniger parallel versetzt.

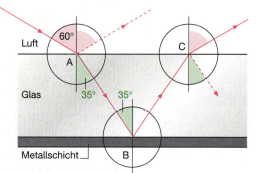

2. Das Glitzern geschliffener Diamanten

Von allen Edelsteinen ist der Diamant am kostbarsten. Er funkelt so prächtig. Woher kommt dieses Funkeln?

Lösung:
Diamant hat eine sehr große optische Dichte. Schon bei einem Einfallswinkel, der größer als 24° ist, entsteht eine Totalreflexion im Diamanten.
Diamanten werden meist so geschliffen, dass 58 Flächen entstehen. Dabei kommt es auf die richtige Lage der Flächen vom oberen zum unteren Teil des Steines an. Dann wird das von oben einfallende Licht fast vollständig an der Innenseite des Steins reflektiert, so dass es nur nach oben wieder entweichen kann. Der Diamant darf also weder zu dick noch zu dünn geraten, sonst blitzen die vielen Flächen oben nicht im reflektierten Licht auf.

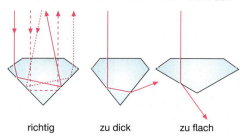

richtig   zu dick   zu flach

Heimversuche

1. Mehrere Spiegelbilder

Halte zwei Taschenspiegel so zusammen, dass sie einen Winkel von 90° bilden. Stelle einen kleinen Gegenstand zwischen die Spiegel. Wie viele Spiegelbilder beobachtest du? Sind alle Spiegelbilder gleich?
Wo befinden sich die Spiegelbilder?
Zeichne ein maßstabsgerechtes Schnittbild der Spiegel und des Gegenstandes. Konstruiere die Spiegelbilder, die ein Betrachter einmal vom Punkt A und einmal von B aus sieht.
Verändere den Winkel zwischen den Spiegeln. Wähle z. B. 45° und 60°.
Wie viele Spiegelbilder siehst du nun?

Zu Versuch 1

2. Spiegeltrick

Nimm einen kleinen Taschenspiegel und löse damit folgende Aufgabe:

Vervollständige zu „OTTO":

OTT

3. Löffel werden gekürzt

Halte einen Löffel senkrecht in ein Glas und fülle das Glas ganz mit Wasser. Blicke nun flach über den Rand des Glases zum Löffel. Beschreibe und erkläre deine Beobachtung!

4. Geld verschwindet

Stelle ein mit Wasser gefülltes Glas auf eine Münze und decke es zu, z. B. mit einem Teller. Blickst du von Seite aus unter das Glas, so siehst du die Münze. Hebst du nun den Kopf etwas hoch und schaust durch das Glas nach unten zur Münze, so ist sie verschwunden. Erkläre diese Beobachtung!

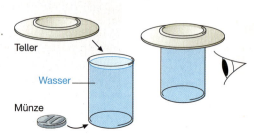

52   Licht an Grenzflächen

Fragen

Gerichtete und ungerichtete Reflexion

1 a) Bei der indirekten Beleuchtung eines Zimmers richtet man das Licht der Lampe auf helle Flächen wie Decke und Wand. Wie kommt die Helligkeit im Raum zustande?
b) Warum ist diese Art der Beleuchtung fast schattenlos?

2 Warum haben die Projektionswände für Dias oder Filme eine raue und weiße Oberfläche? Warum verwendet man hierfür nicht Spiegel, die doch das Licht sehr gut reflektieren können?

3 Zeichne die beiden Abbildungen in doppelter Größe in dein Heft. Im linken Bild fehlt der reflektierte Lichtstrahl. Im rechten Bild fehlt der Spiegel. Ergänze die Zeichnungen und begründe deine Lösung.

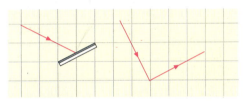

4 Das Glas einer Armbanduhr wird von der Sonne beschienen und erzeugt einen Lichtfleck an der Decke. Beim Drehen der Uhr bewegt sich der Fleck sehr schnell. Weshalb?

Spiegelbilder

5 a) Beschreibe mit Hilfe des Reflexionsgesetzes, wie es zu einem Spiegelbild kommt.
b) Nenne die Eigenschaften eines Spiegelbildes am ebenen Spiegel.
c) Weshalb befindet sich das Spiegelbild eines Gegenstandes für alle vor einem Spiegel stehenden Betrachter an derselben Stelle?

6 Zeichne die folgenden Abbildungen in dein Heft und löse die Aufgaben:
(Maßstab 1 cm im Buch ≙ 2 cm im Heft)
a) Konstruiere das Spiegelbild der punktförmigen Lichtquelle P in Abb. ▶1.
b) Wo muss in Abb. ▶2 auf dem Tisch ein Spiegel liegen, und wie groß muss er mindestens sein, damit ein von ihm reflektiertes Lichtbündel der Lichtquelle L die Fläche A an der Wand voll ausleuchtet?
c) Konstruiere in Abb. ▶3 einen Lichtstrahl der Lichtquelle L, der ins Auge gelangt.

Weshalb holt man sich am Meeresstrand oder im Schnee besonders schnell einen Sonnenbrand?

7 Zeichne die Großbuchstaben A, K, N und O in Druckschrift und ihre Spiegelbilder, wenn sie vor einem senkrecht stehenden Spiegel liegen und wenn sie davor stehen.

8 Herr und Frau S. stehen vor einem Spiegel. Wo sieht Frau S. ihren Mann im Spiegel, wo sieht Herr S. seine Frau im Spiegel?

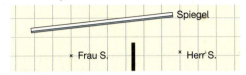

Übertrage die Abbildung in doppelter Größe in dein Heft und löse die Aufgabe durch eine Zeichnung.

9 Du siehst im Teich vor dir das Spiegelbild eines Baumes. Von der Stelle auf der Wasseroberfläche, die die Spitze des Baumes spiegelt, bist du 2 m entfernt. Wie weit ist der Baum von dir entfernt, wenn sich die Baumspitze 10 m und deine Augen 2 m über dem Wasserspiegel befinden?
Übertrage die Angaben maßstabsgetreu in dein Heft und ermittle den Abstand!

10 a) Wie groß muss ein Spiegel sein, damit man sich in 1 m Entfernung vollständig darin betrachten kann?
b) Wie hoch muss der Spiegel an der Wand aufgehängt werden? (Die Augen sollen 10 cm unterhalb des Scheitels sein.)
c) Würde sich etwas an der Lösung ändern, wenn man sich weiter vom Spiegel entfernt?

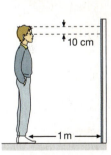

11 Der folgende Text lässt sich lesbar machen, wenn man eine Glasscheibe zur Hand hat. Wie muss die Scheibe aufgestellt werden und welche Eigenschaft des Glases wird genutzt?

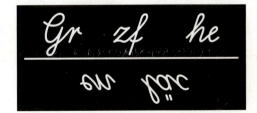

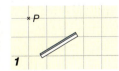
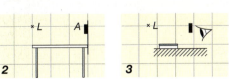

Licht an Grenzflächen 53

Fragen

12 Jemand vergleicht sein Foto mit seinem Spiegelbild und ist enttäuscht. Andere sagen, dass er auf dem Bild gut getroffen sei. Erläutere.

13 a) Weshalb erscheint ein Spiegelbild stets hinter dem ebenen Spiegel?
b) Was meint man mit der Aussage, dass Spiegelbilder stets virtuell sind?

14 Baue die Bühne mit Glasscheibe und Beleuchtung nach und erkläre, wie ein Zauberer damit eine „Jungfrau" zum Schweben bringt.

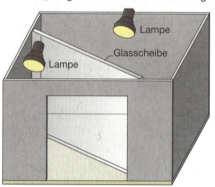

Brechung und Totalreflexion

15 In einem Versuch geht ein schmales Lichtbündel von Wasser in Glas über. Die Messwerte verschiedener Einfallswinkel α und Brechungswinkel β sind in der folgenden Tabelle festgehalten:

α	10°	20°	40°	60°	70°	80°
β	9°	17°	34°	49°	55°	59°

a) Beschreibe den Versuchsaufbau, mit dem man die Messungen durchführen kann.
b) Zeichne die Messwerte in ein Diagramm und bestimme den Grenzwinkel.
c) Ein schmales Lichtbündel trifft mit dem Einfallswinkel 45° die Grenzfläche von Wasser zu Glas. Wie groß ist der Brechungswinkel?

16 Zeichne die folgenden Abb. ▶1 bis 4 maßstäblich in dein Heft und konstruiere den weiteren Lichtweg (gelbe Farbe bedeutet Luft). Benutze dazu das Diagramm mit den Brechungswinkeln vorne im Buch.

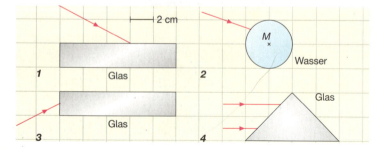

17 Unter welchen Bedingungen nimmt der Brechungswinkel stärker als der Einfallswinkel zu? Begründe deine Antwort.

18 Welche Größe wird beeinflusst, wenn statt eines optisch dünneren ein optisch dichterer Stoff verwendet wird?

19 Von Indianern und Eskimos erzählt man sich, dass sie mit Speeren oder Pfeilen aus Booten heraus Fische jagen. Verfügen diese Jäger über eine große Geschicklichkeit oder verlangt das Fischejagen von Booten aus keine besondere Erfahrung?

20 Weshalb beobachtet man Totalreflexion nur, wenn das Licht vom optisch dichteren zum optisch dünneren Stoff übergeht?

21 Mit einem Versuch soll festgestellt werden, welcher von zwei verschiedenen durchsichtigen Stoffen der optisch dichtere ist.
a) Skizziere einen möglichen Versuchsaufbau, der diese Frage beantwortet.
b) Beschreibe die Versuchsdurchführung.

22 Ein schmales Lichtbündel trifft auf die Grenzfläche zweier Stoffe. Übertrage die Abbildung in dein Heft.
a) Von welcher Seite der Grenzfläche kommt das Licht?
b) Kennzeichne Einfalls-, Brechungs- und Reflexionswinkel.
c) Auf welcher Seite der Grenzfläche ist der optisch dichtere Stoff?

23 Erläutere das Entstehen der folgenden Erscheinung am Horizont.

24 Glasprismen, bei denen zwei Seitenflächen einen rechten Winkel bilden, können einfallende Lichtbündel nahezu ungeschwächt reflektieren. Weshalb ist das der Fall?
a) Zeichne ein solches Prisma als rechtwinkliges Dreieck und gib den Weg eines senkrecht auf eine der Seitenflächen einfallenden Lichtbündels an.
b) Wie ändert sich durch die Reflexion die Lage eines zweiten, rechts vom ersten auftreffenden Lichtbündels?
c) Was geschieht, wenn die Lichtbündel nicht senkrecht auftreffen?

Farbiges Licht

Der Regenbogen

Sicherlich hast du schon oft einen Regenbogen gesehen. In seiner Größe und Farbenpracht ist er sehr beeindruckend. Hast du auch schon zwei Regenbogen übereinander gesehen? Weißt du, wo beim Betrachten eines Regenbogens die Sonne steht?

Wo bleiben die Farben?

In dem gelben Licht mancher Straßenlaternen sind Gegenstände zwar gut sichtbar, aber ihre Farben sind nur schwer zu unterscheiden.

Bunt und Weiß

Teile eine Pappscheibe von 10 cm Durchmesser in 3 gleiche Sektoren und färbe sie blau, gelb und rot. Bohre nahe der Mitte zwei kleine Löcher. Ziehe einen Faden so durch die Löcher, wie es die Abbildung zeigt. Halte die Enden in deinen Händen und verdrille durch Drehen der Scheibe den Faden. Durch rhythmisches Ziehen und Entspannen an den Enden kannst du die Pappscheibe schnell rotieren lassen. Beobachte die Farbflächen!

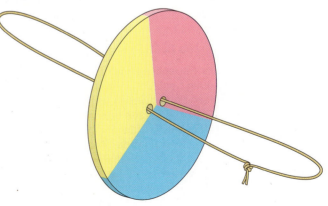

Farbiges Licht 55

Woher kommen die Farben?

Versuche

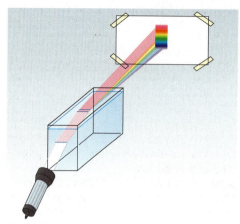

1 Farbiges Licht entsteht.

Ein optisches **Prisma** ist ein Glaskörper, der mit einem dreieckförmigen Querschnitt in den Lichtweg gestellt wird.

V1 Ein schmales Bündel weißen Lichtes trifft schräg auf eine ganz mit Wasser gefüllte Wanne. Von der Seite beobachtest du, dass das Licht zweimal seine Richtung ändert. An der Wand entsteht ein bunter Lichtfleck mit den Farben des Regenbogens, Rot oben, Blau unten (Abb. ➤ 1).
Wir wiederholen den Versuch mit rotem und danach mit blauem Licht. Du beobachtest wieder die zweifache Brechung, aber es erscheinen keine weiteren Farben.
Das blaue Licht wird stärker gebrochen als das rote Licht.

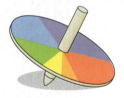

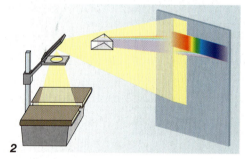

2

V2 Erster Newton'scher Versuch:

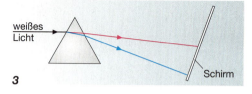

3

Ein Bündel weißen Lichtes trifft auf ein Prisma aus Glas (Abb. ➤ 3). Auf der Wand siehst du verschiedene Farben. Kommt das Licht vom Tageslicht-Projektor, so wird die Farberscheinung auf der Wand sehr groß (Abb. ➤ 2).

V3 Zweiter Newton'scher Versuch:

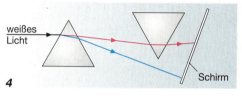

4

Hält man ein zweites Prisma dicht vor der Wand in das Licht einer Farbe, so entstehen keine zusätzlichen Farben.

V4 Dritter Newton'scher Versuch:

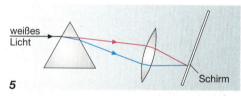

5

Hält man eine Linse so in den Strahlengang nach dem Prisma, dass das farbige Licht auf einen Fleck an der Wand zusammenläuft, so verschwinden die Farben. Der Fleck ist weiß.

V5 Ein Kreisel wird mit den Farben des Regenbogens bemalt. Bei schneller Drehung verschwinden die Farben, er wird grau.

Grundwissen

Farben beim Prisma

Der Regenbogen wird von Menschen häufig bestaunt. Wie kann Sonnenlicht diese Farbenvielfalt hervorbringen? 1666 untersuchte der englische Physiker **Isaac Newton** das Licht der Sonne. Er ließ Sonnenlicht durch ein kleines Loch in der Jalousie auf ein Prisma treffen. An der Wand beobachtete er Farben wie bei einem Regenbogen. Entsprechend seinen Versuchen finden wir:

Trifft farbiges Licht schräg von Luft auf Wasser oder auf Glas, so wird es gebrochen. Blaues Licht wird stärker gebrochen als gelbes Licht und gelbes Licht stärker als rotes Licht. Diese unterschiedlich starke Brechung von farbigem Licht heißt **Dispersion**.
Tritt Licht wie in Abb. ➤ 1 auf der anderen Seite aus dem Wasser oder dem Glas in die Luft wieder aus, so wird es an der

56 *Farbiges Licht*

zweiten Grenzfläche ein zweites Mal gebrochen. Dadurch verstärkt sich die unterschiedliche Ablenkung verschiedener Farben des Lichtes. Hält man ein Prisma in ein schmales Bündel weißen Lichtes, so entsteht auf dem weißen Schirm eine Farbenvielfalt wie im Regenbogen. Nacheinander sind die Farben Violett, Blau, Grün, Gelb, Orange, Rot zu sehen. Die aus dem weißen Licht entstandene Farberscheinung wird nach Newton als das **Spektrum** des weißen Lichtes bezeichnet. Neben den genannten Farben sind auch alle Zwischentöne vorhanden. Einfarbiges Licht aus diesem Spektrum ist Licht einer **Spektralfarbe**. Licht einer Spektralfarbe lässt sich durch ein zweites Prisma nicht in andere Farben zerlegen.

| Weißes Licht ist ein Gemisch aus Licht verschiedener Farben.
| Das Licht einer Spektralfarbe kann nicht weiter zerlegt werden.

Wird das Licht des Spektrums von weißem Licht mit einer Sammellinse auf eine Stelle auf dem Schirm vereinigt, so entsteht wieder weißes Licht.
Ein in den Farben des Spektrums von weißem Licht angemalter Kreisel sieht grau-weiß aus, wenn er sich schnell dreht. Das Grau zeigt an, dass die so auf einen Fleck „vereinigten" Farben des Kreisels nicht hell genug leuchten, um „richtiges" Weiß zu ergeben. Je schwächer ein Licht leuchtet, umso „grauer" erscheint es, seine Farbe ändert sich nicht.

| Das Licht eines Spektrums, das von weißem Licht stammt, lässt sich wieder zu weißem Licht vereinigen.

1 Wo kann man beobachten, dass aus weißem Licht verschiedene Spektralfarben entstehen?
2 Wie kann man prüfen, ob ein farbiges Licht eine Spektralfarbe ist?

Der Regenbogen

Einen Regenbogen (Abb. ➤ 1) siehst du nur, wenn die Sonne in deinem Rücken scheint und vor dir ein Regenschauer niedergeht. In jedem einzelnen Tropfen des Regenschauers wird ein Teil des Sonnenlichtes so gebrochen, reflektiert und in seine Farben zerlegt, dass eine Farbe des Spektrums in dein Auge gelangt (Abb. ➤ 2). Von verschiedenen Orten erscheint derselbe Wassertropfen in unterschiedlichen Farben, da jede Farbe den Tropfen nur unter einem ganz bestimmten Winkel zur Richtung der Sonnenstrahlen verlässt. Das rote Licht wird am wenigsten gebrochen, es trifft dein Auge aus den höher gelegenen Tropfen. Der **Hauptregenbogen** erscheint kreisförmig im Winkel von 40°–42° um die Schattenlinie des eigenen Kopfes.
Je niedriger die Sonne steht, desto mehr siehst du vom Kreisbogen des Regenbogens. Wenn du an einem Abgrund stehst oder den Regenbogen vor dir mit einem Gartenschlauch erzeugst, siehst du den ganzen Kreisbogen.

Befinden sich genügend Wassertropfen über dem Hauptregenbogen, so kann man dort einen zweiten, den **Nebenregenbogen**, beobachten (Abb. ➤ 1). Er erscheint unter dem Winkel von etwa 50° bis 53° gegenüber dem einfallenden Sonnenlicht. Sein Licht wurde zweimal im Tropfen reflektiert, bevor es zum Betrachter gelangt. Die Reihenfolge der Farben des Nebenregenbogens ist gegenüber dem Hauptregenbogen umgekehrt, d. h., die Außenfarbe ist blau und die Innenfarbe ist rot.

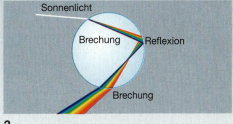

Farbiges Licht 57

Neue Farben entstehen

Versuche

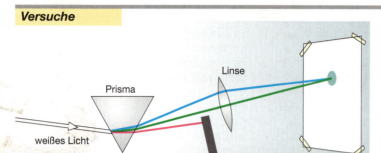

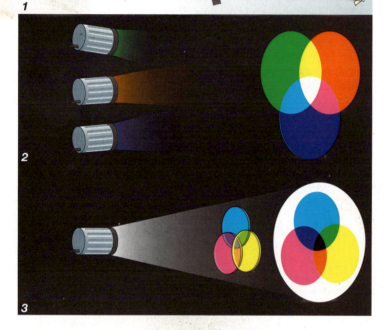

V1 Wir lassen weißes Licht auf ein Prisma treffen und erzeugen ein kontinuierliches Spektrum. Wir blenden das rote Licht aus und vereinigen mit einer Sammellinse das restliche Licht auf einen Fleck. Dieser erscheint grün (Abb. ▶1).
Blenden wir das gelbe Licht aus, so entsteht ein blauvioletter Fleck.

V2 Wir nehmen farbige Folien oder Gläser und verwenden sie als Farbfilter. Erscheint weißes Licht in der Durchsicht z. B. rot, so sagen wir dazu Rotfilter. Mit Farbfiltern vor drei Lichtquellen erzeugen wir nun rotes, grünes und blaues Licht. Die drei Lichtbündel richten wir so auf einen weißen Schirm, dass sie sich teilweise überlappen (Abb. ▶2).
Das rote und das grüne Licht ergeben gelbes Licht, während das blaue und das grüne Licht hellblaues Licht erzeugen.
Das blaue und das rote Licht ergeben Purpur. Alle drei Farben ergeben in der Mitte zusammen weißes Licht!

V3 Vor ein Gelbfilter halten wir zusätzlich ein Blaufilter und sehen wieder hindurch. Jetzt sehen wir durch die beiden Filter, dass das weiße Licht an der Wand grün ist.

Nehmen wir noch ein Rotfilter hinzu, wird überhaupt kein Licht mehr hindurchgelassen. Verschieben wir die Filter etwas gegeneinander, so können wir Farbkombinationen beobachten, wie sie in Abb. ▶3 zu sehen sind.

Grundwissen

Mischungen von Farben

Weißes Licht kann in seine Spektralfarben zerlegt und umgekehrt kann das Spektrum wieder zu weißem Licht vereinigt werden. Richten wir zwei Lichtbündel unterschiedlicher Farbe so auf eine weiße Wand, dass sie sich teilweise überdecken, dann sieht man in diesem Bereich eine neue Farbe (Abb. ▶2).

Dieses Übereinanderstrahlen verschiedener Lichtfarben nennt man **Farbaddition**. Wird z. B. grünes Licht aus dem Spektrum des weißen Lichtes ausgeblendet, dann ergibt die Farbaddition des Restes purpurrotes Licht (Abb. ▶4). Fügt man das ausgeblendete grüne Licht dem purpurroten Licht hinzu, dann ergibt die Farbaddition wieder weißes Licht.
Die aus dem Spektrum des weißen Lichtes ausgeblendete Farbe und die durch Mischung entstandene Farbe des Restes heißen **Komplementärfarben**.

| Zwei Komplementärfarben ergeben bei Farbaddition Weiß.

1 Wie lassen sich Komplementärfarben erzeugen?

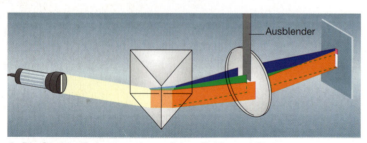

4 Die Spektralfarben werden auf dem Schirm addiert.

58 Farbiges Licht

1 Einige Paare von Komplementärfarben

Abb. ➤1 gibt einige Paare von Komplementärfarben wieder.
Versuche zur Farbaddition zeigen, dass man mit den drei Farben **Rot**, **Grün** und **Blau** alle anderen Farben des Spektrums erzeugen kann. Bei der Addition von violettem und rotem Licht entsteht sogar eine Farbe, die es im Spektrum nicht gibt: **Purpur**.
Im **Farbenkreis** (Abb. ➤2) sind die Farben des Spektrums in einem Kreis angeordnet. Zwischen Rot und Violett ist Purpur eingefügt. Mit dieser Anordnung der Farben lässt sich sagen:

1. Alle Farben des Farbenkreises lassen sich durch Farbaddition aus den Farben Rot, Grün, Blau erzeugen.
2. Im Farbenkreis gegenüberliegende Farben ergeben bei Addition Weiß.
3. Jede Farbe des Farbenkreises lässt sich durch Farbaddition aus ihren benachbarten Farben erzeugen.

Unser Auge unterscheidet nicht, ob z. B. ein gelbes Licht durch Ausblenden der Spektralfarbe oder durch Farbaddition von Rot und Grün entstanden ist.

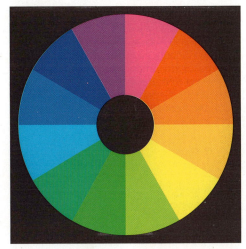

2 Farbenkreis

Hält man farbige Folien oder Farbgläser in den Strahlengang des Lichtes, so wird damit Licht bestimmter Farben ausgeblendet. Solche Folien oder Gläser heißen **Farbfilter**.
Betrachten wir ein Spektrum durch eine gelbe Folie wie in Abb. ➤3, so stellen wir fest, dass der gelbe Teil sehr gut, aber auch noch einige rote und grüne Anteile des Spektrums zu sehen sind (Abb. ➤4). Dagegen fehlt der blaue und der violette Anteil des Spektrums. Ein solches Herausfiltern von Farben wird **Farbsubtraktion** genannt.
Wird über die gelbe Folie noch eine blaue Folie gelegt, so sieht man grünes Licht. Die blaue Folie filtert den von der gelben Folie durchgelassenen roten und gelben Lichtanteil völlig heraus. Für das grüne Licht ist sie aber noch in einem bestimmten Maße durchlässig. Das blaue Licht aus dem Spektrum wurde durch die gelbe Folie bereits herausgefiltert. Durch ein Gelbfilter und ein Blaufilter zusammen gelangt also nur Licht der Farbe hindurch, bei der beide Filter durchlässig sind.

> Farbfilter lassen nur Licht mit bestimmter Farbe durch (Farbsubtraktion). Legt man mehrere Filter übereinander, so gelangen nur die Farben hindurch, für die alle Filter durchlässig sind.

Verwenden wir als Schirm keinen weißen, sondern einen farbigen Karton, so sehen die Spektren anders aus. Auf einem gelben Karton sehen wir das Spektrum nur von Rot-Orange bis Grün (Abb. ➤5). Licht mit anderen Farben wird vom Karton nicht reflektiert, sondern absorbiert. Beleuchten wir einen blauen Karton mit gelbem Licht, so erscheint er schwarz. Das gelbe Licht wird nicht reflektiert. Eine farbige Oberfläche wirkt bei der Reflexion wie ein Filter, das nur für bestimmte Farben Licht reflektieren kann.

> Die Farbe, in der wir einen Körper sehen, hängt von der Farbe des Lichtes, das ihn bestrahlt, und seiner Fähigkeit zur Absorption einzelner Farben ab.

1 In welcher Farbe erscheint ein grüner Pullover im roten Licht?
2 Wasserfarben auf weißem Papier wirken wie Farbfilter. Wie entsteht bei einer Mischung aus Blau und Gelb das Grün?

3 Normales Spektrum

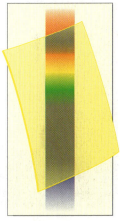

4 Spektrum mit gelber Folie betrachtet

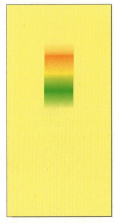

5 Spektrum auf gelbem Karton als Schirm

Farbiges Licht

Farbensehen – das Gehirn spielt mit!

Beim Farbensehen kann man oft Merkwürdiges beobachten, denn „Sehen" ist nicht allein ein optischer Vorgang, sondern auch untrennbar mit einer Umsetzung der Sinneseindrücke im Gehirn verbunden.

Auch bei schwachem Dämmerlicht sind die Formen der farbigen Figuren in Abb. ➤ 1 zu erkennen. Ihre Farben wahrzunehmen, fällt viel schwerer. Bei sehr wenig Licht sieht man die Farben nur in unterschiedlichen Graustufen. Dies hat biologische Gründe. In der Netzhaut gibt es zwei unterschiedliche Empfänger für Lichtsignale (Abb. ➤ 2): Eine Sorte ist für die Helligkeit des Gesehenen zuständig. Diese Empfänger, die wegen ihrer Form auch als **Stäbchen** bezeichnet werden, sind sehr lichtempfindlich. Die für Farbempfindungen zuständigen Empfänger, sie werden **Zapfen** genannt, sind weniger empfindlich. Das bedeutet, dass bei schwachem Licht Farben nicht mehr erkannt werden. Es ist sinnvoll, dass die Empfänger für Helligkeit empfindlicher sind, denn bei Dunkelheit ist es wichtiger zu erkennen, ob und wie ein Gegenstand im Weg liegt, anstatt zu wissen, ob er rot oder blau ist.

Erstaunlich ist, dass z. B. die Farbe gelb auf ganz unterschiedliche Art gesehen werden kann: Einmal als Spektralfarbe, das andere Mal als Mischfarbe, die unser Gehirn durch Farbaddition wahrnimmt. Zur Erklärung wird angenommen, dass unser Auge Lichtempfänger für drei Farben hat, deren Signale dann im Gehirn, je nach Intensität ihrer einzelnen Erregung, als gleiche oder verschiedene Farben erkannt werden (Abb. ➤ 2).

1 Test für die Empfindlichkeit des Farbensehens

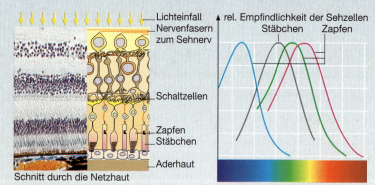

Schnitt durch die Netzhaut
2 Lichtsinneszellen und ihre relativen Empfindlichkeiten

Unser Gehirn ist weit mehr als ein Mess- und Recheninstrument, das stets zu gleichen Ergebnissen kommt. In Abb. ➤ 5 rechts ist das kleine Quadrat in beiden Teilbildern in der exakt gleichen Farbe gedruckt. Das Auge kommt aber, abhängig von der Umgebung, zu unterschiedlichen Ergebnissen.

3

Wird das gelbe Feld in Abb. ➤ 3 längere Zeit fixiert und dann der Blick auf das weiße Feld daneben gewechselt, so erscheint dieses Feld violett. Man erklärt dies damit, dass die Sehzellen für gelbes Licht durch die längere Betrachtung „weniger empfindlich" gemacht werden; im folgenden weißen Licht nehmen sie dann den gelben Anteil nicht mehr so intensiv wahr. Das Gehirn macht daher eine Farbsubtraktion: Weiß – Gelb = Violett.

Solche Experimente lassen sich gut mit verschiedenfarbigen Pappstreifen durchführen. *Johann Wolfgang von Goethe* (1749 – 1832) hat als erster in seiner Farbenlehre Versuche mit solchen **Kontrastfarben** beschrieben. Auf ihn geht auch die folgende, zum Nachmachen geeignete Beobachtung zurück:

„Man setze bei Dämmerung auf ein weißes Papier eine niedrig brennende Kerze; zwischen sie und das abnehmende Tageslicht stelle man einen Bleistift aufrecht, so daß der Schatten, welchen die Kerze wirft, von dem schwachen Tageslicht erhellt, aber nicht aufgehoben werden kann, und der Schatten wird von dem schönsten Blau erscheinen."

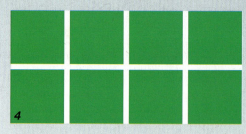

4

Werden sehr kleine weiße Flächen wie die Kreuzungen in Abb. ➤ 4 von großen gleichfarbigen Flächen umgeben, so erscheinen sie in der Farbe der umgebenden Flächen. Man spricht von **Simultanfarben**. Ob Kontrast- oder Simultanfarben auftreten, hängt von der Größe der betrachteten Farbfelder ab.

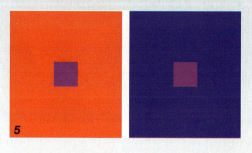

5

60 Farbiges Licht

Farbfernsehen – drei Bilder in einem!

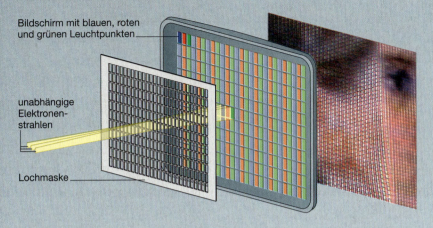

Bildschirm mit blauen, roten und grünen Leuchtpunkten

unabhängige Elektronenstrahlen

Lochmaske

Betrachtet man den Bildschirm eines Farbfernsehers durch eine Lupe, so sieht man lauter kleine Leuchtpunkte oder Leuchtstreifen in den drei Farben Rot, Grün und Blau, aus denen sich die Bilder zusammensetzen. Die Leuchtpunkte oder -streifen werden von drei getrennten Elektronenstrahlen auf der Bildschirminnenseite erzeugt. Je nach Farbe des Bildes an dieser Stelle treffen sie auf die entsprechend leuchtenden Punkte oder Streifen. Ihr Licht addiert sich zu Licht einer Farbe, da unser Auge die verschiedenen, nahe beieinander liegenden Lichtquellen aus der Entfernung nicht mehr voneinander unterscheiden kann.
Leuchten alle drei Leuchtpunkte oder -streifchen auf, so erscheint der Bildpunkt weiß; werden sie alle drei nicht zum Leuchten gebracht, bleibt die Stelle auf dem Schirm schwarz. Durch Abschwächen einzelner Farbanteile lassen sich noch weitere, im Farbenkreis nicht enthaltene Farben erzeugen (z. B. Braun aus Rot, etwas Blau und Grün).

Farben gedruckter Bilder

Auch gedruckte Farbbilder bestehen aus winzig kleinen Farbpunkten, die man mit den Druckfarben Blaugrün, Gelb, Purpur (und Schwarz) erzeugt. Da die durchscheinenden Farben auch übereinander gedruckt werden, muss man ihre Wirkung mit der **Farbsubtraktion** erklären.

Den optischen Aufhellern auf der Spur

„Das besondere Weiß!" Mit solchen und ähnlichen Werbesprüchen locken Hersteller von Waschmitteln zum Kauf ihrer Produkte. Weiße Wäsche wird im Laufe der Zeit gelblich, auch wenn sie sauber ist! Weiß wird sie wieder durch so genannte „optische Aufheller". Diese machen sich im UV-Licht bemerkbar, wie das linke Häufchen Waschpulver im Bild zeigt. Die Weißmacher wandeln die unsichtbare UV-Strahlung in sichtbares, blaues Licht um. Durch die Farbaddition des gelben Lichtes der Wäsche mit dem blauen Licht des Weiß-

machers sehen wir Weiß. Weiße Wäsche ist damit nicht nur eine Frage der Sauberkeit, sondern auch eine der Wahrnehmung von Weiß.

Diskotheken haben oft Lichtquellen mit hohem UV-Anteil. Das so genannte „Schwarzlicht" schimmert für uns schwach violett. Auch hier wird das UV-Licht in Licht des sichtbaren Bereiches umgewandelt. Besondere Schminke und Schmuckbänder leuchten nun hell auf.

Falsche Zähne erkennt man bei diesem Licht besonders gut:
Je nach Weißmacheranteil erscheint der falsche Zahn dunkler oder heller als die anderen Zähne, was sonst nie auffallen würde.

Mit Wärme sehen – die Thermographie

Zur Erzeugung von Bildern mit der Infrarot-Wärmestrahlung gibt es hierfür besonders geeignete Fotofilme und elektronische Halbleiterbauteile, Fotozellen. Es entstehen Bilder, die wir so nicht sehen.
Das Haus erscheint farbig: Dazu wurden mehrere Aufnahmen mit unterschiedlicher Temperaturempfindlichkeit gemacht, diese dann verschieden gefärbt und zu einem Bild zusammengesetzt. Die Anzeige reicht von gelb für hohe Temperatur über rot, orange, grün, blau zu schwarz für tiefe Temperatur.

Deutlich sind die „Schwachstellen" in der Wärmeisolierung des Wohnhauses zu sehen.
Auch in der Nacht lassen sich mit solchen Filmen Aufnahmen machen: Jeder Körper mit höherer Temperatur hebt sich vor einer kühleren Umgebung hell und deutlich ab. Menschen sind so wegen ihrer Körpertemperatur leicht zu erkennen. Darauf beruhen die Bewegungsmelder, die die IR-Strahlung des Menschen auch im Dunkeln registrieren und zum Beispiel eine Lampe einschalten.

Farbiges Licht **61**

Rückblick

Begriffe
Was versteht man unter
- Farbe?
- Spektrum?
- Farbaddition?
- Komplementärfarbe?
- Dispersion?
- Spektralfarbe?
- Farbsubtraktion?
- Farbenkreis?

Erklärungen
Wie lässt sich erklären, dass
- aus weißem Licht durch ein Prisma ein Spektrum erzeugt wird?
- ein Regenbogen bei Sonnenschein entsteht?
- ein Körper farbig erscheinen kann?

Beobachtungen
Was beobachtet man, wenn
- ein weißes Lichtbündel schräg auf ein optisches Prisma trifft?
- man das Spektrum weißen Lichtes mit einer Sammellinse vereinigt?
- von farbigen Lichtquellen ein Spektrum erzeugt wird?
- zwei Farben gemischt werden?

Gesetzmäßigkeiten
Beschreibe mit eigenen Worten
- die Aussagen der Newton'schen Versuche.
- das Zusammenwirken von Komplementärfarben.
- die Wirkung eines Gelbfilters auf den Anblick eines blauen Körpers bei Tageslicht.

Erläutere die Erscheinungen in den folgenden Bildern und beantworte die Fragen!

Aus welcher Richtung scheint die Sonne?

Weshalb hat derselbe Blumenstrauß im rechten Bild andere Farben erhalten?

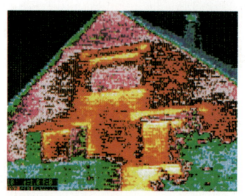

Wie lässt sich diese IR-Aufnahme deuten?

 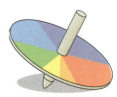

Wie entstehen diese Farben auf einem weißen Schirm?

Welche Farbe sieht man, wenn der Kreisel sich dreht?

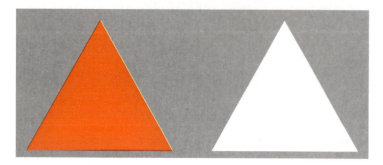

Betrachtet man etwa eine halbe Minute lang das Zentrum des roten Dreiecks mit einem Auge und blickt dann rasch in das weiße Dreieck, so sieht man dieses in Farbe. Um welche Farbe handelt es sich? Versuche, diese Farberscheinung zu erklären.

62 *Farbiges Licht*

Beispiel

Farbränder mit der planparallelen Platte

Auf eine dicke Glasscheibe, die die Form einer planparallelen Platte hat, fällt ein weißes Lichtbündel mit parallelen Randstrahlen. Hinter der Scheibe hat das Bündel farbige Ränder.

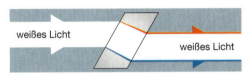

Warum zeigt das Bündel nur einfarbige Ränder? Wo sind die restlichen Farben des Lichts? Warum ist am oberen Rand das rote und am unteren Rand das blaue Licht zu sehen?

Lösung:

Das parallele Lichtbündel trifft schräg auf die Glasplatte. Denkt man sich dieses Bündel aus vielen schmalen Lichtbündeln zusammengesetzt, so wird jedes von ihnen gleich gebrochen. Bei jedem dieser schmalen Lichtbündel macht sich Dispersion bemerkbar, das heißt, dass für jedes dieser schmalen Lichtbündel der blaue Lichtanteil stärker als der rote gebrochen wird.

Im Innenbereich des gesamten Lichtbündels addieren sich die Farben der schmalen Lichtbündel alle wieder zu Weiß. Nur am unteren Rand des Lichtbündels ist die stärkere Brechung des blauen Lichtes, am oberen Rand die schwächere Brechung des roten Lichtes zu bemerken.

An der zweiten Grenzfläche ändert sich erneut die Richtung der Lichtwege gleichsinnig. Die Dispersion des weißen Lichtbündels führt dazu, dass im Innenbereich durch Farbaddition das Licht weiß bleibt, während die äußeren Farbanteile der schmalen Lichtbündel im Randbereich des Lichtbündels farbig bleiben.

Heimversuche

1. Blauer Himmel und Abendrot

Fülle einen glatten Glasbecher mit Wasser. Gib einen Esslöffel Milch dazu, so dass eine bläulich-weiße Flüssigkeit entsteht. Strahle mit dem gebündelten Licht einer Taschenlampe durch diese Flüssigkeit. Von der Seite gesehen erscheint das Lichtbündel in der Milch bläulich. Dem Lichtbündel von vorne entgegengeblickt siehst du rötliches Licht. Die Milch wirkt wie ein Rotfilter, weil es den roten Teil besser hindurchtreten lässt als den blauen, der stärker zur Seite gestreut wird.

2. Farbig wird's beim Kreiseln

Schneide eine kleine, kreisrunde Scheibe aus Pappe aus und bemale die eine Hälfte mit blauer und die andere Hälfte mit gelber Farbe aus dem Wasserfarbenkasten. Spieße die Scheibe in der Mitte auf einen kurzen, spitzen Bleistift und drehe ihn als Kreisel.
Welche Farbe hat die sich drehende Scheibe? Nimm eine rot/grüne Scheibe (oder andere Farbkombinationen) und vergleiche!

3. Tuschen mit Physik

Nimm ein weißes Blatt Papier und mische darauf jeweils die gleichen Wasserfarben-Kombinationen, die du beim zweiten Heimversuch mit dem Kreisel verwendet hast. Beschreibe deine Ergebnisse und erkläre sie!

4. Echte Farben?

Schneide aus saugfähigem Küchenpapier einen 10 bis 15 cm langen und 6 cm breiten Streifen. Male auf einer schmalen Seite etwa 2 cm vom Rand entfernt mit Filzstiften mehrere farbige Punkte. Knicke das Papier am oberen Rand über einen Bleistift und lege diesen auf ein Glas mit Wasser so, dass der Papierstreifen etwa 1 cm ins Wasser taucht. Beschreibe und erläutere deine Beobachtungen.

5. Geheimnisvolle Farbbilder

Betrachte mit Hilfe einer Lupe farbige Bilder in Zeitschriften, Zeitungen und Büchern. Manche sind aus vielen kleinen, farbigen Pünktchen zusammengesetzt, andere aber nicht. Vergleiche und erkläre deine Beobachtungen!

6. Wir addieren farbiges Licht

Nimm mehrere Diarähmchen und lege Folien mit verschiedenen Farben hinein. Stelle sie im rechten Winkel zueinander auf (siehe links am Rand). Lasse das Licht einer Kerze durch jeweils eine Folie scheinen.
Stelle auch die Farbe des Lichtes fest, die sich durch Hintereinandersetzen von zwei Folien ergibt!

7. Wasser färbt schwarze Balken

Nimm ein Wasserglas und fülle es mit sehr wenig Wasser. Kippe das Glas ein bisschen und betrachte den hier gedruckten schwarzen Balken durch den Boden des Glases. Warum werden die schwarzen Balkenränder auf einmal farbig?

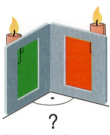

Zu Versuch 6

Farbiges Licht

Fragen

Spektrum und Farbentstehung

1 a) Ordne die Farben Orange, Violett, Rot, Blau, Grün, Gelb in der Reihenfolge des Farbspektrums.
b) Warum fehlen Weiß und Schwarz?
c) Nenne Farben, die im Spektrum fehlen.

2 Skizziere eine Versuchsanordnung, mit der man nachweisen kann, dass sich Spektralfarben nicht weiter zerlegen lassen.

3 a) Skizziere den Strahlengang des weißen Lichtes durch das Prisma.

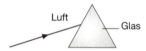

b) Beschreibe die Lichterscheinung auf dem Schirm, der hinter dem Prisma steht.
c) Wie ließe sich die Lichterscheinung von **b)** wieder rückgängig machen?

4 Um die Dispersion eines weißen Lichtbündels durch ein Prisma rückgängig zu machen, wird ein zweites, gleiches Prisma umgekehrt an das erste angefügt.

Beschreibe, was zu beobachten ist und erkläre die Erscheinung.

5 Weshalb haben Gegenstände, die man durch die Scheibe eines Schaufensters betrachtet, keine farbigen Ränder?

6 Beschreibe das Zustandekommen eines Regenbogens und die Bedingungen für sein Entstehen. Wo muss sich der Beobachter befinden, wo entstehen für ihn die Farben?

Farbmischungen

7 Welche Farbe ist Komplementärfarbe zu
a) Rot,   **b)** Grün,   **c)** Blau,   **d)** Gelb?

8 Gib mit Hilfe des Farbenkreises an, welche Mischfarbe die Addition von **a)** Grün + Rot, **b)** Rot + Blau, **c)** Violett + Grün ergibt.

9 Welche Wirkung hat ein grünes Farbfilter auf ein Lichtbündel, das durch Addition von rotem und grünem Licht entstanden ist?

10 Ein kontinuierliches Spektrum durch ein blaues Farbglas (Blaufilter) betrachtet, zeigt blau sehr hell, grün schwach, violett gerade noch. Mit einem grünen Farbglas betrachtet, ist grün sehr hell, blau schwach, gelb gerade noch zu sehen. Was sieht man, wenn beide Farbgläser übereinander liegen? Welche Farbe hätte ein entsprechendes Farbglas?

11 Welche Farbe zeigt gelbe Kleidung, wenn sie bei Tageslicht, in gelbem, in rotem, in blauem Licht betrachtet wird?

Schwierigere Probleme

12 Eine Schauspielerin wird auf der Bühne gleichzeitig mit einem grünen und mit einem roten Scheinwerfer angestrahlt.
a) Welche Farbe zeigt ihre weiße Bluse?
b) Welche Farben haben ihre Schatten auf dem Boden?

13 Ein Gegenstand wirft wie im folgenden Bild durch Beleuchten mit rotem und grünem Licht zwei Schatten. Erkläre, wie es zu den Farben im Schattenbereich kommt.

14 Der Regisseur möchte, dass das Kleid einer Schauspielerin auf der Bühne zunächst in strahlendem Gelb leuchtet, dann aber plötzlich schwarz wird. Fällt dir eine Lösung für die richtige Farbe der Bekleidung und für die Beleuchtung ein?

15 Wie würde der Regenbogen aussehen, wenn die Sonne nicht weiß, sondern einfarbig grün leuchten würde?

16 Braun kommt als Farbe weder im Farbenkreis noch bei den Komplementärfarben vor. Wie entsteht nun diese Farbe?

17 Bei „Rot-Grün-Schwäche" sind Rot und Grün nicht zu unterscheiden. Erkläre die Farbwahl für die Punkte im Testbild am Rand.

Zu Aufgabe 17

64 Farbiges Licht

Optische Geräte

Ein merkwürdiges Klassenfoto

Immer wieder will irgendjemand von dir wissen, wie eine Klassenkameradin oder ein Klassenkamerad eigentlich aussieht. Da hilft ein Foto!
Also rufst du alle herbei. Damit jeder gut zu erkennen ist, dauert es eine Weile, bis alle richtig stehen.

Betrachte das Foto!
Warum sind nur die Personen in der Bildmitte klar zu erkennen?
Ist dir das beim Fotografieren auch schon passiert?

Hygiene mit der Lupe

Noch vor 200 Jahren wusch man sich selten. „Feine Leute" überdeckten ihren Körpergeruch mit Duftwasser und Puder. Auch das Reinigen der Wäsche, der Kleidung und der Wohnräume geschah nur gelegentlich.
Für Ungeziefer wie Flöhe waren das herrliche Zeiten. Sie konnten sich in der schmutzigen Kleidung verstecken und in den Ritzen der Fußböden im Schmutz vermehren. Sie plagten die Menschen, ob reich oder arm, und übertrugen viele Krankheiten.

2 mm

Die „Flohlupe" – ein kleines Metallrohr mit einer Linse an einem Ende – war ein notwendiger Gebrauchsgegenstand. Selbst in adeligen Kreisen verstieß es nicht gegen die guten Sitten, sich in aller Öffentlichkeit mit der Lupe untersuchen zu lassen. Warum ließen sich die Plagegeister damit leichter finden?

Zauberei?

Fülle ein Reagenzglas mit Wasser und verschließe es mit einem Stopfen. Hältst du das Glas in kurzem Abstand über die Schriftzeile, die hier abgedruckt ist, dann beobachtest du etwas Merkwürdiges:
Warum lassen sich die schwarzen Worte immer noch gut lesen, die roten aber nicht?

Optische Geräte **65**

Von der Glaskugel zur Sammellinse

Versuche

1 Je mehr Wasser im Gefäß ist, desto besser sieht man ein Bild der Kerze.

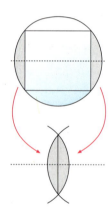

V1 Wir stellen wie in Abb. ➤1 ein kugelförmiges Glasgefäß zwischen eine brennende Kerze und einen Schirm. Dann füllen wir langsam Wasser in das Gefäß.
Auf dem Schirm wird ein Bild der Kerzenflamme immer deutlicher erkennbar.

Wir wiederholen den Versuch mit einer rechteckigen Glaswanne anstelle der Glaskugel. Es erscheint kein Bild der Flamme auf dem Schirm.

Wir untersuchen den Einfluss der Kugelform auf den Lichtweg genauer. Dazu denken wir uns die Kugel in eine auf der Seite liegende Tonne und in zwei Kugelkappen zerlegt.
Die Tonne wirkt mit ihren ebenen Flächen wie eine planparallele Platte. Sie versetzt auftreffendes Licht parallel, lässt aber kein Bild der Flamme auf dem Schirm entstehen.
Es sind also die Kugelkappen, die ein Bild erzeugen.

V2 Lenke Sonnenlicht durch eine aus zwei Kugelkappen gebildete Linse auf ein Blatt Papier. Beobachte den Lichtfleck bei verschiedenen Abständen der Linse vom Papier. In einem bestimmten Abstand zwischen Linse und Papier entsteht ein sehr kleiner, heller Fleck. An dieser Stelle kann das Papier zu brennen anfangen. Ein Streichholz lässt sich hier leicht anzünden. VORSICHT!

V3 Eine punktförmige Lichtquelle beleuchtet eine Linse. Der durch die Linse hindurchtretende Teil des Lichtbündels verengt sich zunächst bis auf einen Punkt und weitet sich dann wieder auf (Abb. ➤2a). Der Punkt liegt auf der Geraden durch Lichtquelle und Linsenmitte.

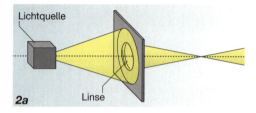

Wird die Lichtquelle an diesen Punkt gestellt, so wird das Licht dort konzentriert, wo sich zuvor die Lichtquelle befand (Abb. ➤2b).

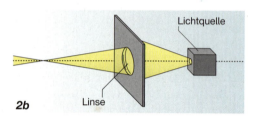

Wird die Lichtquelle verschoben, so verschiebt sich auch die Lage des Punktes, in dem das Licht hinter der Linse konzentriert wird.
Bei einer bestimmten Entfernung der Lichtquelle von der Linse besitzt das Lichtbündel nach Durchgang durch die Linse parallele Begrenzungen (Abb. ➤2c).

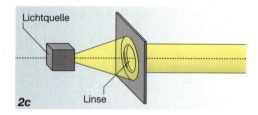

V4 Wir lassen schmale Lichtbündel mit parallelen Begrenzungen aus verschiedenen Richtungen auf eine Linse treffen und beobachten die Lichtwege. Einige Lichtwege zeigt die Abb. ➤3.

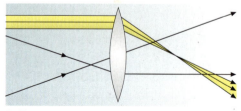

3 Besondere Lichtwege

66 Optische Geräte

Grundwissen

Sammellinsen

Optische Linsen sind durchsichtige Körper, deren gekrümmte Oberflächen wie Kugelkappen geformt sind. Sie verändern den Weg des Lichtes. Wir experimentieren mit Linsen, die in der Mitte dicker als am Rand sind. Wir verwenden schmale Lichtbündel, so dass die Beobachtungen mit dem Modell vom „Lichtstrahl" beschrieben werden können:
Lichtstrahlen von einer punktförmigen Lichtquelle laufen nach dem Durchgang durch die Linse weniger stark auseinander als vor der Linse. Wenn die Lichtquelle nicht zu dicht vor der Linse steht, lenkt die Linse auseinander laufende Lichtstrahlen so um, dass sie sich hinter ihr in einem Punkt schneiden. Das Licht wird an dieser Stelle von der Linse gesammelt. Man spricht von einer **Sammellinse**.
Die auf der **Mittelebene** der Linse senkrecht stehende Symmetrieachse heißt **optische Achse** (Abb. ➤ 1a). Im Folgenden betrachten wir nur Lichtstrahlen, die in einer Ebene durch die optische Achse verlaufen. Sie gibt, stellvertretend für Lichtstrahlen anderer Schnittebenen, die wichtigsten Beobachtungen wieder. Abb. ➤ 1a zeigt einen von A auf die Linse gerichteten Lichtstrahl, der von ihr nach B umgelenkt wird. Wird die Lichtquelle hinter die Linse gestellt, so beobachtet man, dass umgekehrt ein Lichtstrahl von B auf dem gleichen Weg nach A gelangt.

> Lichtwege beim Durchgang durch Sammellinsen sind umkehrbar.

Beim Durchgang durch eine Sammellinse lassen sich bestimmte Lichtwege vorhersagen (Abb. ➤ 1b, c und d):

> Alle Lichtstrahlen durch die Linsenmitte behalten ihre Richtung bei.
> Alle Lichtstrahlen, die vor der Linse durch einen bestimmten Punkt F gehen, werden zu Strahlen, die nach der Linse parallel zur optischen Achse verlaufen.
> Lichtstrahlen parallel zur optischen Achse lenkt die Linse durch einen zweiten Punkt F auf der optischen Achse.

Beide Punkte F haben selbst bei unterschiedlichen Krümmungen der Linsenoberflächen den gleichen Abstand von der Linsenmitte. Sie heißen **Brennpunkte** der Linse. Diese Bezeichnung rührt von der starken Wärmewirkung her, die man beim Sammeln von Sonnenlicht an diesen Punkten hervorrufen kann.
Der Abstand von F zur Linsenmitte ist die **Brennweite** f der Linse.

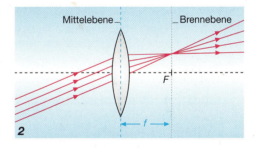

2

Parallele Lichtstrahlen, die schräg zur optischen Achse verlaufen, werden von der Sammellinse auch durch einen Punkt gelenkt (Abb. ➤ 2). Er liegt nicht mehr auf der optischen Achse, doch sein Abstand zur Mittelebene der Linse ist ebenfalls gleich der Brennweite f. Man sagt, er befindet sich in der **Brennebene** der Linse. Auf Strahlen, die nahe der optischen Achse auf die Linse treffen, wirkt diese wie eine planparallele Platte. Je dünner die Linse ist, desto kleiner wird die seitliche Verschiebung der Lichtwege. Meist zeichnet man die Lichtwege solcher Strahlen ohne Richtungsänderung und ohne seitliche Versetzung (Abb. ➤ 1b).

1 Begründe, weshalb jede Sammellinse zwei Brennpunkte hat.

1 Wie lenken Sammellinsen die Lichtstrahlen um?

Optische Geräte **67**

Grundwissen

Die Brechung des Lichtes erklärt den Strahlengang bei Linsen

Wir betrachten einen Lichtstrahl, der auf eine Glaskugel trifft (Abb. ➤ 1).

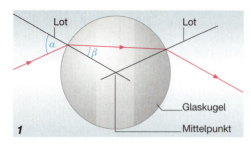

1

Beim Übergang aus der Luft in die Kugel kommt es zur Brechung des Lichtes. Wir konstruieren an der Grenzfläche das Lot, messen den Einfallswinkel α und konstruieren den gebrochenen Lichtstrahl.
In der Kugel geht der Lichtstrahl geradlinig bis zur zweiten Grenzfläche auf der anderen Seite der Kugel weiter. Mit Hilfe des Lotes an dieser Stelle konstruieren wir wieder den gebrochenen Strahl beim Austritt in die Luft.
Die Ablenkung des Lichtstrahles durch zweimalige Brechung in die gleiche Richtung ist bei Linsen wie bei einer Kugel deutlich zu erkennen (Abb. ➤ 2).

> Je stärker die Krümmung der Linsenoberfläche ist, desto stärker wird die Ablenkung, d. h. desto kürzer wird die Brennweite der Linse.

Auch bei Linsen mit zwei unterschiedlich gekrümmten Oberflächen ändern die beiden Brechungen den Lichtweg stets so, dass es gleichgültig ist, welche Seite der Linse vom Licht zuerst getroffen wird. Daher ist die Brennweite auf beiden Seiten der Linse gleich.
Wenn eine Linse im Verhältnis zum Durchmesser dünn ist, kann man beim Konstruieren des Lichtweges die zweimalige Brechung durch eine Umlenkung in der Mittelebene der Linse ersetzen. Beim genauen Betrachten von Abb. ➤ 2 erkennt man, dass die Lichtstrahlen, die parallel zur optischen Achse verlaufen, von der Linse nicht immer genau durch einen Punkt umgelenkt werden. Dies ist einer der Gründe, weshalb bei der Abbildung mit Linsen unscharfe Bilder entstehen können. Nur für dünne Linsen und achsennahe Strahlen erhält man fast einen Punkt, den Brennpunkt der Linse.

Konstruktion des Lichtweges bei einer Sammellinse

Eine punktförmige Lichtquelle beleuchtet durch eine Blende eine Sammellinse mit bekannter Brennweite. Finde den weiteren Lichtweg!

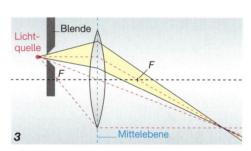

3

Lösung: Wir wissen, dass ein von einer punktförmigen Lichtquelle ausgehendes Lichtbündel von einer Sammellinse durch einen Punkt gelenkt wird. Dieser Punkt lässt sich mit Strahlen finden, deren Verlauf vorhersagbar ist, weil dieser nur von der Brennweite der Linse bestimmt ist. Im Lichtbündel ohne Blende sind dies die rot gezeichneten Strahlen (Abb. ➤ 3), die sich in einem Punkt treffen. Das von der Blende begrenzte Lichtbündel wird ebenfalls an diesem Punkt gesammelt. Danach wird es wieder breiter.

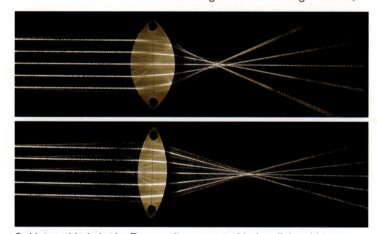

2 Unterschiede in der Brennweite von verschieden dicken Linsen. Beachte die Unschärfe der Brennpunkte!

1 Wie beeinflusst die Krümmung der Linsenoberfläche die Brennweite der Linse?

Zerstreuungslinsen

Es gibt Linsen, die anders als Sammellinsen auseinander strebende Lichtstrahlen noch stärker auseinander laufen lassen. Solche Linsen heißen **Zerstreuungslinsen**. Sie sind in der Mitte stets dünner als am Rand (Abb. ▶1).

Die Untersuchung der Lichtwege bei Zerstreuungslinsen zeigt, dass es wie bei den Sammellinsen auf jeder Seite der Linse einen ausgezeichneten Punkt F auf der optischen Achse gibt. Nur verlaufen hier nicht die Strahlen selbst, sondern ihre rückwärtigen Verlängerungen vom Auftreffpunkt in der Mittelebene der Linse durch F hindurch (Abb. ▶2a).

> Alle Lichtstrahlen, die parallel zur optischen Achse auf eine Zerstreuungslinse treffen, werden von ihr so umgelenkt, als ob sie vom selben Punkt F vor der Zerstreuungslinse kämen.

Auf der anderen Seite der Linse existiert ebenfalls ein Punkt F im gleichen Abstand von der Linsenmitte, auf den die Strahlen zulaufen müssen, damit sie anschließend die Linse parallel zur optischen Achse verlassen (Abb. ▶2b).
Strahlen, die durch die Mitte einer Zerstreuungslinse gehen, ändern ihre Richtung nicht (Abb. ▶2c).
Bei Zerstreuungslinsen spricht man ebenfalls von **Brennpunkten** F, obwohl sie keine „Brennwirkung" haben. Die für das Zeichnen des Strahlenganges maßgeblichen Brennpunkte sind gegenüber der Sammellinse vertauscht. Die **Brennweite** f erhält ein negatives Vorzeichen.

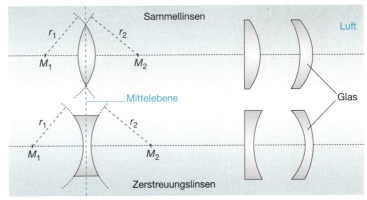

1 Sammellinsen und Zerstreuungslinsen

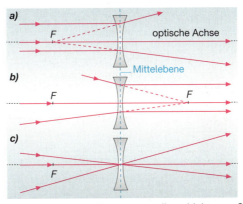

2 Wie ändert die Zerstreuungslinse Lichtwege?

Linsen – früher und heute

Sammellinsen aus glasartigen Steinen oder Harzen kennen die Menschen schon lange. In den über dreitausend Jahre alten Ruinen von Ninive am Tigris fand man z. B. einen Bergkristall, der als Brennglas verwendet wurde.

Obwohl man schon im Altertum Glas künstlich herstellte, waren Glaslinsen sehr selten. Das Glas war nicht farblos genug und durch Sprünge und Einschlüsse trüb. Als Sehhilfen waren diese Gläser ungeeignet.

Erst im 13. Jahrhundert ließ sich klares und farbloses Glas herstellen. Glasschleifer fingen an, Glaslinsen für Brillen herzustellen. Heute gibt es Linsen in allen Formen und Größen und nicht nur aus Glas.

Besonders bei kompliziert geformten oder großen Linsen verwendet man leichteren und einfacher zu bearbeitenden Kunststoff. Die optische Qualität von Glas ist nach wie vor unübertroffen.

Die größte Glaslinse der Welt mit 1,02 m Durchmesser befindet sich in einem astronomischen Fernrohr des Yerkes Observatoriums in USA.
Die kleinste Glaslinse mit 0,9 mm Durchmesser befindet sich in einem Forschungsmikroskop.

Optische Geräte

Abbildungen mit Linsen

Versuche

V1 Wir halten eine Sammellinse gegenüber einem sonnenbeschienenen Fenster vor eine weiße Wand. In einer bestimmten Entfernung zur Wand sehen wir auf der Wand ein deutliches, verkleinertes Bild der Fensteröffnung. Alles steht auf dem Kopf! Das Bild wird undeutlicher, wenn wir den Abstand der Linse etwas ändern.

V2 Mit einer Linse bilden wir einen hellen, großen Gegenstand, z. B. das Fenster des Klassenraumes, scharf ab. Dann wird die obere Hälfte der Linse mit einem undurchsichtigen Gegenstand abgedeckt.

Das Bild bleibt in seiner Größe unverändert, es wird nur dunkler.

V3 Mit einer Sammellinse erzeugen wir wie in Abb. ➤1 das Bild einer brennenden Kerze. Wird die Kerze aus großer Entfernung der Linse genähert, so muss gleichzeitig der Schirm von der Linse entfernt werden, um ein deutliches Bild der Kerze zu erhalten. Zunächst entsteht ein verkleinertes Bild, das immer größer wird, bis es gleich groß und dann sogar größer als die Kerze ist. Ab einer bestimmten Entfernung der Kerze zur Linse ist auf dem Schirm kein Bild mehr beobachtbar.

Das Bild der Kerze existiert auch ohne Schirm! Entfernt man den Schirm und blickt von hinten in Richtung Linse, so sieht man das Bild an der Stelle, wo der Schirm vorher war, im Raum schweben. Staub oder Rauch an dieser Stelle lassen das Bild besser erkennen.

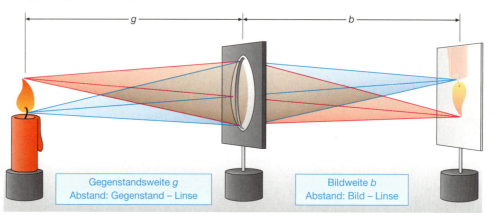

1 Wir fangen ein Bild mit dem Schirm auf und messen die Abstände.

Grundwissen

Bilder bei Sammellinsen

Linsen sind wichtige Bauteile optischer Geräte. Sie können von jedem Gegenstandspunkt einen Bildpunkt erzeugen. Beim Fotoapparat entsteht dabei auf dem Film ein verkleinertes Bild des Gegenstandes. Der Diaprojektor erzeugt vom Dia, dem Gegenstand, ein vergrößertes Bild. Mit den Bezeichnungen der Abstände wie in Abb. ➤1 stellt man fest:
– Zu jeder Gegenstandsweite gehört eine bestimmte Bildweite.
– Ist die Entfernung des Gegenstandes größer als die Brennweite, so entsteht ein umgekehrtes reelles Bild. Das Bild wird umso größer, je mehr der Gegenstand an den Brennpunkt heranrückt.
– Steht der Gegenstand zwischen Brennpunkt und Linse, so ist kein Bild auf dem Schirm zu sehen. Blickt man aber durch die Linse in die Richtung zum Gegenstand, so sieht man sein Bild aufrecht und vergrößert.

Im Gegensatz zum **reellen** Bild, das sich auf einem Schirm auffangen lässt, spricht man im zweiten Fall von einem **virtuellen** Bild. Das virtuelle Bild wird kleiner, wenn man den Gegenstand der Linse nähert.

> Größe und Lage der mit einer Sammellinse erzeugten Bilder hängen von der Entfernung des Gegenstandes zur Linse ab. Ist sie größer als die Brennweite, so sind die Bilder reell, andernfalls virtuell.

Zur **Bildkonstruktion** reichen zwei der drei Strahlen mit vorhersagbarem Verlauf:
– Lichtstrahlen durch die Linsenmitte; sie ändern ihre Richtung nicht,
– Lichtstrahlen, die parallel zur optischen Achse verlaufen; sie laufen hinter der Linse durch den Brennpunkt,
– Lichtstrahlen, die durch den Brennpunkt vor der Linse gehen; sie verlaufen hinter der Linse parallel zur optischen Achse.

70 Optische Geräte

Der Gegenstand ist weiter als der Brennpunkt von der Linse entfernt:
Alle von einem Punkt des Gegenstandes ausgehenden und von der Linse durchgelassenen Strahlen treffen sich wieder in einem Punkt. Verschiedene Gegenstandspunkte liefern verschiedene **Bildpunkte**. Die Anordnung der Bildpunkte entspricht der Anordnung ihrer Gegenstandspunkte (Abb. ➤ 1).

Der Gegenstand steht in der Brennebene, das heißt, es ist $g = f$:
Alle von einem Punkt P kommenden Lichtstrahlen verlassen die Linse parallel. Dies gilt für alle Punkte des Gegenstandes. Es entsteht kein Bild auf einem Schirm.

Der Gegenstand steht zwischen Brennpunkt und Linse:
Von einem Punkt P des Gegenstandes ausgehende Lichtstrahlen werden so gebrochen, dass sie hinter der Linse auseinander laufen (Abb. ➤ 2). Sie schneiden sich nicht. Dies gilt für alle Punkte des Gegenstandes. Trotzdem ist, wenn man durch die Linse blickt, ein Bild von P zu sehen: Die aus der Linse austretenden Lichtstrahlen verlaufen so, als kämen sie von P'. Dies gilt entsprechend für alle Punkte des Gegenstandes. Das Bild steht aufrecht und ist größer als der Gegenstand. In dieser Entfernung des Gegenstandes kann die Sammellinse als Lupe zum vergrößernden Betrachten des Gegenstandes benutzt werden. Tabelle ➤ 3 und Abb. ➤ 4 fassen die Beobachtungen über Lage und Größe des Bildes mit der Sammellinse zusammen.

Wichtiger Sonderfall:
Ist g sehr viel größer als $2f$, dann ist b fast genau gleich f. Die Strahlen aller Gegenstandspunkte treffen dann nahezu parallel auf die Linse, so dass alle Bildpunkte in der Brennebene liegen.

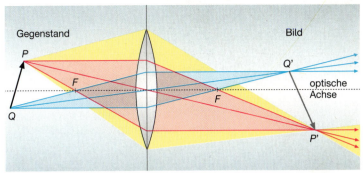

1 So lässt sich ein Bild konstruieren; beachte die Lage der Pfeile!

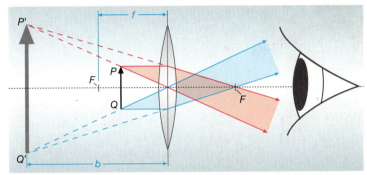

2 Die Sammellinse erzeugt jetzt ein virtuelles Bild.

Gegenstands-weite g	Bild-weite b	Eigenschaften des Bildes
$g > 2f$	$f < b < 2f$	reell, umgekehrt, verkleinert
$g = 2f$	$b = 2f$	reell, umgekehrt, gleich groß
$f < g < 2f$	$b > 2f$	reell, umgekehrt, vergrößert
$g = f$	—	kein Bild auf dem Schirm
$g < f$	$b > g$	virtuell, aufrecht, vergrößert

3 Zusammenhang von Gegenstands- und Bildweite bei Sammellinsen

> Mit Strahlen, deren Verlauf vorhersagbar ist, kann man die mit Linsen erzeugten Bilder konstruieren.

1 Was ändert sich am Bild, wenn die Mitte einer Sammellinse abgedeckt wird?

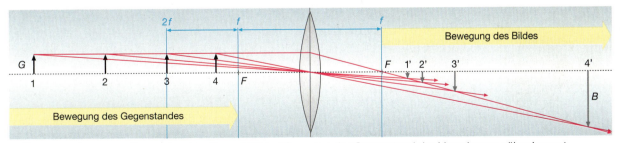

4 Zusammenhang von Gegenstandsweite und Bildgröße, wenn der Gegenstand der Linse immer näher kommt.

Optische Geräte **71**

Grundwissen

Beispiel zur Bildkonstruktion

Konstruiere das Bild von einem senkrecht auf der optischen Achse stehenden Pfeil (Abb. ▶1). Es ist
gegeben: Sammellinse mit $f = 3\,\text{cm}$,
Gegenstandsweite $g = 8\,\text{cm}$,
Gegenstandsgröße $G = 3\,\text{cm}$.
gesucht: Bildweite b und Bildgröße B.

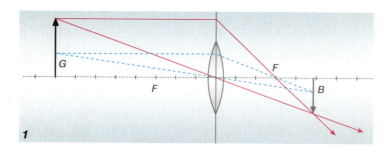

1

Zuerst zeichnet man eine Gerade als optische Achse und eine Sammellinse. Wichtig ist der Schnittpunkt der Mittelebene der Linse mit der Achse, denn er ist maßgebend für alle Abstände. Man wählt in diesem Beispiel den Maßstab so, dass 1 cm in der Zeichnung 1 cm in der Wirklichkeit entspricht. Dann zeichnet man den Gegenstand in der richtigen Entfernung und Größe ein und markiert die Brennpunkte der Linse.

Nun wird von der Pfeilspitze ein Strahl durch den Linsenmittelpunkt – er geht unverändert weiter – und ein parallel zur optischen Achse laufender Strahl zur Linse – er geht durch den Brennpunkt auf der anderen Seite – gezeichnet.
Der Schnittpunkt der beiden Strahlen ist das Bild der Pfeilspitze. Der Fußpunkt des Pfeils befindet sich auf der optischen Achse darüber.
Der Zeichnung entnehmen wir die Werte für $b = 4{,}8\,\text{cm}$ für $B = 1{,}8\,\text{cm}$ (Abb. ▶1).

Die Wirkung einer Blende

Deckt man einen Teil der Linse ab, z. B. mit einer Blende, dann wird das bilderzeugende Lichtbündel schmaler, es gelangt weniger Licht vom Gegenstand zur Linse (Abb. ▶2). Das Bild wird dunkler, bleibt aber vollständig, weil immer noch von jedem Punkt des Gegenstandes ein Lichtbündel durch die Linse hindurch tritt und der zugehörige Bildpunkt wie bei offener Blende erzeugt wird. Zur Bildkonstruktion darf man deshalb auch Lichtstrahlen verwenden, die in Wirklichkeit gar nicht durch die Linse gehen würden.

Der Abbildungsmaßstab

Bei der Abbildung mit Linsen haben die Bilder im Allgemeinen eine andere Größe als der Gegenstand. Der Quotient aus der Bildgröße B und der Gegenstandsgröße G, also $B : G$, heißt **Abbildungsmaßstab** A. Der Abbildungsmaßstab gibt an, wie groß das Bild im Vergleich zum Gegenstand ist.
$B : G = 3$ heißt, das Bild ist dreimal so groß wie der Gegenstand.

Messungen der Bildgröße B, der Gegenstandsweite g und der Bildweite b bei einer Sammellinse mit $f = 15{,}0\,\text{cm}$ ergeben für einen Gegenstand mit $G = 6{,}0\,\text{cm}$ die Werte in Tabelle ▶3.

b in cm	20,2	23,7	30,0	37,5	59,0
g in cm	60,0	40,0	30,0	25,0	20,0
B in cm	2,1	3,5	6,0	9,1	17,5
$b : g$	0,34	0,59	1,00	1,50	2,95
$B : G$	0,35	0,58	1,00	1,51	2,91

3 Messwerte zum Abbildungsgesetz

Ein Vergleich der Quotienten $b : g$ und $B : G$ zeigt, dass beide etwa gleich sind. Es gilt das **Abbildungsgesetz**:

$$\frac{B}{G} = \frac{b}{g} = A$$

Dies ist der gleiche Zusammenhang, der auch für die Größen und Abstände beim Bild mit der Lochkamera gilt.

2 Lage und Größe des Bildes sind unabhängig davon, wie groß der Durchmesser der Lichtbündel ist.

72 Optische Geräte

Auch mit einer Zerstreuungslinse sind Bilder zu sehen

Werden die Abbildungseigenschaften einer Zerstreuungslinse in gleicher Weise wie bei der Sammellinse untersucht, so beobachtet man, dass mit einer Zerstreuungslinse – gleichgültig in welcher Entfernung sich der Gegenstand zu ihr befindet – keine reellen Bilder auf dem Schirm zu erzeugen sind. Die Lichtstrahlen der Gegenstandspunkte schneiden sich nie in Bildpunkten hinter der Linse.

Ein Betrachter sieht allerdings beim Blick durch die Linse virtuelle Bilder, die sich innerhalb der Brennweite auf der Seite des Gegenstandes befinden. Sie entstehen beim Betrachten durch Verlängerung der Lichtstrahlen, die die Linse verlassen. Die Aufweitung der Lichtbündel durch die Zerstreuungslinse liefert stets verkleinerte Bilder des Gegenstandes in gleicher Lage (Abb. ▶ 1).

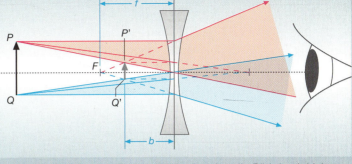

1 Bei der Zerstreuungslinse entsteht das virtuelle Bild durch Lichtbündel, die von Punkten vor der Linse herzukommen scheinen.

> Zerstreuungslinsen erzeugen virtuelle, aufrechte, verkleinerte Bilder der Gegenstände.

Das Linsengesetz

Die zum Diagramm der Abb. ▶ 3 verwendeten Messwerte von Tabelle ▶ 3 der vorherigen Seite lassen keinen Zusammenhang zwischen g, b und f erkennen. Werden nicht g und b, sondern $g - f$ und $b - f$, also die Abstände von Gegenstand bzw. Bild zum Brennpunkt betrachtet (Tabelle ▶ 2), so folgt mit denselben Messwerten die nach ihrem Entdecker als **Newton'sches Linsengesetz** bezeichnete Beziehung:

$$(g - f) \cdot (b - f) = f^2$$

g in cm	60,0	40,0	30,0	25,0	20,0
$g - f$ in cm	45,0	25,0	15,0	10,0	5,0
$b - f$ in cm	5,2	8,7	15,0	22,5	44,0
$(g-f)\cdot(b-f)$ in cm²	234	218	225	225	220
f^2 in cm²	225	225	225	225	225

2 Zum Newton'schen Linsengesetz

Werden in Abb. ▶ 3 die Koordinatenachsen um $f = 15{,}0$ cm verschoben, also $b - f$ als Funktion von $g - f$ dargestellt, so ergibt sich ein antiproportionaler Zusammenhang. Aus dem Newton'schen Linsengesetz erhalten wir durch Ausmultiplizieren:

$$g \cdot b - g \cdot f - f \cdot b + f^2 = f^2$$

Daraus ergibt sich: $g \cdot b = f \cdot b + g \cdot f$
Wird diese Gleichung durch $g \cdot b \cdot f$ dividiert, so erhält man das **Linsengesetz** in der heute üblichen Schreibweise:

> $$\frac{1}{f} = \frac{1}{g} + \frac{1}{b}$$

Obwohl wir von reellen Bildern ausgegangen sind, gelten die Formeln auch für virtuelle Bilder. Allerdings muss man dann bei Sammellinsen die Bildweite b, bei Zerstreuungslinsen neben der Bildweite b auch die Brennweite f mit negativen Werten einsetzen.

Beispiel:
Es sei $f = 20$ cm und $g = 45$ cm. Berechne mit dem Linsengesetz die Bildweite b.
Durch Umformen erhält man: $1/b = 1/f - 1/g$:

$$\frac{1}{b} = \frac{1}{20\,\text{cm}} - \frac{1}{45\,\text{cm}} = \frac{9}{180\,\text{cm}} - \frac{4}{180\,\text{cm}}$$

$$\frac{1}{b} = \frac{5}{180\,\text{cm}}, \text{ also } b = \frac{180\,\text{cm}}{5} = 36\,\text{cm}$$

Die Bildweite beträgt $b = 36$ cm.

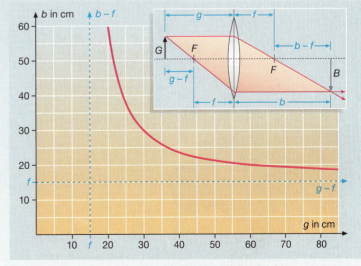

3 Kurve der Messwerte und Bezeichnungen für das Linsengesetz

Optische Geräte

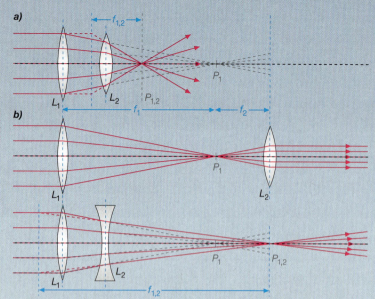

1 Befindet sich eine zweite Sammellinse innerhalb der Brennweite der ersten Linse, verstärkt sie deren Lichtumlenkung. Eine Zerstreuungslinse verringert dagegen die Lichtumlenkung. Beide Linsen wirken zusammen mit der Brennweite $f_{1,2}$.

Das Zusammenwirken mehrerer Linsen

In optischen Geräten werden oft mehrere Linsen, die zusammen wie eine einzige Linse wirken, zur Erzeugung von Bildern verwendet. Man spricht von **Linsensystemen**.
Die Objektive der meisten optischen Geräte bestehen aus solchen Linsensystemen.
In Abb. ▶1a fallen parallele Lichtstrahlen auf die Linse L_1. Ohne die Linse L_2 träfen sich die Lichtstrahlen im Punkt P_1.
P_1 ist der Brennpunkt von L_1.
Die zweite Linse L_2 bündelt die Strahlen zusätzlich, so dass sie sich schon vorher in $P_{1,2}$ treffen. $P_{1,2}$ ist der Brennpunkt des Linsensystems, welches aus den Linsen L_1 und L_2 gebildet wird. Die Brennweite $f_{1,2}$ dieses Systems ist daher kleiner als die Summe der einzelnen Brennweiten.

Beim Zusammenwirken von Linsen kommt es jedoch nicht nur auf die Brennweiten der einzelnen Linsen (Abb. ▶1b), sondern auch auf ihren gegenseitigen Abstand an. Indem man diesen Abstand ändert, lassen sich wie bei Zoom-Objektiven verschiedene Brennweiten des Systems erzeugen.

Projektoren (Abb. ▶2 und Abb. ▶3)

Beim **Tageslicht-Projektor** wird das Bild auf einer durchscheinenden Folie mit einem Objektiv vergrößert auf eine Wand abgebildet. Da die Folie eben ist, befinden sich alle Punkte in der gleichen Gegenstandsweite, die etwas größer als die Brennweite des Objektivs ist. Dadurch entsteht ein reelles Bild, das mit zunehmender Entfernung zur Wand größer wird. Durch leichtes Verschieben des Objektivs wird das Bild scharf eingestellt. Die Folie muss mit einer starken Lampe beleuchtet werden. Ein Hohlspiegel sorgt dafür, dass auch nach hinten abgestrahltes Licht der Lampe genutzt wird. Um die Folie gleichmäßig auszuleuchten, ist eine **Kondensorlinse** nötig, die größer als die Folie ist. Als normale Linse würde sie sehr dick und schwer sein. Stattdessen verwendet man eine dünne, stufenförmige Linse, die nur aus den dünnen Ringen einer in gleicher Weise gekrümmten Linsenoberfläche besteht.
Bilder, die ein Computer erzeugt, können mit einem **Beamer** projiziert werden. In diesem Gerät wird weißes Licht einer starken Lampe mit Hilfe spezieller Spiegel, die nur rotes, grünes oder blaues Licht reflektieren bzw. hindurchtreten lassen, zerlegt. Mit den roten, grünen und blauen Strahlen werden Flüssigkristallanzeigen (LCDs) von den drei entsprechenden Farbanteilen des Computerbildes beleuchtet. Je nach „Schwärzung" lassen sie das farbige Licht hindurchtreten. Über Prismen P werden die farbigen Bildteile vereinigt und vom Objektiv O auf die Wand abgebildet.

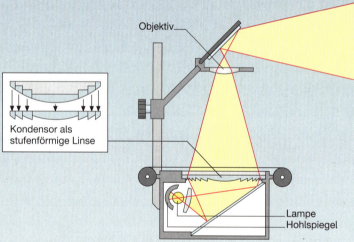

2 Strahlengang beim Tageslichtprojektor mit stufenförmiger Linse

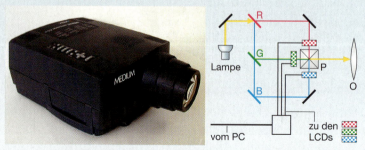

3 Beamer (Strahler) zur direkten Projektion von Bildern aus dem Computer und das Prinzip der Bilderzeugung

Der Fotoapparat

Mit einem Fotoapparat können Bilder aufgenommen werden, die man sich später als Papierbild oder als Dia ansehen kann. Welche Aufgaben haben dabei die einzelnen Teile eines einfachen Fotoapparates (Abb. ➤1)?

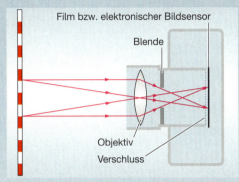

1 Strahlengang am Fotoapparat (Aufsicht)

Das **Objektiv** soll ein scharfes Bild vom gewünschten Motiv erzeugen. Es besteht aus einer Sammellinse, meist sogar aus einem Linsensystem. Es erzeugt ein verkleinertes, kopfstehendes und seitenverkehrtes Bild (Abb. ➤2). Bei weit entfernten Gegenständen liegt das Bild nahezu in der Brennebene des Objektivs. Dort befindet sich auch der Film. Liegt der Gegenstand näher, wird die Bildweite größer als die Brennweite. Um ein scharfes Bild zu erzeugen, muss deshalb der Abstand des Objektives zum Film, dieser Bildweite entsprechend, vergrößert werden. Bei der Einstellung der Entfernung wird das Objektiv in einem Gewinde hinein- oder herausgedreht. Dadurch verändert sich sein Abstand zur Filmebene. Bei Kameras mit „Autofokus" (AF) geschieht dies automatisch (griech.: auto = selbst, engl.: to focus = scharfstellen).

Der **Film** nimmt das Bild auf. In der lichtempfindlichen Schicht des Filmes ruft das Licht Veränderungen hervor. Diese werden allerdings erst nach dem Entwickeln im Fotolabor sichtbar. Ob es beim Fotografieren nun hell oder dunkel ist, der Film braucht für ein richtig belichtetes Bild immer die gleiche Lichtmenge. Diese wird mit der **Blende** und mit dem **Verschluss** reguliert. Die Blende ist eine Öffnung, deren Größe verändert werden kann. Je kleiner die Blende, desto schärfer wird die Abbildung. Der Verschluss öffnet sich für die vorher eingestellte Belichtungszeit. Nur für diese Zeitspanne gelangt Licht vom Gegenstand zum Film. D. h., je länger die Belichtungszeit ist, desto kleiner kann die Blende gewählt werden, um die erforderliche Lichtmenge zu erhalten. Desto größer ist aber auch die Gefahr zu „verwackeln". Bei vielen Kameras werden Blendenöffnung und Belichtungszeit automatisch eingestellt.

Digitale Fotografie

Moderne Fotoapparate verwenden anstelle des Films einen elektronischer Bildsensor. Dieser wandelt das Bild in digitale elektrische Signale um. Die elektrischen Signale werden an einen Speicherchip übertragen. Meist haben digitale Kameras auf ihrer Rückwand einen kleinen Monitor (Abb. ➤3), auf dem man sich das Bild sofort ansehen und falls es nicht gelungen ist, auch wieder löschen kann.

Wird der Fotoapparat mit einem Computer verbunden, können die gespeicherten Bilder ohne Umweg über ein Fotolabor auf dem Bildschirm sichtbar gemacht werden. Der Computer ermöglicht auch eine nachträgliche Bearbeitung des Bildes. Anschließend können die Bilder mit einem Drucker ausgedruckt oder im Internet übertragen werden. Die digitale Fotografie hat deshalb insbesondere für aktuelle Presseberichte große Bedeutung.

1 Nenne die wichtigsten Bestandteile der verschiedenen Fotoapparate.

2 Wie muss das Objektiv verschoben werden, wenn ein naher Gegenstand fotografiert werden soll (Abb. ➤4)?

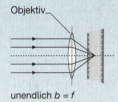
unendlich $b = f$

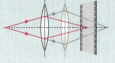
nah $b > f$

4

2 Das Objektiv erzeugt ein Bild auf dem Film.

3 Digitalkamera mit Monitor

Optische Geräte **75**

Kreative Fotografie

Besondere fotografische Gestaltungsmöglichkeiten bieten Kameras mit Zoomobjektiven. Bei ihnen kann man mit der Weitwinkeleinstellung große, nahe Dinge fotografieren oder mit der Teleeinstellung weit entfernte Objekte „heranholen".

Jedes Bild braucht eine bestimmte Lichtmenge, damit es nicht zu hell oder zu dunkel wird. Diese richtige Belichtung wird durch eine Kombination der **Verschluss-** bzw. **Belichtungszeit** und der Blendenöffnung erreicht. Die Blendenöffnung wird durch **Blendenzahlen** beschrieben. Es gilt: Je kleiner die Blendenzahl, desto größer die Blendenöffnung. Eine Halbierung der Blendenzahl führt zur vierfachen Lichtmenge. Die folgende Tabelle zeigt Einstellungen, die alle die gleiche Lichtmenge auf der Ebene liefern, in der die Bilder entstehen:

1 Bildausschnitt bei Weitwinkel-, Normal- und Teleeinstellung

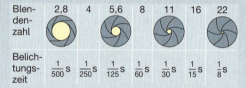

Blendenzahl	2,8	4	5,6	8	11	16	22
Belichtungszeit	$\frac{1}{500}$ s	$\frac{1}{250}$ s	$\frac{1}{125}$ s	$\frac{1}{60}$ s	$\frac{1}{30}$ s	$\frac{1}{15}$ s	$\frac{1}{8}$ s

Die meisten Kameras besitzen ein vollautomatisches Belichtungssystem. Wenn man beide Belichtungsgrößen jedoch von Hand einstellen kann oder zumindest durch Wahl anderer Belichtungsprogramme beeinflussen kann, ergeben sich interessante Gestaltungsmöglichkeiten. Der Wasserfall (Abb. ➤ 2) ist einmal mit 1/500 s und einmal mit 1/15 s fotografiert worden. Die einzelnen Wassertropfen stehen still bzw. zeigen ihre Bewegung. Natürlich muss man die 32fach längere Belichtungszeit durch Schließen der Blendenöffnung ausgleichen.
Die Lichtmenge, die ein Film bzw. ein elektronischer Bildsensor benötigt, wird durch seine Empfindlichkeit bestimmt.

2 Oben: kurze Belichtungszeit, unten: lange Belichtungszeit

3a Große Blendenöffnung (Blendenzahl 2) – geringe Schärfentiefe

3b Kleine Blendenöffnung (Blendenzahl 11) – große Schärfentiefe

Gegenstände, die eine größere oder kleinere Entfernung als die gerade eingestellte Gegenstandsweite haben, werden unscharf abgebildet. Die von ihnen kommenden Lichtbündel ergeben auf der bildaufnehmenden Ebene keine Bildpunkte, sondern kreisförmige Bildflecke (Abb. ➤ 4). Sind die Kreise kleiner als 0,02 mm, bemerkt unser Auge die Unschärfe beim Betrachten nicht. Deshalb gibt es um die eingestellte Entfernung einen Bereich, die **Schärfentiefe** (Abb. ➤ 3), in dem Gegenstände scharf abgebildet erscheinen.
Die Bildflecke werden durch Verkleinern der Lichtbündel mit der Blende kleiner (Abb. ➤ 4). Das Bild wird schärfer, dafür muss länger belichtet werden.

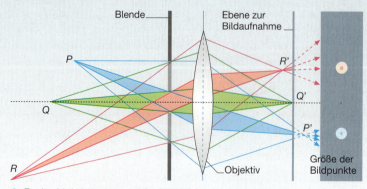

4 Breite Lichtbündel – große Bildflecke – unscharfes Bild

76 *Optische Geräte*

Unser Auge, ein optisches Instrument

Versuche

V1 Wir verdunkeln den Physikraum und schalten die elektrische Beleuchtung ein. Wird sie nach einiger Zeit ausgeschaltet, so erkennen wir erst allmählich Personen und Gegenstände im schwachen, restlichen Licht.

Nun wird das Licht plötzlich wieder eingeschaltet. Wir können beobachten, dass die Pupillen der Mitschüler kleiner werden.

V2 Gleich große Gegenstände, wie z. B. Strommasten, Straßenlampen, erscheinen in unterschiedlicher Entfernung verschieden groß. Andererseits sehen wir Sonne und Mond gleich groß, obwohl die Sonne 400-mal größer als der Mond ist. Woran liegt dies?

V3 Betrachte einen weit entfernten Gegenstand genau. Schaue dann ganz rasch auf diese Buchseite. Erst nach kurzer Zeit sind die Buchstaben deutlich zu erkennen. Teste auch einmal deine Eltern und Großeltern.

V4 Halte das linke Auge zu und betrachte mit dem rechten Auge die Katze über der grauen Linie. Du wirst dabei nicht nur die Katze, sondern auch die Maus rechts davon gleichzeitig sehen. Führe nun das Buch langsam an das Auge heran und wieder weg, blicke dabei aber weiter fest auf die Katze. In einem ganz bestimmten Abstand ist die Maus nicht mehr zu sehen! Wiederhole den Versuch mit dem linken Auge!

Grundwissen

Die optische Abbildung mit dem Auge

Das Auge erzeugt, ähnlich wie eine Kamera, Bilder auf einer lichtempfindlichen Schicht, der Netzhaut. Der Augapfel hat einen Durchmesser von etwa 25 mm und kann in der Augenhöhle durch 6 Muskeln bewegt werden. Die Linse bildet zusammen mit der Hornhaut, der Flüssigkeit in der vorderen Augenkammer und dem Glaskörper das optische System des Auges (Abb. ▶ 1). Der Anteil der Linse an der Lichtbrechung im Auge liegt bei etwa einem Drittel.

Die von der farbigen Iris umgebene Pupille begrenzt die Helligkeit auf der Netzhaut, indem sie den Durchmesser der Lichtbündel von 64 mm² bei wenig Licht auf 4 mm² bei viel Licht ändern kann.

Diese Anpassung an die Lichtverhältnisse nennt man **Adaption**.

Die Brennweite des optischen Systems beträgt etwa 20 mm. Die Netzhaut befindet sich also zwischen der einfachen und der doppelten Brennweite. Es entsteht ein reelles, verkleinertes und umgekehrtes Bild. Ein unbewusstes Zusammenwirken von Auge und Gehirn lässt uns die Umwelt lagerichtig wahrnehmen. Das Bild entsteht auf der Netzhaut mit über 130 Millionen Sehzellen, die einen Abstand von etwa 0,007 mm haben. Am Ausgang der Sehnerven sind im Auge keine Sinneszellen vorhanden. Man bezeichnet diese Stelle als **blinden Fleck**. Entfernen oder nähern sich Gegenstände, so muss wegen der konstanten Bildweite im Auge die Brennweite durch die **elastische Augenlinse** verändert werden. Sie wird von einem Ringmuskel in gestreckter Form festgehalten. Zieht sich dieser zusammen, so krümmt sich die Linse stärker und die Brennweite wird kleiner. Sie kann auf diese Weise zwischen 19 mm und 23 mm verändert werden. Diese Anpassung heißt **Akkommodation**. Gegenstände in 25 cm Entfernung lassen sich besonders klar und deutlich erkennen. Völlig entspannt ist das Auge, wenn die Lichtstrahlen nahezu parallel eintreffen. Unter 10 cm Abstand kann ein Gegenstand selbst mit Anstrengung nicht mehr deutlich gesehen werden.

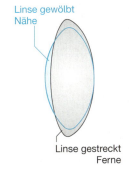

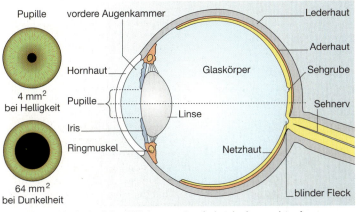

1 Horizontalschnitt (also Blick von oben) durch das rechte Auge

Optische Geräte 77

| Grundwissen |

1 Großes Flugzeug vor kleiner Sonne?

Der Sehwinkel

Mit einer Münze am ausgestreckten Arm lässt sich die Vollmondscheibe völlig verdecken. Das Flugzeug in Abb. ➤1 scheint größer zu sein als die Sonne. Wenn wir einen Gegenstand genau betrachten wollen, dann bringen wir ihn näher ans Auge. Die Bildgröße auf der Netzhaut ist durch den **Sehwinkel** bestimmt (Abb. ➤2), unter dem man den Gegenstand sieht.

| Der Sehwinkel bestimmt die Bildgröße. Je größer der Sehwinkel, desto größer wird das Bild auf der Netzhaut.

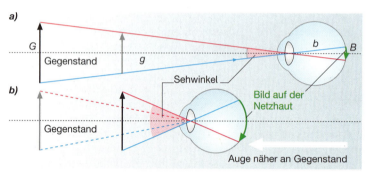

2 Zum Sehwinkel

Der Sehwinkel hängt sowohl von der Gegenstandsgröße als auch von der Gegenstandsweite ab. Unsere Entfernungs- oder Größenschätzung beruht auf dem Sehwinkel. Sie versagt, wenn wir über die tatsächliche Gegenstandsgröße oder Entfernung (wie etwa der Sonne in Abb. ➤1) keinen Vergleich oder Anhaltspunkt haben.

| Bei gleich bleibender Gegenstandsgröße wird der Sehwinkel mit wachsender Gegenstandsweite (Entfernung) kleiner.

Erscheinen zwei entfernte, verschieden große Gegenstände unter gleichem Sehwinkel, so sind die jeweiligen Quotienten von Gegenstandsgröße G zu Gegenstandsweite g gleich. Es gilt:
$G_1 : g_1 = G_2 : g_2 = \ldots$

| Für kleine Sehwinkel sind Gegenstandsgröße und Gegenstandsweite annähernd proportional.

1 Weshalb kann der kleine Mond die riesige Sonne gerade eben total verfinstern?

Fehlsichtigkeit

Beispiel:
Ein kurzsichtiges Auge braucht eine Zerstreuungslinse mit
$f = -0{,}25\,\text{m}$
$ = -1/4\,\text{m}.$
Es ist
$D = 1/f = -4\,\text{dpt}.$

Durch Akkommodation können Gegenstände aus unterschiedlichen Entfernungen scharf auf der Netzhaut abgebildet werden. Oft gelingt dies nicht, weil die Strahlen nicht hinreichend stark gebrochen werden oder der Augapfel zu kurz ist, so dass ein Bildpunkt erst hinter der Netzhaut entstehen würde. Das Bild auf der Netzhaut wird unscharf. Dieser Sehfehler heißt **Weitsichtigkeit** (Abb. ➤3a). Eine als Brillenglas dicht vor das Auge gehaltene Sammellinse verkürzt durch zusätzliche Brechung die Bildweite, so dass eine scharfe Abbildung auf der Netzhaut entsteht. Im Alter lässt sich die Brennweite des Auges oft nicht mehr genügend verringern, so dass auch hier eine Sammellinse als Brille erforderlich wird. Man spricht dann von **Alterweitsichtigkeit**. Es kommt auch vor, dass die Strahlen im Auge zu stark gebrochen werden oder dass der Augapfel zu lang geraten ist (Abb. ➤3b). Dann liegt der Bildpunkt vor der Netzhaut. Diesen Sehfehler nennt man **Kurzsichtigkeit**. Hier lässt sich die Gesamtbrechung durch Brillen mit Zerstreuungslinsen abschwächen. Bei Brillengläsern gibt man meist nicht die Brennweite f, sondern die **Brechkraft** $D = 1/f$ an. D wird in Dioptrien (dpt) gemessen. Es ist 1 Dioptrie = 1 dpt = 1/m.

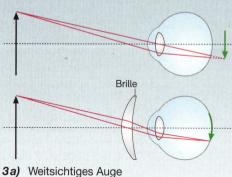

3a) Weitsichtiges Auge

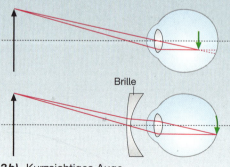

3b) Kurzsichtiges Auge

78 Optische Geräte

Linsen vergrößern

Versuch

V1 Gehe, während du diesen Text liest, mit den Augen so nah an das Buch heran, bis die Buchstaben verschwimmen. Führe nun eine Lupe zwischen Auge und Buch, dass der Text wieder deutlich zu erkennen ist.

Wiederhole den Versuch mit einer farbigen Abbildung. Was erkennst du bei genauem Betrachten der Abbildung?

Grundwissen

Die Lupe

1 Uhrmacherlupe

Seit dem 13. Jahrhundert ist es möglich, klares und farbloses Glas herzustellen. Das war die Voraussetzung dafür, Glaslinsen zu schleifen. Damit ließen sich zunächst Sehschwächen ausgleichen, später wurde eine Vielzahl optischer Geräte erfunden und ständig verbessert. So können wir heute kleinste Details ganz groß sichtbar machen.

Wenn ein Uhrmacher in einem Uhrwerk jede Einzelheit erkennen will, muss er es näher an das Auge heranführen. Der Sehwinkel wird größer, der Uhrmacher erkennt mehr Einzelheiten. Je näher er die Uhr an das Auge hält, desto größer ist das Bild auf der Netzhaut. Ein kleinerer Abstand als ca. 10 cm ist jedoch nicht möglich, weil dann die Grenzen der Akkommodation erreicht sind. Dieser kleinste Abstand ist der **Nahpunkt** des Sehens. Bei noch kleinerem Abstand kann sich die Augenlinse nicht noch stärker wölben, um ein deutliches Bild zu erzeugen, das Bild verschwimmt auf der Netzhaut. Ein deutliches Bild könnte nur hinter der Netzhaut entstehen. Die erforderliche zusätzliche Brechkraft für die Abbildung auf der Netzhaut liefert die **Lupe**, eine Sammellinse (Abb. ▶1). In der Lupe werden die vom Gegenstand ausgehenden Lichtstrahlen so gebrochen, dass man den Gegenstand scharf und vergrößert sehen kann. Vergleicht man die Bilder in Abb. ▶2, kann man erkennen, dass die Lupe den Sehwinkel vergrößert.

> Die Vergrößerung einer Lupe wird aus dem Verhältnis des Sehwinkels mit Lupe und des Sehwinkels ohne Lupe bestimmt:
>
> Vergrößerung = $\frac{\text{Sehwinkel mit Lupe}}{\text{Sehwinkel ohne Lupe}}$

Mit einem Versuch wie in Abb. ▶3 lässt sich die Vergrößerung einer Lupe bestimmen. Mit einem Auge blicken wir auf ein 25 cm entferntes Lineal. Mit dem anderen Auge betrachten wir ein zweites Lineal durch eine Lupe. Sieht man die Skalen beider Lineale gleichzeitig, kann man sie vergleichen. Wenn z. B. 2,5 cm des ohne Lupe betrachteten Lineals gleich groß erscheinen wie 1 cm des mit Lupe betrachteten Lineals, beträgt die Vergrößerung 2,5.

Je kleiner die Brennweite der Lupe ist, desto stärker ist die Vergrößerung.

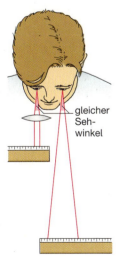

3 Bestimmen der Vergrößerung

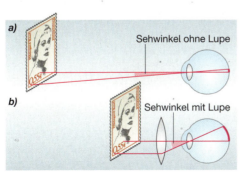

2 Bildentstehung im Auge mit und ohne Lupe

1 Was versteht man unter der Vergrößerung einer Lupe?

2 Der Nahpunkt unserer Augen ändert sich im Laufe des Lebens. In jungen Jahren beträgt er ca. 8–10 cm, bei älteren Menschen oftmals sogar mehr als 50 cm. Bestimme den Nahpunkt deiner Augen.

Optische Geräte

Das Mikroskop

Versuch

V1 Manche Gegenstände sind so winzig, dass selbst eine Lupe nicht ausreicht, um Einzelheiten zu erkennen. Schaue dir die Oberfläche eines Schmetterlingsflügels durch ein Mikroskop in 200facher Vergrößerung an (siehe Abbildung links).

Suche dir weitere Gegenstände aus und betrachte sie unter einem Mikroskop.

Grundwissen

Wie arbeitet das Mikroskop?

Mit einem Lichtmikroskop (Abb. ➤ 1) kann man sehr große Vergrößerungen (bis zu 1600fach) erzielen. Es besteht aus mindestens zwei Linsen. Die eine befindet sich im **Objektiv** (lat. objectum, d. h. dem Gegenstand zugewandt), die andere im **Okular** (lat. oculus, d. h. dem Auge zugewandt). Die Linse im Objektiv ist eine stark brechende Sammellinse. Ihre Brennweite beträgt nur einige Millimeter. Das ist nötig, damit man das zu beobachtende Objekt möglichst nahe an das Objektiv rücken kann. Das Objektiv erzeugt im Mikroskop ein stark vergrößertes Zwischenbild (Abb. ➤ 2). Dieses wird nun durch die zweite Linse im Okular wie mit einer Lupe betrachtet und erscheint dadurch noch mehr vergrößert. Das Mikroskop vergrößert für sehr nahe Gegenstände den Sehwinkel erheblich.

Die meisten Mikroskope haben mehrere Objektive. Das Okular steckt lose im oberen Teil des Mikroskops und kann auch durch ein anderes ersetzt werden. Durch die Auswahl von Objektiv und Okular kann man die Vergrößerung festlegen. Steht z. B. auf dem Objektiv „25x" und auf dem Okular „8x", dann vergrößert das Mikroskop 25 x 8 = 200fach.

> Die Vergrößerung des Mikroskops ist das Produkt aus der Objektiv- und der Okularvergrößerung.

Je stärker ein Mikroskop vergrößert, desto weniger Licht kommt von der Lichtquelle durch das Mikroskop in unser Auge. Meistens werden deshalb die dünnen, durchsichtigen Untersuchungsobjekte von unten durchleuchtet. Dicke, undurchsichtige Objekte werden durch eine im Mikroskop eingebaute Lampe von oben oder von der Seite beleuchtet.

1 Modernes Mikroskop mit mehreren Objektiven

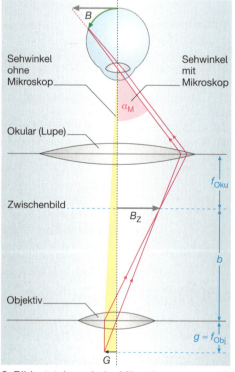

2 Bildentstehung beim Mikroskop

1 Welche Funktion haben Objektiv und Okularlupe bei Mikroskopen?

2 Baue ein Mikroskopmodell: Bilde mit einer Sammellinse den Glühfaden vergrößert auf einem transparenten Schirm ab! Betrachte das Bild mit einer Lupe und entferne den Schirm!

Optische Geräte

Die ersten Mikroskope

Es steht nicht fest, wann und von wem das erste Mikroskop gebaut wurde. Ziemlich sicher ist jedoch, dass holländische Brillenmacher um 1590 damit begannen, Linsen mit sehr kurzen Brennweiten herzustellen. Bei diesen Linsen handelte es sich meist um kleine Glaskügelchen.

So sah Leeuwenhoek als erster Mensch Schimmelpilze.

Damals war es üblich, dass die Gerätehersteller selbst die Natur mit ihren Geräten erforschten. Einer der berühmtesten von ihnen war **Anthony van Leeuwenhoek** (1632–1723) aus Delft in Holland. Er baute sich einfache „Mikroskope", die nur aus einer Linse bestanden. Von den über 400 Linsen, die er anfertigte, hatte die mit der stärksten Vergrößerung (250fach!) 1,5 mm Durchmesser und 0,9 mm Brennweite. Seine Mikroskope bestanden aus zwei miteinander verschraubten Metallplatten, zwischen die in einer passenden Bohrung die Linse eingeklemmt wurde. Die zu beobachtenden Gegenstände wurden auf einem durch Schrauben in verschiedene Richtungen verstellbaren Tragstachel vor der Linse befestigt.

Seit 1590 kannte man auch das zusammengesetzte Mikroskop mit Objektiv- und Okularlinse. Seine Leistungsfähigkeit war anfangs dem einfachen Mikroskop unterlegen: Unreinheiten im Glas und nicht ausreichend exakte Form wurden beim Betrachten durch zwei Linsen verstärkt.

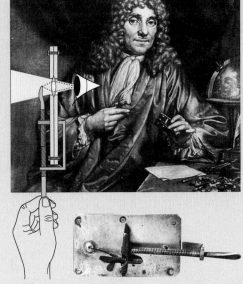

Leeuwenhoek und sein Mikroskop – damit fand er sogar Bakterien.

Mikroskop von 1876

Mikroskop von 1770 von Robert Hooke mit Beleuchtungseinrichtung

Er entdeckte damit die Poren der Haut.

Der englische Physiker **Robert Hooke** (1635–1703) entwickelte ein Mikroskop, das dem heutigen in vielem ähnelt. Er erfand eine Beleuchtungseinrichtung mit einer mit Wasser gefüllten Glaskugel, die das Licht einer Öllampe auf das zu betrachtende Objekt konzentrierte. Ab Mitte des 18. Jahrhunderts gewannen zweilinsige Mikroskope die Oberhand. Bei ihrer Herstellung dominierte immer noch das Probieren. Selbst in der gleichen Werkstatt angefertigt, glich kaum ein Mikroskop dem anderen.

An dieser Situation hatte sich wenig geändert, als im Jahre 1846 **Carl Zeiss** (1816–1888) in Jena die Konzession für ein mechanisches Atelier erhielt. Von der nahen Universität, an der er schon als Mechanikerlehrling Vorlesungen gehört hatte, erhoffte er Aufträge. Die Gelehrten brauchten hochwertige wissenschaftliche Geräte. Zeiss' sche Mikroskope hatten bald einen guten Ruf. Jedoch war er selbst nicht mit der – trotz mancher Verbesserung – erreichten Qualität zufrieden. Immer mehr erkannte Zeiss die Notwendigkeit wissenschaftlicher Berechnungen.

Hierfür gewann er 1866 den Physiker **Ernst Abbe** (1840–1905). In nur fünf Jahren entwickelte Abbe eine Theorie für die mikroskopische Abbildung, vor allem für die Berechnung der Objektive und die Herstellung der dazu notwendigen Gläser. 1872, mit dem ersten berechneten Mikroskop, begann die Ära des optischen Präzisionsgerätebaus.

Optische Geräte **81**

Das Fernrohr

Versuche

V1 Befestige eine Linse mit $f = 250\,\text{mm}$ Brennweite und einen Schirm so, dass du damit das Fenster oder eine Lampe abbilden kannst! Bringe nun eine Linse (Brennweite $f = 50\,\text{mm}$) so an, dass sie als Lupe des Bild zusätzlich vergrößert (Abb. ➤ 1)! Entferne dann den Schirm und betrachte einige weiter entfernte Gegenstände durch die Anordnung!

V2 Um das Bild aufrecht zu sehen, baue eine weitere Sammellinse ein, die das Fernrohr aber um deren 4fache Brennweite verlängert (Abb. ➤ 2).
(Hinweis: Der Aufbau ist schwierig)

V3 Das erste Fernrohr überhaupt war sehr kurz. Es besaß eine Sammellinse als Objektiv, aber eine Zerstreuungslinse als Okular. Diese wird kurz vor dem Brennpunkt des Objektivs angeordnet (Abb. ➤ 3).

Grundwissen

Der Strahlengang am Fernrohr

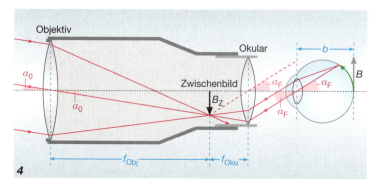

Das Fernrohr nach Abb. ➤ 4 hat einen Nachteil: Das Bild erscheint gegenüber dem Gegenstand kopfstehend. Das stört nicht, wenn man das Fernrohr bei astronomischen Beobachtungen einsetzt. Man verwendet daher auch die Bezeichnung **astronomisches Fernrohr**. Es wurde von dem Astronomen und Mathematiker **Johannes Kepler** (1571–1630) entwickelt.

Möchte man das Prinzip des astronomischen Fernrohrs bei irdischen Beobachtungen einsetzen, muss das Bild aufrecht erscheinen. Dazu kann eine weitere Sammellinse zwischen Objektiv und Okular gebracht werden. Solche **terrestrischen Fernrohre** sind wegen ihrer großen Länge allerdings recht unhandlich. Dieser Nachteil wird bei **Prismengläsern** umgangen (Abb. ➤ 5). Die Prismen kehren das Bild um und bewirken gleichzeitig eine Verkürzung der Baulänge.
Bereits vor Kepler entwickelten holländische Brillenmacher Fernrohre, die aus einer Sammel- und einer Zerstreuungslinse bestanden. Diese **Holländischen** bzw. **Galilei'schen Fernrohre** erzeugen ein aufrechtes Bild.

Die Wirkungsweise eines Fernrohres kann mit der eines Mikroskops verglichen werden. Auch hier entsteht zunächst ein Zwischenbild, das aber aufgrund der großen Gegenstandsweite stark verkleinert ist (Abb. ➤ 4). Das Zwischenbild wird durch das Okular betrachtet, welches als Lupe wirkt. Insgesamt erscheint der Gegenstand dem Auge unter einem größeren Sehwinkel, das Fernrohr vergrößert den Gegenstand. Verwendet man ein Objektiv mit längerer Brennweite, so wird das Zwischenbild größer. Demgegenüber nimmt die Vergrößerung durch das Okular zu, wenn man dessen Brennweite verringert.

5 Prismenglas

| Die Vergrößerung des Fernrohres beträgt: $V_F = f_{Obj}/f_{Oku}$.

1 Wie lang sind die Fernrohre in Abb. ➤ 1, 2 und 3?

82 Optische Geräte

Rückblick

Begriffe
Was versteht man unter
– einer Sammellinse/Zerstreuungslinse?
– der optischen Achse und der Mittelebene einer Linse?
– einem Brennpunkt einer Linse?
– einem reellen und einem virtuellen Bild?
– dem Sehwinkel?
– einer Lupe?

Beobachtungen
Was beobachtet man, wenn
– ein schmales Lichtbündel auf eine Sammellinse/Zerstreuungslinse trifft?
– Licht einer Kerzenflamme auf eine Sammellinse trifft?
– man einen kleinen Gegenstand durch eine dicht vor ihn gehaltene Sammellinse mit kleiner Brennweite betrachtet?
– bei der Lupe eine Linse mit schwach gekrümmter Oberfläche durch eine mit starker Krümmung ausgetauscht wird?

Erklärungen
Wie lässt sich erklären, dass
– beliebige Lichtwege durch eine Sammellinse/Zerstreuungslinse vorhersagbar sind?
– die mit einem Objektiv erzeugten Bilder nicht immer scharf sind?
– das Betrachten sehr naher Gegenstände anstrengend ist?
– eine Linse zum Vergrößern eine möglichst kleine Brennweite haben muss?

Gesetzmäßigkeiten
Beschreibe mit eigenen Worten,
– wie sich beim Annähern eines Gegenstandes aus großer Entfernung an eine Sammellinse die Bildgröße ändert.
– was das Abbildungsgesetz aussagt.
– wie Bildgröße im Auge und Sehwinkel zusammenhängen.
– wie die Vergrößerung bei Fernrohr und Mikroskop von den Brennweiten der Linsen abhängt.

Erläutere die Erscheinungen in den folgenden Bildern und beantworte die Fragen!

⇐ Weshalb sind die Pupillen der Katze verschieden?

⇒ Weshalb sieht der Greifvogel schärfer als wir?

Mensch

Greifvogel

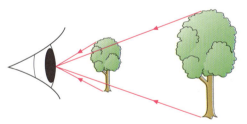

Erscheinen beide Bäume gleich groß?

Welche optische Aufgabe hat dieses Gerät?

⇐ Weshalb ist der Hintergrund der Maikäfer-Aufnahme unscharf? Wie ließe sich das verhindern?

⇒ Mit welchem Gerät betrachtet der Uhrmacher das Uhrwerk? Weshalb kann er es damit besser sehen?

Optische Geräte **83**

Heimversuche

1. Wasserlupen

Welche Brennweite hat ein Wassertropfen? Tauche ein Ende eines Strohhalms in Wasser, verschließe mit einem Finger das andere Ende und ziehe den Strohhalm vorsichtig aus dem Wasser. Am unteren Ende des Strohhalms hat sich ein Wassertropfen gebildet. Halte den Tropfen vor ein Stück Papier in das Licht einer Lampe. Verändere den Abstand des Wassertropfens zum Papier so lange, bis ein scharfes Bild des Glühfadens entsteht.

Wie weit ist der Brennpunkt vom Wassertropfen entfernt? Halte deine Beobachtungen in einem Protokoll fest!
Bringe einen Wassertropfen in die Drahtschleife einer Büroklammer. Betrachte durch diese Wasserlinse einen gedruckten Text. Schätze die Vergrößerung und die Brennweite der Wasserlinse!

2. Brennweite einer Lupe

Halte einen Kamm im Sonnenlicht vor ein Blatt Papier. Du siehst die Schatten der Zähne des Kammes. Bringe jetzt eine Lupe zwischen Kamm und Papier. Was beobachtest du, wenn du den Abstand zwischen Kamm und Lupe änderst?
Kannst du so die Brennweite der Lupe messen? Begründe deine Antwort!

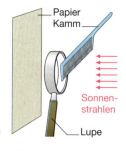

3. Messen der deutlichen Sehweite

Nimm ein Blatt Papier mit einem geraden Strich, einen Bleistift und ein Lineal. Betrachte den Strich wie rechts gezeigt mit einem Auge.
Bewege nun, unmittelbar vor dem Auge beginnend, den Bleistift langsam vom Auge weg. Miss die Entfernung des Punktes, bei dem du die Bleistiftspitze ohne Anstrengung deutlich siehst! Bestimme diesen Punkt auch für das andere Auge! Wiederhole den Versuch zu verschiedenen Tageszeiten! Lass auch Eltern und Großeltern den Versuch durchführen! Fertige eine Tabelle deiner Messergebnisse an und fasse das Experiment in einem Protokoll zusammen!

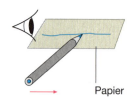

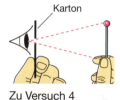

Zu Versuch 4

4. Bestimmung eines Sehwinkels

Stich mit einer Stecknadel ein nicht zu kleines Loch in einen schwarzen Karton. Halte die Pappe vor das Auge. Das Loch muss so groß sein, dass du gerade eben gut durchblicken kannst. Halte nun die Stecknadel vor diese Lochblende so, dass du sie durch das Loch in ihrer ganzen Länge sehen kannst. Miss dann den Abstand Lochblende–Stecknadel! Wiederhole den Versuch dreimal und stelle eine Tabelle der Messwerte auf!
Bestimme in allen Fällen den Sehwinkel der Stecknadel als Quotienten aus Gegenstandsgröße und Abstand Lochblende – Stecknadel! Hat der Quotient den Wert 0,1, so entspricht das dem Winkel von 5,73°; hat er den Wert 0,01, so beträgt der Sehwinkel 0,573°, usw.

5. Der kleinste Sehwinkel

Zeichne eine Reihe von parallelen schwarzen Linien, die jeweils 1 mm dick sind und jeweils 1 mm Abstand voneinander haben, auf weißes Papier.

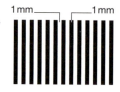

Nimm den Papierbogen mit den Linien und befestige ihn in Augenhöhe an einer Wand. Bestimme die Entfernung von der Wand, aus der du gerade eben noch die einzelnen parallelen Linien unterscheiden kannst. Bestimme den Sehwinkel, indem du den Abstand 1 mm durch die Entfernung (in mm) teilst. Der Sehwinkel ist dann in Grad das 57,3fache des Quotienten (der kleinste Sehwinkel sollte etwa 0,02° betragen).

6. Brillentest

Besorge dir verschiedene Brillen und stelle fest, ob sie Sammel- oder Zerstreuungslinsen sind. Beschreibe deine Testmethode!

7. Ein Vergrößerungsglas

Nimm eine Röhre, z. B. einen Joghurt- oder Sahnebecher, dem du die Bodenfläche abgeschnitten hast, und stülpe eine Klarsichtfolie über eines der Enden. Befestige sie mit einem Gummiband. Lege eine Münze in eine Schale mit Wasser, setze die Röhre mit dem Folienende auf die Wasseroberfläche und drücke sie etwas nach unten. Betrachte nun die Münze durch die Röhre. Beschreibe und erkläre deine Beobachtungen!

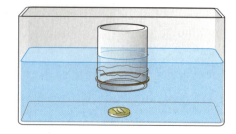

84 Optische Geräte

Beispiele

1. Kleinster Abstand zweier Bildpunkte auf der Netzhaut

Der Abstand der Sinneszellen begrenzt das Erkennen sehr kleiner Details. Bestimme den kleinsten noch wahrnehmbaren Abstand.

Lösung:

Mit Versuchen lässt sich feststellen, in welcher Entfernung zwei nebeneinander befindliche Stecknadeln gerade noch getrennt wahrgenommen werden können, weil ihre Bildpunkte benachbarte Sehzellen reizen. Messungen ergeben für einen Abstand der Nadeln z. B.: $G = 3\,mm$ eine maximale Entfernung: $g = 9800\,mm$. Die Bildweite b ist näherungsweise gleich der Brennweite $f = 17\,mm$ des Auges. Aus dem Abbildungsgesetz $B/G = b/g$ folgt dann:

$$B = \frac{b \cdot G}{g} = \frac{17\,mm \cdot 3\,mm}{9800\,mm} = 0{,}005\,mm$$

Anatomische Untersuchungen ergeben einen kleinsten Abstand von $0{,}002\,mm$.

2. Berechnung der Brennweite einer Linse mit dem Linsengesetz

Von einer Linse sei bekannt, dass sie von einem $g = 50\,cm$ entfernten Gegenstand ein virtuelles Bild im Abstand $b = -10\,cm$ erzeugt. Welche Brennweite hat die Linse?

Lösung:

Nach dem Linsengesetz ist:

$$\frac{1}{f} = \frac{1}{g} + \frac{1}{b}$$

Setzt man die für g und b gegebenen Werte ein, so ist:

$$\frac{1}{f} = \frac{1}{50\,cm} - \frac{1}{10\,cm} = \frac{1-5}{50\,cm} = -\frac{4}{5\,cm}$$

$$f = -\frac{50}{4}\,cm = -12{,}5\,cm$$

Eine Brennweite mit negativem Vorzeichen ist ein Merkmal für eine Zerstreuungslinse. Für diese Zerstreuungslinse ist $f = -12{,}5\,cm$.

Fragen

Zum Strahlengang durch Linsen

1 Welche der im Schnitt gezeichneten Linsen sind Sammel-, welche Zerstreuungslinsen?

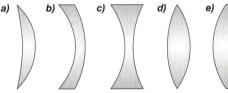

2a) Wie beeinflusst die Krümmung der Linsenoberfläche die Brennweite einer Sammellinse?
b) Wie ändert sich die Brennweite gleich geformter Linsen, wenn eine Glassorte, die das Licht stärker bricht, verwendet wird?

3 Weshalb setzen wir bei der Konstruktion von Strahlengängen stillschweigend voraus, dass die Linsen dünn und die Strahlen möglichst achsennah verlaufen sollen?

4 Welche Lichtstrahlen eignen sich zur einfachen Konstruktion des Strahlenganges bei Linsen? Begründe!

5 Die folgende Abbildung zeigt den Strahlengang von Licht durch eine verdeckte Linse. Um welche Linsenart handelt es sich jeweils? Begründe deine Antwort!

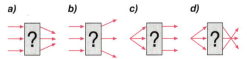

6 Übertrage die folgenden Skizzen mit dünnen Linsen in dein Heft und vervollständige die begonnenen Lichtwege.

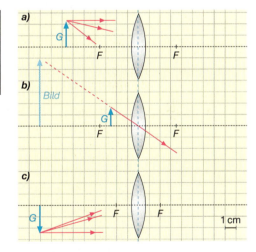

7 Die Abbildung links außen zeigt einen Verlauf von Lichtstrahlen durch eine – in der Dicke stark übertriebene – Sammellinse. Beschreibe, was gegenüber dem idealen Strahlengang zu beobachten ist!

8 Wo ungefähr liegen bei einer Sammellinse die Bilder von weit entfernten Gegenständen?

9 Ein 2 cm hoher Gegenstand steht in 2 cm Abstand von der Linsenmitte senkrecht auf der optischen Achse einer Sammellinse. Die Linse habe die Brennweite $f = 5\,cm$. Konstruiere das Bild!

Zu Aufgabe 7

Optische Geräte 85

Fragen

Weshalb sieht man diese „Milchstraße" (Galaxie) wohl nur mit dem Fernrohr?

Demonstriere mit Skizzen:

Beim Mikroskop erzeugt das Objektiv ein vergrößertes Zwischenbild des sehr nahen Gegenstandes, welches mit der Lupe vergrößernd betrachtet wird.

Beim Fernrohr erzeugt das Objektiv ein verkleinertes Bild des fernen Gegenstandes, welches aus der Nähe mit dem Okular vergrößernd betrachtet werden kann.

10 Ein Gegenstand wird mit einer Sammellinse abgebildet. Die Messtabelle enthält die Bildweite b in Abhängigkeit von der Gegenstandsweite g.

g in cm	13,0	15,0	25,0	35,0	50,0
b in cm	43,2	30,5	16,7	13,8	12,7

a) Übertrage die Messwerte in ein Achsenkreuz und zeichne das zugehörige Diagramm.
b) Entnimm dem Diagramm ohne weitere Rechnung die Brennweite der Linse. Begründe deinen Lösungsweg!
c) Lies aus dem Diagramm die Bildweite ab, wenn sich der Gegenstand 20 cm vor der Linse befindet. Beschreibe das Bild!

11a) Vor einer Sammellinse mit $f = 10$ cm steht ein $G = 15$ cm hoher Gegenstand. Er ist $g = 45$ cm entfernt. Konstruiere sein Bild im passenden Maßstab!
Gib an, um was für ein Bild es sich handelt! Wie groß ist das Bild und welche Entfernung hat es von der Linsenmitte?
b) Ergänze die folgende Tabelle durch Konstruktion und überprüfe durch Rechnung:

f	G	g	b	B
30 cm	20 cm	60 cm	.....	.....
5 cm	4 cm	8 cm	.....	.....
12 cm	3,5 cm	1,5 cm	.....	.....
5 mm	2 mm	4 mm	.....	.....

12a) Ein Gegenstand mit $G = 2,0$ cm befindet sich $g = 8,0$ cm von einer Zerstreuungslinse mit der Brennweite $f = -6,0$ cm entfernt. Konstruiere sein Bild im passenden Maßstab! Wie groß ist es und wo befindet es sich?
b) Konstruiere und berechne Bildweite b und Bildgröße B, wenn für G, g und f gilt:

$G = 6$ cm (0,5 cm; 2 mm; 20 mm),
$g = 24$ cm (4,0 cm; 2 mm; 24 mm).
$f = -12$ cm (-3,0 cm; -5 mm; -25 mm),

Zum Auge, zur Vergrößerung mit Geräten

13a) Beschreibe die Wirkungsweise des menschlichen Auges!
b) Weshalb kann man bei geringer Helligkeit keine Farben unterscheiden?
c) Wo befindet sich der Blinde Fleck und warum heißt er so?
d) Schaut man einen Gegenstand nur mit einem und danach mit dem anderen Auge an, so springen die Bilder vor dem Hintergrund. Weshalb?

14 Wie gelingt es dem Auge, Gegenstände trotz unterschiedlicher Gegenstandsweite scharf auf die Netzhaut abzubilden?

15a) Wie lassen sich Sehfehler infolge einer zu kleinen bzw. zu großen Bildweite des Auges korrigieren?
b) Bei welchem Sehfehler erkennt man nur sich in der Nähe befindende Gegenstände gut?

16a) Was ist eine Lupe?
b) Wie entsteht damit eine Vergrößerung?
c) Wie berechnet man ihre Vergrößerung?

17 Das folgende Bild zeigt den Gegenstand und sein Bild mit der Lupe. Bestimme mit Hilfe der Sehwinkel die Vergrößerung der Lupe.

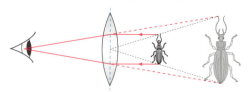

18 Ein 10 m entferntes Objekt wird mit einer Kamera (Objektivbrennweite $f = 50$ mm) fotografiert. Danach wird es aus 1 m Entfernung aufgenommen. Um welche Strecke muss das Objektiv in der Kamera verschoben werden, damit das Bild scharf wird?

19 Was bewirkt die Blende im Fotoapparat?

Weitere Probleme

20 Begründe, weshalb eine Linse zwei Brennpunkte in gleichem Abstand haben muss! (Wende die Linse und denke an die Umkehrbarkeit des Lichtweges!)

21 Wie wirkt eine Luftblase im Wasser auf Lichtstrahlen, wenn sie wie eine Sammellinse aus Glas geformt ist? Wie müsste unsere Definition von Sammel- bzw. Zerstreuungslinsen ergänzt werden?

22 Worin unterscheidet sich das mit einer Lochkamera erzeugte Bild von dem Bild, das mit einer Linse entsteht?

23 Das Bild eines Gegenstandes soll auf dem 30 cm von der Linse entfernten Schirm doppelt so groß sein. Wo muss der Gegenstand stehen? Welche Brennweite muss die Linse haben? Konstruiere und berechne!

24 Von einer Linse mit $f = 1$ m Brennweite wird die 150 Millionen km entfernte Sonne in der Brennebene als eine rund 1 cm große Scheibe abgebildet. Wie groß ist die Sonne?

25 Welche Brennweite hat ein Okular mit der Beschriftung: 10x?

26 Das Zwischenbild in einem Mikroskop liegt $b = 15,0$ cm vom Objektiv entfernt. Das Objektiv hat eine Brennweite von 5 mm, das Okular eine von 10 mm. Welche Vergrößerung hat das Mikroskop?

86 *Optische Geräte*

Schwimmen und Sinken

Eine Stahlkugel versinkt im Wasser. Warum kann dann ein großes stählernes Schiff wie zum Beispiel eine Fähre das Meer überqueren?
Wieso kann die Fähre noch zusätzlich schwere Autos und Lkws transportieren?

Wenn man einen Klumpen Knetmasse ins Wasser wirft, geht dieser unter.
Was kann man tun, damit die Knete nicht versinkt?

Untersucht experimentell in Arbeitsgruppen die Schwimmfähigkeit von Körpern.

Hilfen:

Ob ein Körper schwimmt, hängt nicht nur von seiner Masse ab.
– Denke dir verschiedene Formen für die Knete aus und überprüfe, ob sie so schwimmt.
– Wie viele Murmeln kann man auf die Knetmasse legen, ohne dass sie versinkt?
– Ist es wichtig, wie man die Kugeln ins Boot legt?

- Formuliere dein Vorhaben genau.
- Plane deine Experimente und führe sie sorgfältig durch.
- Protokolliere zuverlässig.
- Entwickle eine Präsentation und trage sie vor.
- Die „Werkstätten" im Buch geben dazu Hilfe!

Was wird erwartet?

Im Protokoll sollst du sorgfältig die Vorgehensweise beschreiben und die Beobachtungen detailliert wiedergeben.

Vorhaben Aufbau und Eigenschaften von Körpern

Schwimmen und Sinken

Wichtige Kenntnisse zur Lösung

– Wie bestimmt man die Masse?
– Wie bestimmt man die Dichte?
– Wie bestimmt man die Masse des verdrängten Wassers?
– Wie kann man die verschiedenen Formen der Knete darstellen oder beschreiben?

Gleicher Stoff, verschiedene Formen

Wichtige Untersuchungen

– Arbeite immer mit derselben Knetmenge. Wann sinkt die Knete, wann schwimmt sie? Wieso?
– Was passiert, wenn du das Boot belädst? Achte auf den Wasserspiegel!

Gesunkene und schwimmende Knetmasse

Warum geht man im Toten Meer nicht so leicht unter?

Zum weiteren Nachforschen:
– Wie verhält sich der Wasserspiegel, wenn man den gesamten Ballast aus dem Schiff ins Wasser wirft?
– Wie verhält sich der Wasserspiegel beim Sinken des Bootes (Loch im Boot)?
– Wie verhält sich der Wasserspiegel, wenn man ein Stück Holz aus dem Boot ins Wasser wirft?
– Wie ändern sich die Ergebnisse, wenn du anstatt Leitungswasser Salzwasser nimmst?

88 Vorhaben Aufbau und Eigenschaften von Körpern

Aufbau und Eigenschaften von Körpern

Das abgebildete Foto zeigt einen Bergkristall. Auch die Natur ist in der Lage, exakt geometrisch geformte Körper hervorzubringen.
Wie kommt es zu dieser regelmäßigen Form?
Woraus besteht der Kristall?
Warum hat sich seine Form seit seiner Entstehung vor Millionen Jahren nicht verändert?

Wolken am Himmel haben sehr unterschiedliche Formen und sind oft schön anzusehen. Die meisten Wolken bestehen aus feinsten Wassertröpfchen und fallen irgendwann als große Wassertropfen, Hagelkörner oder Schneeflocken zurück auf die Erde.

Beim Wochenendeinkauf im Supermarkt ist es dir bestimmt schon aufgefallen, dass du mit dem leeren Einkaufswagen sehr gut um Hindernisse herumfahren kannst. Auch das Anfahren und Abbremsen gelingt dir ohne große Mühe. Je mehr du jedoch den Wagen mit Waren füllst, desto schwieriger wird es für dich, den Wagen zu steuern. Wenn du den vollen Wagen um eine Kurve zu den Regalen fahren willst, musst du meist schon um den Wagen gehen und von der Seite schieben, um ein Anstoßen zu verhindern. Wie lässt sich das erklären?

Wasser in fester Form als Eis auf einem See hat bei entsprechender Schichtdicke eine so hohe Festigkeit, dass es viele Menschen tragen kann. Auf der glatten Oberfläche kann man einerseits leicht ausrutschen, andererseits sich aber auch auf Schlittschuhen mit großer Geschwindigkeit fortbewegen.

Messen physikalischer Größen

Auf dem morgendlichen Weg zur Schule wird Susi gelegentlich von ihrer Mutter im Auto ein Stück mitgenommen. Während der Fahrt fällt ihr Blick auf die vielen Anzeigegeräte im Armaturenbrett vor dem Lenkrad. Sie fragt ihre Mutter, wozu alle diese Instrumente dort eingebaut sind. Diese antwortet, dass hier verschiedene Größen gemessen und angezeigt werden, die zu kennen für einen korrekten Betrieb des Fahrzeuges und für ein verkehrsgerechtes Verhalten erforderlich sein können.

Analogien & Strukturen
siehe S. 234!

Grundwissen

Die Messung

In der Technik und im täglichen Leben werden viele Dinge gemessen und auf Instrumenten angezeigt. Auch dein Leben ist vom Messen mitbestimmt. Mit der Uhr misst du Zeiten, mit dem Thermometer Temperaturen, mit der Waage die Masse und mit dem Lineal Längen (Abb. ➤1). Was geschieht eigentlich bei einem Messvorgang? Beim **Messen** vergleichen wir mithilfe eines Messgerätes eine unbekannte Größe mit einer festgelegten Einheit und geben das Ergebnis mit einem Zahlenwert, dem Messwert, an.

Beispiel: Vergleicht man das Volumen eines Tankwagens Milch mit dem Inhalt einer Milchtüte, so ergibt sich der Zahlenwert 10 000. Die Messung ergibt also, ein Tankwagen enthält 10 000 (Zahlenwert) Milchtüten (Einheit).

> Eine **physikalische Größe** besteht aus Maßzahl und Maßeinheit, z. B.: Länge $l = 17 \cdot 1\,m$ oder kurz $l = 17\,m$.

Im Physikunterricht wird eine Vielzahl von Messgeräten zur Bestimmung physikalischer Größen eingesetzt. Um das Messen zu vereinheitlichen, hat man international Einheiten festgelegt.

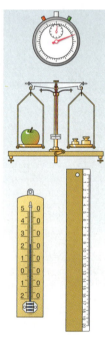

1 Messgeräte

Längenmessung

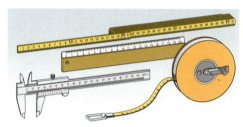

2 Geräte zur Längenmessung

Für die Messung der **Länge** von Strecken gibt es verschiedene Messgeräte. So verwenden wir für die Messung der Wurfweite im Sportunterricht ein Bandmaß, für die Messung der Diagonalen eines DIN A4-Blattes ein Lineal (Abb. ➤2).

Die **Skalen** auf den Längenmessgeräten sind durch Teilen oder Vervielfachen der Einheit ein Meter (1 m) entstanden. Zur übersichtlichen Darstellung verwendet man bei Längenangaben Vorsätze, die wir schon aus dem Mathematikunterricht kennen.

1 Kilometer = 1 km = 1000 m
1 Dezimeter = 1 dm = 0,1 m
1 Zentimeter = 1 cm = 0,01 m
1 Millimeter = 1 mm = 0,001 m

1 Erkundige dich bei deinen Eltern, welche physikalischen Größen auf dem Armaturenbrett eines Autos angezeigt werden. Wozu benötigt der Autofahrer diese Messwerte?

2 International werden auch heute noch für die Messung der Länge unterschiedliche Einheiten verwendet. Gib solche Einheiten an!

Physikalische Größe	Einheit	Messgerät (Beispiel)
Länge	1 Meter (m)	Lineal
Volumen	1 Kubikmeter (m^3)	Messzylinder
Temperatur	1 Grad Celsius (°C)	Thermometer
Zeit	1 Sekunde (s)	Uhr
Masse	1 Kilogramm (kg)	Waage

90 Aufbau und Eigenschaften von Körpern

Werkstatt

Genauigkeit bei Längenmessungen

Bei der Messung von Längen ist zunächst zu prüfen, welche Genauigkeit der Messwert besitzen soll.
Für die Entfernungsangabe zum nächsten Ort genügt auf dem Ortsausgangsschild eine Angabe in Kilometer. Im Sportunterricht wird beim Weitsprung die Sprungweite auf einen Zentimeter genau angegeben. Solche Genauigkeiten sind bei der Angabe der Dicke eines Blattes Papier nicht anwendbar. Die Messgenauigkeit hängt von der Teilung der Skala der Messgerätes (Abb. ➤ 1) ab.

1a) Metallmaßstab mit großer dm- und kleiner cm-Teilung. Mit diesem Maß kannst du auf einen Zentimeter genau messen.
1b) Lineal mit großer cm- und kleiner mm-Teilung. Mit diesem Lineal kannst du auf einen Millimeter genau messen.

Um eine ausreichende Messgenauigkeit zu erzielen, sind folgende Punkte zu beachten:

- Wähle das Messgerät entsprechend der beabsichtigten Genauigkeit aus!
- Lege das Messgerät exakt an die beiden Messpunkte an!
- Miss die gesuchte Länge mehrfach und bestimme den Messwert durch Mittelwertbildung!
- Schaue beim Ablesen stets senkrecht auf die Skala!

1 Ordne den nachfolgenden Messaufgaben ein geeignetes Messgerät zu!
- Bestimmung der Breite einer Straße
- Bestimmung der Dicke einer Wand
- Bestimmung der Außenmaße eines Schreibblockes
- Bestimmung von Länge und Breite eines Tisches

2 Bestimme die Dicke eines Blattes Papier! Erläutere dein Vorgehen!

3 Norbert und Nina haben die Länge des rechteckigen Schulhofes ermittelt. Nina hat ein Bandmaß verwendet. Die kleinste Einheit beträgt 1 cm. Norbert erschien das zu ungenau. Er hat einen Gliedermaßstab genutzt, weil er damit auf 1 mm genau ablesen kann.
Wie würdest du entscheiden? Begründe!

4 Fünf Schüler haben die Länge eines Tisches gemessen:

Name	Messwert
Norbert	$l = 1{,}22$ m
Susi	$l = 1{,}21$ m
Nina	$l = 1{,}20$ m
Tom	$l = 1{,}21$ m
Hannes	$l = 1{,}22$ m

Welchen Messwert würdest du für die Länge des Tisches angeben?

5 Mit Hilfe eines ablaufenden Rades, eines so genannten Rolltachos, kann man Wege messen. Nach diesem Verfahren ermittelt man z. B. Wege, die Postangestellte beim Verteilen der Post in einem Wohngebiet zurücklegen oder die Länge von Bremsspuren bei einem Autounfall.

a) Erläutere, wie man hier den Messwert für die Länge ermittelt.
b) Welchen Vorteil hat dieses Verfahren?
c) Bestimme nach diesem Verfahren z. B. mit dem Vorderrad deines Fahrrades die Länge des Schulhofes. Plant in der Gruppe das Vorgehen.

Aufbau und Eigenschaften von Körpern

Einteilung der Körper

Ein Vulkan ist ausgebrochen. Langsam fließt das flüssige Gestein ins Tal.
An einem kalten Wintertag bietet ein Wasserfall einen interessanten Anblick. In langen Zapfen hängt das Wasser an den Felsvorsprüngen. Die Bilder zeigen flüssiges Gestein und festes Wasser.
Ist Wasser nicht eigentlich flüssig und Stein fest? Sind dieses Zustände von den Bedingungen oder vom Stoff abhängig?

Grundwissen

Körper, Stoff und Reinstoff

Physiker bezeichnen die Objekte, die sie untersuchen, als **Körper**. Ein Körper ist eine begrenzte Menge an **Stoff**.
Alle diese Körper können aus einem oder aus mehreren verschiedenen Stoffen bestehen. Der Hammer zum Beispiel besteht aus Metall und Holz. Die Milch enthält die Stoffe Wasser und Fett. Ein Stoff ist entweder ein **Reinstoff** oder ein **Gemisch**, das aus mehreren verschiedenen Reinstoffen besteht. Ein Reinstoff lässt sich mit physikalischen Methoden nicht mehr in weitere Stoffe zerlegen. Der Hammer ist fest. Die Milch ist flüssig und die Luft im Ballon ist gasförmig. Die Zustände fest, flüssig und gasförmig nennt man **Aggregatzustände**.

| Ein Stoff kann in den Aggregatzuständen fest, flüssig oder gasförmig vorliegen.

Ein Stoff kann seinen Zustand aber auch verändern. Gestein begegnet uns meist im festen Zustand. Beim Vulkanausbruch ist Gestein jedoch flüssig geworden. Wasser dagegen ist meist flüssig, kann aber auch zu Eis erstarren oder sich in gasförmigen Wasserdampf verwandeln. Einen Stoff kann es also sowohl als festen, flüssigen oder auch gasförmigen Körper geben.

Da Gase keine feste Form haben, gibt es Physiker, die den Begriff „gasförmig" missverständlich finden. Sie verwenden stattdessen den Begriff „gasig".

Körper brauchen Raum

Wenn man in die Badewanne steigt, kann man beobachten, dass sich der Wasserspiegel hebt. Dort, wo man jetzt liegt, kann kein Wasser mehr sein. Man hat das Wasser verdrängt. Feste Körper nehmen einen bestimmten Raum ein, man sagt: Sie besitzen ein **Volumen**.
Ein Kino oder ein Sportstadion hat nur eine begrenzte Anzahl von Plätzen. Auf einen besetzten Platz kann man sich nicht auch noch setzen. Liegt ein Buch auf dem Tisch, so kann ein zweites nur daneben oder darauf, aber nicht ebenfalls an der Stelle auf den Tisch gelegt werden.

| Wo ein fester Körper ist, kann zur gleichen Zeit kein zweiter Körper sein.

Auch flüssige und gasförmige Körper nehmen Raum ein, haben also ein Volumen. Hier aber können sich zwei Körper an einem Ort vermischen. Dabei entsteht ein neues Stoffgemisch und ein neuer Körper.

1 Nenne verschiedene Körper aus deiner Umgebung und gib jeweils den Aggregatzustand an!

2 Nenne Stoffe, die im Alltag in verschiedenen Aggregatzuständen vorkommen!

92 *Aufbau und Eigenschaften von Körpern*

Volumina von Körpern

Feuerwehrleute im Einsatz

Bei einem Feuerwehreinsatz verwenden Feuerwehrleute wegen der Vergiftungs- und Erstickungsgefahr oft Gasflaschen mit Atemluft.
Wieso benutzt man keine Plastiktüte mit Luft? In der Gasflasche ist viel mehr Luft als in einer gleich großen Plastiktüte!
Wie passt so viel Atemgas in die kleine Gasflasche?

Grundwissen

1 Feste Körper lassen sich nicht oder kaum zusammendrücken.

Feste Körper

Der Eisenkörper im Abb.➤1 wird seine Gestalt nicht von allein ändern. Merkmal aller festen Körper ist ihre bestimmte Form.
Versucht man, das Volumen des Eisenkörpers durch festes Drücken mit beiden Händen zu verkleinern, wird man keinen Erfolg haben. Feste Körper lassen sich nicht oder kaum zusammendrücken.

| Feste Körper haben eine bestimmte Form und ein bestimmtes Volumen.

Flüssige Körper

Füllt man eine bestimmte Menge Wasser zuerst in ein breites, dann in ein rundes und schließlich in ein schmales Glas, wird klar, dass Flüssigkeiten stets die Form des Gefäßes annehmen.
Die Flüssigkeiten selbst haben eine unbestimmte Form. Sie lassen sich aber nicht merklich zusammendrücken (Abb.➤2).

| Flüssigkeiten haben keine bestimmte Form, aber ein bestimmtes Volumen.

2 Flüssigkeiten passen ihre Form stets dem Gefäß an. Das Wasser in der Spritze lässt sich nicht merklich zusammendrücken.

Gasförmige Körper

Gase nehmen stets das ganze zur Verfügung stehende Volumen ein, sie breiten sich im ganzen Ballon und in der gesamten Gasflasche aus. Die Luft in der Pumpe lässt sich stark zusammendrücken. Das Gas in der Flasche ist stark zusammengepresst.
Lässt der Feuerwehrmann die Luft beim Einsatz aus der Flasche, dann nimmt sie ein viel größeres Volumen ein (Abb.➤3).

| Gase haben keine bestimmte Form und kein bestimmtes Volumen.

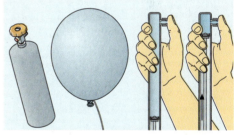

3 Gase nehmen stets den gesamten ihnen zur Verfügung stehenden Raum ein. Gase lassen sich stark zusammendrücken.

1 Erläutere das Form- und Volumenverhalten fester, flüssiger und gasförmiger Körper an je einem Beispiel!

2 Was würde man beobachten, wenn man die Luftpumpe in Abb.➤3 mit Wasser füllt?

Aufbau und Eigenschaften von Körpern **93**

Volumenbestimmung

Rudi und sein Freund Jens sind im Freibad. Rudi schaut auf seine Colaflasche und sagt. „Mindestens 5000 solche Flaschen würde man brauchen, um das Badebecken mit Cola zu füllen." „Wenn das mal reicht," sagt Jens. Sie beschließen, die Bademeisterin zu fragen. Die hat die Antwort schnell parat: „25 m lang, 10 m breit und im Mittel 1,9 m tief! Da könnt ihr euch doch selber überlegen, wie viel Wasser da drin ist!"

Grundwissen

Das Volumen regelmäßig geformter Körper

Man berechnet das Volumen V eines Quaders, indem man die Länge a, die Breite b und die Höhe c (Abb. ➤ 1) miteinander multipliziert: $V = a \cdot b \cdot c$. Werden in dieser Rechnung a, b und c in Millimetern eingesetzt, erhält man als Volumeneinheiten Kubikmillimeter (mm^3). Verwendet man die Einheit Zentimeter, erhält man Kubikzentimeter (cm^3) und analog Kubikdezimeter (dm^3) und Kubikmeter (m^3). Bei einem Würfel sind alle Kanten gleich lang. Als Sonderfall des Quaders ergibt sich daher:

$V = a \cdot a \cdot a = a^3$.

Auch für andere regelmäßige feste Körper (z. B. Kugel, Pyramide, ...) gibt es Formeln, mit denen man das Volumen dieser Körper berechnen kann.
Auf diese Weise kann auch das Volumen von Flüssigkeiten und Gasen ermittelt werden, die sich in diesen regelmäßig geformten Körpern befinden.

Beispiel:

gegeben: Tetrapack mit
$a = 6,8$ cm
$b = 8,8$ cm
$c = 16,7$ cm

gesucht: V in cm^3

Lösung:
$V = a \cdot b \cdot c$
$V = 6,8$ cm $\cdot$ 8,8 cm $\cdot$ 16,7 cm
$V \approx 999$ cm^3

Das Volumen eines Tetrapacks beträgt fast 1000 cm^3.

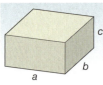

1 Volumenberechnung bei Quader und Würfel

Die Volumenbestimmung bei Flüssigkeiten

Flüssigkeiten passen sich der Form ihres Aufbewahrungsgefäßes an. Dies nutzt man aus, um das Volumen zu messen. Verwendet werden Gefäße mit verschiedenen Fassungsvermögen (Messbecher, -zylinder) und entsprechender Eichung zur Volumenbestimmung (Abb. ➤ 2).

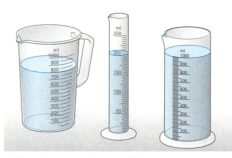

2 Verschiedene Messgefäße

Die Volumina werden meist in Milliliter (ml) oder Liter (l) angegeben. Eine Übersicht zu den Volumeneinheiten enthält folgende Tabelle. Die Umwandlungszahl ist jeweils 1000.

$1 m^3 = 1000 dm^3$
$1 dm^3 = 1000 cm^3$ (= 1 l)
$1 cm^3 = 1000 mm^3$ (= 1 ml)

1 Berechne, wie viele Cola-Flaschen man brauchen würde, um das Schwimmbecken mit Cola zu füllen!

2 Erläutere, wie man das Volumen von regelmäßig geformten Körpern und von Flüssigkeiten bestimmt!

Aufbau und Eigenschaften von Körpern

Werkstatt

Richtiges Messen mit Messzylindern

Das Volumen einer Flüssigkeitsmenge soll mit Hilfe eines Messzylinders bestimmt werden. Was muss man beachten, um Fehler zu vermeiden?

1. Wähle einen Messzylinder geeigneter Größe aus und überlege, welche Bedeutung ein Teilstrich auf der Skala hat!
2. Beachte die Randkrümmung der Flüssigkeitsoberfläche!
3. Schaue beim Ablesen stets waagerecht auf die Skala!

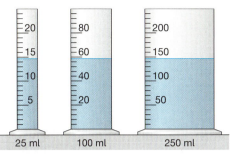

1 Messzylinder wählen!

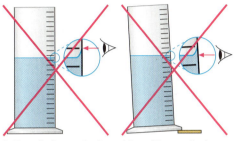 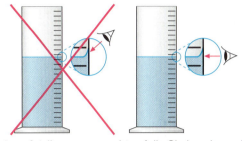

2 Randkrümmung beachten, Messzylinder gerade aufstellen, waagerecht auf die Skala schauen!

Volumenbestimmung unregelmäßig geformter Körper

Ein fester Körper verdrängt genauso viel Flüssigkeit wie sein Volumen beträgt. Diese Eigenschaft nutzt man bei der Volumenbestimmung unregelmäßiger fester Körper aus. Für eine solche Messung gibt es zwei Methoden: Bei der **Differenzmessung** ermittelt man das angezeigte Volumen vor und nach dem Eintauchen des Körpers. Das Volumen ist gleich der Differenz dieser beiden Werte (Abb. ➤ 3).

Bei der **Überlaufmessung** wird das Volumen der verdrängten Flüssigkeit direkt am Messzylinder gemessen (Abb. ➤ 4).

1 Bestimme das Volumen einer Kartoffel! (Tipp: Teile die Kartoffel, wenn sie nicht in den Messzylinder passt.)

2 Bestimme das Volumen eines kleinen Würfels durch Berechnung sowie mit Hilfe der Differenzmessung!

3 Bestimme das Volumen eines Esslöffels Wasser mit einem Messzylinder! (Tipp: Miss das Volumen mehrerer Löffel!)

4 Abb. ➤ 5 zeigt, wie man das Atemvolumen ermittelt. Beschreibe, was in dem abgebildeten Experiment geschieht!

 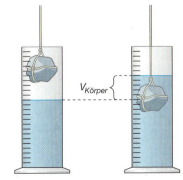 

4 Überlaufmessung   **3** Differenzmessung   **5** Zur Bestimmung des Volumens der Lunge

Aufbau und Eigenschaften von Körpern **95**

Aufbau von Stoffen

Ein Glas wird mit Eiswürfeln mindestens bis zum Rand gefüllt. Nach einer halben Stunde ist das Eis geschmolzen. Das Wasser füllt das Glas jetzt nur noch zum Teil. Nach einigen Tagen ist das Glas leer und das Wasser vollständig verdunstet.
Wie lässt sich das Verhalten des Wassers im Glas erklären?

Grundwissen

1a Kandiszucker

1b Sichtbare Kristalle

1c Puderzucker

1d Zuckerlösung

Teilchenmodell

Körper lassen sich in kleinere Bestandteile zerlegen. So kann man z. B. Kandiszucker (Abb. ➤ 1a) mit dem Hammer in kleinere Zuckerstücke teilen. Mit dem Auge lassen sich die einzelnen Zuckerkristalle erkennen (Abb. ➤ 1b). Zerreibt man diese Kristalle in einem Mörser in noch kleinere Bestandteile, so erhält man ein weißes Pulver. Betrachtet man den Puderzucker mit dem Auge, sind die Zuckerkristalle nicht mehr sichtbar (Abb. ➤ 1c). Mit Hilfe einer Lupe kann man wieder die Form der Kristalle sehen. Löst man den Puderzucker in Wasser auf, verschwindet scheinbar der Zucker (Abb. ➤ 1d). Betrachtet man einen Tropfen der Zuckerlösung unter einem Mikroskop, kann man keine Strukturen des Zuckers erkennen. Der vorhandene Zucker hat sich in kleinste **Teilchen** aufgelöst. Diese sind so winzig, dass sie selbst unter einem Mikroskop nicht mehr sichtbar sind.

Diese Vorstellung vom Aufbau der Körper aus Teilchen bezeichnet der Physiker als **Teilchenmodell**. Dabei ist es unwichtig, wie die Teilchen dargestellt werden.

> Physiker stellen sich vor, dass Körper aus sehr kleinen unteilbaren und unzerstörbaren Teilchen bestehen. Alle Teilchen eines Reinstoffes sind untereinander vollkommen gleich.

Verhalten der Teilchen

In **festen Körpern** sind die Teilchen eines Stoffes mit ihren Nachbarn stark verbunden und oft auch regelmäßig angeordnet. Die Teilchen bleiben an einem festen Platz und schwingen nur um diesen Ort.

In **flüssigen Körpern** gibt es keine regelmäßige Anordnung der Teilchen. Die Teilchen eines Stoffes können beliebig gegeneinander verschoben werden, bleiben aber eng beieinander.

In **gasförmigen Körpern** sind die Abstände zwischen den Teilchen des Stoffes groß und sie können sich frei im Raum bewegen. Dabei stoßen sie mit anderen Teilchen des Gases und mit den Teilchen der Gefäßwand zusammen.

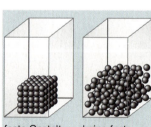

feste Gestalt, festes Volumen | keine feste Gestalt, festes Volumen | keine feste Gestalt, kein festes Volumen

2 Fester, flüssiger und gasförmiger Stoff im Teilchenmodell

96 Aufbau und Eigenschaften von Körpern

Werkstatt

Oft verwendet man in der Physik Modelle, um komplizierte Vorgänge zu erklären.

siehe S. 227 u. 228!

Modellmethode

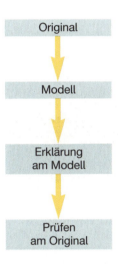

Der Modellbegriff in der Physik

Modelle sind uns aus dem Alltag bekannt. Sie stellen mehr oder weniger genaue Abbilder eines Originals dar. Zum Beispiel zeigen Modelleisenbahnen, Modellflugzeuge oder Modellautos zahlreiche Details und Funktionen, auf die es uns ankommt, andere Details werden dagegen nicht wiedergegeben. Die Modelle dienen als vereinfachter Ersatz des Originals. Die Modelle, die in den Naturwissenschaften, insbesondere in der Physik, verwendet werden, dienen ebenfalls der vereinfachenden Beschreibung von Beobachtungen. Sie sind **Erklärungs-** bzw. **Vorstellungshilfen**.

Das Teilchenmodell dient zunächst nur als Erklärungshilfe für das unten beschriebene Experiment. Darüber hinaus lässt sich das Modell aber auch auf andere Beobachtungen anwenden, verallgemeinern.
Ein Modell wird so lange als Erklärungshilfe beibehalten, bis man eine Beobachtung nicht mehr mit seiner Hilfe erklären kann. Dann muss es erweitert oder durch ein neues Modell ersetzt werden.

Erklären mit dem Teilchenmodell

In Experimentierbüchern steht oft, dass man Flüssigkeiten verschwinden lassen kann. Geht das wirklich? Dabei wird folgendes Experiment beschrieben: Zunächst füllt man in zwei Messzylinder je 50 ml Wasser und schüttet diese zusammen. Auf dem Messzylinder liest man 100 ml ab. Das Ganze wiederholt man mit wasserfreiem Alkohol und es ergeben sich wieder 100 ml. Die Flüssigkeit verschwindet also nicht. Nun kommt der Trick: Diesmal misst man einmal 50 ml Wasser und 50 ml Alkohol ab und schüttet sie zusammen. Und tatsächlich liest man nur 96 ml statt der erwarteten 100 ml ab (Abb. ➤ 1). Auch wenn man die minimalen Reste im ersten Zylinder berücksichtig, bleibt es bei 96 ml. Wie lässt sich der Vorgang erklären?
Wir erinnern uns an das Teilchenmodell. Verschiedene Reinstoffe bestehen aus unterschiedlich großen Teilchen. Wasserteilchen sind kleiner als Alkoholteilchen.

Durch einen **Modellversuch** wollen wir uns den nicht sichtbaren Vorgang veranschaulichen.
Statt Wasser und Alkohol verwenden wir Erbsen und Senfkörner. Die größeren Erbsen veranschaulichen die Alkoholteilchen und die Senfkörner die kleineren Wasserteilchen. Füllt man zweimal 50 ml Erbsen in einen Zylinder, so ergeben sich 100 ml Erbsen. Jetzt füllen wir einen Messzylinder mit 50 ml Erbsen und einen zweiten Messzylinder mit 50 ml Senfkörnern. Anschließend füllen wir die Senfkörner zu den Erbsen und schütteln die Mischung gut durch. Wir erwarten, dass das Volumen 100 ml beträgt. Wir messen aber ein deutlich kleineres Volumen. Im Modellexperiment lässt sich der Vorgang direkt beobachten, da unsere Modellteilchen sehr gut zu erkennen sind. Die Senfkörner sind in die Zwischenräume der größeren Erbsen hineingerutscht, so dass die Mischung insgesamt ein kleineres Volumen als die Einzelstoffe benötigt (Abb. ➤ 1).

Diese Methode, einen komplizierten Sachverhalt mit einem einfacheren Modell zu erklären, wird sehr oft in der Physik und anderen Wissenschaften verwendet.

1 Nenne weitere Beispiele, in denen mit Modellen Vorgänge erklärt werden.

2 Warum hat 1 kg Puderzucker ein kleineres Volumen als 1 kg Zucker?

3 Was versteht man in den Naturwissenschaften unter einem Modell? Lies auch in einem Lexikon nach.

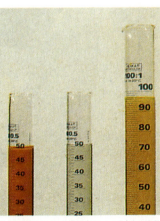 

1 Volumenverringerung beim Mischen von Alkohol und Wasser (links), Modellversuch mit Erbsen und Senfkörnern (rechts)

Aufbau und Eigenschaften von Körpern 97

Feste Körper dehnen sich aus

Versuche

V1 Ein Draht wird an beiden Seiten fest eingespannt und mit einem Körper beschwert (Abb. ➤1). Die Lage des Körpers wird markiert. Anschließend wird der Draht mithilfe einiger Teelichter erhitzt. Nach einiger Zeit sieht man, dass sich der Körper ein wenig gesenkt hat.

V2 Eine Kugel aus Eisen passt genau durch die Öffnung in einem dicken Blech (Abb. ➤2). Nun wird die Kugel mit einem Gasbrenner erwärmt. Sie passt dann nicht mehr durch die Öffnung.

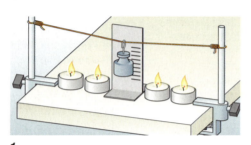
1

2

Grundwissen

Wir ändern die Temperatur fester Körper

Wie verhält sich ein Draht, wenn man seine Temperatur erhöht?

Ein sehr kalter Wintertag. Der Fotograf hat trotz der Kälte seinen Fotoapparat ausgepackt und eine Stromleitung fotografiert. Er hat sich genau gemerkt, an welcher Stelle das Fotostativ aufgestellt wurde. Einige Monate später begibt sich der Fotograf an die gleiche Stelle. Inzwischen ist es Frühling geworden und die Sonne scheint. Der Fotoapparat wird aufgestellt und genau ausgerichtet. Der Vergleich der Bilder zeigt, dass irgendetwas mit der Stromleitung geschehen sein muss. Was fällt auf?
Ein Draht wird also länger, wenn man seine Temperatur erhöht. Körper werden beim Erwärmen aber nicht nur länger, sondern auch breiter und höher. Dies lässt sich gut beim Erwärmen einer Kugel wie in V2 beobachten.

Der Draht und auch andere feste Körper ändern ihre Größe erneut, wenn sie sich abkühlen. Der Draht nimmt wieder seine ursprüngliche Länge an. Die Kugel passt bei Zimmertemperatur wieder durch die Öffnung.

> Normalerweise dehnen sich feste Körper nach allen Seiten aus, wenn man sie erwärmt.
> Sie ziehen sich wieder zusammen, wenn man sie abkühlt.

1 Warum ist die Ausdehnung des Drahtes in V1 nicht so deutlich zu sehen, wenn man nur zwei Teelichter benutzt?

2 Wie kann man ausschließen, dass nicht eine Rußschicht die Ursache dafür ist, dass die Kugel in der Öffnung stecken bleibt?

98 Aufbau und Eigenschaften von Körpern

Werkstatt

Unterschiedliche Ausdehnung

Im Experiment mit dem Draht ist die Längenausdehnung deutlich kleiner als bei der Hochspannungsleitung. Welche Größen beeinflussen die Ausdehnung?

So gehen Physiker vor:

- Beobachtung
- Vermutung
- Experiment planen.
- Verschiedene Einflüsse der Reihe nach untersuchen, indem man eine Größe verändert und alle anderen konstant hält.
- Ergebnisse formulieren.

Die Hochspannungsleitung hat eine größere Länge als der Draht. Aber auch das Material und der Betrag der Temperaturänderung könnten die Ausdehnung beeinflussen. Wir untersuchen diese Einflüsse der Reihe nach.

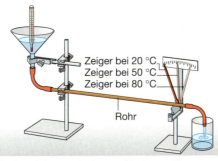

1 Ausdehnung bei verschiedenen Temperaturänderungen

V1 Ein Kupferrohr mit Zimmertemperatur (20 °C) wird von Wasser mit einer Temperatur von 50 °C durchflossen (Abb. ➤1).

Der Zeigerausschlag wird auf der Skala markiert. Anschließend wird der Versuch mit 80 °C warmem Wasser wiederholt. Der Zeigerausschlag ist größer.

> Je größer die Temperaturänderung, desto größer ist die Ausdehnung des Körpers bei gleicher Länge und gleichem Stoff.

4 So viel werden 100 m lange Stäbe bei einer Temperaturerhöhung von 20 °C länger.

Stoff	mm
Zink	52
Aluminium	48
Kupfer	32
Eisen	24
Beton	24
Glas	18
Papier	2

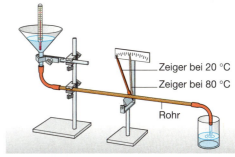

2 Ausdehnung bei halber Länge

V2 Der Versuch wird so abgeändert, dass die Zeigervorrichtung in der Mitte des Rohres steht (Abb. ➤2). Damit wird nur noch die Längenänderung bei halber Rohrlänge angezeigt. Der Versuch wird mit 80 °C warmem Wasser wiederholt. Es ist zu beobachten, dass der Ausschlag des Zeigers nur noch halb so groß ist.

> Je größer die Länge des Körpers, desto größer ist die Ausdehnung bei gleicher Temperaturänderung und gleichem Stoff.

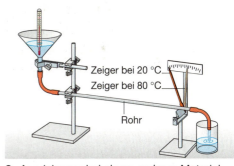

3 Ausdehnung bei einem anderen Material

V3 Beim nächsten Versuch wird ein Rohr aus einem anderen Stoff verwendet (Abb. ➤3). Dabei beobachten wir andere Zeigerausschläge als bei Versuch 1.

> Die Ausdehnung eines Körpers ist bei gleicher Temperaturänderung und gleicher Länge vom Stoff des Körpers abhängig.

Bei Untersuchungen der Abhängigkeit einer physikalischen Größe, die von mehreren Größen beeinflusst wird, ist es wichtig, beim Experiment eine Größe zu ändern und die anderen konstant zu halten.

Aufbau und Eigenschaften von Körpern 99

Kräfte bei der Ausdehnung

Im Jahr 219 vor Christus zieht Hannibal über die Alpen, um das Römische Reich anzugreifen. Immer wieder versperren Felsbrocken den Weg über die Berge, sodass er für die Elefanten und Wagen zunächst unpassierbar ist.
Hunderte von Meilen hat er mit seinem Heer seit dem Aufbruch in Südspanien schon zurückgelegt. Wenn er erst die Alpen überquert hat, wird er die römischen Heere schon mit Hilfe seiner Kampfelefanten besiegen – wenn er sie nur heil über die Pässe bekommt.

Hannibal gibt schnell ein paar Anweisungen. Kurz darauf macht man um solche Felsen ein großes Feuer. Sobald dieses erlischt, übergießt man den Felsen mit Schmelzwasser. Die Felsbrocken zerplatzen in kleinere Stücke! Nun kann der Fels stückweise abgetragen werden und der Weg ist frei.

Endlich kann das riesige Heer seinen mühevollen Weg über die Alpen fortsetzen.

Das von Hannibals Soldaten benutzte **Feuersetzen** wurde bis vor einigen Jahrhunderten angewandt, um selbst hartes Felsgestein zu zertrümmern. Bei der Temperaturzunahme dehnen sich einige Teile des Felsens stärker aus als andere. Die dabei auftretenden Spannungen führen zu Rissen im Fels. Gleiches gilt beim Abkühlen.

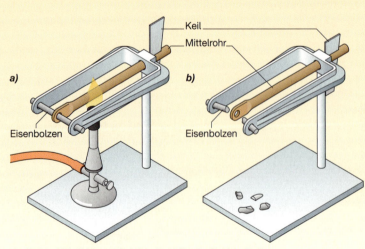

1 Beim Abkühlen zerbricht das Mittelrohr den Bolzen.

In Abb. ➤1 siehst du ein Experiment, das die großen Kräfte beim Abkühlen zeigt. Das Mittelrohr wird erhitzt und verlängert sich deshalb ein wenig. Dadurch kann der Keil noch etwas weiter versenkt werden und das Mittelrohr wird stramm eingespannt. Beim anschließenden Abkühlen bricht der Eisenbolzen, da sich das abkühlende Mittelrohr wieder zusammenzieht.

Vorsicht vor umherfliegenden Teilen!

100 Aufbau und Eigenschaften von Körpern

Werkstatt

So gehen Physiker vor:

Das Bimetall – eine krumme Sache?

Man kann mit einem Streifen Papier und einem Streifen Alufolie erstaunliche Dinge machen. Man nimmt einen schmalen Streifen Aluminium und einen gleich großen Papierstreifen und klebt die beiden Streifen aufeinander. Hält man diesen neuen Doppelstreifen mit der Alu-Seite nach unten vorsichtig über eine Kerzenflamme, dann kann man erkennen, dass er sich nach oben krümmt (Abb. ➤ 1). Dies liegt aber nicht daran, dass die warme Luft nach oben steigt. Wäre diese Vermutung richtig, dann müsste sich der geklebte Streifen auch nach oben krümmen, wenn man ihn mit der Papierseite nach unten über die Flamme hält. Der Alu-Papier-Streifen krümmt sich aber nach unten, wenn man ihn auf der Papierseite erwärmt. Es ist nun klar, dass diese Vermutung falsch war. Der Versuch funktioniert übrigens mit etwas Geschick auch mit einem Streifen „Silberpapier" aus der Kaugummipackung.

Ein Streifen aus zwei unterschiedlichen Metallen, die fest zusammengefügt sind, heißt **Bimetallstreifen**. Wenn ein solcher Streifen (Abb. ➤ 2) über die Flamme gehalten wird, dann krümmt er sich – ähnlich wie vorher der Alu-Papier-Streifen. Die Erklärung ist: Die beiden Metallstreifen dehnen sich bei Temperaturerhöhung unterschiedlich stark aus. Tabellen hinten im Physikbuch zeigen: Der Aluminiumstreifen dehnt sich mehr aus als der Eisenstreifen. Deswegen hat sich der Bimetallstreifen auch nach unten gekrümmt. Man kann sich dies auf dem Sportplatz verdeutlichen: Die Außenbahn ist immer länger und so verhält es sich hier auch mit dem Aluminiumstreifen.

Wenn Physiker andere Wissenschaftler über ihre Versuche informieren wollen (Abb. ➤ 3), trennen sie sorgfältig ihre Beobachtungen von den anschließenden Überlegungen.

1 Wozu dreht man nach der ersten Beobachtung den Streifen um und erwärmt ihn noch einmal?

2 Beim Bimetall in Abb. ➤ 2 wird das Eisen durch Zink ersetzt. Wie verhält sich dieses Bimetall beim Erwärmen?

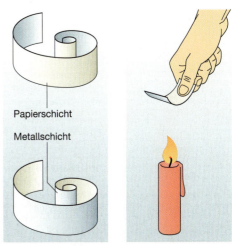

1 Versuch mit einem zusammengeklebten Aluminium-Papier-Streifen

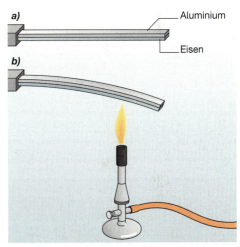

2 Ein Bimetallstreifen besteht aus zwei verschiedenen Metallen.

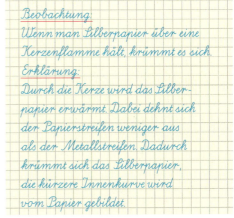

Beobachtung:
Wenn man Silberpapier über eine Kerzenflamme hält, krümmt es sich.
Erklärung:
Durch die Kerze wird das Silberpapier erwärmt. Dabei dehnt sich der Papierstreifen weniger aus als der Metallstreifen. Dadurch krümmt sich das Silberpapier, die kürzere Innenkurve wird vom Papier gebildet.

3 Eine Zusammenfassung

Aufbau und Eigenschaften von Körpern 101

Flüssigkeiten und Gase dehnen sich aus

Versuche

V1 Ein mit Luft gefülltes Glasgefäß wird mit einem durchbohrten Stopfen verschlossen. Durch das Loch im Stopfen wird ein Glasrohr gesteckt. Tauche das Glasrohr ins Wasser und umfasse das Glasgefäß mit beiden Händen. Aus dem Glasrohr treten Gasblasen aus (Abb. ▶1).

V2 Zwei gleiche Gefäße mit Steigrohren werden mit Wasser bzw. mit Alkohol gefüllt (Abb. ▶2). Durch gleichzeitiges Eintauchen der Gefäße in ein Wasserbad wird die Temperatur der Flüssigkeiten in gleicher Weise erhöht. Die Flüssigkeitssäule beim Alkohol steigt wesentlich höher.

1 Versuch zur Ausdehnung von Luft

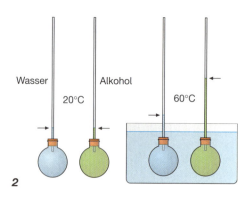

2

Grundwissen

Wir ändern die Temperatur von Flüssigkeiten und Gasen

Mit einer gut gekühlten leeren Flasche aus dem Kühlschrank und einer Münze über ihrer Öffnung kann man ein erstaunliches Experiment machen. Legen eine oder mehrere Personen die Hände um die Flasche, so beginnt nach einiger Zeit die Münze zu klappern, als ob ein Flaschengeist vorhanden sei. Der Grund hierfür ist, dass sich die Luft in der Flasche schon beim Erwärmen mit den Händen merklich ausdehnt und aus der Flasche entweicht.

Auch Wasser ändert sein Volumen, wenn man seine Temperatur ändert. Dieselben Beobachtungen macht man auch bei anderen Flüssigkeiten (Alkohol, Öl, …) und bei anderen Gasen (Wasserstoff, Propangas, …).
Je mehr die Temperatur zunimmt, desto mehr vergrößern sie ihr Volumen. Bei Gasen beobachtet man die Ausdehnung sogar schon bei geringen Temperaturänderungen, z. B. bei einer Erwärmung mit den Händen, wie in Abb. ▶1 und 3.

3 Der Münzentrick

> Flüssigkeiten und Gase dehnen sich aus, wenn ihre Temperatur zunimmt. Nimmt die Temperatur ab, ziehen sie sich wieder zusammen.

Um die Ausdehnung einer Flüssigkeit gut sichtbar zu machen, benutzt man oft Kolben mit schmalen **Steigrohren**. Der Kolben dient als **Vorratsbehälter** für die Flüssigkeit (Abb. ▶4). Wird der Kolben erwärmt, so vergrößert sich das Volumen der Flüssigkeit darin und der **Flüssigkeitsfaden** im Steigrohr wird länger. Wie hoch die Flüssigkeit in einem solchen Rohr steigt, hängt auch von seinem Durchmesser ab. Bei einem dickeren Steigrohr ist das zusätzliche Volumen zwar dasselbe wie bei dem dünneren, die Steighöhe ist aber geringer.

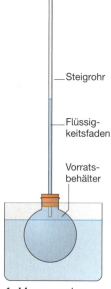

4 Messung der Ausdehnung einer Flüssigkeit bei Erwärmung

1 Begründe, warum bei gleicher Temperaturerhöhung der Flüssigkeitsfaden in schmalen Steigrohren höher ansteigt als in breiten.

2 Einen eingedrückten Tischtennisball kann man wieder ausbeulen, wenn man ihn mit kochendem Wasser übergießt. Finde eine Erklärung!

102 Aufbau und Eigenschaften von Körpern

Werkstatt

So gehen Physiker vor:

- Vermutung aufstellen.
- Geeignete Versuchsbedingungen wählen.
- Versuche durchführen.
- Ergebnisse mit Vermutungen vergleichen.
- Gefundene Zusammenhänge festhalten.

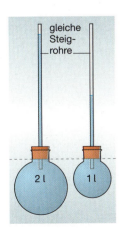

1 Steighöhe bei verschiedenen Vorratsbehältern

Unterschiedliche Ausdehnung

Bei der Erwärmung fester Körper hängt die Ausdehnung von der Temperaturänderung, der Art des Stoffes und den Abmessungen des Körpers, zum Beispiel von seiner Länge, ab. Gelten ähnliche Zusammenhänge auch bei Flüssigkeiten?

Um dies zu untersuchen, führen wir drei Experimente durch. Dabei verändern wir bei jedem Versuch immer nur eine Messgröße oder den Stoff. Dieses Vorgehen wird in der Physik oft angewandt, um das Wirken der einzelnen Einflussgrößen genau zu erkennen.

V1 Wir tauchen einen Kolben mit Steigrohr in Wasser unterschiedlicher Temperatur und beobachten die Höhe des Flüssigkeitsfadens. Ein Ansteigen des Flüssigkeitsfadens bedeutet eine Volumenvergrößerung. Bei lauwarmem Wasser ist der Flüssigkeitsfaden länger als bei kaltem Wasser; bei heißem Wasser ist der Flüssigkeitsfaden noch länger.

> Je stärker die Temperatur einer Flüssigkeit zunimmt, desto mehr vergrößert sich ihr Volumen.

V2 Nun erwärmen wir zwei Kolben mit unterschiedlichem Volumen und gleichem Steigrohr. Wir vergleichen den Flüssigkeitsanstieg: Bei einem Kolben mit doppelter Vorratsmenge ist der Anstieg der Flüssigkeit doppelt so groß (Abb. ➤ 1).

> Je größer das Volumen einer Flüssigkeit ist, desto größer ist bei einer Temperaturerhöhung oder Temperaturerniedrigung die Volumenänderung.

V3 Die Ausdehnung verschiedener Flüssigkeiten bestimmen wir, indem wir die Flüssigkeiten gleich hoch in Reagenzgläser mit Steigrohren füllen. Erwärmen wir alle Reagenzgläser gleichmäßig in einem warmen Wasserbad, so stellen wir fest, dass sich die Flüssigkeiten unterschiedlich stark ausdehnen (Abb. ➤ 2).

> Verschiedene Flüssigkeiten dehnen sich unterschiedlich stark aus.

Untersucht man in gleicher Weise die Ausdehnung verschiedener Gase

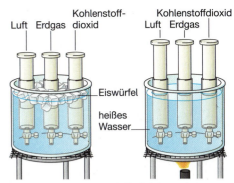

3 Alle Gase dehnen sich gleich stark aus.

(Abb. ➤ 3), dann findet man heraus, dass sich bei gleicher Temperaturerhöhung alle Gase gleich stark ausdehnen. Das ist ein wichtiger Unterschied zur Ausdehnung von Flüssigkeiten und von festen Stoffen. Die Ausdehnung der Gase bei Temperaturerhöhung ist wesentlich größer als bei festen Stoffen und bei Flüssigkeiten.

> Alle Gase dehnen sich bei gleicher Temperaturerhöhung gleich stark aus. Gase dehnen sich bei derselben Temperaturerhöhung wesentlich stärker aus als Flüssigkeiten und feste Stoffe.

1 Wie hängt die Steighöhe bei einem Kolben mit Steigrohr von der Temperatur der Flüssigkeit, der Dicke des Steigrohres und der Größe des Vorratsbehälters ab? Formuliere mit „Je ..., desto ..."!

2 Begründe, warum es sinnvoll war, bei unseren Untersuchungen Temperaturänderung, Volumen und Stoff nacheinander zu verändern.

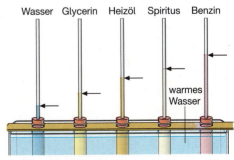

2 Verschiedene Flüssigkeiten dehnen sich unterschiedlich aus.

Aufbau und Eigenschaften von Körpern **103**

Das seltsame Verhalten von Wasser

Hast du dich schon einmal gefragt, wie Fische in einem zugefrorenen Teich überleben können?
Im Winter kühlt sich das Wasser an der Oberfläche eines Teichs ab und zieht sich zusammen. Dadurch passt in ein festes Volumen, z. B. einen Würfel, mehr Wasser hinein als vor der Abkühlung. Das Wasser in diesem Volumen wird deshalb schwerer und sinkt nach unten. Anderes, wärmeres Wasser steigt nach oben und nimmt seinen Platz ein. Langsam nimmt so die Temperatur des gesamten Wassers im Teich ab. Das geschieht so lange, bis der ganze Teich eine Temperatur von 4 °C erreicht hat. Von dieser Temperatur an sinkt das kühlere Oberflächenwasser nicht mehr ab: Dies liegt daran, dass sich das Verhalten von Wasser ab dieser Temperatur von dem Verhalten anderer Flüssigkeiten unterscheidet. Kühlt man Wasser unter 4 °C ab, so dehnt es sich wieder aus (Abb. ▶ 1). Dies nennt man **Anomalie des Wassers** (anomal = gegen die Regel).

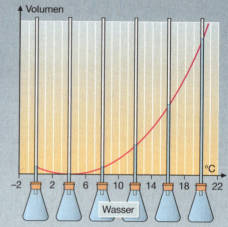

1 Anomalie des Wassers

Kühlt sich also das Oberflächenwasser unter 4 °C ab, dehnt es sich wieder aus. Dadurch wird es leichter und sinkt nicht mehr nach unten. So kann der Teich an der Oberfläche gefrieren, während Fische auf seinem Grund genügend 4 °C warmes Wasser vorfinden, um zu überleben (Abb. ▶ 2). Wasser hat außer der Anomalie (s. o.) noch einen weiteren Sonderfall zu bieten:

Genau bei 0 °C, wenn Wasser gefriert, dehnt es sich dabei extrem aus. Dies kann zu

schweren Schäden führen: So können z. B. Rohre platzen, Straßen können aufbrechen, wenn das Wasser sich beim Gefrieren ausdehnt. Deswegen müssen Wasserleitungen, die auch im Winter betrieben werden sollen, tief in die Erde verlegt werden; hier sinkt die Temperatur fast nie unter 0 °C. Andere Leitungen werden vor Einbruch des Winters geleert.
Aber auch im alltäglichen Leben kannst du davon betroffen werden. Vielleicht ist dir schon einmal eine Sprudelflasche im Eisfach geplatzt (Abb. ▶ 3).

3

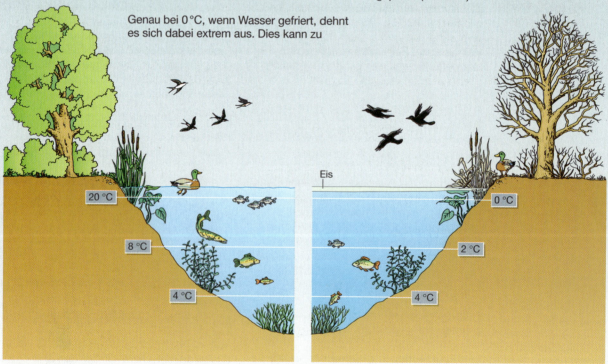

2 Ein Teich im Sommer und im Winter

104 Aufbau und Eigenschaften von Körpern

Werkstatt

Wie funktioniert ein Thermostatventil?

1 Thermostatventil

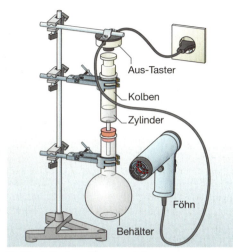

2 Modell eines Thermostaten

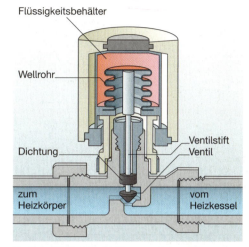

3 Schnitt durch ein Thermostatventil

Viele Heizkörper besitzen so genannte Thermostatventile (Abb. ➤1). Diese sorgen für eine gleich bleibende Raumtemperatur. Mit einem **Modellversuch** wollen wir ihre Funktionsweise erklären. Das Modell in Abb. ➤2 besitzt einen besonderen Schalter. Solange der Knopf des Schalters gedrückt wird, ist der Föhn ausgeschaltet.

Beobachtung: Nach dem Einstecken des Steckers läuft der Föhn. Der Kolben steigt und stößt gegen den Aus-Taster. Der Föhn geht nun aus. Der Kolben sinkt und der Föhn geht wieder an. Dieser Vorgang wiederholt sich immer wieder.

Erklärung:

Legt man in den Behälter ein kleines Thermometer, so stellt man fest, dass die Temperatur zunächst ansteigt, dann aber nahezu gleich bleibt. Wie kommt es dazu?
Ist der Kolben erst einmal am Taster angelangt, muss der Kolben sich nur wenig bewegen, um den Föhn ein- und auszuschalten. Bereits kleine Temperaturänderungen reichen dazu aus. In dem Glasbehälter schwankt die Temperatur also nur noch geringfügig; sie ist nahezu gleich bleibend, d. h. konstant.
Eine solche Vorrichtung, die die Temperatur konstant hält, bezeichnet man als **Thermostat**.

Funktionsweise des Thermostatventils

Wenn das Ventil (Abb. ➤3) geöffnet ist, dringt heißes Wasser vom Heizkessel zum Heizkörper. Dadurch steigt die Raumtemperatur und die Flüssigkeit im Behälter wird erwärmt. Sie dehnt sich aus und drückt das Wellrohr wie eine Ziehharmonika zusammen. Dabei wird der Ventilstift nach unten bewegt und schließt das Ventil.
Nun gelangt kein heißes Wasser mehr zum Heizkörper und die Raumtemperatur sinkt, bis das Ventil wieder geöffnet wird. Jetzt strömt erneut heißes Wasser zum Heizkörper und der gleiche Vorgang beginnt von vorn. Auf diese Weise wird die Raumtemperatur automatisch so geregelt, dass sie nahezu konstant bleibt.

Original → Modell → Erklärung am Modell → Erklärung am Original

siehe S. 227 u. 228!

Aufbau und Eigenschaften von Körpern   **105**

Heiß oder kalt?

Versuche

V1 Halte zunächst eine Hand in ein Gefäß mit sehr warmem Wasser, die andere Hand gleichzeitig in sehr kaltes Wasser! Wenn du dann nach einigen Minuten beide Hände zugleich in ein Gefäß mit lauwarmem Wasser hältst, empfindest du das Wasser an beiden Händen als unterschiedlich warm (Abb. ➤1)!

V2 Hält man ein Thermometer in eine Mischung von Eis und Wasser, so sinkt der Flüssigkeitsspiegel im Thermometer. Er bleibt aber schließlich an einer Stelle stehen. An dieser Stelle bleibt er auch dann, wenn man noch einige Eisstücke hinzugibt oder wegnimmt.

V3 Hält man das Thermometer in kochendes Wasser (*Vorsicht!*), so steigt der Flüssigkeitsspiegel im Thermometer nur bis zu einer bestimmten Stelle, auch wenn man noch stärker erhitzt.

1 Das menschliche Temperaturempfinden lässt sich täuschen.

Grundwissen

2

Thermometer

Der Mensch besitzt kein zuverlässiges Temperaturempfinden. So wird lauwarmes Wasser mal als warm, mal als kalt empfunden. Du kannst das selbst überprüfen!
Im Sommer empfindet man 20 °C als eher kühl und im Winter als warm.
Deshalb hat man zur Temperaturmessung Geräte erfunden. Man nennt sie **Thermometer** (griech. *thermos*: warm). Viele Thermometer nutzen die Ausdehnung von festen, flüssigen und gasförmigen Körpern.
Das **Flüssigkeitsthermometer** (Abb. ➤2) besteht aus drei Teilen: **Vorratsbehälter** ①, **Steigrohr** ② und **Skala** ③.
Man liest die Temperatur oben am Flüssigkeitsspiegel ab. Das Thermometer in Abb. ➤2 zeigt z. B. 46 °C (gesprochen: 46 Grad Celsius) an.

Die Skala des Celsius-Thermometers

Unsere Temperaturmessung geht auf den Schweden **Anders Celsius** (1701 – 1744) zurück. Er wählte als **Fixpunkte** (Ausgangspunkte) die Schmelztemperatur von Eis und die Siedetemperatur von Wasser. Den ersten Fixpunkt legte er als 100 °C (heute 0 °C) fest und den zweiten als 0 °C (heute 100 °C).
Die Gradangaben wurden etwa 1780 vom Franzosen **Jean Pierre Christin** vertauscht. Diese „Celsius-Skala" wird noch heute in Alltag und Wissenschaft benutzt.
Ein Thermometer kann man herstellen, indem man die Stelle des Flüssigkeitsspiegels im Steigrohr bei 0 °C (wie in V2) und 100 °C (wie in V3) markiert. Wenn man die Strecke gleichmäßig in 100 Teile teilt, erhält man die Werte der Celsiusskala. Diese Festlegung der Skala heißt **Eichung**. Man setzt die Skala über 100 °C und unter 0 °C fort. Temperaturen unter 0 °C werden mit einem Minuszeichen versehen, z. B. -10 °C.

> Das Formelzeichen der Temperatur in der Celsiusskala ist ϑ (griech.: „theta"). Die Einheit ist 1 °C (1 Grad Celsius).

Grundsätzlich ist die Wahl der Fixpunkte der Skala und die Skaleneinteilung willkürlich. Deshalb sind auch in der gleichen Epoche verschiedene Temperaturskalen wie z. B. die Fahrenheit-, die Kelvin-, die Reaumur- und die Celsiusskala entstanden.

1 Wie müssen Steigrohr und Vorratsbehälter eines Thermometers gebaut werden, damit man die Temperatur möglichst genau ablesen kann?

2 Warum benutzte Celsius gerade die Eis-Wasser-Temperatur und die Siedetemperatur von Wasser für seine Skala?

Aufbau und Eigenschaften von Körpern

Werkstatt

Verschiedene Temperaturskalen

Peter telefoniert mit seiner Freundin Karin in den USA. Karin sagt: „Bei uns ist es sehr warm – mehr als 80 Grad im Schatten!" „Das gibt es doch gar nicht!" entgegnet Peter. Oder doch?

In den USA wird oft eine andere Temperaturskala benutzt: die Fahrenheitskala. Sie stammt von **Gabriel Fahrenheit** (1686 – 1736). Zur Eichung seiner Thermometer benutzte er die Temperatur einer Kältemischung aus Eis, Wasser und Salmiaksalz (0 °F gesprochen: 0 Grad Fahrenheit) sowie seine Körpertemperatur (100 °F). In Abb. ➤1 kannst du erkennen, welche Temperatur in °C die Angabe 80 °F bedeutet.
Es gibt noch weitere Temperaturskalen. Immer muss der Anfang, also ein „Nullpunkt" für die Skala festgelegt werden. Außerdem muss angegeben werden, wie man die „Schrittweite", also den Abstand der einzelnen Temperaturwerte erhält. Das wurde von Celsius und Fahrenheit durch die Festlegung eines zweiten festen Temperaturwertes erreicht.

Temperaturen genau messen

Ein Flüssigkeitsthermometer kann die Temperatur eines Körpers nur dann richtig anzeigen, wenn die Thermometerflüssigkeit dieselbe Temperatur hat wie der Körper. Dazu muss der Vorratsbehälter vollständig von diesem Körper umgeben sein. Außerdem muss man warten, bis sich die Höhe des Flüssigkeitsfadens nicht mehr ändert.

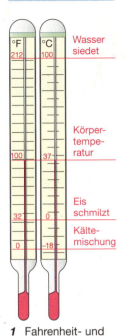

1 Fahrenheit- und Celsiusskala

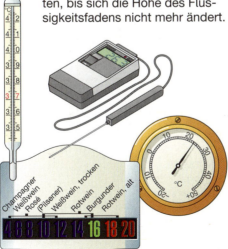

3 Verschiedene Thermometer

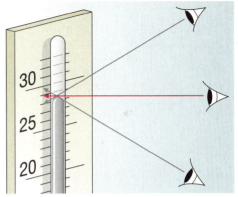

2 Richtiges und falsches Ablesen

Je nach Blickwinkel liest man unterschiedliche Werte für die Temperatur ab. Nur bei senkrechtem Blick auf die Skala erhält man einen richtigen Wert (Abb. ➤2). Um auch sehr kleine Temperaturunterschiede messen zu können, benutzt man Flüssigkeitsthermometer mit engem Steigrohr. Dann liegen die Teilstriche für Temperaturunterschiede von 1 °C weit auseinander und man fügt weitere Teilstriche ein. Je nach Teilung kann man dann Temperaturen auf $1/2$ °C oder sogar auf $1/10$ °C genau ablesen.

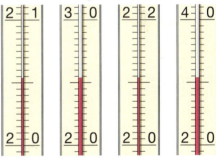

4 Verschiedene Unterteilungen

1 Wodurch unterscheiden sich die in Abb. ➤3 dargestellten Thermometer? Wo werden diese Thermometer benutzt?

2 Bei den Skalen von Abb. ➤4 kann man unterschiedlich genau ablesen. Was bedeutet ein Teilstrich? Welche Temperatur (in °C) wird angezeigt?

3 Gib die Raumtemperatur in Grad Celsius und in Grad Fahrenheit an!

Aufbau und Eigenschaften von Körpern 107

Werkstatt

Fragen stellen und Versuche planen.

Messwerte ermitteln.

Messwerte übersichtlich darstellen.

Auswertung und Zusammenfassung

Neue Aufträge

Temperaturkurven

Mit einem Stövchen (Abb. ➤ 1) versucht man den Tee in einer Kanne warm zu halten. Um genauer zu untersuchen, in welchem Maße das gelingt, muss die Temperatur in sinnvollen Zeitabständen gemessen werden. Mit nur einer Messung könnte man sich kein genaues Bild machen.

Nachdem nun der Untersuchungsauftrag und die Vorgehensweise feststehen, wird der Versuch durchgeführt. Dazu wird in ein Becherglas 200 ml heißes Wasser hineingegeben und einmal die Abkühlung ohne Teelicht und einmal mit Teelicht untersucht.

Grundsätzlich sollten so viele Messwerte wie möglich aufgenommen werden. Da sich nach einer gewissen Zeit das Wasser immer weniger abkühlt, genügen später auch größere Zeitabstände. Die Messwerte werden in einer Tabelle (Abb. ➤ 2) festgehalten.

Die gemessenen Thermometerstände können als Punkte in einem Diagramm eingetragen werden. Verbindet man die Punkte durch eine Kurve, so kann man sogar Werte ablesen, die gar nicht gemessen wurden. Anhand solcher **Temperaturkurven** (Abb. ➤ 3) kann man das Versuchsergebnis am besten darstellen und auswerten.

Die Temperaturkurven zeigen, dass sich die Temperaturabnahme unter den gegebenen Bedingungen mit einem Teelicht sehr verlangsamen lässt. Nach 40 min. hat man noch annähernd die gleiche Temperatur wie ohne Teelicht nach 5 min. Ein Gleichhalten der Temperatur gelingt aber nicht.

Weitere Fragen und Aufträge ergeben sich fast immer direkt im Anschluss an eine Untersuchung.

So kann man zum Beispiel fragen: Lässt sich die Anfangstemperatur mit zwei Teelichtern halten? Wie wirkt es sich aus, wenn man weniger oder mehr Teewasser nimmt?

1 Suche weitere Fragestellungen und formuliere sie!

1 Teekanne auf Stövchen

Zeit in min.	ohne Teelicht Temperatur in °C	mit Teelicht Temperatur in °C
0	70,0	70,0
1	68,0	69,8
2	66,5	69,3
3	65,2	68,8
4	63,6	68,1
5	61,0	67,5
6	57,8	67,1
7	56,9	66,8
8	56,4	66,4
9	56,0	66,2
10	55,5	66,0
15	51,0	64,0
20	47,5	63,0
25	44,5	62,0
30	42,0	61,5
35	40,0	60,0
40	38,0	59,5

2 Messwertetabelle

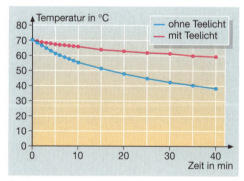

3 Temperaturkurven

2 Plane Versuche, um Antworten auf deine Fragen zu erhalten.

108 Aufbau und Eigenschaften von Körpern

Fieber zeigt Krankheiten an

1 Verschiedene Fieberthermometer

2 Anopheles-Mücke

Fiebermessung
Fieberthermometer sind spezielle Thermometer, um die Körpertemperatur des Menschen zu messen (Abb. ➤ 1). Die Körpertemperatur muss auf Zehntel Grad genau gemessen werden. Der Messbereich braucht allerdings nur von 36 °C bis 42 °C zu reichen.
Außer den mit Quecksilber gefüllten Flüssigkeitsthermometern, die heute kaum noch in Gebrauch sind, gibt es elektronische Thermometer mit Digitalanzeige. Sehr einfach ist die Messung der Körpertemperatur im Ohr mit einem speziellen Thermometer. Das gut durchblutete Trommelfell im Ohr gibt Wärmestrahlung ab, die vom Thermometer aufgenommen wird. Mit anderen Thermometern misst man unter der Achselhöhle oder im After.

Fieber – der Körper wehrt sich
Ab einer Körpertemperatur von 38 °C spricht man von Fieber. Viele Infektionskrankheiten gehen mit Fieber einher. Die bekannteste Infektionskrankheit ist die „Grippe", die wohl jeder schon einmal gehabt hat. Der Mensch mobilisiert durch die höhere Körpertemperatur seine Abwehrkräfte. Die Abwehrzellen können schneller zu den in den Körper eingedrungenen Krankheitserregern gelangen und diese angreifen. Außerdem verlieren viele Krankheitserreger bei der höheren Temperatur ihre Fähigkeit sich schnell im Körper zu vermehren. Ist die Infektion vorbei, verschwindet auch das Fieber wieder. Der Fieberverlauf während der Erkrankung ist für die einzelnen Erkrankungen typisch, so z. B. bei Malaria.

Malaria
Eine sehr gefährliche Infektionskrankheit, die in subtropischen und tropischen Ländern auftritt, ist die Malaria.

Weltweit gibt es jährlich 2 Millionen Tote durch Malaria. Allein in Afrika sterben jährlich 700 000 Kinder unter 4 Jahren an Malaria. Damit zählt die Malaria zu den häufigsten Todesursachen weltweit. Übertragen wird die Krankheit durch Stechmückenweibchen der Gattung Anopheles (Abb. ➤ 2), eine Moskitoart, die in tropischen Ländern vorkommt. Die gefährlichste Art der Malaria ist die Malaria tropica, bei der die Fieberkurve unregelmäßig verläuft, während bei den anderen Arten regelmäßige Fieberschübe auftreten (Abb. ➤ 3). Ein Problem bei der Bekämpfung der Malaria ist die zunehmende Widerstandsfähigkeit der Erreger gegen bisher erfolgreiche Medikamente. Bevor man in ein tropisches Land reist, sollte man sich über das Malariarisiko und über geeignete Vorsorge informieren. Das prominenteste Opfer der Weltgeschichte ist Alexander der Große. Er starb im Jahre 323 v. Chr. in Babylon an der Malaria – gerade einmal 33 Jahre alt.

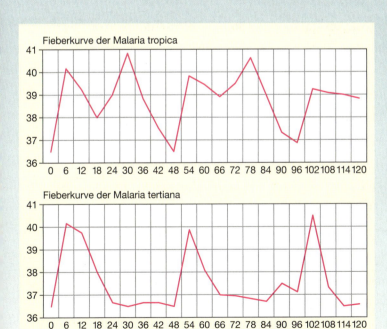

3 Ausdruck von Fieberkurven der häufigsten Malariaarten. Die Körpertemperatur in °C ist gegen die Zeit in Stunden aufgetragen.

Aufbau und Eigenschaften von Körpern

Bratfett bei verschiedenen Temperaturen

Wenn man im Sommer einen Hasen aus Wachs auf der Fensterbank stehen hat, kann er am Ende des Sommers wie im Bild links aussehen. Wie kommt die ungewöhnliche Form zustande?

Kannst du die Veränderungen auch mit den neuen Begriffen auf dieser Seite formulieren?

Grundwissen

Stoff	Schmelz-temperatur in °C
Quecksilber	-39
Wasser (Eis)	0
Blei	327
Aluminium	660
Silber	961
Gold	1063
Kupfer	1083
Eisen	1535
Wolfram	3390

2 Schmelztemperatur verschiedener Stoffe

Änderung der Aggregatzustände

Den Stoff Wasser kennen wir in drei verschiedenen Erscheinungsformen: fest, flüssig und gasförmig. Bei erhitztem Bratfett kommen sogar alle drei Aggregatzustände gleichzeitig vor! Erwärmt man festes Bratfett, geraten seine Teilchen in immer stärker werdende Schwingungen. Die enge Anordnung der Teilchen, die bei festem Fett vorliegt, wird durch die stärkeren Schwingungen aufgehoben. Diesen Vorgang nennt man **Schmelzen**. Die Teilchen sind jetzt nur noch lose aneinander gebunden und gegeneinander verschiebbar. Das Fett ist jetzt flüssig, es fand ein **Phasenübergang** statt. Bei weiterer Erwärmung verstärken sich die Bewegungen, bis sich die Wechselwirkungen zwischen den Teilchen vollständig auflösen. Diesen Vorgang bezeichnet man als **Verdampfen**. Das Fett tritt jetzt in Form von unsichtbarem gasförmigen Fettdampf auf.

Beim Abkühlen kehren sich diese Vorgänge um. Durch die langsamer werdenden Bewegungen bilden sich wieder schwache Wechselwirkungen zwischen den Teilchen aus. Diesen Vorgang nennt man **Kondensieren**. Das weitere Abkühlen des flüssigen Fettes bewirkt letztendlich das Entstehen einer festen Gitterstruktur. Man sagt, das flüssige Fett ist durch **Erstarren** zu festem Fett geworden.

Für den Übergang des Verdampfens von flüssigem Fett gibt es zwei Möglichkeiten. Der Vorgang, der bei der so genannten Siedetemperatur stattfindet, heißt **Sieden**. Ein Beispiel wäre das Verdampfen des Wassers beim Kochen bei 100 °C auf dem Herd, gut beobachtbar durch die aufsteigenden Gasblasen. Geschieht dieser Vorgang unterhalb der Siedetemperatur, so nennt man den Übergang **Verdunsten**. Das Verschwinden von Pfützen auf wasserundurchlässigem Untergrund oder von Parfüm auf der Haut sind dafür Beispiele.

> Den Übergang zwischen den einzelnen Aggregatzuständen bezeichnet man allgemein als Phasenübergang.

1 Wo treten Aggregatzustandsänderungen in Natur und Technik auf?

2 Wie lassen sich dabei die Volumenänderungen mit dem Teilchenmodell erklären?

1 Die Aggregatzustände des Bratfetts

110 Aufbau und Eigenschaften von Körpern

Verdampfen und Kondensieren trennt Stoffe

Blaues Wasser, Sand und Sonne ... ein Urlaubsparadies am Rande der Wüste (Abb. ➤ 1). Natürlich darf es dem Feriengast an nichts fehlen: Jedes Zimmer hat Dusche oder Bad und im Swimmingpool befindet sich glasklares Wasser. Der gepflegte Hotelgarten wird täglich gegossen. Alles das braucht sauberes Süßwasser von höchster Qualität. Woher kommt das Wasser mitten in der Wüste? Zunehmend nutzt man hierfür das Meerwasser. In bestimmten Anlagen wird Trinkwasser aus dem Salzwasser gewonnen. Wie kann eine solche Anlage funktionieren?

1 Wo kommt das Trinkwasser her?

Das Destillieren

In einem Gefäß befindet sich Salzwasser. Erwärmt man das Salzwasser auf einer Heizplatte, bildet sich mit steigender Temperatur zunehmend Wasserdampf. Hält man eine kalte Glasplatte darüber, kondensiert der Wasserdampf. Es bilden sich kleine Wassertröpfchen (Abb. ➤ 2). Kostet man die Wassertröpfchen, stellt man fest, dass sie nicht salzig schmecken. Nur das reine Wasser im Glas verdampft, die gelösten Salze bleiben im Glas zurück. Mit diesem Verfahren lassen sich Gemische verschiedener Flüssigkeiten voneinander trennen. Man bezeichnet das Verfahren als **Destillieren**.

Bei einer Destillationsapparatur (Abb. ➤ 3) wird in einem Kolben das Flüssigkeitsgemisch mit einem Gasbrenner bis zu einer bestimmten Temperatur erwärmt. Die Temperatur wird mit dem Thermometer kontrolliert. Der Dampf wird in ein gekühltes Rohr geleitet und kondensiert dort.
Auf diese Weise wird z. B. aus Wein der Weinbrand hergestellt. Der Wein enthält neben Alkohol auch Wasser. Beim Destillieren (dem so genannten „Brennen") verdampft nur der Alkohol, das Wasser bleibt zurück.
Auch bei der Gewinnung von Benzin aus Erdöl spielt das Destillieren eine Rolle.

Meerwasserentsalzung

Nach dem Prinzip des Destillierens kann aus dem salzigen Meerwasser Trinkwasser hergestellt werden. In großen Behältern wird mit Hilfe von Heizöl Meerwasser erwärmt. Das Süßwasser verdampft und wird in gekühlten Rohren kondensiert. Um 1000 Liter Wasser zu entsalzen braucht man etwa 8 l Heizöl. Das so gewonnene Wasser ist sehr teuer. Umweltfreundliche Anlagen nutzen zum Verdampfen des Wassers die Sonnenenergie. Das Meerwasser gelangt in ein flaches Becken, das mit einer speziellen Glasscheibe abgedeckt ist. (Abb. ➤ 4). Die Sonnenstrahlung erwärmt das Meerwasser. Der Dampf schlägt sich an der kälteren Glasscheibe nieder und kondensiert. Die Wassertröpfchen fließen in eine Ablaufrinne und weiter in einen Vorratsbehälter.

2 Ein Teil des Wasserdampfes kondensiert an der kühlen Glasplatte.

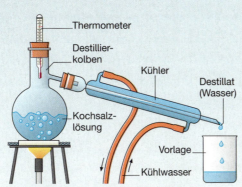

3 Destillationsapparatur mit Kühler: Der Wasserdampf kondensiert vollständig.

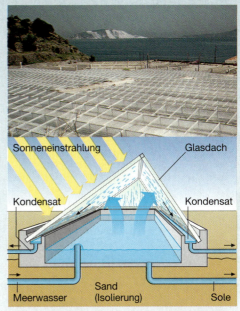

4 Meerwasserentsalzungsanlage auf Porto Santo/Madeira (oben); Prinzipschema (unten)

Aufbau und Eigenschaften von Körpern

Die Masse

1 Beim Weitwurf kann ein Kind mit einem Schlagball eine große Wurfweite erzielen.

2 Beim Kugelstoßen kann ein Leistungssportler die Kugel kaum so weit stoßen.

Grundwissen

Eine Eigenschaft aller Körper

3 Balkenwaage

4 Urkilogramm

Dass man eine Kugelstoßkugel trotz höheren Krafteinsatzes weniger weit werfen kann als einen Schlagball (Abb. ➤1 und 2), liegt in einer Eigenschaft der Körper begründet. Es ist die **Masse**.

> Die Masse ist die Ursache dafür, dass sich ein Körper einer Änderung seines Bewegungszustandes widersetzt.
> Die Masse ist eine mengenhafte Größe, die jeder Körper hat und die an jedem Ort gleich ist.

Die Masse besitzt jedoch noch ein weiteres Merkmal: Schon beim Halten der Gegenstände bemerkt man, dass es mehr Anstrengung erfordert, die Kugelstoßkugel am Fallen zu hindern als den Schlagball.

> Die Masse ist die Ursache dafür, dass ein Körper schwer ist.

Die Masse kann man daher mit einer Waage messen, zum Beispiel mit einer Balkenwaage wie in Abb. ➤3. Mit dieser Balkenwaage kann man z. B. feststellen, ob ein Apfel so „schwer" ist wie drei kleine Holzstücke. Früher gab es sehr unterschiedliche Einheiten für die Masse (das Pfund entspricht 500 g; die Unze entspricht 31,104 g und der Zentner entspricht 50 kg). 1889 und 1901 einigte man sich auf internationalen Konferenzen auf eine allgemein gültige Maßeinheit für die Masse, das **Kilogramm**. Der Prototyp, das so genannte Urkilogramm (Abb. ➤4), wird bis heute in Paris aufbewahrt und jedes Land, das an der Konferenz teilgenommen hat, erhielt eine Kopie des Urkilogramms.

> Die Einheit der Masse ist 1 Kilogramm (1 kg). Ihr Formelzeichen ist m.

1 Wie kann man die Masse einer Cent-Münze auf 1/100 g genau bestimmen, wenn das kleinste Wägestück im Wägesatz 1 g ist?

Einheit – Gleichheit – Vielfachheit

Um physikalische Eigenschaften zu messen, sind drei Vorschriften erforderlich:

Die Einheit
Man muss durch eine Regel oder ein Muster die Grundeinheit mit dem Wert 1 definieren. Das ist bei der Masse das Urkilogrammstück.

Die Gleichheit
Zur Feststellung der Gleichheit benötigt man eine Messvorschrift, wie man bei zwei Körpern die Eigenschaft vergleichen kann. Um die Masse zweier Körper zu vergleichen, legt man beide Körper auf die Waagschalen einer Balkenwaage. Wenn ein Körper mit seiner Waagschale nach unten sinkt und dort bleibt, dann ist seine Masse größer. Bleiben beide auf gleicher Höhe, ist ihre Masse gleich.

Die Vielfachheit
Zur Feststellung von Vielfachen oder Anteilen benötigt man eine Vorschrift, wie man Vielfache oder Anteile der Grundeinheit erzeugt. Zum Beispiel haben zwei Körper gleicher Masse die doppelte Masse wie jeder Körper für sich allein.

Dichte von Stoffen

Die Gebrüder Grimm erzählen in dem Märchen „Hans im Glück", dass Hans seinen Lohn für sieben Jahre Arbeit, einen Goldklumpen so groß wie sein Kopf, auf seiner Schulter trug. Weil ihm das Tragen zu schwer fiel, tauschte er den Goldklumpen gegen ein Pferd ein, was ihn einige Zeit später abwarf. Das Pferd tauschte er gegen eine Kuh, die gegen ein Schwein usw.

Konnte Hans diesen Goldklumpen überhaupt tragen?

Grundwissen

Die Dichte von Stoffen

Ein Tetrapack Milch hat eine viel größere Masse als eine gleich große Packung Kaffee (Abb. ►1). Wie ist das möglich?

1 Verschiedene Masse bei gleichem Volumen

Analogien & Strukturen
siehe S. 235!

Man sagt, die Stoffe haben eine unterschiedliche **Dichte**.
Untersucht man den Zusammenhang zwischen Volumen und Masse von Wasser mit Hilfe eines Messzylinders und einer Waage, so stellt man fest, dass bei 2-fachem Volumen auch die Masse den 2-fachen Wert annimmt, bei 3-fachem Volumen den 3-fachen Wert, usw.
Bei anderen Stoffen besteht der gleiche Zusammenhang. Berechnet man den Quotienten aus Masse und Volumen, so stellt man fest, dass er für den gleichen Stoff immer denselben Zahlenwert hat. Bei verschiedenen Stoffen ergeben sich jeweils andere Werte.
Dieser Quotient ist stoffabhängig, man bezeichnet ihn als Dichte ϱ (griech.: rho) des Stoffes.

$$\varrho = \frac{m}{V}$$

Stoff	Dichte in g/cm³
Holz (Kiefer)	0,5
Holz (Eiche)	0,7
Wasser	0,998
Kohle	1,4
Aluminium	2,70
Zink	7,13
Eisen	7,86
Messing	8,60
Kupfer	8,93
Blei	11,35
Gold	19,30

3 Dichte verschiedener Stoffe

Die Einheit ergibt sich aus der Gleichung der Dichte mit 1 g/cm³.
Eine weitere Einheit ist 1 kg/m³.

Es gilt: $1\,000\,\frac{kg}{m^3} = 1\,\frac{g}{cm^3}$

Ein Körper mit z. B. einer Masse von $m = 50$ g und einem Volumen von $V = 6{,}3$ cm³ hat eine Dichte von

$$\varrho = \frac{50\,g}{6{,}3\,cm^3} = 7{,}9\,\frac{g}{cm^3}$$

Die Angabe, die Dichte von Aluminium ist 2,7 g/cm³, bedeutet, dass ein Körper aus Aluminium mit einem Volumen von 1 cm³ eine Masse von 2,7 g hat (Abb. ►2 und 3).

Mit Hilfe der Dichte lässt sich überprüfen, ob die Geschichte von Hans im Glück wahr sein kann. Die Dichte von Gold ist 19,3 g/cm³. Das Volumen eines kopfgroßen Klumpens beträgt etwa 2600 cm³. Für seine Masse ergibt sich daher:
$m = \varrho \cdot V = 19{,}3\,g/cm^3 \cdot 2600\,cm^3 = 50180$ g, also rund 50 kg.
Hans hätte sich sehr anstrengen müssen, um diesen Goldklumpen zu tragen.

2 Die Würfel haben wegen ihrer verschiedenen Dichten unterschiedliche Masse.

Aufbau und Eigenschaften von Körpern 113

Grundwissen

Schwimmen und Dichte

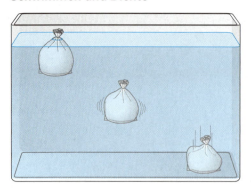

1 Heißer, warmer und kalter Gefrierbeutel

Füllt man einen Gefrierbeutel möglichst luftblasenfrei mit sehr heißem Wasser, verschließt ihn und legt ihn in Wasser mit Raumtemperatur, so schwimmt er an der Oberfläche. Ein Beutel mit eiskaltem Wasser sinkt ab und ein Beutel mit Raumtemperatur „schwebt" (Abb. ➤ 1). Wie kommt das?

Es scheint gleichgültig zu sein, welches Volumen und auch welche Masse der Beutel hatte. Mit der Masse oder dem Volumen *allein* kann also keine Aussage über die Schwimmfähigkeit getroffen werden! Vergleicht man aber jeweils ein bestimmtes Volumen, z. B. einen Liter des heißen, warmen und kalten Wassers miteinander, so stellt man etwas Erstaunliches fest:
Der Liter kaltes Wasser hat eine etwas größere Masse als der Liter Warmwasser und dieser wiederum hat etwas mehr „auf die Waage gebracht" als das heiße Wasser. Das Größenverhältnis von Masse zu Volumen ist bei den Wasserportionen unterschiedlich, sie haben also eine unterschiedliche Dichte.
Wie an dem Versuch mit den Wasserbeuteln erkennbar ist, müssen die äußeren Bedingungen berücksichtigt werden. Die Angabe der Dichte eines Stoffes bezieht sich also immer auf eine bestimmte Temperatur (und sogar einen bestimmten Luftdruck) und ändert sich für einen bestimmten Stoff, wenn sich die Bedingungen ändern. Daher enthalten die drei unterschiedlich warmen Wasserbeutel auch Wasser mit unterschiedlichen Dichten, obwohl es sich immer um denselben Stoff Wasser handelt.

> Körper mit einer geringeren Dichte als Wasser schwimmen darauf.
> Körper mit einer größeren Dichte als Wasser gehen darin unter.

Sinken	Schweben	Schwimmen
$\varrho_{Kö} > \varrho_{Wa}$	$\varrho_{Kö} = \varrho_{Wa}$	$\varrho_{Kö} < \varrho_{Wa}$

Es liegt somit an der Dichte, dass die meisten Hölzer auf Wasser schwimmen, Eisenkörper von beliebiger Größe und Form (außer, sie bilden eine Schiffsform!) aber sinken.
Weshalb kann aber ein Schiff aus Eisen schwimmen, obwohl die Dichte von Eisen fast 8-mal so groß wie die von Wasser ist? Der Schiffskörper besteht nicht völlig aus Eisen, sondern enthält überwiegend mit Luft gefüllte Hohlräume. Die mittlere Dichte des Schiffes ist also nicht die des Eisens, sondern die eines Stoffgemisches mit einem hohen Anteil an Luft, welche eine viel geringere Dichte als Wasser hat. Somit ist die mittlere Dichte eines schwimmenden Schiffes kleiner als die Dichte des Wassers.
Welche Rolle die Dichte des Wassers selbst beim Schwimmen spielt, sieht man sehr eindrucksvoll am Toten Meer. Durch den hohen Salzgehalt ist die Dichte des Wassers hier so hoch, dass ein Mensch nicht untergeht und beim Schwimmen sogar Zeitung lesen kann (Abb. ➤ 2).

2 Baden im Toten Meer

1 Erläutere, wo die Dichte am meisten beeinflusst wird: Bei festen, flüssigen oder gasförmigen Körpern?

2 Wieso können Hochseeschiffe in tropischen Gewässern nicht so schwer beladen werden wie im Nordmeer?

3 Wieso können Heißluftballone „fliegen"?

114 *Aufbau und Eigenschaften von Körpern*

Rückblick

Begriffe
Beschreibe
- die Vorgehensweise bei der Volumenbestimmung mit der Differenzmethode.
- den Aufbau eines Flüssigkeitsthermometers.
- den Aufbau eines Thermostatventils.

Was versteht man unter
- dem Teilchenmodell?
- der Dichte eines Stoffes?
- den Fixpunkten der Celsius-Skala und ein Grad Celsius (1 °C)?
- der Anomalie des Wassers?
- den Aggregatzuständen und wie nennt man die Übergänge zwischen diesen?

Beobachtungen
Was beobachtet man, wenn
- eine Luftpumpe mit Wasser gefüllt wird und man den Kolben hineindrückt?
- ein fester Körper erwärmt oder abgekühlt wird?
- gleich lange Stäbe aus unterschiedlichen Metallen gleich erwärmt werden?
- eine mit heißem Saft randvoll verschlossene Flasche abgekühlt wird?
- ein Bimetallstreifen über eine Flamme gehalten und dann gedreht wird?
- man von der warmen Dusche ins Schwimmbecken steigt?

Erklärungen
Erkläre bzw. erläutere,
- mit Hilfe des Teilchenmodells das unterschiedliche Form- und Volumenverhalten von Körpern in verschiedenen Aggregatzuständen.
- wie und wieso sich ein Bimetallstreifen beim Erwärmen krümmt.
- warum ein randvoll mit Wasser gefüllter Boiler beim Erhitzen tropft.
- warum sich unser Temperatursinn nicht zur Temperaturmessung eignet.
- weshalb man beim Ablesen eines Flüssigkeitsthermometers warten muss und nicht schräg von oben oder unten auf die Skala blicken soll.

Gesetzmäßigkeiten
Formuliere mit eigenen Worten den Zusammenhang zwischen
- Volumen und Masse eines Körpers.
- dem Aggregatzustand und der Anordnung und Bewegung der Teilchen.

Erläutere die in den nebenstehenden Bildern wiedergegebenen Erscheinungen und beantworte die Fragen!

Kann man fragen, wer von beiden sich mehr anstrengen muss?

Weshalb ist die Farbe am Brückengeländer abgekratzt?

Wodurch entstehen die Geröllhalden?

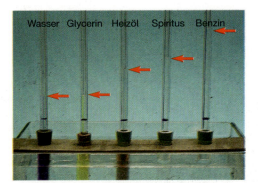
Welches Phänomen zeigt der Versuch?

Was geschieht mit dem Ballon, wenn die Lampe eingeschaltet ist?

Aufbau und Eigenschaften von Körpern

Beispiele

1. Bestimmung von Volumen und Masse

Katharinas Vater will für ihren kleinen Bruder mit einem Pkw-Anhänger, der mit 500 kg belastet werden kann, Sand für den Sandkasten holen. Ist das möglich, wenn der Sandkasten 140 cm lang, 100 cm breit und 25 cm hoch mit Sand gefüllt werden soll? Die Dichte von Sand beträgt 1,6 g/cm³.

Lösung:
Gegeben: Gesucht:
l = 140 cm V in cm³
b = 100 cm m in kg
h = 25 cm
ϱ = 1,6 $\frac{g}{cm^3}$

Die Formel für das Volumen lautet $V = l \cdot b \cdot h$.
$\Rightarrow V_{Sand}$ = 140 cm · 100 cm · 25 cm
= 350 000 cm³ = 350 dm³ = 0,35 m³

Die Masse des Sandes ergibt sich aus $\varrho = \frac{m}{V}$

$\Rightarrow m_{Sand} = \varrho \cdot V$ = 1,6 $\frac{g}{cm^3}$ · 350 000 cm³
= 560 000 g = 560 kg.

Der Sand darf nicht auf einmal mit dem Anhänger transportiert werden.

Vorsicht – Versuche mit offenen Flammen dürfen nur im Beisein eines Erwachsenen durchgeführt werden!

2. Physik beim Spülen

Nimm ein Glas aus dem heißen Spülwasser und stelle es umgekehrt auf eine glatte Fläche. Beobachte die Schaumbläschen am Rande des Glases (Abb. ▶1). Beschreibe deine Beobachtung und erkläre.

1

Lösung:
Beobachtung: Am Glasrand bilden sich kleine Bläschen; sie werden größer und platzen schließlich. Für kurze Zeit sieht man keine Bläschen; etwas später sieht man sie wieder – diesmal aber an der Innenseite des Glasrandes.

Erklärung: Die Luft im Glas wird von den heißen Glaswänden erwärmt und dehnt sich aus. Am Rand entweicht die Luft und bildet dort Bläschen. Wenn die Glaswand abkühlt, sinkt auch die Temperatur der Luft im Glas. Diese zieht sich zusammen; Luft strömt von außen nach innen und bildet wieder Bläschen.

Heimversuche

1. Eine 2-Euro-Münze wird größer

Schlage zwei Nägel so in ein Brett, dass eine 2-Euro-Münze gerade noch zwischen den Nägeln hindurchpasst (Abb. ▶2).
Erhitze nun das Geldstück mit einer Kerzenflamme (*Vorsicht!*). Halte es dabei vorsichtig mit einer hölzernen Wäscheklammer. Prüfe, ob das Geldstück noch zwischen den Nägeln hindurchpasst. Lass das Geldstück wieder abkühlen und prüfe erneut.

2. Ein doppelter Flaschentrick

Für diesen Versuch benötigst du eine kalte, leere Flasche mit schlankem Hals. Halte sie umgedreht mit der Öffnung in Wasser und erwärme sie dabei mit den Händen. Was beobachtest du nach einer Weile? Lass die Flasche nun wieder abkühlen, ohne sie aus dem Wasser zu nehmen. Betrachte dabei den Wasserspiegel im Flaschenhals.

3. Ein Luftballon wird größer

Lege einen aufgeblasenen Luftballon in den Gefrierschrank. Hole ihn nach einiger Zeit heraus und halte ihn mit beiden Händen. Du spürst dann, wie er zwischen deinen Händen größer wird.

4. Der Trick beim Eierkochen

Eier werden oft vor dem Kochen am stumpfen Ende mit einer feinen Nadel gestochen. Solche Eier platzen fast nie. Beobachte ein gestochenes Ei beim Kochen.

5. Temperaturen im Haushalt

Miss Temperaturen im Haushalt (z. B. bei kaltem und heißem Leitungswasser, bei schmelzenden Eiswürfeln, im Gefrierschrank, im Kühlschrank).
Notiere auch den Messbereich der benutzten Thermometer.

6. Messungen der Dichte

a) Bestimme mit Hilfe einer Küchenwaage und eines Messbechers die Dichte einer Flüssigkeit (z. B. Öl), eines Pulvers (z. B. Salz) und eines unregelmäßig geformten Körpers (z. B. Stein).
b) Mit einer leeren Streichholzschachtel kannst du gleich große Sandportionen herstellen. Berechne das Volumen einer Sandportion. Bestimme auf einer Briefwaage die Masse von ein, zwei usw. Sandportionen und zeige, dass $m \sim V$ gilt. Berechne die Dichte von Sand.

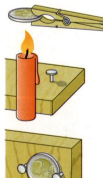

2 Zu Versuch 1

116 Aufbau und Eigenschaften von Körpern

Heimversuche

7. Das Buddelthermometer

Fülle etwas Wasser in eine klare Glasflasche. Stecke einen durchsichtigen Trinkhalm durch einen durchbohrten Korken, bis er in die Flüssigkeit eintaucht. Verschließe die Flasche dicht mit dem Korken. Hilf notfalls mit Klebstoff nach. Was beobachtest du, wenn du die Flasche fest mit der Hand umschließt?

8. Wasser verhält sich nicht normal

Fülle einen Joghurtbecher randvoll mit Wasser und stelle ihn ins Gefrierfach eines Kühlschrankes!

Nimm ihn einen Tag später heraus und vergleiche das Volumen des entstandenen Eises mit dem vorher eingefüllten Wasservolumen!

Fragen

Zu Eigenschaften und Volumen der Körper

1 Worin unterscheiden sich flüssige von gasförmigen und von festen Körpern?

2 Warum sind an dem Trichter seitlich kleine Stege angebracht?

3 Bestimme das Volumen eines Eies mit Hilfe eines Küchenmessbechers.

4 Wie würdest du vorgehen, um das Volumen einer 2-Euro-Münze durch Überlaufmessung möglichst genau zu bestimmen?

5 Beschreibe, wie du mit Hilfe einer Badewanne dein Körpervolumen bestimmen kannst.

Zu Masse und Dichte

6 Wie würdest du vorgehen, um bei der Bestimmung der Masse eines 10-Cent-Stückes mit einer Briefwaage ein möglichst genaues Ergebnis zu erhalten?

7 Du erhältst ein Wägestück der Masse 1 kg, eine Balkenwaage und einen Klumpen Ton. Wie musst du vorgehen, um Wägestücke der Masse 0,5 kg aus Ton herzustellen?

8 Ein Wägesatz enthält folgende Stücke: 100 g, 50 g, 20 g, 20 g, 10 g, 5 g, 2 g, 2 g, 1 g.
a) Warum sind 20 g und 2 g doppelt vorhanden? Stelle die Massen 9 g, 49 g, 78 g und 194 g zusammen.
b) Wie kann man mit genau 2 Wägungen mit Hilfe einer Balkenwaage ohne Wägesatz aus 9 Kugeln, die bis auf eine Kugel gleiche Masse besitzen, die eine schwerere Kugel herausfinden?

9 Wie musst du vorgehen, um die Dichte zweier unbekannter Stoffe miteinander zu vergleichen?

10 Wie bestimmt man die Dichte von Schweizer Käse?

11 Wie bestimmt man die Masse des gesamten Sandes in einem Sandkasten?

Zu Frage 2

12 Welche Masse hat das Wasser in einem Schwimmbecken, das 8 m lang, 5 m breit und 1,8 m tief ist?

13a) In einen Becher werden nacheinander 250 cm³ Wasser, Benzin, Petroleum und Glycerin gegossen. Welche Masse hat der Inhalt des Bechers jeweils?
b) Welches Volumen an Benzin, Petroleum und Glycerin hat jeweils die gleiche Masse wie 250 cm³ Wasser?

14 Ermittle aus dem Diagramm die Masse von jeweils 60 cm³ der Stoffe 1 bis 3. Um welche Stoffe könnte es sich handeln?

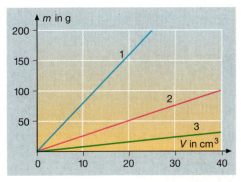

15 Wie viel m³ Sand ($\varrho_{Sand} = 1{,}6$ g/cm³) darf ein Lastwagen ($m_{Lkw,\,leer} = 1{,}9$ t) laden, bis die zulässige Höchstgrenze von $m_{Lkw,\,beladen} = 7{,}5$ t erreicht ist?

16 Ist ein Goldwürfel mit einer Kantenlänge von 2 cm und einer Masse von 140 g massiv?

Zum Teilchenmodell

17 Gase haben eine kleinere Dichte als Flüssigkeiten. Wie erklärt man das mit dem Teilchenmodell?

18 Gießt man zu 30 cm³ Wasser weitere 30 cm³ Wasser, so erhält man ein Gesamtvolumen von 60 cm³. Gießt man dagegen 30 cm³ Alkohol zu dem Wasser, so erhält man lediglich 58,6 cm³. Wie kann man das mit dem Teilchenmodell erklären?

Aufbau und Eigenschaften von Körpern 117

Fragen

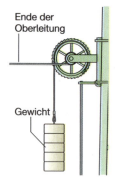

Zu Frage 20

Zu Frage 21

Zur Ausdehnung von Körpern

19 Wie verhalten sich feste Körper, wenn ihre Temperatur abnimmt? Formuliere auch mit „Je … , desto … "!

20 Oberleitungen für Elektrolokomotiven müssen straff gespannt sein (siehe Abbildung am Rand).
Beobachtung: Die Gewichte hängen im … höher als im …
Erklärung: Im Sommer ist es … als im …
Die Oberleitung ist deswegen im Sommer …
Daher hängen die Gewichte im Sommer …

21 Durch die Rohre in der Abbildung am Rand fließen auch heiße Flüssigkeiten. Wozu dienen die Rohrschleifen?

22 Den fest sitzenden Schraubverschluss einer Flasche kann man lösen, indem man ihn unter heißes Wasser hält. Erkläre dies!

23 Eine Eisenbahnbrücke aus Eisen ist 100 m lang. Im Winter werden Temperaturen bis zu -20 °C gemessen, im Sommer bis zu +40 °C. Wie groß ist der Längenunterschied?

24 Warum soll man auch leere Spraydosen nicht ins Feuer werfen?

25 Von den drei Thermometern sind die Skalen abgefallen. Wozu gehört welche Skala?

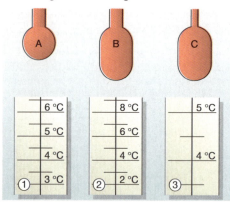

Änderungen des Aggregatzustandes

26 Übertrage die folgende Grafik in dein Heft und ergänze!

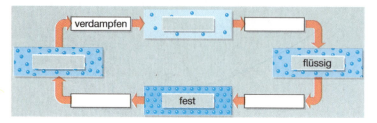

27 In Teichen und Seen herrscht im Sommer in größeren Wassertiefen die geringste Temperatur.
Erkläre, warum im Winter das Wasser zuerst an der Oberfläche gefriert, während über dem Grund eine höhere Temperatur herrscht!

Weitere Probleme

28 Beton und Eisen dehnen sich bei Temperaturzunahme aus. Warum gibt es keine Risse in Stahlbetonbauteilen?

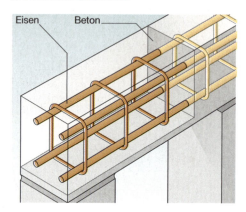

29 Auch das Glasgefäß beim Thermometer dehnt sich bei Temperaturerhöhung aus. Dehnt es sich stärker aus als die Flüssigkeit? Begründe deine Antwort.

30 Da staunte der kleine Achilles. Als das Feuer einige Zeit in der Opferschale gebrannt hatte, sah er, wie sich Wein aus den Bechern der Figuren auf die Schale ergoss und das Feuer löschte. „Die Götter haben das Opfer angenommen!" verkündete ein Priester.
Der Altar wurde von dem griechischen Baumeister Philon vor über 2000 Jahren errichtet worden. Erkläre, wie er ohne die Hilfe der Götter funktioniert.

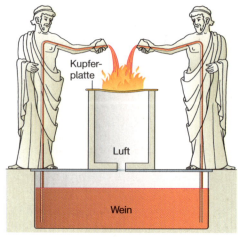

118   Aufbau und Eigenschaften von Körpern

Fahrzeuge anschieben

Bildet in der Klasse Arbeitsgruppen, die unterschiedliche Aspekte in den Mittelpunkt ihrer Forschungen stellen sollen und untersucht die geschilderten Vorgänge!

Eine Schülergruppe schiebt aus dem Stand ein Auto an. Dadurch wird das Fahrzeug (mit Fahrer!) durch „Körperkraft" auf eine Geschwindigkeit von 15 km/h beschleunigt.
Nun wird das Auto beladen, auch einige Klassenkameraden dürfen mitfahren. Wieder wird das Fahrzeug durch die gleiche Gruppe auf die gleiche Geschwindigkeit beschleunigt.
Zur Unterstützung verdoppeln wir anschließend die Anzahl der „Schieber". Vergleicht die Zeitspannen, die jeweils vergehen, bis das Auto auf eine Geschwindigkeit von 15 km/h beschleunigt wurde.

Wie kann man beurteilen, wie „stark" eine Gruppe angeschoben hat? Wie kann man die beiden Gruppen vergleichen?
Welche Rolle spielen Fahrzeugeigenschaften und erreichte Geschwindigkeit?
Was hat Einfluss auf die Länge der Zeitspanne, in der das Fahrzeug die Geschwindigkeit erreicht?
Welche physikalischen Größen muss man erfassen, um zwei Gruppen vergleichen zu können, die zwei verschiedene Fahrzeuge anschieben?

Achtung! Versuche nur unter Aufsicht einer Lehrkraft durchführen!

Versuche nur mit Führerscheinbesitzer am Steuer des Fahrzeugs durchführen!

Bei ausgeschaltetem Motor fehlt die Servounterstützung von Lenkung und Bremsen!

Hilfen:

– Führt die Versuche auf einem abgesperrten Gelände nur unter Beisein von Aufsichtspersonen durch! Achtet dabei darauf, dass kein „Unbefugter" in den Bereich der Fahrstrecken gelangen kann!
– Es muss bei allen Versuchen ein Führerscheinbesitzer als Bremser bzw. Lenker in den jeweiligen Autos sitzen!
– Bei ausgeschaltetem Motor fehlt die Servounterstützung von Lenkung und Bremsen!
– Wichtige Fahrzeugdaten stehen im Kraftfahrzeugschein.
– Aufnahmen per Videokamera helfen bei der Dokumentation und Auswertung.
– Uhren sollten alle Versuche mitstoppen!
– Ein Auto mit einem Digital-Tachometer liefert genaue Geschwindigkeitsangaben.
– Der Fahrer gibt ein Signal, wenn die gewünschte Geschwindigkeit erreicht ist.

Was wird erwartet?

In getrennten Versuchen soll der Einfluss verschiedener Randbedingungen auf die Geschwindigkeitsänderung untersucht werden.

Anstatt Autos können auch Mattenwagen in der Sporthalle oder im Winter große Schlitten auf Eis oder Schnee mit umgebauten Fahrradtachometern verwendet werden!

- Formuliere dein Vorhaben genau.
- Plane deine Experimente und führe sie sorgfältig durch.
- Protokolliere zuverlässig.
- Entwickle eine Präsentation und trage sie vor.
- Die „Werkstätten" im Buch geben dazu Hilfe!

Diskutiert die verschiedenen Ergebnisse und Untersuchungsmethoden und vergleicht ihre Vor- und Nachteile.
Am Ende soll eine gemeinsam formulierte schriftliche Darstellung der erkannten Zusammenhänge mit Skizzen angefertigt werden.

Vorhaben Mechanik 119

Fahrzeuge anschieben

Wichtige Kenntnisse zur Lösung

Welche Sicherheitsaspekte müssen bei so einem Vorhaben berücksichtigt werden? Wie kann man die Bewegung möglichst genau beschreiben? In welche Phasen kann man sie einteilen?

Was ist nötig, um diese Bewegung möglichst exakt zu messen?

Weshalb spielt die „Größe" der Autos eine Rolle? Was ändert sich, wenn die Autos voll besetzt und beladen sind? Hätten die Schülerinnen und Schüler dann keinen Erfolg bei ihrem Vorhaben?

Welche Rolle spielt der „Schwung" der Fahrzeuge für die Bremser im Auto, um den Wagen innerhalb einer bestimmten Strecke anzuhalten?

Welchen Einfluss haben Straßenbelag und Reifendruck? Wären die Versuche auf einer Wiese genauso durchführbar? Oder wenn die Reifen keine Luft enthielten?

Welchen Einfluss hat die Neigung der Fahrbahn auf das Fahrzeugverhalten?

Informiere dich anhand des Lehrbuchs über folgende Themen:
– Geschwindigkeit und Beschleunigung,
– Zeit-Weg-Diagramme,
– Impuls und Impulsänderung,
– Trägheit und Masse,
– Kraft und Kraftmessung.

Wichtige Untersuchungen

– Untersucht den Zusammenhang zwischen der Zeitspanne zum Beschleunigen und der erreichten Geschwindigkeit.
– Wie ändert sich die Beschleunigung, wenn die Masse des Wagens verändert wird?
– Untersucht, welchen Einfluss die schiebenden Personen haben.

Schlussfolgerungen

Vergleicht verschiedene Vorüberlegungen und Konzepte, in welcher Weise

1. Masse und Impuls
2. Geschwindigkeit und Beschleunigungszeit
3. Kraft und Geschwindigkeit
4. Impuls und Beschleunigungszeit
5. Impuls und Geschwindigkeit
6. Kraft und Beschleunigungszeit

zusammenhängen.

Zum weiteren Nachforschen:
– Welchen Einfluss haben weitere Faktoren wie Untergrund, Bereifung sowie die Schubrichtung auf das Fahrzeugverhalten?
– Wie könnte man die Geschwindigkeit messen, wenn man das Projekt mit Skateboard, Mattenwagen oder Schlitten durchführen würde? Vielleicht hilft dir dabei ein Fahrrad?

120 Vorhaben Mechanik

Bewegungen

Was ist nötig, um eindeutig entscheiden zu können, wer als Siegerin ins Ziel kommt?

Am Ende eines jeden Schuljahres findet am Sprinter-Gymnasium ein Sportfest statt. Theo, der rasende Reporter des schuleigenen Radiosenders, kommentiert „live" das Mädchenfinale der Unterstufe über vierhundert Meter:

„Hallo liebe Hörerinnen und Hörer! Direkt vom Rand der Laufbahn melde ich mich unmittelbar vor dem Start. Alle Läuferinnen kauern bereits in den Startblöcken. Auf Bahn vier geht die Favoritin Claudia aus der 7 d ins Rennen, direkt dahinter startet ihre Klassenkameradin und schärfste Konkurrentin Andrea.
Da! Der Startschuß fällt. Die Läuferinnen schnellen aus den Blöcken!
Aber – was ist das? Andrea bleibt im Block sitzen, kommt viel zu spät hoch! Sie hat den Start völlig verschlafen …
Die anderen kommen schon aus der ersten Kurve. Tamara auf Bahn eins wird etwas weit nach außen getrieben, kann ihre Bahn aber noch halten.
Andrea beschleunigt jetzt in der Kurve, holt auf, während Claudia mit konstantem Tempo die Gegengerade hinunter sprintet. Vor der Zielkurve liegt sie schon vorne. Doch Andrea holt weiter auf, liegt nur noch fünf, sechs Meter hinter der Führenden!
Oh, auf Bahn zwei ist jetzt Isabelle gestürzt, sie bleibt für einen Moment liegen, rappelt sich aber hoch und rennt weiter. Die Führenden kommen auf die Zielgerade, es wird noch einmal eng! Während Claudia, in Führung liegend, sehr gleichmäßig dem Zielstrich entgegen läuft, kommt Andrea immer näher; es scheint, sie kann noch zulegen.

Noch zehn Meter, fünf, da laufen beide fast gleichauf durchs Ziel!
Wer hat gewonnen? Das war von hier nicht zu erkennen. Wir müssen auf die Zeit warten. Claudia jubelt! Mit einer Minute und 22,2 Sekunden ist sie drei Zehntel schneller als Andrea. Drei Zehntel scheinen mir recht viel bei dem knappen Zieleinlauf, aber die Zeiten werden hier von Hand gestoppt. Jedenfalls wird Claudia zur Siegerin erklärt …"

Bearbeitet den Text und diskutiert die Aussagen zu den dargestellten Bewegungen!
Was bedeutet das: „Schnell sein"?
Welche Läuferin hatte die höchste Geschwindigkeit?
Was muss hier beachtet werden, um die einzelnen Bewegungen möglichst genau zu beschreiben?

Bewegungen 121

Körper in Bewegung

Versuche

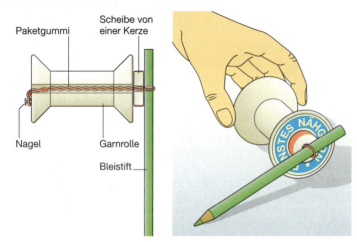

1 Die „rasende Garnrolle"

V1 Bastle eine „rasende Garnrolle" (wie in Abb. ➤ 1 gezeigt)! Ziehe die Garnrolle auf und lasse sie auf einer beschreibbaren horizontalen Unterlage fahren:
a) Beschreibe die zu beobachtende Bewegung! Was kann man aus dem Bleistiftstrich auf der Unterlage „herauslesen"?
b) Vergleiche die Bewegung mit der Bewegung der Garnrolle deines Nachbarn!

2 Wettrennen der Modellautos

V2 Die Bewegung eines Spielzeugautos soll untersucht werden.
Benötigt werden einige ganz einfache kleine Modellautos ohne eigenen Antrieb.
An jedem Auto wird vorn ein Faden befestigt. Das andere Ende des Fadens wird an einen Bleistift geknotet. Durch Drehen des Bleistiftes wird der Faden aufgewickelt und das Auto in Bewegung gesetzt. Nun kann ein Wettrennen veranstaltet werden.
Wer schafft es, das Spielzeugauto durch Drehen des Bleistiftes möglichst schnell über die Rennstrecke zu bringen?

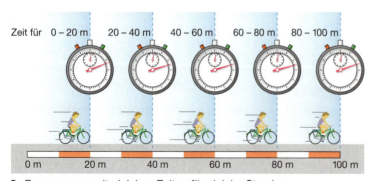

3 Bewegungen mit gleichen Zeiten für gleiche Strecken

V3 Teile eine 100 m lange Strecke in je 20 m lange Abschnitte. Durchfahre die Strecke mit dem Fahrrad, das ein Tachometer hat. Fahre so, dass sich die Anzeige während der Fahrt möglichst nicht ändert.
Lasse alle 20 m die Zeit für diesen Streckenabschnitt messen. Wiederhole den Versuch mit anderen Tachometeranzeigen.

122 *Bewegungen*

Grundwissen

Bewegung und Ruhe

Auf dem Rummelplatz scheint wirklich alles in Bewegung zu sein, ein einziges Gewimmel von Menschen und Karussells! Kaum etwas ist in Ruhe. Was ist eigentlich Bewegung und was ist Ruhe?

Bummelt ein Besucher über den Platz, so befindet er sich nach einiger Zeit an einem anderen Ort. Er hat sich bewegt. Die Gebäude und Marktstände haben derweil ihren Ort nicht verändert, sie sind in Ruhe.

Ob sich etwas bewegt oder ob es ruht, hängt auch vom Standpunkt des Beobachters ab. Steht man neben dem Karussell, so bewegen sich die Wagen und Fahrgäste schnell vorbei (Abb. ▶1 oben).

Sitzt man dagegen selbst in einem Wagen, so scheint sich die Umgebung um uns herum zu bewegen, während die Fahrgäste ruhig auf ihren Plätzen sitzen (Abb. ▶1 unten).

1

Bewegungsformen

Nirgendwo kann man so vielfältige Bewegungen beobachten wie auf einem Rummelplatz. Menschen laufen über den Platz. Karussells schleudern ihre Fahrgäste in verwegenen Kurven auf und ab. Betrachtet man die Bewegungen genauer, so kann man verschiedene Formen erkennen.
Der Bus auf der Straße neben dem Rummelplatz bewegt sich **geradlinig**. Die Personen im Karussell (Abb. ▶1) führen eine **Kreisbewegung** aus.
Die Hin- und Herbewegung einer Schaukel (Abb. ▶2) nennt man **Schwingung**.

3 Einteilung der Bewegungsformen

Bewegungsarten

2 Kinderschaukel

Eine Straßenbahn führt eine geradlinige Bewegung aus. Beim Annähern an eine Haltestelle wird sie immer langsamer und bleibt schließlich stehen. Man sagt, die Bewegung erfolgt **verzögert**.

Nach kurzer Zeit fährt die Bahn weiter und wird dabei zunächst immer schneller. Eine immer schneller werdende Bewegung nennt man **beschleunigt**. Verzögerte und beschleunigte Bewegungen nennt man auch **ungleichförmige** Bewegungen. Nach einiger Zeit hat die Straßenbahn ihr Tempo erreicht, sie wird nun weder schneller noch langsamer, sondern behält ihr Tempo bei. Man nennt eine solche Bewegung **gleichförmig**.

Gleichförmige Bewegungen kann man in Natur und Technik beobachten. Die Rolltreppe in einem Kaufhaus und die Menschen darauf bewegen sich gleichförmig. Die Wolken am Himmel ziehen manchmal gleichförmig dahin. Das Wasser in großen Flüssen bewegt sich oft ebenfalls gleichförmig. Ein Auto bewegt sich in einer Stadt dagegen nur selten gleichförmig,

oft muss der Fahrer beschleunigen, dann kommt es wieder beim Abbremsen zu einer verzögerten Bewegung.

Auf der Autobahn ist es dagegen möglich, ein bestimmtes Tempo längere Zeit beizubehalten. Stoppt man bei einer solchen Bewegung die Zeit, die man braucht, um je einen Kilometer zu durchfahren, erhält man immer das gleiche Ergebnis. Man sagt:
Bei gleichförmigen Bewegungen werden in gleichen Zeitspannen gleiche Wege zurückgelegt.
Man kann die Bewegungsarten wie folgt ordnen (Abb. ▶4):

4 Einteilung der Bewegungsarten

Bewegungen

Grundwissen

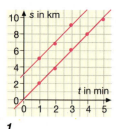
1

2

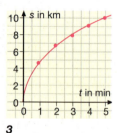
3

Analogien & Strukturen
siehe S. 235!

4

Darstellung im Zeit-Ort-Diagramm

Kilometersteine an der Straße geben die Entfernung ihres Ortes von einem Anfangspunkt an. Werden die Ortspunkte einer Bewegung mit den zugehörigen Zeitpunkten in ein Koordinatensystem eingetragen, so entsteht ein **Zeit-Ort-Diagramm** der Bewegung, abgekürzt mit *t-s*-Diagramm.
Das Formelzeichen für den Ort ist *s* (von lat. *situs*), das für die Zeit ist *t* (von lat. *tempus*).
Messungen liefern nur einzelne Punkte im *t-s*-Diagramm. Sie werden zu einer sinnvollen, zusammenhängenden Kurve ergänzt. Dabei fassen wir alle Punkte der Kurve als mögliche Messwerte dieser Bewegung auf.

| Die Kurve im *t-s*-Diagramm beschreibt den Ablauf einer Bewegung.

Zwei Autos fahren gleichzeitig bei zwei verschiedenen Kilometersteinen los (Abb. ➤ 1). Wir betrachten nun die Differenzen, z. B. die Differenz der Zeitpunkte t_1 und t_2, die man Δt nennt. $\Delta t = t_2 - t_1$ (Δt wird „Delta-t" gelesen). Δt bedeutet also eine Zeitspanne. Bei Δs handelt es sich entsprechend um eine Weglänge. Die eingetragenen Messpunkte ergeben – idealisiert – Geraden. In gleichen Zeitspannen werden also gleiche Wegstrecken zurückgelegt. Das heißt, dass das Verhältnis zwischen Weglänge und Zeitspanne gleich bleibt („konstant ist"). Man sagt auch kurz: Die Strecke verhält sich proportional zur Zeitspanne, also $\Delta s \sim \Delta t$ oder $\Delta s/\Delta t$ = konstant.

Ist dieses Verhältnis konstant, so nennt man solche Bewegungen **gleichförmig**. Nimmt in gleichen Zeitabschnitten die zurückgelegte Weglänge gleichmäßig zu, so ergibt sich eine Diagramm wie in Abb. ➤ 2. Diese Bewegung heißt **gleichmäßig beschleunigt**, da das Verhältnis $\Delta s/\Delta t$ gleichmäßig wächst.
Nimmt dieses Verhältnis gleichmäßig ab, so spricht man von einer **gleichmäßig verzögerten** Bewegung (Abb. ➤ 3).

| Das Verhalten der Werte von $\Delta s/\Delta t$ zeigt an, ob es sich um eine gleichförmige, beschleunigte oder verzögerte Bewegung handelt.

Geschwindigkeit: eine zusammengesetzte Größe

Das Verhältnis „Zurückgelegte Strecke pro Zeitspanne" heißt Geschwindigkeit und besitzt das Formelzeichen *v* (lat. *velocitas*).

| Die Geschwindigkeit gibt an, welche Weglänge in einer bestimmten Zeitspanne zurückgelegt wird:
| $v = \Delta s/\Delta t$.

Die Einheit ergibt sich dann als 1 m/s. Gebräuchlich ist auch die Einheit 1 km/h. Über die Beziehung 1 m/s = 3,6 km/h können sie ineinander umgerechnet werden.

Vier Schüler wollen ihre jeweilige Geschwindigkeit bestimmen (s. Abb. ➤ 4). Dazu benötigen sie jeweils ihre zurückgelegte Weglänge und die dazu benötigte Zeitspanne. Daraus kann man dann die Geschwindigkeiten berechnen. Damit die Geschwindigkeitswerte anschließend vergleichbar sind, ist es sinnvoll, dass alle unter möglichst gleichen Bedingungen starten. Sie messen folgende Werte:

	Weglänge in Metern	benötigte Zeit in Sekunden
Matthias	30	10
Anna	30	7
Daniela	30	9
Verena	30	6

Die Berechnungen ergeben für Matthias einen Geschwindigkeitswert von 3 Metern pro Sekunde, für Anna 4,28 m/s, für Daniela 3,33 m/s und Verena 5 m/s. Verenas Geschwindigkeitswert ist am größten, das bedeutet, dass sie die Schnellste war.

Beispiel:
Verena benötigt für eine Weglänge von dreißig Metern die Zeitspanne sechs Sekunden.

Gegeben: Δs = 30 m und Δt = 6 s.
Gesucht: *v* in m/s oder in km/h.

Lösung: $v = \Delta s/\Delta t$.
v = 30 m/6 s = 5 m/s = 18 km/h.

Die Geschwindigkeit beträgt 5 Meter pro Sekunde oder 18 Kilometer pro Stunde.

124 Bewegungen

Grundwissen

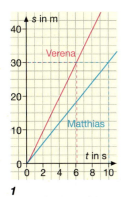

1

Die gleichförmige Bewegung

Im Folgenden betrachten wir weiterhin geradlinige Bewegungen.
Ist die Kurve im t-s-Diagramm eine Gerade (Abb. ➤1), so gehören zu beliebig gewählten, aber gleich großen Differenzen $\Delta t = t_2 - t_1$ der Zeitpunkte t_1 und t_2 stets gleich große Differenzen $\Delta s = s_2 - s_1$ ihrer Ortspunkte s_1 und s_2.
Solche Bewegungen kennen wir schon als gleichförmige Bewegungen.

Bei der gleichförmigen Bewegung sind die Weglängen den zugehörigen Zeitspannen proportional. Das Verhältnis $\Delta s/\Delta t$ ist konstant.

> Das Verhältnis $\Delta s/\Delta t$ beschreibt die Steigung der Geraden im t-s-Diagramm.

Verschiedene Steigungen der Geraden im t-s-Diagramm beschreiben verschiedene gleichförmige Bewegungen. Je größer die Steigung ist, desto größer wird die in gleichen Zeitspannen zurückgelegte Weglänge. Hier ist die Geschwindigkeit also größer.

Das Diagramm in Abb. ➤2 beschreibt die gleichförmige Bewegung zweier Fahrzeuge, die sich zwischen den Orten A und B in entgegengesetzter Richtung bewegen. Fährt man in entgegengesetzte Richtung, dann wechselt das Vorzeichen, es ergibt sich ein negativer Wert für die Geschwindigkeit.

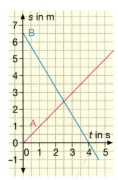

2 Zwei entgegengesetzte Richtungen

Durchschnitts- und Momentangeschwindigkeit

Ein Autofahrer benötigt für die 150 km lange Fahrstrecke von Freiburg nach Pforzheim eine Zeit von 2 Stunden. Aus dem Verhältnis von Fahrstrecke und Gesamtfahrzeit kann man die Geschwindigkeit berechnen. Es ergibt sich eine Geschwindigkeit von 75 km/h. Man nennt diesen Wert die **Durchschnittsgeschwindigkeit**. Natürlich ist der Autofahrer mal schneller (beim Überholen) und auch mal langsamer (z. B. im Stau). Manche Autos haben einen Bordcomputer, der die zurückgelegte Strecke und die Gesamtfahrzeit registriert. Er berechnet daraus die Durchschnittsgeschwindigkeit.

Die Geschwindigkeit, die der Fahrer zu jedem einzelnen Zeitpunkt hat, nennt man **Momentangeschwindigkeit**.
Dieser Wert wird auf dem Tachometer im Auto angezeigt (Abb. ➤4).

4 Momentangeschwindigkeit

Die Beschleunigung

Die Änderung der Geschwindigkeit für eine bestimmte Zeitspanne heißt **Beschleunigung** mit dem Formelzeichen a.

> Das Verhältnis zwischen Geschwindigkeitsänderung und Zeitspanne heißt Beschleunigung:
> $a = \Delta v/\Delta t$.

Die Einheit der Beschleunigung ist entsprechend $1\,\text{m/s}^2$.
Nimmt die Geschwindigkeit zu, so spricht man von (positiver) Beschleunigung.
Nimmt die Geschwindigkeit ab, so spricht man von negativer Beschleunigung oder **Verzögerung**.

Haarwachstum	0,000 000 1 m/s	0,000 000 36 km/h
Schnecke	0,002 m/s	0,007 km/h
Fußgänger	1,4 m/s	5 km/h
Radfahrer	5 m/s	18 km/h
Auto	40 m/s	144 km/h
Rauchschwalbe	100 m/s	360 km/h
Flugzeug	250 m/s	900 km/h
Schall in Luft	340 m/s	1 224 km/h
Mond um Erde	1 000 m/s	3 600 km/h
Schall in Wasser	1 500 m/s	5 400 km/h
Fernsehsatellit	2 600 m/s	9 360 km/h
Erdbebenwelle	5 000 m/s	18 000 km/h
Licht im Vakuum	300 000 000 m/s	1 080 000 000 km/h

3 Beispiele für Geschwindigkeiten

Bewegungen   125

Werkstatt

Bewegungen im Diagramm

1 Versuchsanordnung zur Bestimmung der Geschwindigkeit

So wird ein Diagramm gezeichnet:

Waagerechte und senkrechte Achse zeichnen.

↓

Überlegen, welche Größe auf der senkrechten bzw. waagerechten Achse dargestellt wird.

↓

Maßstab festlegen.

↓

Achsen beschriften (Formelzeichen und Einheit).

↓

Punkte einzeichnen.

↓

Punkte verbinden.

In einem Experiment soll die Bewegung einer Spielzeuglokomotive untersucht werden. Wir wollen wissen, ob sie sich tatsächlich gleichförmig, d. h. immer mit konstanter Geschwindigkeit, bewegt. Das Experiment wird mittels eines Diagramms ausgewertet.

Planung des Experiments

Neben dem Gleis liegt ein Papierstreifen. Ein Metronom oder eine Experimentieruhr wird so eingestellt, dass jede Sekunde ein Signal gegeben wird. Bei jedem Signal wird dann ein Markierungsklotz an der Stelle auf das Papier gelegt, an der sich das vordere Ende der Lok gerade befindet. Die Lage des Klotzes wird später mit einem Stift gekennzeichnet (Abb. ➤ 1).

Durchführung des Experiments

Sorgfältiges Arbeiten ist unbedingt erforderlich. Manchmal muss man auch bestimmte Handlungen mehrmals üben. Ist die Durchführung des Experiments gelungen, werden die zurückgelegten Wege auf dem Lineal abgelesen. Die Messwerte für die Zeiten und Orte werden in eine Tabelle geschrieben (Abb. ➤ 2). In der ersten Zeile steht, welche Größen in welcher Einheit eingetragen wurden.

Zeit t in s	Ort s in m	Geschwindigkeit v in m/s
0	0	–
1	0,32	0,32
2	0,63	0,31
3	0,97	0,32
4	1,33	0,33
5	1,61	0,32

2 Messwerttabelle

Auswertung des Experiments

Die Auswertung des Experiments kann grafisch oder rechnerisch erfolgen. Zur rechnerischen Auswertung hat die Messwertetabelle bereits eine dritte Spalte erhalten. Δs beschreibt die zurückgelegte Wegstrecke vom Startort aus, Δt die dafür benötigte Zeitspanne ab Beginn der Messung. Zu jedem Messwertepaar wird die Geschwindigkeit $v = \Delta s/\Delta t$ berechnet.

Die grafische Auswertung erfolgt mit Hilfe eines Diagramms. In unserem Fall zeichnen wir ein t-s-Diagramm (Abb. ➤ 3).

Beim Zeichnen von Diagrammen geht man am besten in einer bestimmten Reihenfolge vor. Zunächst zeichnet man eine waagerechte und eine senkrechte Achse. Auf der waagerechten Achse stellt man meist die im Experiment vorgegebene Größe (hier die Zeit), auf der senkrechten Achse die gemessene Größe (hier den Ort) dar. Formelzeichen und Einheit werden an die Achsenpfeile geschrieben. Als nächstes ist der Maßstab festzulegen. Diagramme sollten nahezu quadratisch und nicht zu klein sein. Der größte Messwert sollte etwa am Ende der gezeichneten Achsen liegen. Man muss daher sorgfältig überlegen, welchen Maßstab man verwendet. (Hier: 1 Sekunde vier Karos, 0,1 Meter ein Karo). Nun können die Punkte eingezeichnet werden.
Man darf die Punkte nicht einfach durch eine Zick-Zack-Linie verbinden. Man legt ein Lineal so an, dass die Gerade möglichst nahe an allen Punkten vorbeigeht.

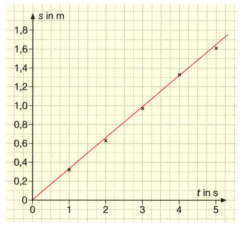

3 t-s-Diagramm

126 Bewegungen

Werkstatt

Messfehler

Weiter überlegt man sich, welche Messfehler aufgetreten sind und wie weit man den Messwerten vertrauen kann. Die Wegmarkierungen mussten bei diesem Experiment sehr rasch aufgelegt werden, weshalb kleinere Verschiebungen möglich sind. Um den Einfluss solcher Fehler zu verringern, sollte das Experiment daher unter den exakt gleichen Bedingungen mehrmals wiederholt werden. So erhält man für jede Ortsmarke mehrere Messwerte, von denen man jeweils den „mittleren" für den Eintrag ins Diagramm auswählt.

Ergebnis

Die Lokomotive führt eine gleichförmige Bewegung aus, da die Werte für v in der Tabelle nahezu konstant sind.
Das t-s-Diagramm einer gleichförmigen Bewegung ist eine Gerade.

Was Diagramme aussagen

Das Experiment mit der Lokomotive wurde weitere zweimal durchgeführt und grafisch ausgewertet. Dabei wurde die Einstellung am Trafo so verändert, dass die Lok mit einer anderen Geschwindigkeit fährt. Die Werte wurden in einem gemeinsamen Diagramm dargestellt (Abb. ➤ 1). Was sagt dieses Diagramm aus?

Aus dem Diagramm kann abgelesen werden, wie sich die Lokomotive bewegt hat. Die t-s-Diagramme sind wiederum Geraden. Das sagt aus, dass sich die Lok gleichförmig bewegte. Doch welche Geschwindigkeit hatte die Lok?
Die Geschwindigkeiten können mit Hilfe der Formel $v = \Delta s/\Delta t$ berechnet werden.

Für die Weglänge und die Zeitspanne müssen aus dem Diagramm Werte abgelesen werden. Für Gerade (1) wird der Wert $\Delta t = 4\,s$ gewählt. Um beim Ablesen Fehler zu vermeiden, können je eine senkrechte und eine waagerechte Linie eingezeichnet werden. Aus dem Diagramm ergibt sich, dass nach 4 s eine Weglänge von 0,8 m zurückgelegt wurde. Mit $v = \Delta s/\Delta t$ berechnet man die Geschwindigkeit und erhält 0,2 m/s.
Für Gerade (2) ergibt sich so ein Wert von 0,1 m/s. Die Geraden (1) und (2) verlaufen im Diagramm unterschiedlich steil. Man erkennt, dass die Geschwindigkeit umso größer ist, je steiler die Gerade im t-s-Diagramm verläuft.

1 Untersuche die Bewegung einer Luftblase in einem mit Wasser gefüllten Glasrohr (siehe Abb.)! Handelt es sich um eine gleichförmige Bewegung?

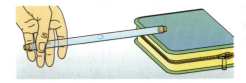

2 In vielen Eisenbahnzügen liegen Fahrplaninformationen aus. Die Übersicht zeigt, wie man mit dem ICE von Dresden nach Frankfurt am Main gelangen kann (Abb. ➤ 2).
Berechne, welche Durchschnittsgeschwindigkeit der ICE zwischen den einzelnen Orten jeweils erreicht! Zeichne das t-s-Diagramm dazu!

(Hinweis: Trage auf der t-Achse nicht die Uhrzeit, sondern die Fahrzeit auf!)

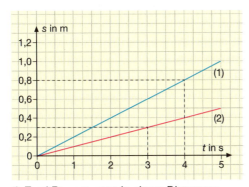

1 Zwei Bewegungen in einem Diagramm

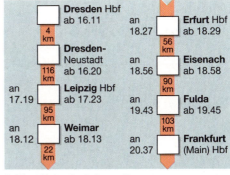

2 Eine Fahrplaninformation

Bewegungen

Werkstatt

- Planung des Messversuches
- Durchführung
- Zusammenstellung einer Wertetabelle
- Diagramm zeichnen
- Ergebnis diskutieren

Geschwindigkeit näher untersucht

1 Parcours im Schulhof

Auf dem Schulhof wird ein Messversuch durchgeführt (Abb. ➤ 1).

Vorbereitung
Stellt dazu einen kleinen Rundkurs auf, der eine festgelegt Anzahl Kurven – diese dürfen durchaus einen „engen" Radius haben – hat, und bestimmt dessen Länge. Am Beginn einer jeden Kurve wird ein Zeitnehmer postiert. Dann stellen sich drei Fahrradfahrer, deren Räder mit Tachometern ausgerüstet sind, an der Startlinie auf. Sie sollen den Rundkurs nacheinander absolvieren.

Durchführung
Auf ein gemeinsames Signal werden alle Uhren gedrückt, die Zeitmessung beginnt, der jeweilige Fahrer startet. Unterwegs sollen Zwischenzeiten genommen werden. Die Fahrradfahrer sind angehalten, eine möglichst konstante Geschwindigkeit zu fahren: Fahrer A soll 5 km/h, Fahrer B 10 km/h und Fahrer C soll 15 km/h schnell sein.
Gemessen und notiert werden die jeweiligen Zeiten nach den entsprechenden Streckenabschnitten!

Auswertung
Die Bewegungen der drei Fahrer werden in ein Bewegungsdiagramm, in dem die Strecke des Kurses über der Zeit aufgetragen ist, eingezeichnet!

Berechnet die Geschwindigkeiten der Fahrer auf den einzelnen Teilstrecken und vergleicht sie mit den Soll-Geschwindigkeiten!
Welche Aussagen kann man aus dem Diagramm herauslesen?

Was ergibt der Vergleich der Geschwindigkeiten?
Was haben die Fahrer während der Fahrt auf dem Tachometer beobachtet?
Wie aussagekräftig sind die Messergebnisse?

Vergleicht man die Ergebnisse der Versuche, so stellt man sehr schnell fest, dass einige Dinge nicht zusammenpassen. Die Erklärungen liegen im Detail:

Beobachtet genau:
a) Was passiert, wenn ein Fahrradfahrer auf eine spitze Kurve (Kehre) zufährt? Vergleicht dies mit Fernsehbildern von der Formel 1 (Der Große Preis von Monaco ist ein Paradebeispiel).
b) Was passiert, wenn insbesondere Fahrer C aus der Kurve kommt, also die Kehre gerade absolviert hat?
c) Überprüft, ob die Fahrer auf einer Linie fahren können! Welche Folgen hat diese Beobachtung für das Ergebnis?

Bewegungen mit veränderlichem Geschwindigkeitsbetrag

Schon die Diagramme der Bewegungsformen und -arten haben angedeutet, dass die Geschwindigkeit nicht immer gleichbleibend ist. Das bestätigt auch der Versuch auf dieser Seite. Den drei Fahrradfahrern ist es unmöglich, die Geschwindigkeit konstant zu halten und damit die Vorgaben zu erfüllen. Anfahren und abbremsen, also schneller und langsamer zu werden lässt sich nicht vermeiden. Dies gilt im Übrigen für alle Fortbewegungsarten, egal ob man mit dem Auto, Flugzeug oder auch nur zu Fuß unterwegs ist.

Solche Bewegungen, bei denen sich die Geschwindigkeit ändert, nennt man beschleunigte Bewegungen. Diese Bezeichnung gilt auch für Bremsvorgänge (Verzögerungen), also für jene Bewegungen, bei denen der Geschwindigkeitswert abnimmt. Die Beschleunigung hat dann einen negativen Wert.

1 Untersuche: Ein Körper fällt aus verschiedenen Höhen. Welche Beobachtungen machst du?

Geschwindigkeiten in Natur und Technik

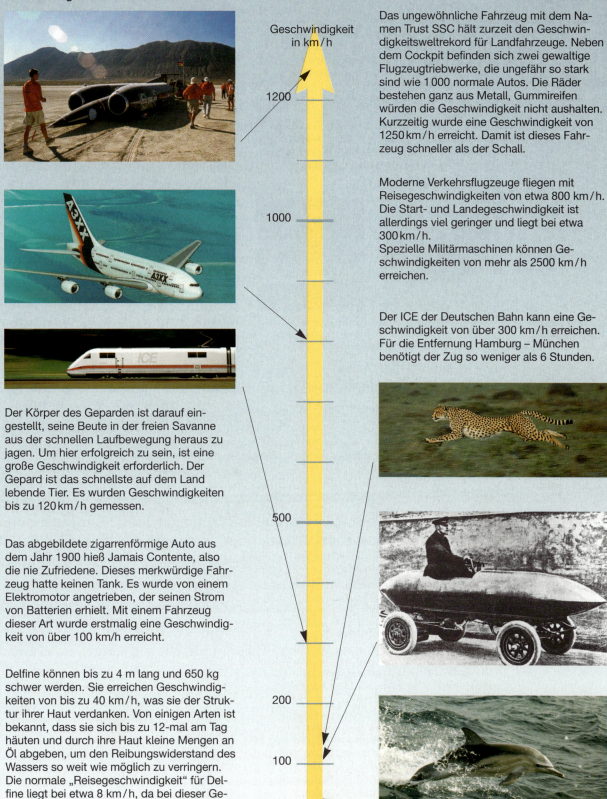

Das ungewöhnliche Fahrzeug mit dem Namen Trust SSC hält zurzeit den Geschwindigkeitsweltrekord für Landfahrzeuge. Neben dem Cockpit befinden sich zwei gewaltige Flugzeugtriebwerke, die ungefähr so stark sind wie 1 000 normale Autos. Die Räder bestehen ganz aus Metall, Gummireifen würden die Geschwindigkeit nicht aushalten. Kurzzeitig wurde eine Geschwindigkeit von 1250 km/h erreicht. Damit ist dieses Fahrzeug schneller als der Schall.

Moderne Verkehrsflugzeuge fliegen mit Reisegeschwindigkeiten von etwa 800 km/h. Die Start- und Landegeschwindigkeit ist allerdings viel geringer und liegt bei etwa 300 km/h.
Spezielle Militärmaschinen können Geschwindigkeiten von mehr als 2500 km/h erreichen.

Der ICE der Deutschen Bahn kann eine Geschwindigkeit von über 300 km/h erreichen. Für die Entfernung Hamburg – München benötigt der Zug so weniger als 6 Stunden.

Der Körper des Geparden ist darauf eingestellt, seine Beute in der freien Savanne aus der schnellen Laufbewegung heraus zu jagen. Um hier erfolgreich zu sein, ist eine große Geschwindigkeit erforderlich. Der Gepard ist das schnellste auf dem Land lebende Tier. Es wurden Geschwindigkeiten bis zu 120 km/h gemessen.

Das abgebildete zigarrenförmige Auto aus dem Jahr 1900 hieß Jamais Contente, also die nie Zufriedene. Dieses merkwürdige Fahrzeug hatte keinen Tank. Es wurde von einem Elektromotor angetrieben, der seinen Strom von Batterien erhielt. Mit einem Fahrzeug dieser Art wurde erstmalig eine Geschwindigkeit von über 100 km/h erreicht.

Delfine können bis zu 4 m lang und 650 kg schwer werden. Sie erreichen Geschwindigkeiten von bis zu 40 km/h, was sie der Struktur ihrer Haut verdanken. Von einigen Arten ist bekannt, dass sie sich bis zu 12-mal am Tag häuten und durch ihre Haut kleine Mengen an Öl abgeben, um den Reibungswiderstand des Wassers so weit wie möglich zu verringern. Die normale „Reisegeschwindigkeit" für Delfine liegt bei etwa 8 km/h, da bei dieser Geschwindigkeit die geringste Menge an Energie für eine bestimmte Strecke umgesetzt wird.

Bewegungen 129

Rückblick

Begriffe
Was versteht man unter
- der Geschwindigkeit einer Bewegung?
- der Beschleunigung einer Bewegung?
- einer gleichförmigen Bewegung?
- einer Durchschnittsgeschwindigkeit?
- den Bewegungsformen?
- den Bewegungsarten?

Beobachtungen
Was beobachtet man, wenn sich ein Körper
- mit konstanter Geschwindigkeit bewegt?
- mit veränderlicher Geschwindigkeit bewegt?

Erklärungen
Wie lässt sich begründen, dass
- im t-s-Diagramm größere Geschwindigkeiten steilere Geraden bedingen?
- die Kurve im t-s-Diagramm bei gleichförmigen Bewegungen eine Gerade ist?

Gesetzmäßigkeiten
Beschreibe mit eigenen Worten
- die bei der gleichförmigen Bewegung gegebene Abhängigkeit zwischen Zeit und Weg.
- den Zusammenhang zwischen der Momentan- und der Durchschnittsgeschwindigkeit bei einer gleichförmigen Bewegung.

Erläutere die Erscheinungen in den folgenden Bildern und beantworte die Fragen!

Welche Bewegungen zeigt das Bild?

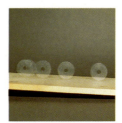

Was für eine Bewegungsart liegt vor?

Was gibt der Fahrtenschreiber wieder?

Welche Bewegungsart liegt hier vor?

Heimversuche

1. Tachometerprüfung am Fahrrad

Suche dir eine 50 m lange Strecke. Fahre gleichmäßig schnell mit der Tacho-Anzeige 10 km/h. Miss die dafür benötigte Zeit. Geht dein Tacho richtig, so muss die Fahrzeit 18 s betragen. Prüfe diese Angabe durch eine Rechnung.

2. Die Geschwindigkeit des Flusswassers

Bestimme die Breite einer Brücke über einen Fluss oder Bach. VORSICHT im Verkehr! Miss die Zeit, die ein auf dem Wasser schwimmender Gegenstand benötigt, um unter der Brücke hindurch zu treiben. Berechne daraus seine Geschwindigkeit.

Fragen

1 a) Zeige durch Rechnung, dass die Beziehung 1 m/s = 3,6 km/h gilt.
b) Wie viel m/s sind 20 km/h (80 km/h)?
c) Wie viel km/h sind 20 m/s (30 m/s)?

2 Ein Auto hat die Geschwindigkeit 120 km/h. Welche Strecke legt es in 10 s zurück?

3 Ein ICE durchfährt 1 km in 18 s. Welche Geschwindigkeit in km/h hat er?

4 Ralf braucht zu Fuß für den 2,5 km langen Schulweg 23 min. Berechne seine Durchschnittsgeschwindigkeit in m/s und in km/h!

5 Die Schallgeschwindigkeit in Luft beträgt 340 m/s. Wie weit ist ein Blitz – den man praktisch ohne Verzögerung sieht – entfernt, wenn der Donner 3 s später zu hören ist?

6 Ein Autofahrer fährt 504 km weit mit der Durchschnittsgeschwindigkeit 90 km/h. Er macht zusätzlich insgesamt 24 Minuten Pause. Wie lange ist er unterwegs?

7 Erkläre, was mit Durchschnitts- und Momentangeschwindigkeit gemeint ist! Wie misst man diese Geschwindigkeiten?

8 Nimmt der Fahrer eines Autos ein plötzlich auftauchendes Hindernis wahr, so dauert es etwa 1 Sekunde, bis er reagiert („Schrecksekunde"). Ermittle den Weg, den ein Auto bei einer Geschwindigkeit von 30 km/h, 50 km/h, 100 km/h und 150 km/h in dieser Zeit zurücklegt!

9 Der Fahrer eines Autos überschreite beim Durchfahren einer 4 km langen Landstraße die erlaubte Höchstgeschwindigkeit von 100 km/h um 20 km/h.
Wie viel Zeit spart er dadurch ein?

10 In der Schifffahrt wird die Geschwindigkeit in Knoten gemessen. Ein Knoten entspricht dabei einer Seemeile pro Stunde (Seemeile = 1852 m).
Gib die Geschwindigkeit 15 Knoten in km/h an!

Impuls und Kraft

Am 14. April 1912 um 23.40 Uhr sichtet Matrose Fleet in der sternenklaren und mondlosen Nacht einen Eisberg und läutet die Alarmglocke. Er schreit: „Eisberg steuerbord voraus." Sofort gibt der 1. Offizier das Kommando „Ruder hart backbord, Maschinen volle Kraft zurück."

In diesem Augenblick hatte die Titanic eine Entfernung von ungefähr 450 m zum Eisberg und fuhr mit einer Geschwindigkeit von 22 Knoten, das entspricht 41 km/h, auf ihn zu. Mit starrem Blick sieht die Mannschaft auf den herannahenden Eisberg. Nur langsam beginnt sich das 60 000 t schwere Schiff zu drehen und seine Geschwindigkeit zu verringern.

Dann ein entsetzliches Knirschen. Die Titanic hat den Eisberg gerammt und wird von ihm über eine Länge von fast 90 m beschädigt. Eisbrocken fliegen auf das Deck des Schiffes.
Inzwischen ist Kapitän Smith zur Brücke geeilt. „Was war das?" „Ein Eisberg, Sir." „Schotten dicht" befiehlt der Kapitän, doch die Katastrophe lässt sich nicht mehr verhindern. Das Schiff hält sich noch 158 Minuten über Wasser, bis es in den eisigen Fluten des Atlantik versinkt. Die Fahrlässigkeit des Kapitäns, trotz Eiswarnung mit hoher Geschwindigkeit weiterzufahren, um in Rekordzeit den Atlantik zu überqueren, kostete 1512 Menschen das Leben.

Warum konnte das Schiff nicht vor dem 450 m entfernten Eisberg stoppen bzw. vorbeifahren? Wie hätte der Unfall verhindert werden können?

Was ist unter den Begriffen „Wucht" oder „Schwung" zu verstehen?

Welche physikalischen Größen kommen im Text vor und welche Rolle spielen sie für das Ereignis?

Impuls und Kraft **131**

Werkstatt

Überlege vorher!

⬇

Formuliere eine These!

⬇

Probiere es aus!

⬇

Vergleiche deine Beobachtungen mit deiner These!

Alltag „impulsiv" betrachtet

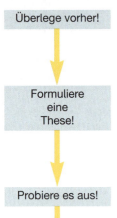

1 Hand mit Kugel

Zwei Kugeln haben den gleichen Radius. Die erste Kugel ist aus Blei, die zweite aus Plastik und zudem innen hohl. Beide fallen aus einer Höhe von einem Meter einem Fänger in die Hand. Welche Kugel ist leichter aufzuhalten?

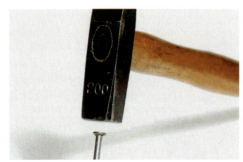

2 Hammer und Nagel

Ein Nagel soll in die Wand gehauen werden. Es stehen ein großer und ein kleiner Hammer zur Auswahl, wobei beide auf die gleiche Geschwindigkeit gebracht werden können. Welche Wahl sollte man treffen? Was sollte man dann möglichst nicht treffen?

3 Eisstockschießen

Was passiert beim Eisstock-Schießen? Diskutiert die einzelnen Vorgänge! (Wie kommt welche Situation zustande? Was passiert wann? etc.)
Was wäre, wenn es auf dem Eis gar keine Reibung gäbe und die Eisfläche unendlich groß wäre?

4 Raumschiff

Ein Raumschiff fliegt durch die einsamen Weiten des Weltraums, unbehelligt von irgendwelchen Einflüssen. Hat das Raumschiff Schwung?

132 *Impuls und Kraft*

Impuls und Trägheit

Versuche

2

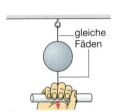

3

4

V1 Was beim Anfahren oder Abbremsen eines Busses mit den Fahrgästen, die sich festhalten, geschehen kann, zeigt ein Versuch (Abb. ➤ 1): Beim Bremsen würden sie sich in Fahrtrichtung, beim Anfahren entgegengesetzt zu ihr bewegen.

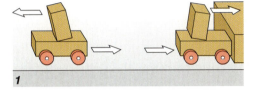

V2 Auf einem Trinkglas liegt eine Spielkarte und darauf ein Geldstück. Schlägt man mit dem Finger seitlich die Karte weg, so fällt die Münze ins Glas (Abb. ➤ 2).

V3 Eine Eisenkugel von etwa 500 g wird wie in Abb. ➤ 3 an einem Nähfaden aufgehängt. Wird langsam am Griff nach unten gezogen, so reißt der obere Faden; wird ruckartig gezogen, reißt der untere.

V4 Zwei gleich große Kugel aus gleichem Material werden an gleich langen Fäden so aufgehängt, dass sie sich gerade berühren.

An dieser Stelle werden beide mit etwas Klebwachs versehen. Werden beide Kugeln gleich weit ausgelenkt und gleichzeitig losgelassen, so ruhen sie nach dem Zusammenstoß (Abb. ➤ 4).

V5 Zwischen zwei Gleitern einer Luftkissenfahrbahn ist eine Feder gespannt. Ein Faden verhindert, dass sie sich entspannt. Durchtrennt man den Faden, so bewegen sich die Gleiter in entgegengesetzte Richtung.

Die Massen sowie erreichten Geschwindigkeiten der Gleiter werden gemessen (Abb. ➤ 5):

m_1 in g	100	100	100	100
m_2 in g	100	100	200	200
v_1 in cm/s	58,1	68,5	64,2	58,9
v_2 in cm/s	58,2	68,3	32,3	28,5

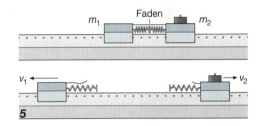

Grundwissen

Der Impuls

Die beiden wichtigsten Merkmale, mit denen man in der Mechanik einen Körper und seinen Zustand beschreiben kann, sind die physikalischen Größen Masse und Geschwindigkeit. Beide Größen zusammen spielen insbesondere dann eine wichtige Rolle, wenn Körper aufeinander einwirken oder wenn andere Einflüsse auf den Körper wirken.

Im Beispiel mit der Titanic wird schnell klar: Wäre die Titanic langsamer gewesen, hätte die Wirkung der Maschinen ausgereicht, um das Schiff zum Stehen zu bringen. Der gleiche Schluss kann gezogen werden, wäre die Masse dieses Luxusliners geringer gewesen.

Von einem Körper kann man seine Masse und seine Geschwindigkeit angeben. Ändert sich weder die eine noch die andere Größe, so kann man von einem bestimmten Zustand sprechen, der im Alltag oft mit Begriffen wie Wucht oder Schwung umschrieben wird. Physiker definieren hierzu eine eindeutige eigene Größe, den **Impuls** mit dem Formelzeichen p. Je größer Masse oder Geschwindigkeit (oder beide) sind, desto größer ist der Impuls eines Körpers.

> Das Produkt aus Masse und Geschwindigkeit eines Körpers bestimmt seinen Impuls:
> $p = m \cdot v$.

Die Einheit des Impulses heißt nach **Christiaan Huygens** (1629–1695) 1 Huygens (1 Hy) und ergibt sich zu 1 Hy = 1 kg·m/s. Der Impuls ist eine Größe, die in einem Körper (und dessen Bewegungszustand) gespeichert ist. Seine Existenz wird dann besonders deutlich, wenn er auf andere Körper übergeht und sich dadurch erfahrbar etwas ändert.

Impuls und Kraft 133

Grundwissen

Bewegungen im Alltag

Bei Windstille kommen Zweige und Blätter der Bäume zur Ruhe. Eine auf ebenem Boden rollende Kugel bleibt irgendwann liegen. Diese Alltagsbeobachtungen stimmen scheinbar mit einer These von **Aristoteles** (384–322 v. Chr.) über den Anlass von Bewegung überein.
Danach sollte Ruhe der natürliche Zustand aller irdischen Körper sein und Bewegung müsste stets eine Ursache haben. Dies war fast 2000 Jahre lang unstrittige Lehrmeinung: Körper setzen sich nicht von selbst in Bewegung, sie kommen stets nach einer Weile zur Ruhe.

Genauere Beobachtung zeigen aber auch, dass die Bewegung eines Körpers auf ebener Unterlage umso länger anhält, je glatter sie ist. Ein Beispiel dafür ist der Gleiter auf einer Luftkissenbahn oder ein Schlittschuhläufer. Solche Beobachtungen führen zur gegenteiligen Auffassung: Eine „ungestörte" gleichförmige Bewegung erfordert keinen ständigen Antrieb.

Trägheit und Impulserhaltung

1 Galileo Galilei

Galileo Galilei (1564–1642) überlegte sich (Abb. ➤ 2): In einer Rinne, die aus zwei geraden, durch ein gebogenes Teil verbundenen Abschnitten besteht, rollt eine Kugel reibungsfrei hinab und steigt zur Ausgangshöhe zurück. Das gilt auch, wenn der zweite Teil der Rinne so geneigt ist, dass die Weglänge bis zum Erreichen der Ausgangshöhe größer wird. Steigt das zweite Rohrstück letztendlich überhaupt nicht mehr an, so dass die Kugel horizontal in der Rinne weiterrollt, dann wird ihre Bewegung „unaufhörlich sein".

Isaac Newton (1643–1727) griff diese Vorstellung auf und definierte:

> Alle Körper sind **träge**.
> Ohne äußere Einwirkung verharren sie infolge ihrer **Trägheit** im Zustand der Ruhe oder der gleichförmig geradlinigen Bewegung.

Diese Festlegung wird als **Trägheitssatz** bezeichnet.

> Ohne äußere Einwirkung ändert sich der Impuls eines Körpers also nicht.

Aussagen über Ruhe und Bewegung eines Körpers beruhen dabei auf einem **Bezugssystem**.

Ein Fahrgast im Bus muss sich nicht festhalten, solange der Bus auf der Straße gleichförmig fährt (Abb. ➤ 3). Bezogen auf einen Beobachter am Straßenrand bewegen sich Bus und Fahrgast mit konstanter Geschwindigkeit. Bezogen auf den Bus ruht der Fahrgast; der Bus ist für den Beobachter am Straßenrand ein Bezugssystem, das sich mit konstanter Geschwindigkeit bewegt. Verzögert oder beschleunigt der Bus, so fällt der Fahrgast nach vorn oder nach hinten. Es scheint so, als ob der Trägheitssatz nun nicht gilt, denn die Bewegung des Fahrgastes scheint sich ohne erkennbare äußere Einwirkung zu ändern.
Deshalb ist der Trägheitssatz nur in Bezugssystemen gültig, die selbst nicht beschleunigt oder verzögert werden.

Vorgänge, bei denen Körper gegenseitig aufeinander einwirken, heißen **Wechselwirkungen**.

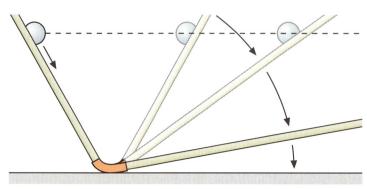

2 Wie weit rollt die Kugel schließlich?

3 Fahrgäste halten sich fest.

134 *Impuls und Kraft*

Trägheit und Impulserhaltung im Straßenverkehr

Mit dem Auto oder dem Motorrad bewegen sich die Menschen viel schneller, als es von Natur aus vorgesehen ist. Ein Sprinter erreicht für kurze Zeit etwa 40 km/h. Auf Geschwindigkeiten in dieser Größenordnung sind die Sinnesleistungen und der Körperbau des Menschen eingestellt.

Es darf sich daher niemand wundern, dass der Straßenverkehr mit seinen hohen Geschwindigkeiten nicht nur Kinder oder ältere Menschen überfordert. Selbst die im Stadtverkehr zugelassene Höchstgeschwindigkeit von 50 km/h kann bei Unfällen katastrophale Folgen haben. Wer denkt schon daran, dass bei 50 km/h innerhalb einer „Schrecksekunde" fast 14 m zurückgelegt werden? 1 s erscheint kurz, aber 14 m sind manchmal schon zu viel!

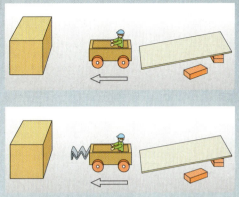

2 Die Knautschzone mildert die Stoßwirkung auf die kleine Figur.

1 Knautschzone, Sicherheitsgurt und Airbag im Test; oben ist die Zeit seit Aufprallbeginn in tausendstel Sekunden angegeben.

Fehleinschätzungen bei Fahrgeschwindigkeit und Mindestabstand zu anderen Verkehrsteilnehmern sind die häufigsten Unfallursachen. Das liegt oft daran, dass die Fahrer sich nicht bewusst sind, wie sich die Trägheit ihres Körpers und des Fahrzeuges auswirken, wenn scharf gebremst werden muss oder – wie bei einem Unfall – heftige Bewegungsänderungen und plötzlicher Stillstand eintreten. Bei der Konstruktion von Autos wird ein hoher Aufwand betrieben, um die Insassen bei Unfällen vor größeren Schäden zu bewahren. Mit Hilfe von Crash-Tests (Abb. ▶1) wird z. B. untersucht, wie sich das Fahrzeug bei einem Aufprall verformt und welche Verzögerungen dabei entstehen.

In einem Versuch nach Abb. ▶2 können wir feststellen, wie die Geschwindigkeit die zum Abbremsen nötigen Wirkungen beeinflusst: Ein Spielzeugwagen mit einer kleinen Figur – dem Fahrer – rollt eine schiefe Ebene hinunter. Er kommt unten umso schneller an, je steiler die Ebene geneigt ist. Schon bei kleinen Geschwindigkeiten ist der „Fahrer" beim Aufprall auf einen schweren Klotz nicht zu halten. Während der Wagen schon steht, rutscht die Figur infolge ihrer Trägheit weiter nach vorne und „fliegt" aus dem Wagen.

Eine „Knautschzone" aus gefaltetem Karton, die den „Bremsweg" des Insassen verlängert, erlaubt eine höhere Geschwindigkeit, bei der der „Fahrer" durch das Anhalten noch nicht gefährdet wird. Deshalb sind Airbag und Sicherheitsgurt ein guter Schutz, denn sie verlängern den „sanften" Bremsweg, bevor am Ende der Insasse „hart", d. h. zusammen mit dem Fahrzeug, gestoppt werden muss. Abb. ▶3 zeigt die Kraft in Vielfachen des Körpergewichts, die auf die Insassen eines Autos beim Aufprall auf ein feststehendes Hindernis wirkt und den Schutz durch Sicherheitsgurte.

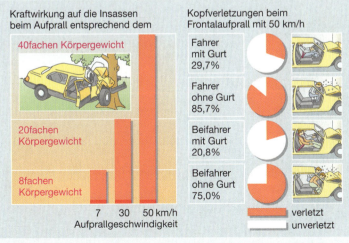

3 Wie ein Sicherheitsgurt beim Aufprall vor Verletzungen schützt.

Impuls und Kraft

Impulsänderung und Impulserhaltung

Versuche

V1 Eine Münze gleitet auf einer glatten Unterlage gegen eine ruhende Münze. Bei zwei gleichen Münzen kann es sein, dass sich entweder (bei einem zentralen Treffer) nur eine Münze weiterbewegt oder dass sich beide in etwas unterscheidliche Richtungen bewegen (wenn sie schräg aufeinander treffen). Bei ungleichen Münzen bewegen sich stets beide Münzen nach dem Stoß weiter.

V2 Fünf gleiche Kugelpendel sollen sich wie in Abb. ➤ 2 berühren. Wird eine der äußeren Kugeln ausgelenkt und dann losgelassen, so schlägt auf der anderen Seite nur die letzte Kugel aus. Sie erreicht die Ausgangshöhe der ersten Kugel. Werden gleich zwei äußere Kugeln ausgelenkt, so werden auf der anderen Seite auch die beiden letzten Kugeln in Bewegung gesetzt!

1

2 „Managerspiel"

Grundwissen

Impuls wird übertragen

Aus den bisher gemachten Experimenten lässt sich unschwer ersehen, dass sich Bewegungszustände von Körpern ändern, wenn man von außen auf den Körper einwirkt. Fängt man beispielsweise eine Kugel auf, so ruht sie danach in der Hand. Ihre Geschwindigkeit ist Null, damit ist auch der Betrag des Impulses gleich Null. Gleichzeitig ist für einen Augenblick aber auch eine Wirkung in der Hand, der Aufprall nämlich, spürbar. Entsprechendes kann man bei den anderen Versuchen feststellen: Ein Nagel verschwindet in der Wand, ein Eisstock trifft einen zweiten und verändert dessen Bewegungszustand.

Stoßen zwei frei bewegliche Körper so zusammen, dass sie sich nach dem Stoß getrennt weiterbewegen, so beobachtet man, dass sich bei beiden Körpern die Geschwindigkeit und damit der Impuls verändert hat. Die Beobachtungen sind unabhängig davon, ob sich die Körper wirklich berühren oder die Wechselwirkung berührungslos z. B. über sich abstoßende Magnete erfolgt.

In einem Versuch nach Abb. ➤ 3 ist eine Feder zwischen zwei ruhenden Gleitern eingespannt. Die Impulse betragen also $p_1 = p_2 = 0$. Wird die Feder entspannt, so bewegen sich die Gleiter mit unterschiedlicher Geschwindigkeit auseinander. Messungen mit Gleitern verschiedener Massen führen zu dem Resultat, dass $m_1 v_1' = -m_2 v_2'$ ist. Die Beträge der Impulse nachher sind wieder gleich, folglich sind auch die Beträge der **Impulsänderungen** für beide Gleiter gleich. Es gilt also $\Delta p_1 = -\Delta p_2$ oder $\Delta p_1 + \Delta p_2 = 0$. Bei der Wechselwirkung zweier Körper ist es für die Impulsänderung unerheblich, in welchem Bewegungszustand sie sich vor der Wechselwirkung befinden.

> Die Summe der Impulse zweier Körper ändert sich bei einer Wechselwirkung nicht.

Diese Aussage wird als **Impulserhaltungssatz** bezeichnet. Er gilt für alle Wechselwirkungen, ob zwischen Sternen oder Elementarteilchen.

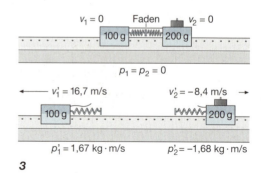

3

136 Impuls und Kraft

Impuls und Kraft

Versuche

V1 Blase einen Luftballon auf und lasse ihn los. Nutze deine Beobachtungen zur Konstruktion eines Antriebs für ein leichtes Fahrzeug.

V2 Lass einen Mitschüler mit ausgestreckten steifen Armen einen Medizinball fangen. Wiederhole den Versuch, wobei nun der Ball während des Fangens an den Körper gezogen werden soll. Beobachte dabei deinen Mitschüler genau und lasse ihn seine Empfindungen schildern.

Grundwissen

Impulsänderungen zeigen Kräfte an

Aus den bisherigen Ausführungen ist klar geworden, dass die physikalische Größe des Impulses erst dann wirklich „spürbar" wird, wenn sie sich ändert:
Einem Körper wird ein Impuls zugeordnet. Ändert sich der Impuls eines Körpers, beispielsweise eines Autos (vgl. Abb. ▶ 1 bis 3), so „bewirkt er etwas". In den Abbildungen sind unterschiedliche Wirkungen sichtbar, obwohl die Autos alle dieselbe Masse hatten und mit derselben ursprünglichen Geschwindigkeit fuhren, also denselben Impulsbetrag hatten: Ein Auto ändert seinen Impuls in Abb. ▶ 1 beim Aufprall innerhalb von Sekundenbruchteilen, in Abb. ▶ 2 beim Bremsen innerhalb einer Zeitspanne von Sekunden und in Abb. ▶ 3 beim Ausrollen über eine vergleichsweise lange Zeitspanne.
Am Ende des Vorgangs steht jedes Auto, ihre Impulse sind also Null. Demzufolge hat die gleiche Impulsänderung stattgefunden, aber eben in unterschiedlichen Zeitspannen.
Deswegen nehmen wir bei der Impulsänderung auch unterschiedliche Wirkungen wahr, deren Ursprung wir als **Kraft** (mit dem Formelzeichen F für engl. *force*) bezeichnen.
Die Beobachtungen legen folgenden Zusammenhang nahe:

> Je kleiner die Zeitspanne für eine bestimmte Impulsänderung ist, desto größer ist die wirkende Kraft.

Bremsen wir im gleichen Zeitraum aus höherer Geschwindigkeit ab, ist also die Impulsänderung größer, so verspüren wir natürlich ebenfalls eine größere Kraft:

> Je größer die Impulsänderung bei gleicher Zeitspanne ist, desto größer ist die Kraft.

Newton fasste diese Beobachtungen zur Definition der Kraft zusammen:

> Die Kraft ist das Verhältnis aus einer Impulsänderung und der Zeitspanne, in der diese Änderung erfolgt:
> $F = \Delta p / \Delta t$.

Physiker nennen diese Gleichung die **Grundgleichung der Mechanik**.

Die Einheit der Kraft ist 1 Newton (1 N) und ergibt sich zu $1\,N = 1\,Hy/s = 1\,kg\,m/s^2$.

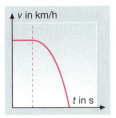

1 Aufprall: Das Auto wird stark verformt und dabei zerstört.

2 Bremsen: Die Bremsen werden heiß.

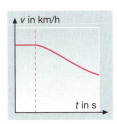

3 Ausrollen: Luft wird verwirbelt.

Impuls und Kraft 137

Kräfte wirken überall!

Versuche

1

Ein Kran hebt eine Last vom Boden hoch, ein Autofahrer schiebt ein Auto an, der Karatekämpfer zerschlägt einen Stapel Bretter (Abb. ➤1), jemand lässt das Sonnenrollo an seinem Fenster herunter, ein Möbelpacker stemmt sich gegen einen Schrank, der Besucher drückt auf den Klingelknopf, die Schrottpresse presst eine Autokarosserie zusammen, ...
Wir untersuchen diese Vorgänge genauer:

V1 Eine Blattfeder lässt sich mit der Hand, aber auch durch Aufsetzen eines Steines, oder mit einem Magnet, durchbiegen.

V2 Um einen zunächst ruhenden Wagen in Bewegung zu setzen, schieben wir ihn an. Um den Wagen wieder anzuhalten, müssen wir ihn – etwa mit der Hand – abbremsen. Wir können ihn auch gegen eine Feder rollen lassen (Abb. ➤2).
Die vom Wagen zusammengedrückte Feder bremst ihn ab und setzt ihn wieder in entgegengesetzter Richtung in Bewegung.

V3 Wir ziehen unterschiedlich stark an einer Schraubenfeder. Je stärker wir ziehen, desto mehr verlängert sich die Feder.

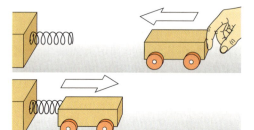

2 Kräfte verformen. Kräfte verändern den Impuls.

V4 Wir ziehen unterschiedlich stark an einem Wagen. Je stärker wir ziehen, umso größer ist die Impulsänderung des Wagens.

V5 Wir lassen einen kleinen, relativ schweren Wagen über den Experimentiertisch fahren. Ziehen wir an einer Schnur in Fahrtrichtung, so wird der Wagen schneller. Ziehen wir entgegengesetzt zur Fahrtrichtung, so wird er langsamer. Ziehen wir aber seitwärts, so wird er aus seiner geradlinigen Bahn abgelenkt und fährt eine Kurve (Abb. ➤3).

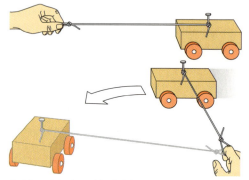

3 Verschiedene Kraftrichtungen

V6 Ein Korbballständer ist so schwer, dass du ihn alleine nur durch Ziehen wegbewegen kannst.
Obwohl der Korbballständer in Abb. ➤4 jedes Mal mit gleicher Kraft in die gleiche Richtung gezogen wird, ist die Wirkung verschieden: Fasst du ihn in der Mitte der Stange an, so wird er umkippen.
Greifst du ihn in der Nähe des Fußes an, so kannst du ihn aufrecht ziehen.

4 Verschiedene Angriffspunkte

138 *Impuls und Kraft*

Grundwissen

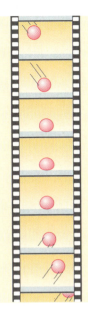

Kraftwirkungen

Trifft z. B. ein Ball auf dem Boden auf, so wird er dabei abgebremst, verformt, umgelenkt und beschleunigt. Immer dann, wenn man beobachtet, dass ein Körper verformt wird oder sich sein Impuls verändert, weil er beschleunigt oder abgebremst wird oder eine neue Bewegungsrichtung erhält, führt man das auf das Wirken einer **Kraft** zurück. Man kann dabei die Kraft selbst nicht sehen, sondern erkennt sie nur an den hier beschriebenen Wirkungen, die sie hervorrufen kann. Die Kraft kann von Menschen oder Tieren, aber auch von Gegenständen kommen: Wir sprechen von der Muskelkraft, der Kraft des Windes, von der Kraft, mit der ein Körper von der Erde oder von einem Magnet angezogen wird, usw. Zusammenfassend lässt sich als physikalische Größe „Kraft" festlegen:

> Kräfte lassen sich nur durch ihre Wirkungen erkennen: Kräfte können einen Körper verformen, seinen Impuls vergrößern oder verkleinern, seine Bewegungsrichtung ändern.

Wovon hängt die Kraftwirkung ab?

Versuche zeigen, dass die Wirkung einer Kraft davon abhängt, wie groß die Kraft ist, aus welcher Richtung und wo sie an einem Körper angreift.
Um Kräfte zu vergleichen, legt man fest:
– Zwei Kräfte, die mit gleicher Richtung am gleichen Punkt eines Körpers angreifen und die gleiche Wirkung zeigen, haben den gleichen **Betrag**.

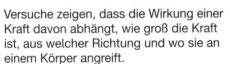
1

Ist der Betrag einer Kraft größer als der einer anderen, so ist ihre Wirkung auf denselben Körper größer. In Abb. ➤1 wird z. B. der Metallstreifen stärker verbogen.

– Greifen zwei Kräfte mit gleichem Betrag am selben Punkt eines Körpers an und zeigen sie die gleiche Wirkung, dann haben die Kräfte gleiche **Richtung**.

siehe S. 234!

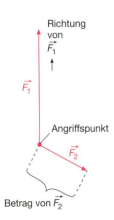

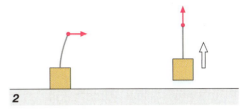
2

Eine unterschiedliche Richtung der Kraft führt sonst, wie in Abb. ➤2, zu unterschiedlichen Wirkungen.

– Zwei Kräfte mit gleichem Betrag und gleicher Richtung erzeugen verschiedene oder unterschiedlich große Wirkungen, wenn sich ihr **Angriffspunkt** am Körper unterscheidet.

3

In Abb. ➤3 setzt z. B. die gleiche Kraft den Körper nicht bei jedem Angriffspunkt in Bewegung.

> Die Wirkung einer Kraft auf einen Körper hängt von ihrem Betrag, ihrer Richtung und dem Angriffspunkt ab.

Die drei Informationen über Betrag, Richtung und Angriffspunkt werden in Zeichnungen mit einem Kraftpfeil erfasst:
– Der Anfangspunkt des Pfeiles liegt im Angriffspunkt am Körper,
– die Pfeilrichtung ist die Kraftrichtung,
– die Pfeillänge gibt den Betrag der Kraft an.

Für den Betrag der Kraft benutzt man den Formelbuchstaben F (engl. force).
Mit $\vec{F}$ kennzeichnet man den Kraftpfeil.

Kräfte, die mit gleichem Betrag, gleicher Richtung und gleichem Angriffspunkt auf einen Körper wirken, verformen diesen in gleicher Weise oder ändern in gleicher Weise seinen Bewegungszustand. Solche Kräfte sind gleich.

1 Woran kann man erkennen, dass eine Kraft den Impuls eines Körpers verändert hat?
Welche Größen muss man erfassen, wenn man dies nachweisen will?

Impuls und Kraft **139**

Kraftmessung

Versuche

Sportler trainieren oft mit einem Expander (Abb. ▶1). Je stärker man an dem Expander zieht, umso weiter wird er gedehnt.

1

V1 Nimm einen Expander und stelle fest, wer in deiner Klasse durch Dehnen des Expanders die größte Kraft ausüben kann. Wie kannst du die Ergebnisse verschiedener Personen so festhalten, dass nachher jeder weiß, wie stark er im Vergleich zu den anderen war?

V2 Baue einen Kraftmesser aus einer Fahrradspeiche, einer aufgebogenen Büroklammer und einem Stück Pappe zum Markieren der Auslenkungen (Abb. ▶2)!

Klebe die Fahrradspeiche an der Tischkante fest und markiere auf der Pappe die Stelle, an der sich das Speichenende befindet. Hänge an die Büroklammer einen Radiergummi, einen Kugelschreiber, ein Heft. Vergleiche deine Ergebnisse mit denen von Mitschülern.

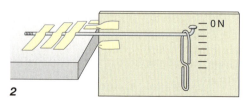

2

Grundwissen

Kraftmesser

Die Richtung und der Angriffspunkt einer Kraft lassen sich oft an den Körpern erkennen, die die Kraft ausüben oder erfahren. Den Betrag der Kraft kann man in der Regel erst durch Messen mit einem Kraftmesser ermitteln (Abb. ▶3).
Jeder Kraftmesser hat eine Skala mit der Angabe, in welcher Einheit die Skalenwerte gemessen werden. Das Messergebnis liest man an der von der Hülse gerade nicht mehr verdeckten Strichmarke ab (Abb. ▶3a).
Bei einer anderen Ausführung wird der Betrag der wirkenden Kraft durch einen Zeiger angegeben (Abb. ▶3b).
Es gibt Kraftmesser, mit denen man nur sehr kleine Kräfte, und andere, mit denen man nur sehr große Kräfte messen kann.

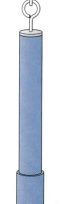

a)

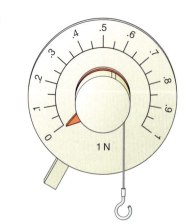

b)

3 Kraftmesser

Kraftmesser und Einheit der Kraft

Die Einheit der Kraft haben wir schon kennen gelernt, sie ist 1 Newton (1 N). Zum Messen kleinerer und größerer Kräfte gibt es noch die Einheiten:
1 Millinewton = 1 mN = 0,001 N
1 Zentinewton = 1 cN = 0,01 N
1 Dekanewton = 1 daN = 10 N
1 Kilonewton = 1 kN = 1000 N

Eine Faustregel ist: Zum Halten einer 100 g-Tafel Schokolade ist eine Kraft von etwa 1 N erforderlich.
Zum Messen mit Kraftmessern braucht man zusätzlich eine Vorschrift über das Vergleichen von Kräften:

> Wird der gleiche Kraftmesser durch zwei Kräfte gleich weit gedehnt, so haben die Kräfte den gleichen Betrag.

Die Kraftpfeile von zwei Kräften mit gleichem Betrag sind dann gleich lang.

> Die Krafteinheit wird durch die Anzeige auf einem Normkraftmesser festgelegt.

In seinem 1687 erschienenen Werk „Philosophiae Naturalis Principia Mathematica" beschreibt Isaac Newton die verschiedenen Wirkungen, die eine Kraft haben kann. Er erkannte, dass Veränderungen der Bewegung eines Körpers immer als Kräfte auf den Körper interpretiert werden können.

140　Impuls und Kraft

Vielfache der Krafteinheit

Kräfte, deren Beträge ein Mehrfaches oder einen Bruchteil von 1 N ausmachen, lassen sich durch folgendes Verfahren erzeugen:

Wir nehmen zwei Kraftmesser, die 1 N anzeigen und dehnen damit eine Schraubenfeder. Die Verlängerung der Schraubenfeder durch 1 N liegt jetzt eindeutig fest (Abb. ▶1a). Die Kraft 2 N wollen wir dadurch erzeugen, dass wir mit zwei solcher Kraftmesser so ziehen, dass beide jeweils 1 N anzeigen. Es gibt zwei Möglichkeiten: Werden beide Kraftmesser wie in Abb. ▶1b eingesetzt, so erhält man die gleiche Verlängerung wie für 1 N. Dagegen ergibt sich bei der Anordnung wie in Abb. ▶1c eine stärkere Dehnung der Feder. In dieser Anordnung wirkt eine größere Kraft als vorher. Wir legen fest:

| Eine Kraft hat den Betrag 2 N, wenn sie dieselbe Wirkung hat wie zwei nebeneinander wirkende Kräfte von je 1 N.

Der Pfeil einer Kraft von 2 N erhält die doppelte Länge des Pfeiles für 1 N. Entsprechend erhalten Kräfte von 3 N, 4 N, ... Kraftpfeile mit dreifacher, vierfacher, ... Länge.

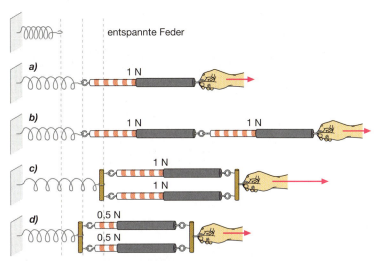

1 Vielfache und Teile der Krafteinheit

Dehnen zwei gleiche, parallel wirkende Kräfte die Schraubenfeder genau so weit wie die Kraft 1 N, so sagen wir, dass jede Kraft den Betrag 0,5 N hat (Abb. ▶1d).

1 Welche Festlegungen sind nötig, um Kräfte messen zu können?

2 Wie ließe sich nach Abb. ▶1 eine Kraft von 3 N erzeugen?

Die gesetzliche Festlegung der Einheit 1 N

Die gesetzliche Definition der Einheit 1 N beruht darauf, dass Kräfte den Impuls von Körpern verändern können.

Wir zeigen dies mit einem leicht beweglichen Wagen. Vom Wagen springen Funken auf die Fahrbahn über und erzeugen kleine Brandmale auf einem Metallstreifen. Wird der Wagen durch eine konstante Kraft angetrieben, so steigt seine Geschwindigkeit, sein Impuls vergrößert sich. Die in jeweils gleichen Zeitabschnitten zurückgelegten Strecken werden immer größer. Abb. ▶2 zeigt einen Messstreifen, bei dem jeweils nach 1/10 s ein Funken erzeugt wurde. Die Geschwindigkeit, die der Wagen erreicht, hängt von seiner Masse und vom Betrag der Antriebskraft ab. Umgekehrt ist der Betrag der Kraft durch den Impuls und somit die Masse und die Geschwindigkeitsänderung des von ihr bewegten Körpers bestimmt. Dem liegt die gesetzliche Definition der Krafteinheit zu Grunde:

| Wird ein Körper der Masse 1 kg reibungsfrei mit konstanter Kraft in 1 s aus der Ruhe auf eine Geschwindigkeit von 1 m/s beschleunigt, so hat die Kraft den Betrag 1 N.

Zwei Kräfte haben den gleichen Betrag, wenn sie denselben Körper von der Ruhe aus in gleicher Zeit auf die gleiche Geschwindigkeit beschleunigen, d. h. ihm den gleichen Impuls vermitteln.

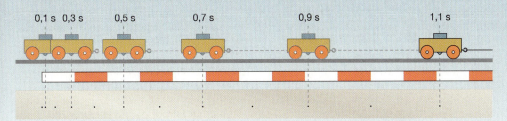

2 Verschiedene Stellungen eines mit konstanter Kraft beschleunigten Wagens

Impuls und Kraft

Gewichtskräfte

Grundwissen

1 Astronaut auf dem Mond

Der englische Naturforscher Lord **Henry Cavendish** veröffentlichte 1798 Untersuchungen zur gegenseitigen Anziehung von Körpern. Dazu verwendete er eine Drehwaage. Abb. ➤ 2 zeigt das Prinzip des Versuchsaufbaus:

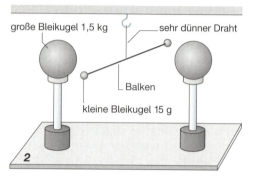

2

Die Astronauten Neil Armstrong und Edwin Aldrin der Raumkapsel Apollo 11 betraten am 21. 7. 1969 als erste Menschen den Mond. Sie fühlten sich dort viel leichter als auf der Erde. Trotz Raumanzügen und Rückengepäck (Abb. ➤ 1) reichte ihre Kraft für Sprünge von mehreren Metern. Woher kommt die „Schwere" auf Mond oder Erde?

Alle Gewichtskräfte weisen in Richtung auf den Erdmittelpunkt.
Wo ist auf der Erde oben, wo ist unten?

Hält man eine Büchertasche oder einen anderen Gegenstand hoch, so spürt man die Wirkung einer Kraft. Diese Kraft greift am Körper an und zieht ihn lotrecht nach unten, in Richtung zum Erdmittelpunkt. Man spricht von der **Gewichtskraft** F_G, die der Körper erfährt. Wir sagen, er ist **schwer**. Eine Gewichtskraft erfahren alle Körper auf der Erde. Selbst die Teilchen in einem Gas haben eine Gewichtskraft. Bringt man einen Körper von der Erde auf den Mond, so erfährt er dort ebenfalls eine Gewichtskraft, diesmal in Richtung auf den Mondmittelpunkt. Allerdings ist die Gewichtskraft des Körpers auf dem Mond kleiner als auf der Erde. Ein Kraftmesser würde z. B. für eine Tafel Schokolade auf der Erde eine Gewichtskraft von etwa 1 N, auf dem Mond nur eine von $1/6$ N anzeigen. Gewichtskräfte sind Folge einer **wechselseitigen Anziehung** zwischen Erde und Gegenstand bzw. zwischen Mond und Gegenstand. Die Kräfte wirken in Richtung auf die Mittelpunkte der Körper, welche die Kräfte verursachen.

Ein Balken mit zwei kleinen Bleikugeln an den Enden hängt an einem dünnen Draht. Wird der Balken gedreht, so verdrillt sich der Draht. Diese Verformung erfordert eine Kraft. Die großen, fest stehenden Kugeln werden so aufgestellt, dass sich jede der kleinen Kugeln in geringer Entfernung zu einer der beiden großen Kugeln befindet. Man beobachtet, dass sich nach einiger Zeit der Abstand zwischen den kleinen und den großen Kugeln verringert. Diese Beobachtung bestätigt, dass zwischen den Kugeln gegenseitige Anziehungskräfte bestehen. Die in einer solchen Anordnung auftretenden Anziehungskräfte sind allerdings winzig klein. Sie liegen in der Größenordnung von 0,000 000 1 N. Allgemein gilt:

> Alle Gegenstände ziehen sich gegenseitig an. Die von der Erde auf den Körper ausgeübte Anziehungskraft heißt Gewichtskraft des Körpers.

Die Gewichtskraft eines Körpers nimmt mit der Höhe über dem Meeresspiegel ab. Die Anziehungskraft der Erde reicht unendlich weit in den Weltraum hinaus. Sie wird jedoch rasch schwächer.

> Die Gewichtskraft der Gegenstände auf der Erde ist von der Höhe abhängig.

1 Weshalb ist auf der Erde oben und unten „relativ"?

Gewichtskraft eines Körpers der Masse 1 kg in N	
9,81	0 km
7,33	1 000 km
5,68	2 000 km
3,08	5 000 km
1,49	10 000 km
0,12	50 000 km
0,04	100 000 km
0,02	400 000 km (Mondabstand)

Entfernungen von der Oberfläche der Erde

1 Messen von Massen mit Waage und Massestücken als Wägesatz

Der Ortsfaktor

Wie unterscheiden sich die Gewichtskräfte eines Körpers an verschiedenen Orten? Wir bestimmen mit dem Kraftmesser die Gewichtskräfte F_G für die genormten Massestücke eines Wägesatzes:

m in kg	0,2	0,4	0,6	0,8	1,0	2,0
F_G in N	2,0	3,9	5,9	7,8	9,8	19,7

2 Gewichtskräfte von Massestücken eines Wägesatzes

Offensichtlich erfährt die Masse $m = 1$ kg auf der Erde eine Gewichtskraft von etwa 10 N. Die Zahlenwerte von F_G sind stets um den Faktor 10 größer als die von m, d. h. F_G und m sind proportional.

Der Proportionalitätsfaktor $F_G/m = g$ heißt **Ortsfaktor**, denn er ist wie die Gewichtskraft von Ort zu Ort verschieden. Ein genauerer Wert für g ist
in Mitteleuropa: $g = 9,81$ N/kg,
am Nordpol: $g = 9,83$ N/kg,
am Äquator: $g = 9,78$ N/kg.
Himmelskörper mit einem anderen Ortsfaktor als die Erde rufen am selben Körper eine andere Gewichtskraft hervor (Abb. ➤ 4).

> Die Gewichtskraft F_G eines Körpers ist proportional zur Masse m:
> $F_G = g \cdot m$.

Auf dem Mond erfährt jeder Körper nur etwa 1/6 der Gewichtskraft wie auf der Erde. Auf dem Jupiter erfährt jeder Körper mehr als das Doppelte der Gewichtskraft wie auf unserem Heimatplaneten.

1 Welche Gewichtskraft erfährt eine 100 g-Tafel Schokolade auf verschiedenen Planeten des Sonnensystems?

2 Warum können Astronauten auf dem Mond so große Sprünge machen?

3 Worauf müsste man bei Astronautengepäck achten, das für die Landung auf dem Jupiter bestimmt ist?

4 Kann das Mondauto auf dem Mond schneller beschleunigen als auf der Erde? Begründe!

> Zur Erinnerung:
> Masse äußert sich in zwei Eigenschaften:
> 1. Masse verursacht Anziehungskräfte, die wir z. B. als Gewichtskraft mit Hilfe von Waagen messen können.
> 2. Masse widersetzt sich Bewegungsänderungen, was wir als Trägheit erfahren.

3 Das Mondauto in voller Fahrt

Merkur	Venus	Erde	Mond	Mars	Jupiter	Saturn
3,70 N/kg	8,87 N/kg	9,78 N/kg	1,62 N/kg	3,71 N/kg	23,2 N/kg	9,3 N/kg

4 Ortsfaktoren einiger Himmelskörper unseres Sonnensystems

Impuls und Kraft 143

Wechselwirkung von Kräften

Versuche

Wenn du dich mit einem Liegestütz vom Boden wegstemmst, musst du eine Kraft auf ihn ausüben. Dabei ist es nicht deine Absicht, den Boden wegzuschieben, sondern du erwartest, dass dir der Boden einen Widerstand entgegenbringt.

V1 Stelle auf eine ebene, gerade Schiene zwei Modelleisenbahnwagen. Auf einem Wagen liegt ein starker Stabmagnet, auf dem anderen ein Eisenklotz.
Wenn du die Wagen loslässt, bewegen sich beide aufeinander zu.

V2 Ersetze nun den Eisenklotz durch einen zweiten Stabmagnet so, dass sich zwei gleiche Pole gegenüberstehen. Die Wagen stoßen sich beide gegenseitig ab.

V3 Zwei Schülerinnen auf Skateboards halten wie in Abb. ▶1 ein gespanntes Seil zwischen sich. Mit Hilfe von Kraftmessern an jedem Seilende können die Beträge der Zugkräfte festgestellt werden. Zuerst soll nur die eine von ihnen ziehen, die andere sich bloß festhalten.
Beide Schülerinnen setzen sich in Bewegung und die Kraftmesser zeigen bei beiden denselben Betrag an.
Ziehen beide Schülerinnen, ändert sich daran nichts. Stets zeigen beide Kraftmesser gleiche Kraftbeträge an.

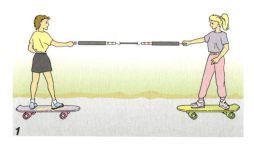

1

Grundwissen

Isaac Newton gilt als der Entdecker des Wechselwirkungsprinzips. In seinem lateinisch geschriebenen Werk lautet das kurz **actio = reactio**.

Kraft und Gegenkraft

Übt ein frei beweglicher Körper eine anziehende Kraft auf einen anderen frei beweglichen Körper aus, so fangen beide an, sich aufeinander zu zu bewegen. Also müssen auf beide Körper Kräfte wirken. Diese Kräfte sind wegen der entgegengesetzten Bewegungsrichtungen entgegengesetzt gerichtet. Kraftmesser zeigen, dass dabei die Beträge der Kräfte immer gleich groß sind.

Haben beide Körper die gleiche Masse, so rufen die Kräfte eine gleiche Bewegungsänderung hervor – die Körper treffen sich deshalb in der Mitte. Haben beide Körper verschiedene Massen, so rufen die gleichen Kräfte unterschiedliche Bewegungsänderungen hervor. Der Körper mit der größeren Masse legt bis zum Treffpunkt mit dem Körper, der die kleinere Masse hat, die kürzere Strecke zurück.

Die Erfahrung, dass eine Kraft nur ausgeübt werden kann, wenn eine gleich große Kraft zurückwirkt, nennt man das **Wechselwirkungsprinzip**.

> Übt ein Körper eine Kraft auf einen zweiten Körper aus, so wirkt stets gleichzeitig eine Kraft vom zweiten auf den ersten Körper. Kräfte treten also nie alleine auf! Beide Kräfte haben denselben Betrag, sind aber entgegengesetzt gerichtet und haben ihre Angriffspunkte an unterschiedlichen Körpern.

Beispiel: Beim Tiefstart zum 100 m-Lauf (Abb. ▶2) übt der Läufer eine große Kraft nach hinten aus, damit er von einer großen Gegenkraft nach vorne beschleunigt wird. Durch Messungen hat man festgestellt, dass für kurze Zeit bis zu 1200 N an den Startblöcken angreifen.

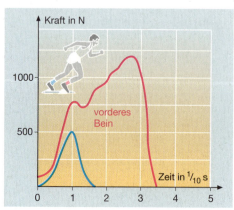

2 Kräfte zwischen Erde und Läufer beim Start

1 Ist es möglich, auf einer reibungsfreien Oberfläche zu gehen?

144 Impuls und Kraft

Beschleunigung durch Rückstoß

Versuche

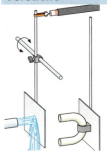

1

2

V1 Auf ein Brettchen wie in Abb. ➤1 wird ein Wasserstrahl gerichtet. Mit einer Feder wird das Brett in seiner Lage festgehalten. In der Wiederholung wird der gleiche Wasserstrahl durch ein halbkreisförmiges Rohr auf dem Brett umgelenkt.
Ein Kraftmesser zeigt jetzt etwa den doppelten Wert an.

V2 Wirf von einem Rollunterdsetzer oder Skateboard aus einen Medizin- oder Basketball weg (Abb. ➤ 2). Der fahrbare Untersatz setzt sich in Bewegung.

Grundwissen

Der Raketenantrieb

Jeder Antrieb beruht auf einer Wechselwirkung zwischen dem beschleunigten Körper und anderen Körpern. Beim Gehen stoßen wir uns wie die Reifen der Motorräder in Abb. ➤3 von der Erde ab. Ein Propeller schiebt Luft oder Wasser weg. Bleibt die Masse des Körpers, dessen Impuls vergrößert wurde, konstant, so kann aus der Kraft und der Zeitspanne erst die Impulsänderung ($\Delta p = F \cdot \Delta t$) und damit dann die Geschwindigkeitsänderung ($\Delta v = \Delta p/m$) ermittelt werden.

Eine **Rakete** beschleunigt unabhängig von der Umgebung, da auf sie durch den Ausstoß der Verbrennungsgase eine nahezu konstante Antriebskraft (der **Rückstoß**) wirkt. Die Masse des mitgeführten Treibstoffs (meist Wasserstoff) und des zur Verbrennung benötigten Sauerstoffs verringert sich dabei ständig. Es lässt sich nun keine einfache Vorhersage über die Endgeschwindigkeit der Rakete machen.

Mit $\Delta v = \Delta p/m$ lässt sich nur abschätzen, dass die Geschwindigkeitsänderung aufgrund der kleiner werdenden Masse höher ausfallen muss als bei gleich bleibender Masse. Da sich die Masse aber stetig verkleinert, ist die Ermittlung der tatsächlichen Reisegeschwindigkeit schwierig, gelingt aber mit Hilfe des Impulserhaltungssatzes. Für uns ist diese Aufgabe aber hier noch nicht lösbar, da zu beachten ist, dass es sich ja um ein beschleunigtes Bezugssystem handelt.

1 Weshalb kann ein Raketenmotor auch im Weltall beschleunigen?

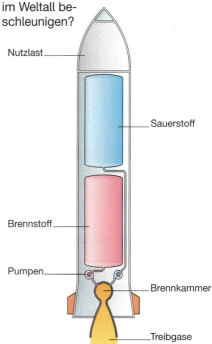

3 Start beim Speedway-Rennen

4 Querschnitt durch eine einfache Rakete

Impuls und Kraft 145

Hebel

Versuche

V1 Anna und ihre Schwester Maike sitzen zusammen auf einer Wippe. Obwohl Anna viel leichter ist als Maike, befindet sich die Wippe im Gleichgewicht (Abb. ➤ 2).

V2 Werden Massestücke an eine drehbar gelagerte Stange (Abb. ➤ 1) gehängt, so wird sie von deren Gewichtskraft gedreht. Wirken die Kräfte auf beiden Seiten der Drehachse, so gelingt es unter bestimmten Bedingungen, die Stange im Gleichgewicht zu halten.

Variiere nun die Anzahl der Massestücke und versuche, das Gleichgewicht zu erhalten. Den Abstand von der Drehachse geben wir als Länge l in cm, die Gewichtskraft F_G der Massestücke in Newton an. Bei Gleichgewicht in horizontaler Lage der Stange erhalten wir z. B. folgende Messwerte:

links:	l in cm:	30	10	20	20	10
	F_G in N:	2,0	6,0	4,0	4,0	4,0
rechts:	l in cm:	20	20	10	20	5,0
	F_G in N:	3,0	3,0	8,0	4,0	8,0

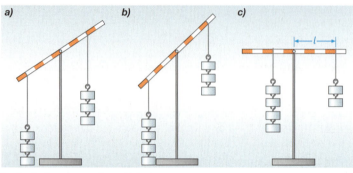

1 Ausbalancieren eines Hebels

2 Gleichgewicht auf der Wippe

Grundwissen

Der Hebel ist ein Kraftwandler

Zwei Kinder schaukeln auf der Wippe, ein Arbeiter hebt mit der Brechstange eine schwere Kiste an, eine Flasche wird mit dem Flaschenöffner geöffnet. Was ist allem gemeinsam? Kinder können eine Wippe in der Schwebe halten, auch wenn sie verschieden schwer sind. Dazu müssen sie nur unterschiedlich weit von der Drehachse entfernt sitzen (Abb. ➤ 2).

Ein Gleichgewicht auf der Wippe wird entweder durch gleich große Kräfte, die in gleichen Entfernungen zur Drehachse angreifen, oder durch verschieden große Kräfte, die in unterschiedlichen Entfernungen zur Drehachse angreifen, erreicht. So kann wie in Abb. ➤ 3 eine schwere Kiste am Punkt A mit Hilfe einer drehbaren Stange gehalten werden, obwohl die Kraft F_2 kleiner als die Kraft F_1 ist.

Solche drehbar gelagerten Stangen heißen **Hebel**. Im Prinzip kann jeder feste, drehbar gelagerte Körper als Hebel wirken.
Mit einem Hebel lässt sich mit einer Kraft eine zweite Kraft mit einem anderen Betrag hervorrufen.

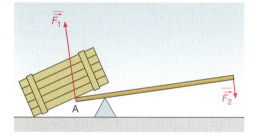

3 Anheben einer Kiste mit der Stange

Die zweite Kraft hat einen anderen Angriffspunkt als die erste. Greifen sie wie in Abb. ➤ 3 auf verschiedenen Seiten von der Lagerung an, so haben sie unterschiedliche Richtungen.

| Mit Hebeln kann man Betrag, Richtung und Angriffspunkt einer Kraft ändern.

1 Archimedes (285 – 212 v. Chr.) war einer der bedeutendsten Gelehrten der Antike. Von ihm soll der Ausspruch stammen: „Gebt mir einen festen Punkt, und ich will die Erde aus den Angeln heben!"
Erläutere diese Aussage!

146 Impuls und Kraft

Die Erfahrung zeigt: Wirkt eine Kraft auf einen Hebel, so lässt sich der Hebel mit einer zweiten Kraft im **Gleichgewicht** halten. Die hierzu erforderliche Kraft ist umso kleiner, je größer der Abstand ihres Angriffspunktes von der Drehachse ist.

Sehen wir von der äußeren Erscheinungsform eines Hebels ab, so können wir ihn vereinfacht wie in Abb. ➤1 als Balken mit einer Drehachse darstellen. Als **Hebelarm** bezeichnet man den Abstand zwischen Drehachse des Hebels und Angriffspunkt der senkrecht am Hebel angreifenden Kraft. Bezogen auf die Drehachse kann es rechte oder linke Hebelarme geben. Ist die Kraftrichtung nicht senkrecht zum Hebel, dann verkürzt sich der Hebelarm (Abb. ➤1). Der Hebelarm ist dann der Abstand, d. h. die senkrechte Entfernung zwischen Drehachse und der Geraden, auf welcher der Kraftpfeil liegt. Dabei ist es gleichgültig, ob der Hebel schief steht oder die Kräfte schräg angreifen. Werden unterschiedliche Kombinationen von Kräften und Hebelarmen gemessen, die ein Gleichgewicht am Hebel erzeugen, so lässt sich aus den Messwerten ein **Hebelgesetz** ableiten:

> Ein Hebel ist genau dann im Gleichgewicht, wenn die Produkte aus Betrag der Kraft und Hebelarm auf beiden Seiten der Drehachse gleich sind:
> $F_1 \cdot l_1 = F_2 \cdot l_2$.

1 Wie ändert sich der Hebelarm am Fahrradpedal während einer Umdrehung?

Beachte:
Kräfte können sowohl auf verschiedenen Seiten als auch auf derselben Seite des Hebels – bezogen auf die Drehachse – angreifen.

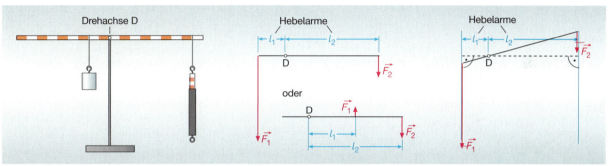

1 Die wichtigen Begriffe am Hebel

Hebel und Drehmoment

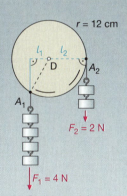

2 Gleichgewicht an der Scheibe

Handwerker benutzen oft einen Drehmomentschlüssel. Bei ihm lässt sich einstellen, wie fest eine Schraube gedreht werden soll. Die Schraube ist, ebenso wie ein Zahnrad oder eine Rolle, mit einer in der Mitte drehbar gelagerten Scheibe vergleichbar. Kräfte wirken wie an einem Hebel.
Obwohl die Angriffspunkte A_1 und A_2 im Beispiel in Abb. ➤2 gleich weit von der Drehachse D entfernt sind, stellt sich für die unterschiedlichen Kräfte $F_1 = 4$ N und $F_2 = 2$ N ein Gleichgewicht ein. Nimmt man als Hebelarme die durch die gestrichelten Linien angedeuteten Abstände l_1 und l_2, so ist das Hebelgesetz erfüllt:
4 N · 6 cm = 2 N · 12 cm
Auch mit anderen Kräften und Angriffspunkten erhält man Gleichgewicht an der Scheibe, wenn gilt:
$F_1 \cdot l_1 = F_2 \cdot l_2$.
Damit lässt sich die im Hebelgesetz für die drehende Wirkung einer Kraft gefundene Beziehung zwischen Hebelarm und Kraft auf beliebige, drehbare Körper übertragen. Das Produkt von Kraft F und Hebelarm l, das diese Wirkung beschreibt, heißt **Drehmoment M**:

$M = F \cdot l$

Die Einheit des Drehmoments ist 1 Nm.

Entgegengesetzt gerichtete Kräfte und Drehmomente unterscheiden sich im Vorzeichen. Je nach Richtung und Lage der Kräfte zur Drehachse gibt es linksdrehende Drehmomente ($F_1 \cdot l_1 = M_1$ in Abb. ➤2) und im Vorzeichen dazu abweichende rechtsdrehende Drehmomente ($F_2 \cdot l_2 = M_2$ in Abb. ➤2). Rechtsdrehendes Drehmoment dreht im Uhrzeigersinn, linksdrehendes entgegengesetzt. Das **Hebelgesetz** lautet dann:

> Ein Hebel befindet sich im Gleichgewicht, wenn der Betrag des linksdrehenden Drehmomentes M_1 gleich dem Betrag des rechtsdrehenden Drehmomentes M_2 ist:
> $M_1 = M_2$

Impuls und Kraft

Hebel überall!

Hebel im Gleichgewicht

Waagen nutzen das Hebelgesetz. Die Balkenwaage hat zwei gleich lange Hebelarme. Bei Gleichgewicht müssen die Kräfte auf beiden Seiten gleich groß sein. Bei der **Schnellwaage** verschiebt man ein Schiebegewicht

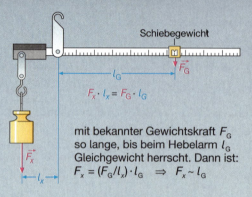

$$F_x \cdot l_x = F_G \cdot l_G$$

mit bekannter Gewichtskraft F_G so lange, bis beim Hebelarm l_G Gleichgewicht herrscht. Dann ist:

$$F_x = (F_G/l_x) \cdot l_G \quad \Rightarrow \quad F_x \sim l_G$$

Eine Skala auf dem Hebelarm zeigt unmittelbar die Werte von F_x an, da der Quotient F_G/l_x eine Konstante ist.

Von kleiner Kraft zu großer Kraft

In vielen Geräten werden Hebel verwendet, um mit kleiner Kraft am langen Hebelarm eine große Kraft mit kurzen Arm auszuüben.

Zum Abkneifen von Draht oder Nägeln benötigt man eine große Kraft. Die **Kneifzange** liefert sie. Wenn der Hebelarm l_1 dreimal so lang wie der Hebelarm l_2 ist, dann ist die Kraft F_2, die auf den Nagel wirkt, nach dem Hebelgesetz dreimal so groß wie die Kraft F_1 am Griff. Die Zangenteile, die den Nagel berühren, sind schneidenartig geformt, so dass sie den Nagel leichter durchtrennen können.

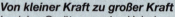

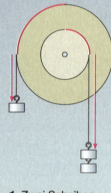

1 Zwei Scheiben wirken als Hebel.

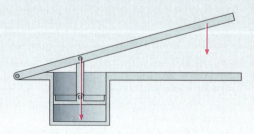

2 Hebelwirkung bei der Kneifzange

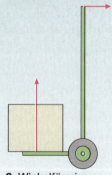

3 Winkelförmiger Hebel bei der Sackkarre

4 Hebelwirkung bei der Spätzlespresse

Der Transport von Lasten mit einer **Schubkarre** erfordert kleinere Kräfte als das Tragen. Die Kräfte greifen bei diesem Hebel auf derselben Seite – in verschiedenen Richtungen – an. Der Hebelarm l_1 ist größer als der Hebelarm l_2. Die erforderliche Muskelkraft F_1 ist daher kleiner als die Gewichtskraft F_2 der Last.

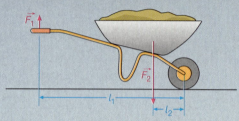

Aus kleinen Wegen große Wege machen

Beim Drehen eines Hebels legt der Angriffspunkt der Kraft am langen Arm in der gleichen Zeit einen größeren Weg als am kurzen zurück. Unser **Arm** nutzt diese Hebelwirkung, denn Muskeln können sich nur wenig verkürzen.

Die Hebelarme vom Drehpunkt im Ellbogengelenk zum Ansatz des Bizeps bzw. der Last in der Hand als Verlängerung des Unterarmes verhalten sich wie 1 : 8. Deshalb muss der Bizeps zum Heben der Last eine mehr als 8-mal so große Kraft aufbringen, doch lässt sich die Hand am längeren Hebelarm sehr schnell bewegen.

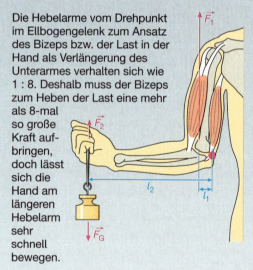

Vorsicht Hebel!

Hebel können nicht nur nützlich, sondern manchmal auch sehr gefährlich sein.

Beim Schließen einer Tür übt man eine relativ kleine Kraft auf eine Tür aus, der Hebelarm beträgt dabei typischerweise einen Meter. In der Nähe des Scharniers beträgt der Hebelarm jedoch nur wenige Zentimeter, die Kraft, die dort (etwa auf einen eingeklemmten Finger) wirkt, kann über fünfzig Mal so groß sein!

148 Impuls und Kraft

Getriebe

Die Frau in Abb. ➤ 1a kann eine dreimal so große Last anheben wie sie dies ohne Hebel könnte. Um das Massestück um einen Meter anzuheben, muss sie jedoch drei Meter am Seil ziehen. Für leichte Lasten ist es aber von Vorteil, das Massestück wie in Abb. ➤ 1b an der großen Rolle und das Zugseil auf der kleinen Rolle aufzuwickeln. Man muss zwar mit dem Dreifachen der Gewichtskraft des Massestücks am Seil ziehen, allerdings muss man am Seil nur einen Meter ziehen, um das Massestück drei Meter anzuheben.

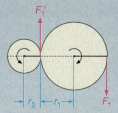

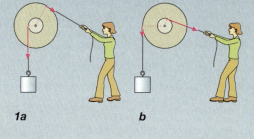

1a b

Genau dies wird am Fahrrad beim **Kettengetriebe** (Abb. ➤ 5) ausgenutzt. Tretkurbel und vorderes Kettenrad bilden einen Hebel. Die Kraft an der Kette ist größer als am Pedal, da der Hebelarm des Kettenrades kleiner als beim Pedal ist. Das hintere Kettenrad bildet über Speichen und Felge einen Hebel mit dem Hinterrad. Da es kleiner als das Hinterrad ist, wird die von der Kette ausgeübte Kraft verkleinert. Insgesamt gesehen wirkt das Hinterrad auf den Boden mit einer kleineren Kraft als der Fuß auf das Pedal. Dafür dreht sich das Rad aber schneller.

Beispiel: Nach dem Hebelgesetz gilt: $F_1 \cdot r_1 = F_2 \cdot r_2$, also $F_2 = F_1 \cdot (r_1/r_2)$. Durch die Kette wird F_2 unverändert zum hinteren Kettenrad übertragen und wirkt dort als F_3. Am Hinterrad gilt $F_4 \cdot r_4 = F_3 \cdot r_3$, also $F_4 = F_3 \cdot (r_3/r_4)$. Die Pedalkraft sei $F_1 = 500$ N, die Pedallänge $r_1 = 0{,}18$ m und der Radius des vorderen Kettenrades $r_2 = 0{,}09$ m. Dann ist die Kraft auf die Kette $F_2 = 500$ N · (0,18 m / 0,09 m) = 1000 N. Wenn die Radien für das hintere Kettenrad $r_3 = 0{,}045$ m und das Hinterrad $r_4 = 0{,}36$ m betragen, so folgt $F_4 = 1000$ N · (0,045 m / 0,36 m) = 125 N.

Bei der **Kettenschaltung** (Abb. ➤ 3) kann die Kette über verschieden große Zahnräder („Ritzel") laufen. Durch Auswahl des vorderen Kettenblattes wird der Radius r_2, durch Schalten des hinteren Zahnkranzes der Radius r_3 verändert. Um beim bergauf Fahren eine möglichst große Kraft zu erreichen, wählt man vorn ein kleines Kettenblatt und ein großes Ritzel am Hinterrad.

Beim **Zahnradgetriebe** (Abb. ➤ 2) greifen zwei Zahnräder direkt ineinander, beide Zahnräder drehen sich in entgegengesetzter Richtung.

Bei einem üblichen Automotor kann sich die Motorwelle von 800 bis 6500 Umdrehungen pro Minute drehen. Das Drehmoment hat in der Regel zwischen 2000 und 3500 Umdrehungen pro Minute sein Maximum. Ein Getriebe ermöglicht es, bei kleiner Drehzahl der Antriebsräder maximale Werte für Kraft und Drehmoment, andererseits für schnelle Fahrt große Drehgeschwindigkeiten zur Verfügung zu stellen.
Der Quotient der Drehzahlen beim Eintritt in das Getriebe zu dem beim Ausgang wird als **Übersetzungsverhältnis** bezeichnet. Die Gänge des Getriebes stellen unterschiedliche Übersetzungsverhältnisse zur Verfügung.

Abb. ➤ 4 zeigt das Prinzip einer einfachen Pkw-Dreigang-Schaltung. Zum Schalten müssen verschiedene Zahnräder verschoben und zum Eingriff gebracht werden. In synchronisierten Getrieben greifen ständig alle Zahnradpaare ineinander, sie drehen sich jedoch ohne feste Verbindung mit der Welle. Erst durch Einlegen eines Ganges werden zusammengehörige Zahnräder fest mit der Welle verkeilt.

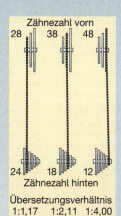

2 Prinzip des Zahnradgetriebes

3 Kettenschaltung am Fahrrad

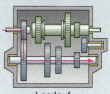
Leerlauf

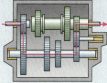
Rückwärtsgang

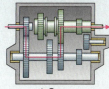
1. Gang   2. Gang   3. Gang

4 Einfaches 3-Gang-Getriebe mit Rückwärtsgang und Leerlauf

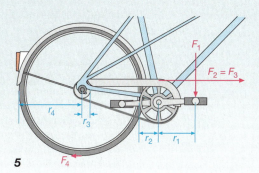

5

Impuls und Kraft   **149**

Schwerpunkt und Gleichgewicht

Versuche

V1 Baue eine „Kerzenschaukel" aus zwei gleich großen Kerzen (Abb. ➤ 1). Zunächst muss sich die „Schaukel" im Gleichgewicht befinden. Zünde dann die Kerzen an und beschreibe deine Beobachtung!
VORSICHT! Brandgefahr!

V2 Nimm ein Lineal und balanciere es auf einer Fingerspitze (Abb. ➤ 2). Versuche dies auch mit anderen, leichten Gegenständen. Schneide aus Zeichenkarton je ein Quadrat, einen Kreis, ein Dreieck und ein Rechteck aus. Balanciere sie auf einer Zirkelspitze.

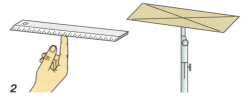

V3 Bringe mit Hilfe einer gewölbten Schale (z. B. einem Uhrglas) eine Kugel in die drei in Abb. ➤ 3 gezeigten Lagen, ohne dass sie wegrollt.

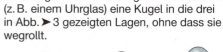
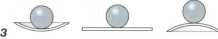

3

Schwierig wird es auf der nach oben gewölbten Schale. Schon beim kleinsten Anstoß rollt die Kugel weg.

V4 Öffne einen 2 m langen Zollstock vollständig. Knicke ihn dann in der Mitte. Stecke die Spitze eines Messers am eingeknickten Gelenk zwischen die Schenkel des Zollstocks. Stelle nun das Messer mit dem Zollstock an eine Tischecke (Abb. ➤ 4). Es fällt nicht um! VORSICHT! Verletzungsgefahr!

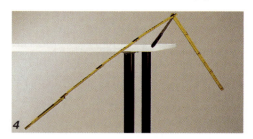

Grundwissen

Wie findet man den Schwerpunkt?

Man denkt sich einen drehbar gelagerten Maßstab (Abb. ➤ 5a) in kleine, gleich schwere Abschnitte unterteilt. Auf jeder Seite der Drehachse sollen sich gleich viele Abschnitte befinden. Der Maßstab befindet sich im Gleichgewicht, wenn sich die gedachten Abschnitte einander so zuordnen lassen, dass immer zwei auf entgegengesetzten Seiten den gleichen Abstand zur Drehachse besitzen.

Bringt man an einem Ende des Maßstabes ein Zusatzgewicht an, so muss man eine andere Drehachse wählen, die näher beim Zusatzgewicht liegt, damit er im Gleichgewicht bleibt (Abb. ➤ 5b).

Bei jedem Körper lassen sich beliebig viele Drehachsen finden, bei denen er, in jeder beliebigen Stellung um diese Drehachse, nicht anfängt, sich zu drehen, sondern im Gleichgewicht bleibt. Alle diese Drehachsen verlaufen durch einen gemeinsamen Punkt. Dieser Punkt heißt **Schwerpunkt** des Körpers.

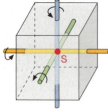

Der Schwerpunkt

| Unterstützt man einen Körper in seinem Schwerpunkt, so ist er in jeder Lage im Gleichgewicht.

Bei einem Lineal, einem Kreis oder Rechteck aus Zeichenkarton stimmt der Schwerpunkt mit dem geometrischen Mittelpunkt des Körpers überein.

1 Warum dreht sich ein im Schwerpunkt gelagerter Körper nicht von selbst?

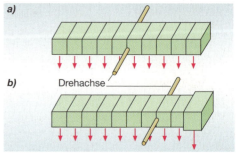

5 Drehachse durch den Schwerpunkt

150   Impuls und Kraft

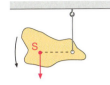
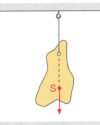
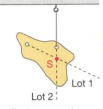

So findet man den Schwerpunkt.

Abb. ➤1 zeigt zwei Körper in verschiedenen Gleichgewichtslagen, d. h. sie verändern ihre Lage von selbst nicht. Mit etwas Geduld lässt sich z. B. ein Stab wie in Abb. ➤1a senkrecht aufstellen. Doch schon bei der kleinsten Erschütterung fällt er um. Diese Lage ist mit der einer Kugel auf einer gewölbten Schale vergleichbar. Eine kleine Verschiebung – und die Kugel rollt weg, sie verlässt die Ausgangslage. Wir sprechen von einer *labilen Gleichgewichtslage*.
Der Stab in Abb. ➤1b wird im Gegensatz dazu nach einem kleinen Stoß in seine Ausgangslage zurückkehren. Dies entspricht dem Verhalten einer Kugel in einer gewölbten Schale. Die Kugel rollt nach einer kleinen Verschiebung wieder in ihre Ausgangslage zurück. Wir sprechen von einer *stabilen Gleichgewichtslage*.
Der Stab in Abb. ➤1c kommt wie ein sich drehendes Rad in jeder Lage zur Ruhe. Gleiches gilt für eine Kugel auf einer waagerechten Unterlage. Benachbarte Lagen unterscheiden sich nicht in ihrem Gleichgewichtsverhalten. Wir sprechen von einer *indifferenten Gleichgewichtslage*.

In allen drei Fällen kommt es auf die Lageänderung des Schwerpunktes an, die durch die Verschiebung des Körpers aus der Ruhelage entsteht. Wir stellen fest:

> Ein etwas aus der Gleichgewichtslage gebrachter Körper bewegt sich von selbst nur so weiter, dass sein Schwerpunkt eine tiefere Lage erreicht.

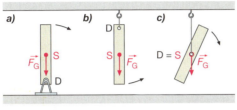
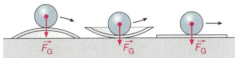

1 a) labil   b) stabil   c) indifferent

1 Erkläre, wie man nach Abb. ➤1 den Schwerpunkt eines drehbar aufgehängten Körpers finden kann. Weshalb geht dies nur für flache Gegenstände?

Standfestigkeit

Die Standfestigkeit eines Gegenstandes hängt von der Lage seines Schwerpunktes zur Drehachse ab. Mögliche Drehachsen sind die Kanten der Auflagefläche (Abb. ➤2).

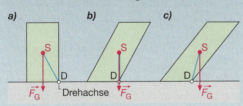

2 Hebel von Drehachse zum Schwerpunkt

In Abb. ➤2a wirkt die Gewichtskraft so, dass der Körper in einer stabilen Gleichgewichtslage ruht. Ein kleiner Stoß bringt ihn nicht zum Kippen, denn die Kraft F_G dreht ihn zurück.
In Abb. ➤2b wirkt die Gewichtskraft genau in Richtung auf die Drehachse. Der Körper befindet sich in einer labilen Gleichgewichtslage. Schon ein kleiner Stoß sorgt dafür, dass die Kraft F_G ihn umkippt.
In Abb. ➤2c wirkt die Gewichtskraft so, dass sich der Schwerpunkt des Körpers in eine tiefere Lage nach rechts weiter bewegt. Er kippt um, sobald die Verlängerung des Kraftpfeiles der Kraft F_G nicht mehr durch die Standfläche geht.
Breitbeiniges Stehen oder die Verbreiterung der Spur eines Autos sorgen für eine **Vergrößerung der Standfläche**. Das erhöht die Standfestigkeit ebenso wie das **Tieflegen des Schwerpunktes** bei Fernsehtürmen, Stehlampen und Rennwagen.
Durch die tiefe Lage des Schwerpunktes ist die Vorführung der Hochseilartisten in Abb. ➤3 nicht so riskant, wie sie aussieht.

Wird der schiefe Turm von Pisa kippen?

Impuls und Kraft 151

Rückblick

Begriffe
Was versteht man unter
- einem Impuls?
- einer Gegenkraft?
- einer Gewichtskraft?
- der Trägheit?
- Hebel?
- Gleichgewicht?
- stabiler/labiler/indifferenter Lage?
- einer Kraft?
- dem Ortsfaktor?
- dem Rückstoß?
- Kraftarm?
- Schwerpunkt?

Beobachtungen
Was beobachtet man, wenn
- die Bewegung eines Körpers geändert wird?
- die Kraft zur Impulsänderung eines Körpers immer größer wird?
- ein Astronaut auf dem Mond springt?
- an einem Hebel zwei verschiedene Kräfte angreifen?
- ein Körper auf einer Achse durch seinen Schwerpunkt gedreht wird?

Erklärungen
Wie lässt sich begründen, dass
- alle Gegenstände auf der Erde eine Gewichtskraft haben?
- man mit einem Ball größerer Masse an der Blechdosen-Schießbude erfolgreicher ist?
- die Verlängerung des Hebelarms eine Vergrößerung der Kraftwirkung zur Folge hat?
- ein Schwerpunkt die Stelle ist, bei der man sich die Gewichtskraft eines Körper angreifend denken kann?

Gesetzmäßigkeiten
Beschreibe mit eigenen Worten
- den Zusammenhang zwischen Impuls und Geschwindigkeit.
- den Zusammenhang Impuls – Kraft.
- den Zusammenhang Gewicht – Masse.
- das Wechselwirkungsprinzip.
- wie das Hebelgesetz lautet.
- wie man den Schwerpunkt findet.

Erläutere die Erscheinungen in den folgenden Bildern und beantworte die Fragen!

Worauf weist das Plakat hin? Warum fliegt der Teddybär nach vorne?

Weshalb bleibt der Hebel in Ruhe?

Wie entsteht die große Kraft?

Warum beugen sich die Sprinter nach vorn?

Weshalb ist die starke Verformung des Vorderteils beabsichtigt?

Weshalb ist der Sack schwer und mit Sand gefüllt?

Wie wirkt dieser Flaschenöffner?

Warum lügt Baron von Münchhausen?

Weshalb sind die Rennwagen so niedrig gebaut?

152 Impuls und Kraft

Beispiel

Anwendung des Hebelgesetzes

An einem Hebel greift in 30 cm Abstand von der Drehachse eine Kraft von 200 N an. Wie groß muss eine zweite Kraft auf der anderen Seite der Drehachse des Hebels sein, damit sie der ersten Kraft in 12 cm Abstand das Gleichgewicht hält?

Lösung:
Gegeben: $F_1 = 200$ N
$l_1 = 30$ cm
$l_2 = 12$ cm
Gesucht: F_2 in N

Wir können die Kraft F_2 mit Hilfe des Hebelgesetzes berechnen. Es lautet:

$$F_1 \cdot l_1 = F_2 \cdot l_2$$

Daraus folgt für die gesuchte Kraft F_2:

$$F_2 = \frac{F_1 \cdot l_1}{l_2}$$

$$F_2 = \frac{200\text{ N} \cdot 30\text{ cm}}{12\text{ cm}}$$

$$F_2 = 500\text{ N}$$

Um den Hebel im Gleichgewicht zu halten, muss auf der Gegenseite eine Kraft von 500 N angreifen.

Heimversuche

1. Untersuchung der Ausdehnung einer selbstgemachten Feder

Erforderliches Material:
30 cm Eisendraht (0,5 mm dick),
2 Büroklammern oder 2 x 20 cm Bindfaden,
ein langer Nagel, Lineal mit Loch,
Plastikfrühstücksbeutel,
15 x Zehn-Cent-Münzen.

Der Draht wird stramm über einen Bleistift gewickelt, so dass eine Feder entsteht. Das Experiment wird wie in der Skizze gezeigt aufgebaut. Belaste die Feder schrittweise durch Einfüllen von Münzen in den Beutel und entlaste ebenso. Notiere die zugehörigen Verlängerungen der Feder. Zeichne ein s-F-Diagramm (Einheit der F-Achse = Gewichtskraft einer Zehn-Cent-Münze). Was fällt dir auf?

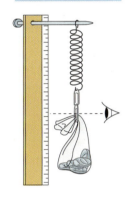

2. Der träge Holzklotz

Erforderliches Material:
1 Holzklotz oder ein anderer schwerer Gegenstand und 2 ca. 1 m lange Fäden.
Die zwei Fäden werden an den Holzklotz gebunden. Der Holzklotz wird an einem Faden aufgehängt, am anderen wird gezogen. Was beobachtest du, wenn du einmal langsam immer stärker und einmal ruckartig an dem Faden ziehst?

Fertige ein Protokoll an! Welche Erklärung hast du für deine Beobachtungen?

3. Ein Gleichgewichtsproblem

Lege ein 30 cm langes Lineal bei der 10 cm-Marke auf einen runden Bleistift. Staple bei der 0 cm-Marke drei 10-Cent-Münzen. Versuche durch Auflegen von 10-Cent-Münzen bei der 30 cm-Marke ein Gleichgewicht herzustellen. Erläutere das Versuchsergebnis!

4. Der Akrobat

Schneide aus Pappe eine Figur aus, wie sie hier am Rand gezeigt ist. Wenn du auf die Rückseite jeder Hand eine relativ schwere Schraubenmutter, eine 1-Cent-Münze oder Ähnliches klebst, kann die Figur mit den Beinen nach oben auf einen festen Draht oder eine Stricknadel gestellt werden. Dort befindet sie sich im stabilen Gleichgewicht. Überlege, warum das so ist!

5. Der Schwerpunkt

Bestimme näherungsweise den Schwerpunkt eines Besens und einer kreisförmigen Pappscheibe. Beschreibe jeweils, wie du vorgehst! An welcher Stelle befindet sich der Schwerpunkt deines Fahrrades? Wie kannst du die ungefähre Lage bestimmen?

6. Der schiefe Bücherstapel

Lege einige Bücher jeweils um etwa 2 cm versetzt aufeinander, bis der Stapel umkippt.
Wie weit kann man die Bücher über den untersten Band hinausragen lassen? Erkläre dies!

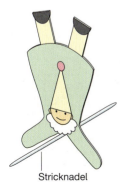
Stricknadel

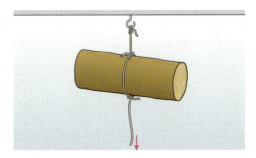

Impuls und Kraft 153

Fragen

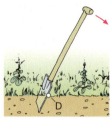

Spaten mit Drehachse

Wie funktioniert diese Waage?

Zu Impuls und Kraftwirkungen

1 Gib fünf Beispiele für Impulsänderungen bzw. Kraftwirkungen an! Nenne drei Begriffe, die das Wort „Kraft" enthalten und die sich nicht auf physikalische Kräfte beziehen (etwa: der Kraftausdruck)!

2 Auf einen Körper wirkt eine Kraft ein. Welche der folgenden Angaben muss man machen, um ihre Auswirkungen auf den Körper vollständig zu erfassen?
– Betrag der Kraft   – Richtung der Kraft
– Art der Kraft   – Angriffspunkt der Kraft

3 Ein Körper wird kurz durch eine Kraft verformt. Was kann danach beobachtet werden?

4 Wie kann man mit Hilfe eines Drahtes (Metallstreifens) einen Kraftmesser bauen?

5 Zwei Billardkugeln rollen aufeinander zu und prallen gegeneinander. Beschreibe den Vorgang mit Hilfe des Impulses!

6 Eine Billardkugel rollt gegen den Rand des Billardtisches und prallt ab. Beschreibe den Vorgang mit Hilfe des Impulses!

7 Eine Billardkugel rollt gegen den Rand des Billardtisches und prallt ab. Beschreibe den Vorgang mit Hilfe von Kräften!

Zur Gewichtskraft und Masse

8 Wie groß ist die Gewichtskraft von 1 kg Wasser, 1 t Butter, 500 g Wurst, 200 mg (1 Karat) Diamant?

9 Folgende Angaben findest du:
– 320 g Einwaage (auf Konservendosen)
– 80 t Tragkraft (beim Kran)
– 6000 t Schub (bei der Rakete)
Wo wird die betreffende Größe in der richtigen Einheit angegeben?

10 Wo trägt ein Forscher seine Ausrüstung (50 kg) leichter, am Nordpol oder auf dem Gipfel des Kilimandscharo? Begründe!

11 Kann man die Masse eines Körpers auf dem Mond messen, wenn man dort
– nur einen Kraftmesser hat,
– nur eine Balkenwaage mit Massensatz hat,
– einen Kraftmesser und einen Massensatz hat?

Hebel und Hebelgesetz

12 Warum lässt sich dicke Pappe nicht mit der Spitze einer Schere schneiden? Wie muss man die Schere hierbei benutzen? Begründe deine Antwort!

13 Schere, Schraubenschlüssel, Fahrradlenkstange mit Radgabel, Flaschenöffner und Eisenbahnschranke sind Hebel. Zeichne sie und gib die Drehachsen, Hebelarme und Kraftrichtungen an!

14 Eine Steinplatte mit einer Gewichtskraft von 4,8 kN soll mit einer Brechstange flach über dem Erdboden angehoben werden. Dazu schiebt man eine 1,50 m lange Stange 30 cm unter den Stein.
Berechne die erforderliche Muskelkraft zum Anheben der Platte um einige cm!

15 In der folgenden Tabelle sind Kräfte und Lasten sowie deren Hebelarme an Hebeln genannt. Vervollständige die Tabelle so, dass sich die Hebel im Gleichgewicht befinden!

	F_1	l_1	F_2	l_2
a)	2,5 N	3,0 cm	1,5 N	...
b)	5,0 kN	8,0 m	...	3,0 m
c)	100 N	...	150 N	2,0 m
d)	...	0,85 m	2,0 kN	40 cm

Gleichgewicht und Schwerpunkt

16 Vergleicht man Rennwagen mit gewöhnlichen Personenwagen, so lässt sich feststellen, dass der Schwerpunkt bei Rennwagen tiefer liegt. Warum ist das so?

17 Von neun gleich aussehenden Kugeln sind acht genau gleich schwer, die neunte hingegen ist ein wenig schwerer als die übrigen. Durch nur zwei Wägungen mit einer Tafelwaage ist die schwerere herauszufinden. Beschreibe, wie zu verfahren ist!

Schwierigere Probleme

18 Eine Kugel liegt auf dem Tisch und bewegt sich nicht. Wirkt auf sie keine Kraft? Welchen Impuls hat sie?
Wirken Kräfte, wenn sie mit konstanter Geschwindigkeit rollt? Welchen Impuls hat sie dann?

19 Hebel 1 sei 40 cm, Hebel 2 sei 60 cm lang (siehe Randbild). Die Punkte A_1 und A_2 befinden sich jeweils am linken Hebelende. B_1 und B_2 liegen in den Mitten der rechten Hebelseiten. Die Hebel sind an den Punkten B_1 und A_2 durch eine Schnur verbunden. In welche Richtung muss man in B_2 ziehen und welche Kraft ist erforderlich, um der in A_1 hängenden Last das Gleichgewicht zu halten?

20 Wie groß muss F_2 in der links am Rand gezeigten Kombination von Rollen und Hebeln für ein Gleichgewicht sein?
Es ist F_{Last} = 2 N, l_1 = 30 cm und l_2 = 15 cm.

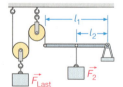

Zu Frage 19

Zu Frage 20

Der Gummibandmotor

In einem gespannten Gummiband steckt Energie. Wie kann man diese Energie zur Drehung von Rädern nutzen?

Konstruiere einen Motor und ein dafür geeignetes Fahrzeug, mit dem die Energie des Gummibandes zum Bewegen des Fahrzeuges umgesetzt wird.

Ein Beispiel:

Verschiedene Gummibänder

Holz- oder Metallstange

Holzbrett

Plastikstreifen

Gummiband

Nagel

Baue in „Forschungsvorhaben" einen Gummibandantrieb.

Hilfen:

Zur Konstruktion darfst du Brettchen, Achsen und Räder aus verschiedenen Materialien, Blech- und Kunststoffstreifen, Drähte und Nägel sowie verschiedene Gummibänder verwenden. Beziehe in deine Überlegungen die Möglichkeit ein, dass das Fahrzeug
– verschiedene Radgrößen verwenden kann,
– einen Motorwechsel ermöglicht,
– über leichtgängige Lager verfügt.

Was wird erwartet?

Baue ein möglichst leichtes, aber stabiles Fahrzeug, bei dem Motor und Räder einfach ausgewechselt werden können.
Teste damit verschiedene Fahrzustände und Beladungen.
Fertige eine erklärende Skizze und eine schriftliche Begründung der Lösung der Aufgabe an.

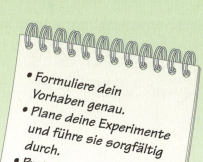

- Formuliere dein Vorhaben genau.
- Plane deine Experimente und führe sie sorgfältig durch.
- Protokolliere zuverlässig.
- Entwickle eine Präsentation und trage sie vor.
- Die „Werkstätten" im Buch geben dazu Hilfe!

Vorhaben Energie   155

Der Gummibandmotor

Wichtige Kenntnisse zur Lösung

Wodurch wird ein Fahrzeug angetrieben?
Welches Material eignet sich für den geplanten Motor?
Welchen Einfluss hat die Größe des Fahrzeuges auf seine Bewegung?

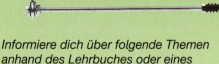

Informiere dich über folgende Themen anhand des Lehrbuches oder eines Lexikons:
– Geschwindigkeit, Beschleunigung;
– Kraft, Masse;
– Hebelwirkung, Übersetzung;
– Energie und Energieübertragung.

Wichtige Untersuchungen

– Untersuche verschiedene Gummibänder auf ihre Brauchbarkeit. Welche Eigenschaft sollten die Bänder haben?
– Wickle mehrere gleiche Gummibänder einmal nebeneinander und ein anderes Mal hintereinander geknüpft auf. Was ändert sich?
– Welchen Einfluss auf die Bewegung hat das Gewicht des Fahrzeuges?
– Bestimme die erreichte Geschwindigkeit.
– Welche Rolle spielt die Reibung in den Lagern?
  Wie lässt sie sich verringern?
– Welche Steigung vermag das Fahrzeug auf einer schiefen Ebene zu erklimmen?

Schlussfolgerungen

Vergleiche verschiedene Konstruktionen in deiner Klasse unter folgenden Gesichtspunkten:
1. Welche Konstruktion kennzeichnet das schnellste (kleinste, größte, einfachste) Fahrzeug?
2. Welcher Motor liefert die größte Antriebskraft?
3. Welcher Motor nutzt die Energie des Gummibandes am besten zur Bewegung?
4. Welches Fahrzeug fährt am besten geradeaus?

Zum weiteren Nachdenken:
– Wie ließe sich das gleiche Motorprinzip mit Federn verwirklichen?
– Welche Energieübertragungen finden bei der Fahrt deines Fahrzeuges statt?
– Weshalb gibt es keine solchen Motoren für Autos?

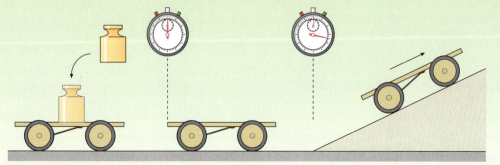

Führe die Versuche entsprechend den nebenstehenden Bildern durch.

Kann man die Geschwindigkeit auch anders bestimmen?

156 Vorhaben Energie

Energie

Das Perpetuum mobile

Als „Perpetuum mobile" (lat. ewig Laufendes) bezeichnet man jede Maschine, die ohne zusätzlichen Antrieb ständig läuft. Schon im Mittelalter erdachten findige Leute folgendes Perpetuum mobile, um sich die Arbeit zu erleichtern: Wasser soll aus einem Trog auf ein Wasserrad fließen und dieses drehen. Dadurch wird eine archimedische Schraube angetrieben, die das Wasser wieder nach oben in den Trog befördert. Dabei soll zusätzlich noch ein Schleifstein angetrieben werden, um dem Messerschleifer die Arbeit zu erleichtern.

Leider ist es nie gelungen, solche funktionierenden Perpetua mobilia zu bauen, da die Zahnräder und Antriebswellen und nicht zuletzt der Schleifstein selbst eine so große Reibung erzeugten, dass der Schwung der Maschine irgendwann „aufgebraucht" war und sie zum Stehen kam.

Es wurden auch einfachere Maschinen erdacht, um die prinzipielle Möglichkeit eines Perpetuum mobile zu untersuchen. An einem großen Rad sind am Umfang in gleichen Abständen acht Kipphebel mit schweren Eisenklötzen an den äußeren Enden angebracht.
Kleine Keile verhindern, dass sie auf der linken Seite senkrecht hängen bleiben; auf der rechten Seite können sie nur bis zum Anschlag ihres unteren Teils an die Speiche kippen.

Wird das Rad im Uhrzeigersinn in Drehung versetzt, so kippen die rechts befindlichen Hebel nach außen, die links befindlichen pendeln nach innen. Die Hebelwirkung der rechts befindlichen Kipphebel ist wegen des größeren Abstandes von der Drehachse stets größer als die der links befindlichen.

Das Rad müsste sich von alleine weiterdrehen und sogar immer schneller werden. Dies tut es aber nicht! Wie lässt sich dies begründen?

Energie   157

Eigenschaften von Energie

Versuche

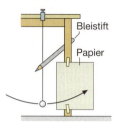

1 gehemmtes Pendel

2 gekoppelte Pendel

V1 Baue aus den Schienen für Modellautos eine u-förmige Bahn („Halfpipe"). Eine Stahlkugel wird auf einer Seite der Bahn aus einer bestimmten Höhe losgelassen. Vergleiche ihre erreichte Höhe auf der gegenüberliegenden Seite mit ihrer Ausgangshöhe! Sie kommt wieder fast auf die gleiche Höhe. Gib ein wenig Sand in die Bahn. Beobachte die erreichte Höhe der Kugel! Je größer die Reibung ist, desto weniger hoch gelangt sie.

V2 Hänge ein Massestück an einen Faden und lasse es aus einer bestimmten Höhe pendeln. Vergleiche die erreichte Höhe auf der gegenüberliegenden Seite mit der Ausgangshöhe! Es schwingt ungefähr bis zur gleichen Höhe. Baue einen Hindernisstab ein, der den Faden auf halbem Weg verkürzt (Abb. ➤ 1). Die erreichte Höhe ändert sich dadurch nicht.

V3 Baue aus einer langen weichen Stahlfeder und einem Gewichtstück ein Masse-Feder-Pendel. Spanne die Feder, indem du das Massenstück bis auf die Unterlage ziehst. Lass es los und beobachte seine Höhe nach jeweils einer Periode!
Die Masse erreicht jeweils fast wieder die gleiche Höhe. Halte das Gewicht nach einer Periode unten fest. Die Energie wird jetzt in der Feder gespeichert und kann abgerufen werden.

V4 Verbinde zwei identische Pendel durch eine weiche, halbgespannte Feder (Abb. ➤ 2). Setze eines der Pendel in Richtung des zweiten in Bewegung. Beobachte die Bewegungsänderungen der beiden Pendel! Es kommt laufend zu Bewegungsänderungen der jeweiligen Pendel.

Grundwissen

Energie - eine mengenhafte Größe

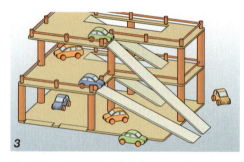

3

siehe S. 234 u. 236!

Zwei bauartgleiche Spielzeugautos stehen auf einer Rampe. Steht eines der Autos jedoch höher, so hat es mehr **Energie** als das niedriger stehende; es ist beim Herunterrollen am Ende der Rampe schneller (Abb. ➤ 3).
Man kann einem Auto Energie hinzufügen, indem man es von einer höheren Stelle starten lässt oder ihm schon beim Start durch Anschieben Energie „mitgibt". Umgekehrt kann man aus einem Auto entsprechend Energie herausholen.
Die Energie verhält sich also wie eine Substanz oder Menge.
Energie selbst kann man nicht sehen oder anfassen. Sie existiert nur in unserer Vorstellung und ist für uns deshalb eine abstrakte Größe. Wie groß die Energie in einem System ist, erkennt man nur über eine zweite Größe, die mit der Energie verknüpft ist, z. B. die Geschwindigkeit oder die Höhe.

Körper können Energie speichern. Bei **mechanischen Systemen** ist die Größe der Energie eines Körpers von seiner Spannung (bei Gummis oder Federn), Bewegung oder Lage abhängig. Physiker nennen die Energie der Lage und Spannung auch **potenzielle Energie** im Gegensatz zur **Energie der Bewegung**.
Energie kann zwischen Körpern übertragen werden. Geschieht diese Übertragung mechanisch, so sind Kräfte nötig, die über Bewegungen wirken. Wird innerhalb desselben Systems Energie zwischen zwei Körpern übertragen, so bleibt die Energie innerhalb dieses Systems gleich. Dies nennt man **Energieerhaltung**.

Bei Vorgängen mit Reibung wird Energie vom Körper an die Umgebung übertragen. Körper und Umgebung werden dabei erwärmt, z. B. bei den Bremsen eines Fahrrads. Im System „Körper-Umgebung" geht also keine Energie verloren, sie wird nur auf andere Körper übertragen!

> Energie ist eine mengenhafte Größe. Mit ihrer Hilfe beschreiben Physiker verschiedene Zustände von Körpern und Systemen.
> Energie lässt sich speichern.
> Energie lässt sich übertragen.
> Energie bleibt erhalten, wenn sie innerhalb eines Systems übertragen wird.

Grundwissen

Energie speichern und übertragen

Energie gibt es nicht nur in mechanischen Systemen. Auch elektrische, chemische oder thermische Systeme speichern Energie. Die mit der Energie verknüpften Größen sind dann z. B. elektrische Stromstärke, Temperatur und Strahlungsstärke. Die Energie zwischen den verschiedenen Systemen kann dabei genauso übertragen werden wie Energie innerhalb eines mechanischen Systems. Am Beispiel des Dynamos (Abb. ➤ 2) soll dies verdeutlicht werden: Der hochgehobene Körper speichert Energie und kann sie abgeben, wenn er losgelassen wird. Je größer seine Höhe, umso mehr Energie kann er abgeben. Die Energie steckt in dem höher liegenden Massestück und wird in die Bewegung des Dynamos und dann mit dessen Hilfe auf die Elektrizität und von ihr zuletzt auf das Licht übertragen. Jetzt befindet sich die Energie in Licht und Hitze (Abb. ➤ 1).

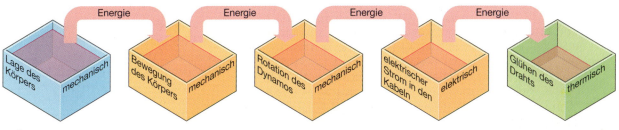

1 Übertragung der Energie

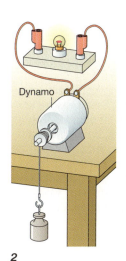

2   **3** Pumpspeicherkraftwerk

Zwischen den Speichern kann die Energie auf verschiedene Weise übertragen werden, z. B. durch Kräfte (hier über sich drehende Achsen), elektrischen Strom in Kabeln, Licht, Wärmestrahlung oder Wärmeleitung.
Das Pumpspeicherkraftwerk in Abb. ➤ 3 ist hierfür ein Beispiel: Das höher gelegene Wasser eines Sees dient als Energiespeicher. Lässt man dieses Wasser durch Turbinen laufen, welche über sich drehende Achsen Generatoren (große Dynamos) antreiben, so geben sie die Energie nun über elektrischen Strom an die Haushalte weiter.
Im Diagramm der Abb. ➤ 4 erkennt man, dass der Bedarf an Energie einer Großstadt stark schwankt. Wenn der Energiebedarf sehr niedrig ist, schaltet man Heizkraftwerke in der Regel nicht ab, sondern verwendet deren Energie, um das Wasser von Pumpspeicherkraftwerken nach oben zu pumpen. Steigt der Energiebedarf plötzlich, so kann diese gespeicherte Energie innerhalb von wenigen Sekunden frei gesetzt werden.

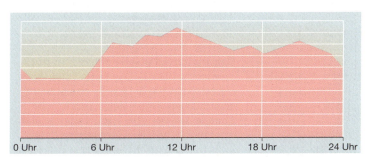

4 Typischer Tagesverlauf des Energiebedarfs einer Großstadt

1 Wie kommen die verschiedenen Spitzen und Täler im Tagesablauf zustande? Zu welchen Zeiten pumpt ein Pumpspeicherkraftwerk Wasser in den See zurück?

Energie   159

Grundwissen

Bestimmung übertragener Energie

3 Heben von Koffern

4 Tragen von Koffern

Beim Transportieren von Getränkekisten änderst du die Lage der Kisten und führst ihnen Energie zu. Hebst du eine Kiste um zwei Stockwerke an (Abb. ➤ 1), so führst du ihr zweimal die Energie zu, die zum Anheben um ein Stockwerk nötig ist. Physiker sagen, dass die übertragene Energie (mit dem Formelzeichen E) proportional zur zurückgelegten Strecke ist: $\Delta E \sim \Delta s$.

Wenn du stark genug bist, kannst du vielleicht zwei Kisten auf einmal ein Stockwerk nach oben tragen (Abb. ➤ 2). Alternativ könnte man zu zweit nebeneinander je eine Kiste tragen. Das Resultat wäre das gleiche. Allerdings wird deutlich, dass du beim Tragen von zwei Kisten die doppelte Energie übertragen hast wie beim Tragen einer einzelnen Kiste. Die übertragene Energie ist proportional zur eingesetzten Kraft: $\Delta E \sim F$.
Jede mechanische Energieübertragung kann also durch das Produkt aus Kraft und Weg berechnet werden.

> Die Energie einer mechanischen Energieübertragung kann als Produkt aus Kraft und Weg erfasst werden:
> $\Delta E = F \cdot \Delta s$.
> Dabei muss die Kraft auf dem ganzen Weg in Richtung der Bewegung wirken und dabei konstant bleiben.

Die Maßeinheit für die Energie ergibt sich aus dem Produkt der Maßeinheiten für Kraft und Weg:
1 Joule (1 J) = 1 N · 1 m = 1 Nm. Sie trägt den Namen des englischen Physikers **James Prescott Joule** (1818 – 1889).

Eine übertragene Energiemenge wird in der Mechanik auch häufig als „Arbeit" bezeichnet.

Beispiele

1 Du hebst einen 30 kg schweren Koffer zwei Stockwerke nach oben (Abb. ➤ 3). Dabei musst du eine konstante Kraft von ungefähr 300 N über eine Strecke von 5 m aufbringen. Die Richtung der Kraft und der Bewegung stimmen überein, also können wir rechnen:
$\Delta E = F \cdot \Delta s$
$ = 300\,\text{N} \cdot 5\,\text{m}$
$ = 1500\,\text{Nm} = 1500\,\text{J}$.
Du überträgst also die Energiemenge von etwa 1500 J auf den Koffer. Diese Energie hat dein Körper beim Hochheben an den Koffer abgegeben. Sie ist nun in Form der höheren Lage des Koffers gespeichert.

2 Du trägst den gleichen Koffer auf einer Treppe wieder um zwei Stockwerke nach oben. Der Gesamtweg ist dabei länger als beim ersten Beispiel, da die Treppe schräg verläuft. Hast du jetzt mehr Energie in die Lage des Koffers übertragen? Da Energie nur dann übertragen wird, wenn die Kraft- und Wegrichtung übereinstimmen, kann nur der Anteil des Weges berücksichtigt werden, der in die gleiche Richtung weist wie die hebende Kraft (vgl. Abb. ➤ 4).

Dies ist exakt der gleiche Höhenunterschied wie bei Beispiel 1. Bei einer horizontalen Bewegung des Koffers wird die Energie, die in seiner Lage gespeichert ist, nicht verändert.
Das Tragen auf ebener Strecke ist trotzdem anstrengend. Das liegt daran, dass die Muskeln dabei ständig angespannt sein müssen. Dabei setzt dein Körper Energie um, die aber nicht in den Koffer übertragen, sondern für kleinste Zitterbewegungen bei der Kontraktion der Muskeln benötigt wird.

Grundwissen

Energie strömt

Bei der Übertragung von Energie spricht man von einem **Energiestrom**. Bei einem Fadenpendel strömt die Energie von der Bewegung in die Lage des Pendels und umgekehrt. Bei einem Federpendel strömt die Energie der Spannung der Feder in die Bewegung und die Lage des Gewichts und umgekehrt. Beim Stabhochsprung taucht die Energie in den verschiedenen Phasen des Sprungs in unterschiedlichen Systemen auf. Dies zeigt ein **Energiestromdiagramm** (Abb. ➤ 2):

Analogien & Strukturen
siehe S. 233 u. 236!

1

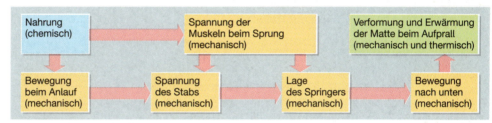

2 Energieströme beim Stabhochsprung

Der Nutzen von Maschinen wird oft nicht nur nach der von ihnen übertragenen Energie, sondern auch nach der Zeitdauer beurteilt, in der sie übertragen wurde. Um den Zusammenhang von Energiestrom und dafür benötigter Zeit zu erfassen, verwendet man die Größe **Energiestromstärke** (auch **Leistung** genannt) mit dem Formelzeichen P (für engl. *Power*).

> Die Energiestromstärke ist umso größer, je mehr Energie strömt und je kürzer die dafür benötigte Zeit ist:
> $P = \Delta E / \Delta t$.

Die Maßeinheit der Energiestromstärke ist 1 Watt (1 W) = 1 J/s = 1 Nm/s. Sie wurde nach dem englischen Ingenieur **James Watt** (1736–1819) benannt.

Beispiel:

Ein Gewichtheber hebt eine Hantel mit der Masse 200 kg in 2 s um eine Höhe von 2 m an. Das entspricht einer Kraft von rund 2000 N und der Energiestromstärke $P = (2000\,\text{N} \cdot 2\,\text{m})/2\,\text{s} = 2000\,\text{W} = 2\,\text{kW}$. Dies ist eine kurzzeitige Höchstleistung. Hochleistungssportler können längere Zeit bis zu 400 W aufbringen (Tabelle Abb. ➤ 3). Die Dauerleistung eines „normalen" Menschen liegt bei etwa 100 W. Die Dauerleistung eines Pferdes kann bis zu 700 Watt betragen.

Übliche Vielfache der Energiestromstärkeeinheit sind:

1 kW = 1000 W (1 Kilowatt)
1 MW = 1 000 000 W (1 Megawatt)
1 mW = 0,001 W (1 Milliwatt).

Mensch (für die Dauer von)		Maschine	
Herzschlag	1 bis 4 W	Pendeluhr	1 mW
Spazierengehen	20 W	Spielzeugmotor	12 W
Rasches Gehen	40 W	Mofa	1 000 W
Bergsteigen (4 h)	100 W	Auto (Mittelklasse)	80 kW
Tanzen (40 min)	120 W	Lastwagen	230 kW
Radfahren (2 h)	130 W	ICE-Lokomotive	5 000 kW
Hometrainer (2 min)	300 W	Passagierflugzeug	30 MW
Treppenlaufen (10 s)	500 W	Pumpspeicherkraftwerk	200 MW
Hochsprung (1/10 s)	1 200 W	Kanone beim Schuss	16 000 MW
Kugelstoßen (1/10 s)	2 000 W	Mondrakete	70 000 MW

3 Ungefähre Leistungen von Menschen und Maschinen

1 Schätze die Energiestromstärke eines Aufzugs, der fünf Personen in 30 Sekunden vom Erdgeschoss in den siebten Stock bringt.

2 Eine historische Einheit der Leistung ist das PS („Pferdestärke"). Eine Maschine „leistet 1 PS", wenn sie in einer Sekunde eine Masse von 75 kg um einen Meter hebt. Wie viel Watt entspricht 1 PS?

3 Warum ist die Formel $P = \Delta E/\Delta t$ nur für eine „Durchschnittsleistung" geeignet?

Energie 161

Nutzbarkeit von Energie

Rudi hat wieder eine neue Idee: „Wenn ich diese Vorrichtung einmal in Schwung setze, läuft sie selbstständig immer weiter und liefert obendrein Energie für die Glühlampe."

Er wirft die Maschine an. Enttäuscht muss er aber feststellen, dass die Maschine bald wieder stehen bleibt.

Was hat sich Rudi bei seiner Maschine überhaupt gedacht? Und warum funktioniert sie nicht?

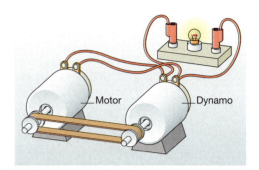

Grundwissen

Vorgänge mit Reibung

Der Fahrradfahrer in Abb. ➤1 erreicht ohne weiteren Antrieb nicht mehr die ursprüngliche Höhe. Wie in diesem Fall scheint die Energie bei vielen Vorgängen abzunehmen.
Tatsächlich geschieht Folgendes: Durch die Reibung mit der Luft, in den Lagern und an den Reifen sowie an den Bremsen wird Energie vom Radfahrer an die gesamte Umgebung (Luft, Untergrund, …) abgegeben. Diese Energie fehlt ihm später, er erreicht nicht mehr seine alte Höhe (Abb. ➤1). Dabei erhöht sich die Temperatur seiner Umgebung geringfügig. Ebenso ergeht es einem springenden Ball. Auch er erreicht nach dem Aufprall nicht mehr seine ursprüngliche Höhe (Abb. ➤2). Bei allen Vorgängen mit Reibung wird Energie abgezweigt, die die Temperatur der Umgebung erhöht.

2

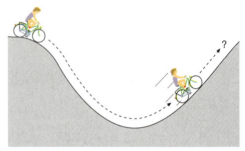

1 Wie hoch kommt der Radfahrer?

> Bei Vorgängen mit Reibung verschwindet die Energie nicht. Ein Teil der Energie geht jedoch in die Umgebung und erhöht deren Temperatur.
> Die Nutzbarkeit der Energie hat deshalb abgenommen.
> Dieser Vorgang ist nicht umkehrbar.

Es wurde noch nie beobachtet, dass eine Bremse rückwärts abläuft, so ein Fahrrad beschleunigt und dabei kälter wird; es gibt keinen Ball, der von sich aus immer höher springt und sich dabei abkühlt. Daraus folgt: Die Richtung des Energiestroms kann nicht umgedreht werden. Mit der Energie der erwärmten Umgebung kann man auch auf andere Weise nichts antreiben oder hochheben. Sie ist zwar noch vorhanden, aber nicht mehr nutzbar. Man sagt auch: Die Energie ist *entwertet*.

Energiestromdiagramme enden also immer dort, wo die Umgebung erwärmt wird. Die Erwärmung der Umwelt stellt gleichzeitig eine Einbahnstraße und eine Sackgasse dar; hier kommt die Energie nicht mehr heraus (Abb. ➤3).

Immer wieder haben Forscher versucht, wie Rudi die einmal in eine Vorrichtung gesteckte Energie (Anschub des Motors) nicht nur zu erhalten (Motor und Dynamo laufen immer weiter), sondern noch zu vermehren (Energieabgabe an das Lämpchen und an die Umgebung). Es ist ihnen nie gelungen. Sie schlossen:

> Bei keinem Vorgang nimmt die Energie insgesamt zu.

1 Zeichne ein Energiestromdiagramm für Rudis Maschine. Erkläre damit, warum die Maschine nicht funktionieren kann.

2 Was ist ein Perpetuum mobile und weshalb kann es nicht funktionieren?

3 Hier gibt es kein Zurück.

162   Energie

Werkstatt

Wasserkraftwerke

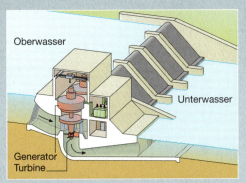

1 Blick ins Innere eines Wasserkraftwerkes

Einen großen Teil der Energie bekommen wir mit dem elektrischen Strom aus den Steckdosen. Diese sind über lange Leitungen mit Kraftwerken verbunden.

In Abb. ➤1 siehst du ein Wasserkraftwerk. In seinem Inneren werden Turbinen von dem strömenden Wasser angetrieben. Die damit verbundenen Generatoren erzeugen den elektrischen Strom. Wie dabei die Energie von dem strömenden Wasser zu den Haushalten gelangt, zeigt das Energiestromdiagramm in Abb. ➤3. Dabei wird deutlich, dass ein Teil der vom Wasser stammenden Energie nicht bis zu den Haushalten gelangt: So erwärmen z. B. die Turbinen wegen der Reibung die Achslager; somit geben sie einen Teil der Energie an die Umgebung ab.

Abb. ➤2 zeigt ein Modell für ein Wasserkraftwerk, das du in vereinfachter Form auch selbst bauen kannst. Als Turbine dient ein großes Zahnrad, auf dem strahlenförmig Schaufeln geklebt sind. Das Zahnrad treibt nun über eine Kette einen Dynamo an. Je höher nun der Wasserbehälter (Stausee) steht, desto heller leuchtet das Lämpchen. Wenn der Wasserbehälter höher steht, hat jeder Liter Wasser nämlich mehr Energie gespeichert und kann über die Turbine und den Generator auch mehr Energie an das Lämp-

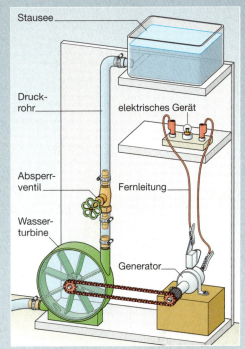

2 Modell eines Wasserkraftwerkes

chen abgeben. Deswegen errichtet man für die Wasserkraftwerke oft hohe Staudämme.

Das größte Staudammprojekt wird zurzeit in China verwirklicht. Das Wasserkraftwerk am Jangtse soll allein fast ein Zehntel der von ganz China benötigten Energie liefern. Der Staudamm ist beinahe 200 m hoch und über 2 km breit, der Stausee 660 km lang.

1 Warum gibt es gerade in den Alpen so viele Wasserkraftwerke?

2 Welche Vor- und Nachteile sind mit dem Bau eines Staudamms verbunden?

3 Wie könnte man den „entwerteten" Energieanteil möglichst gering halten?

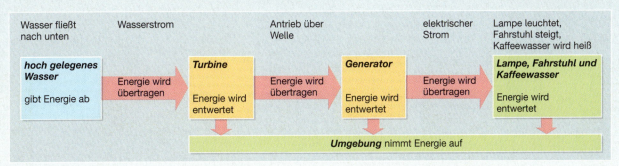

3 Energiestromdiagramm für ein Wasserkraftwerk

Energie

Werkstatt

Zurück zur Sonne

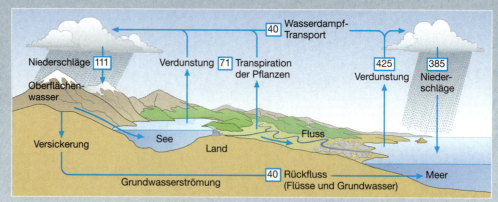

1 Schema des Wasserkreislaufs der Erde (Angaben in 1000 Milliarden Tonnen pro Jahr)

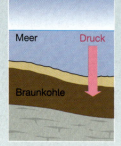

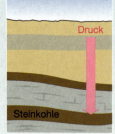

2 Entstehung der Kohle

Wir beziehen unsere Energie größtenteils von Kraftwerken. Doch woher erhalten diese ihre Energie?

Bei den Aufwindkraftwerken (Abb. ▶3) ist dies noch leicht zu sehen. Es ist die Sonne, die für den Aufwind sorgt und damit den Generator antreibt. Gleiches gilt für die Windkraftanlagen; denn auch hier ist es die Sonne, die erst den Wind verursacht.

Bei einem Wasserkraftwerk treibt strömendes Wasser über eine Turbine den Generator an. Abb. ▶1 macht deutlich, woher das Wasser hier seinerseits die Energie bezieht: Die Sonne lässt Wasser verdunsten und aufsteigen; es bilden sich Wolken. Die Wolken werden vom Wind bis zu den Bergen transportiert; dort regnen sie sich aus. Am Ende dieses Vorgangs ist das Wasser hochgehoben worden; die dabei erhaltene Energie gibt es wieder ab, wenn es abwärts strömt. Letztlich ist es also auch hier die Sonne, die uns die Energie liefert.

Viele Kraftwerke werden mit Kohle, Erdöl oder Erdgas betrieben. Die darin enthaltene Energie wird verwendet, um Dampf zu erzeugen und mit ihm Turbinenrad und Generator anzutreiben.
Woher hat nun z. B. die Kohle ihre Energie? Dieser Brennstoff ist aus Wäldern entstanden, die vor vielen Millionen Jahren von Erdmassen überdeckt worden sind (Abb. ▶2). Zum Leben benötigen Pflanzen Zucker – genauso wie Tiere. Diesen Zucker finden sie nicht unter den Nährstoffen des Bodens; sie stellen ihn selbst aus Wasser und dem Kohlenstoffdioxid der Luft her. Dazu benötigen sie allerdings Energie aus dem Licht der Sonne. Letztlich bekommen Kraftwerke, die solche Brennstoffe benutzen, ihre Energie also auch von der Sonne.

Die meisten Kraftwerke beziehen ihre Energie letztlich von der Sonne. Bei den Windkraftwerken können wir immer nur so viel Energie erhalten, wie sie die Sonne gerade liefert. Dagegen entnehmen wir den Brennstoffen die Energie bedeutend schneller, als sie von der Sonne geliefert wurde: In den letzten hundert Jahren haben wir einen großen Teil unserer Kohlelager ausgebeutet. Für diese Lager hatte die Sonne aber viele Millionen Jahre Energie spenden müssen. Man vermutet, dass unsere Brennstoffvorräte in einigen Generationen aufgebraucht sind, wenn wir sie weiterhin in demselben Ausmaße nutzen wie bisher.

1 Erstelle ein Energiestromdiagramm für ein Kohlekraftwerk! Beginne bei der Sonne!

2 Erstelle ein Energiestromdiagramm für ein Aufwindkraftwerk!

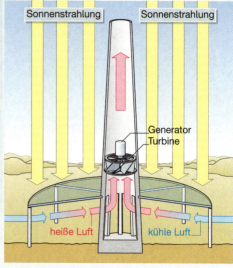

3 Aufwindkraftwerk

164 Energie

Verantwortungsvoller Umgang mit Energie

„Wir müssen sparsam mit unserer Energie umgehen." Diese oder ähnliche Aufforderungen hast du sicherlich schon häufiger gehört. Wertvolle Energie in Form von Brennstoffen steht uns nur in begrenztem Maße zur Verfügung. Deshalb müssen wir mit diesen Energievorräten sparsam umgehen.

Durch die Nutzung dieser Brennstoffe wird außerdem die Umwelt belastet: Beim Abbau von Braunkohle z. B. sinkt der Grundwasserspiegel und umliegende Feuchtgebiete trocknen aus. Die Abgase und die Abwärme von Kraftwerken und Autos vergiften unsere Luft und beeinflussen das Klima.
Darüber hinaus ist der Transport von Öl und Gas mit Gefahren verbunden. Immer wieder kommt es zu Unfällen, bei denen weite Küstenlandschaften durch Öl verpestet werden. Solar- und Windkraftwerke sowie Wasserkraftwerke gelten als umweltfreundlichere Energieversorger. Sie können zurzeit jedoch nur einen geringen Teil unseres Energiebedarfs decken.

Um wertvolle Energie zu „sparen", unternehmen Forschung, Industrie und Handwerk viele Anstrengungen. So können z. B. alte, weniger wirkungsvolle Anlagen durch neue Energie sparende Anlagen ersetzt werden. Neue Autos, die weniger Treibstoff benötigen, werden gebaut. Neue Baumaterialien und bessere Bauweise sorgen dafür, dass für Häuser und Bürogebäude weniger Energie zum Heizen und zur Beleuchtung benötigt wird. Herstellungsweisen für Güter werden geändert, um Energie bei der Produktion einzusparen. Verpackungen und Abfallprodukte werden weiterverwendet, denn auch ihre Herstellung erfordert Energie.

Viele kleine eingesparte Energiebeträge können zusammen viel ausmachen. So können z. B. viele Glühlampen (Abb. ▶ 1) durch Energiesparlampen (Abb. ▶ 2) ersetzt werden.

1 Glühlampe

2 Energiesparlampe

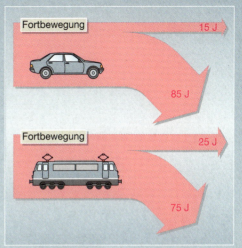

4 Von 100 J dienen beim Auto nur 15 J der Fortbewegung, bei der Elektrolokomotive (Kraftwerk eingeschlossen) immerhin 25 J.

Produkt	Energiesparlampe	Glühlampe gleicher Helligkeit
Lebensdauer in Stunden	10 000	1 000
Lampenkosten in €	12,50 (1 Stück)*	5,– (10 Stück)*
Stromkosten in €	16,50	90,–
Gesamt in €	29,–	95,–

3 Vergleich der Kosten beim Gebrauch verschiedener Lampen
* Preise in € gerundet.

Energiesparlampen sind zwar in der Anschaffung teurer, sparen aber ein Vielfaches dieses Mehrbetrages im Laufe der Zeit wieder ein (Abb. ▶ 3). Energiesparlampen sollten überall da verwendet werden, wo Lampen über lange Zeit eingeschaltet bleiben sollen.

Jeder Einzelne – auch du – kann aber auch durch anderes Verhalten einen Beitrag zum Energiesparen leisten.
Im Haushalt kannst du Energie einsparen, wenn du Elektrogeräte nicht unnötig betreibst: Schalte das Licht, das Radio oder den Fernseher aus, wenn sich keiner im Zimmer befindet. Reicht statt des Bades nicht auch eine kurze Dusche?

Beim Heizen kann gespart werden, wenn man Thermostatventile richtig einstellt und richtig lüftet (kurz, aber kräftig!). Ein Viertel der Energie lässt sich bereits einsparen, wenn die Raumtemperatur nur 20 °C statt 24 °C beträgt.
Bei Fahrten und Reisen sparst du wertvolle Energie, wenn du öffentliche Verkehrsmittel benutzt. Dabei ist eine elektrische Lokomotive (Kraftwerk eingeschlossen) günstiger als ein Straßenfahrzeug mit Verbrennungsmotor (Abb. ▶ 4). Es kommt allerdings auch noch darauf an, wie die Verkehrsmittel besetzt sind. Ein vollbesetztes Auto kann günstiger sein als ein schwach besetzter Zug, wenn man den Energieaufwand pro Person für die Beförderung betrachtet. Auf kürzeren Strecken allerdings ist das Fahrrad immer noch unschlagbar gegenüber allen anderen Verkehrsmitteln.

Energie

Rückblick

Begriffe
Was versteht man unter
- Energie?
- Übertragung von Energie?
- Entwertung von Energie?
- Energiestromstärke (Leistung)?
- einem Perpetuum mobile?

Beobachtungen
Was beobachtet man, wenn
- ein sich drehendes Rad mit der Hand abgebremst wird?
- Wasser als Antrieb einer Turbine aus unterschiedlichen Höhen herunter fließt?
- ein Pendel angestoßen wird?

Erklärungen
Wie lässt sich begründen, dass
- Wasserkraftwerke vorwiegend in bergigen Gegenden gebaut werden?
- ein frei pendelnder Gegenstand allmählich zur Ruhe kommt?
- es kein Perpetuum mobile geben kann?

Gesetzmäßigkeiten
Beschreibe mit eigenen Worten
- den Zusammenhang zwischen der Abwurfhöhe eines springenden Balles und der Energieabgabe beim Aufprall.
- das Prinzip der Energieerhaltung in der Mechanik.

Erläutere die Erscheinungen in den folgenden Bildern und beantworte die Fragen!

Wessen Energie nutzt dieses Fahrzeug zum Fahren?

Welche Energieübertragung soll hier genutzt werden?

Welche Energieübertragungen finden hier statt?

Woher stammt die Energie zum Sprung aus dem Wasser?

Welche Energieübertragungen finden hier statt?

Wie wird man entscheiden können, wer von den beiden Mädchen mehr leistete?

Wie und wann kann das Wasserrad arbeiten?

Welche Energieübertragungen treten hier auf?

166 Energie

Beispiel

Leistung eines Pkw

Die Energiestromstärke/Leistung des Motors in einem Personenwagen beträgt 40 kW. Wie groß dürfen die Reibungskräfte am Boden und in der Luft höchstens sein, damit der Pkw auf gerader Straße eine konstante Geschwindigkeit von 100 km/h fahren kann?

Lösung: Gegeben: Gesucht:
$P = 40$ kW F in N
$v = 100$ km/h

Die Leistung berechnet sich nach der Formel $P = \Delta E : \Delta t$. Für die Energie gilt $E = F \cdot \Delta s$, wobei F die vom Motor aufzubringende Kraft ist, um die Reibungskräfte zu überwinden.

$P = \dfrac{F \cdot s}{t} = F \cdot v$, also wird $F = \dfrac{P}{v}$

$F = \dfrac{40 \text{ kW} \cdot \text{h}}{100 \text{ km}} = \dfrac{40 \cdot 1000 \text{ Nm} \cdot 3600 \text{ s}}{100 \cdot 10^3 \text{ m} \cdot \text{s}}$

$F = 1440$ N

Die Kräfte dürfen höchstens 1,44 kN betragen.

Heimversuche

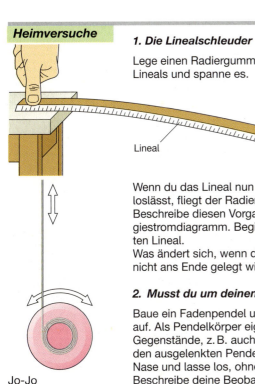

Jo-Jo

1. Die Linealschleuder

Lege einen Radiergummi auf das Ende eines Lineals und spanne es.

Wenn du das Lineal nun beim Radiergummi loslässt, fliegt der Radiergummi hoch. Beschreibe diesen Vorgang mit einem Energiestromdiagramm. Beginne beim gespannten Lineal.
Was ändert sich, wenn der Radiergummi nicht ans Ende gelegt wird?

2. Musst du um deinen Kopf fürchten?

Baue ein Fadenpendel und hänge es stabil auf. Als Pendelkörper eignen sich vielerlei Gegenstände, z. B. auch eine Kartoffel. Halte den ausgelenkten Pendelkörper an deine Nase und lasse los, ohne ihn anzuschieben. Beschreibe deine Beobachtung und erkläre!

3. Jo-Jo

Übe, mit einem „Jo-Jo" zu spielen. Beschreibe die auftretenden Änderungen der mechanischen Energie! Warum musst du dem Jo-Jo regelmäßig Energie zuführen? Wie machst du das?

4. Wer bietet mehr?

Ermittle deine Höchstleistung beim Treppensteigen! Vergleiche sie mit der Leistung von Mitschülern. Wodurch macht sich ein „Training" am stärksten bemerkbar?

5. Experiment mit einem Spielzeugauto

Baue eine geneigte Ebene, auf der du ein Spielzeugauto aus verschiedenen Höhen hinabfahren lässt. Lege an das Ende eine Streichholzschachtel. Wenn du das Auto loslässt, wird seine Energie der Lage in Energie der Bewegung übertragen. Da du die Energie der Lage bestimmen kannst, ist es möglich, einen Zusammenhang zwischen der Geschwindigkeit des Autos und seiner Energie der Bewegung herauszufinden. Formuliere einen „Je …, desto …"- Satz als Ergebnis.

Fragen

Energie und Energieübertragung

1 Berechne die Energie der Lage, die ein Stabhochspringer mit einer Gewichtskraft von 720 N in einer Höhe von 5,75 m besitzt!

2 Welche Formen der Energie treten bei einem aufgeblasenen und dann offen losgelassenen Luftballon auf?

3 Nenne drei Beispiele, in denen die Energie der Lage technisch genutzt wird!

4 Weshalb darf man sagen, dass eine gespannte Feder Energie hat?

5 Entwirf ein Energiestromdiagramm der Bewegung eines Faden- und Federpendels!

6 Beschreibe die Übertragungen der Energie bei einer Wanduhr mit „Gewichten"!

7 Ein Kran hebt eine Betonplatte der Gewichtskraft 4,5 kN um 17 m. Berechne die vom Kran übertragene mechanische Energie!

8 Stefan schiebt Anja, die auf einem Fahrrad sitzt, über eine Strecke von 15 m mit einer Kraft von 108 N an. Wie groß ist die übertragene mechanische Energie?

Energie 167

Fragen

9 Du trägst einen Koffer auf einer horizontalen Straße. Welche Energie überträgst du auf den Koffer? Begründe deine Antwort!

10 Der alte Schlossherr sagt: „Da ich von Natur aus ein fauler Mensch bin, habe ich in meinem Schloss nur steile und somit kurze Treppen einbauen lassen; denn dadurch verringert sich die beim Treppensteigen benötigte Energie erheblich, da der Weg kürzer ist und meine Gewichtskraft eine konstante Größe ist." Was meinst du dazu?

11 Auf den Boden auftreffender Regen besitzt Energie. Wie könnte man sie nutzen?

12 Ein Spielzeugfrosch wird mit einem angebrachten Saugnapf unter Spannen einer Feder auf einem Tisch befestigt. Nach kurzer Zeit springt er in die Höhe, weil der Saugnapf nicht mehr hält. Beschreibe die verschiedenen Energieübertragungen bei diesem Vorgang!

Saugnapf

13 Ein Stabhochspringer mit der Masse 65 kg hat beim Absprung eine Energie der Bewegung von 2000 J. Wie hoch kann er mit Hilfe dieser Energie bestenfalls gelangen?

14 Welche Formen der Energie treten in der Mechanik auf?

Mechanische Leistung

15 Ein Bergsteiger mit der Masse 80 kg bewältigt einen Höhenunterschied von 1200 m in 2 Stunden. Wie groß ist seine mechanische Leistung?

16 Am Niagara-Wasserfall stürzen pro Sekunde 20 000 t Wasser 50 m tief hinunter. Ermittle die Energiestromstärke!

17 Eine Pumpe mit der Leistung 4 kW soll 3000 l Wasser 5 m hochpumpen. Wie lange dauert das?

18 Ein Motor mit der mechanischen Leistung von 1 kW hebt einen Gegenstand mit der Gewichtskraft F_G in 1 s um 2 m. Berechne die Gewichtskraft F_G!

19 Zeige durch Rechnung: Die Energiestromstärke bei einer horizontalen Bewegung mit konstanter Geschwindigkeit lässt sich auch mit der Formel $P = F \cdot v$ berechnen!

Entwertung von Energie

20 Ohne Antrieb pendelt eine Schaukel langsam aus. Wo bleibt die Energie?

21 Was veranlasst die Kugel in nachfolgender Abbildung sich in Bewegung zu setzen? Beschreibe den Bewegungsablauf mit Hilfe eines Energiestromdiagramms. Warum kommt die Kugel schließlich zur Ruhe?

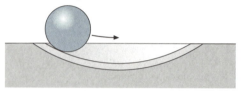

22 Welche Vor- und Nachteile haben Energiesparlampen?

23 Welche Bedeutung hat das Recycling aus Sicht der Energie„einsparung"?

Schwierigere Probleme

24 Erkundige dich, wie die Umgebung von Kraftwerken bei der Energieübertragung verändert wird.

25 Wenn eine Schneelawine zu Tal donnert, dann zerstört sie alles, was im Wege ist. Woher hat sie diese Energie? Verfolge das Energiestromdiagramm zurück.

26 Warum kann man die Arbeit beim Dehnen einer Feder nicht einfach als „Kraft mal Weg" berechnen?

27 Neben normalen Glühlampen gibt es auch Energiesparlampen, die bei geringerer Energieaufnahme die gleiche Lichtenergie abgeben. Wo bleibt bei der Glühlampe der zusätzlich aufgenommene Energieanteil?

28 Ein Haushalt mit 4 Personen benötigt mit Heizung im Durchschnitt rund 50 kWh Energie täglich. Wie hoch müsste man ein Massestück mit der Masse 1 000 kg heben, um diesen täglichen Energiebedarf durch das herabsinkende Massestück zu decken?

29 Weshalb gibt es kein Perpetuum mobile?

30 Bei der Verbrennung von einem Liter Benzin wird etwa die Energie 38 000 kJ übertragen. Bei einem Pkw stehen 16 % davon für die Fortbewegung zur Verfügung. Bei Vollgas beträgt die Maximalleistung des Motors 51 kW und die Höchstgeschwindigkeit ist dann 166 km/h. Bei 100 km/h ist die erforderliche Motorleistung nur 12 kW. Berechne für beide Fälle den Benzinverbrauch auf 100 km.

168 *Energie*

Springbrunnen

Beeindruckend sind Springbrunnen in Parks oder auf großen Plätzen, vor allem solche, die das Wasser in enorme Höhen (30 bis 50 m) empor schleudern.
Wie lassen sich solch große Höhen erreichen, wenn doch das Wasser aus der Wasserleitung von allein niemals so hoch spritzen wird?

Den nebenstehenden Aufbau soll Otto von Guericke (1602–1686) in seinem Arbeitszimmer als Springbrunnen betrieben haben. Er hat allerdings, um seine Besucher noch mehr zu verblüffen, vorher die Verbindung zur großen Glaskugel mit dem Dreiwegehahn (DWH) geschlossen und die Luftpumpe entfernt. Wenn er dann den unteren Hahn (H) öffnete, geschah etwas Erstaunliches.

Bildet in der Klasse Arbeitsgruppen und untersucht in „Forschungsvorhaben" das Problem, wie sich ein Springbrunnen bauen lässt.

Hilfen

Für den Bau eines Springbrunnens könnt ihr verschiedene Gefäße (Gläser, Dosen, o. Ä.), Röhren (z. B. Trinkhalme), Schläuche, Dichtungsmaterialien (Wachs, Klebstoff, Silikon, o. Ä.) und eventuell auch Pumpen verwenden.
Bezieht in eure Überlegungen ein, dass
– beim Bau ein geringer Aufwand verursacht wird;
– große Wasserhöhen bei geringem Wasser- und Energie-Bedarf während des Betriebs erreicht werden;
– der Betrieb über einen langen Zeitraum ohne Unterbrechung erfolgen kann.

Was wird erwartet?

Als Ergebnis sollte ein funktionierender Springbrunnen entstehen. Außerdem sollte eine erklärende Skizze und eine Beschreibung mit Erklärung der Funktionsweise des Springbrunnens angefertigt werden.
Vergleicht in der Klasse verschiedene Springbrunnen und diskutiert Unterschiede bzw. Vor- und Nachteile.

- Formuliere dein Vorhaben genau.
- Plane deine Experimente und führe sie sorgfältig durch.
- Protokolliere zuverlässig.
- Entwickle eine Präsentation und trage sie vor.
- Die „Werkstätten" im Buch geben dazu Hilfe!

Vorhaben Druck

Springbrunnen

Wichtige Kenntnisse zur Lösung:

Welche Voraussetzungen sind notwendig, damit das Wasser in (große) Höhen empor geschleudert wird? Wie kann man diese Voraussetzungen schaffen?

Informiere dich über folgende Themen anhand des Lehrbuchs, eines Lexikons, des Internets oder (falls in der Umgebung möglich) bei Fachfirmen:
– Druck in Kolben
– Schweredruck in Flüssigkeiten/Gasen
– Masse und Gewichtskraft
– verbundene Gefäße
– Pumpen

Beschreibe die nebenstehenden Bilder und erläutere die Ursachen für das Hochspritzen des Wassers. Verwende dazu die oben aufgeführten Fachbegriffe!

Gletscherwasser-Fontäne

Geysir mit heißem Wasser

Verschieden hohe Wassersäulen aus einer Anlage

Wichtige Untersuchungen

Welchen Einfluss auf die maximal erreichbare Spritzhöhe bei Springbrunnen hat
– der Querschnitt der Austrittsöffnung?
– der Querschnitt der Verbindungen?
– das Dichtmaterial und die Gefäßform?
– die verwendete Flüssigkeit?
Bestimme die Abhängigkeit der Spritzhöhe vom Wasserdruck. Wie lässt sich ein konstanter Wasserdruck beim Spritzen erzielen? Baue die folgenden Brunnen nach!

Schlussfolgerungen

Vergleiche die Konstruktionen in der Klasse und begründe die Unterschiede im Hinblick auf die Frage: Welcher Springbrunnen
– erreicht die größte Höhe?
– kann am längsten ohne Unterbrechung arbeiten?
– erfordert zum Betrieb den geringsten Aufwand (z. B. für Energie oder Wasser)?

Zum weiteren Nachforschen:
In modernen Springbrunnenanlagen werden nur kurze Wasserstrahlen erzeugt, die unterschiedlich weit oder hoch kommen oder unterschiedlich lange andauern. Wie kann man das technisch realisieren?

Wo kann man die beim Springbrunnen angewendeten Prinzipien/Konstruktionen anders technisch nutzen? (z. B.: Wasserversorgung, Hochdruckreiniger, o. Ä.)

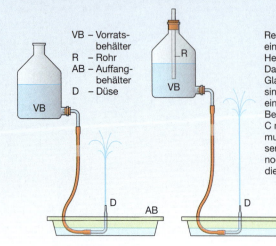

VB – Vorratsbehälter
R – Rohr
AB – Auffangbehälter
D – Düse

Rechts ist das Prinzip einer Fontäne nach Heron dargestellt. Das Gefäß A und die Glaskugeln B und C sind wie hier gezeigt miteinander verbunden. Zu Beginn ist B mit Wasser, C mit Luft gefüllt und in A muss sich ein wenig Wasser befinden. Solange in B noch Wasser ist, sprudelt die Fontäne.

Vorhaben Druck

Druck

Schwebekünstler

Seepferdchen und andere Meerestiere können ihr Volumen ändern und dadurch in beliebiger Wassertiefe schweben. Sie „machen sich klein", wenn sie sinken und „blähen sich auf", wenn sie steigen wollen.

GESUNDHEIT
Gefährliche Pustekissen

Jeder Flughafen-Kiosk bietet sie an: die praktischen Nackenstützen zum Aufblasen. Doch nun warnen britische Fachleute vor dem Gebrauch der Pustekissen während des Flugs. Bei einem plötzlichen Druckabfall in der Kabine, etwa durch einen Computerfehler oder ein beschädigtes Fenster, bleibe der Druck im Innern des Kissens gleich. Als Folge könnte sich das Volumen der Luftkissen bis auf das Dreifache ausdehnen und dabei die Blutzufuhr zum Gehirn abdrücken oder den Schläfer sogar strangulieren. Oder die Schlafhilfe explodiert mit lautem Knall, und das Trommelfell platzt. Bis zum Beweis des Gegenteils, so warnt Luftsicherheitsexperte Ian Perry nach Praxistests, hätten die Kissen als gefährlich zu gelten und sollten nicht in der Luft benutzt werden. Das Tragen der Pustekissen während Zug- oder Busreisen ist aber weiterhin unbedenklich.

Aufblasbares Nackenkissen im Test

Der erfüllte Traum vom Fliegen

Vom Fliegen träumen die Menschen schon seit jeher. Das Bemühen, sich in die Lüfte zu erheben, wurde erstmals im Jahre 1783 belohnt. Von den Gebrüdern Montgolfier gebaute Heißluftballone stiegen damals zum ersten Mal mit Menschen in die Luft. Ein solcher Ballon wird von unten mit heißer Luft gefüllt. Die Luft wird mit Hilfe eines Feuers an der unteren Ballonöffnung erhitzt.

Ein überraschender Versuch

Fülle ein Trinkglas randvoll mit Wasser und lege eine Postkarte darauf. Drehe das Glas mit der Postkarte um und lasse dann die Postkarte los. Das Wasser fließt nicht heraus!

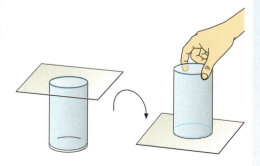

Druck   **171**

Teilchenbewegung

Versuche

V1 Zwei Gläser werden mit der gleichen Menge Wasser gefüllt. Das rechte Glas enthält Wasser mit Raumtemperatur, das linke heißes Wasser. In beide Gläser wird ein Teebeutel gegeben. Nach einiger Zeit stellt man fest, dass sich der Tee im heißen Wasser gleichmäßig verteilt hat, nicht jedoch im kalten Wasser (Abb. ➤ 1).

1 Teebeutel in warmem Wasser (links) und in kaltem Wasser (rechts)

Grundwissen

Brown'sche Bewegung

2 Rauchkammer unter dem Mikroskop

3 Bahn eines Rauchteilchens

1827 entdeckte der englische Arzt und Botaniker **Robert Brown** (1773 – 1858) unter dem Mikroskop, dass Blütenstaubteilchen in Wasser eine unregelmäßige Zitterbewegung ausführen. Bei Temperaturzunahme wurde die Bewegung heftiger. Wir können diese Bewegung auch an Rauchteilchen in einer Kammer beobachten (Abb. ➤ 2). Außerdem dem Rauch befindet sich Luft in der Kammer. Das Gas besteht aus kleinen, nicht sichtbaren Teilchen, die sich in ständiger unregelmäßiger Bewegung befinden. Sie stoßen dauernd gegen die sichtbaren Rauchteilchen und rufen so deren Zitterbewegung hervor (Abb. ➤ 3). Diese **Brown'sche Bewegung** bestätigt das Teilchenmodell.

| Die Teilchen eines festen, flüssigen oder gasförmigen Körpers sind in ständiger temperaturabhängiger, unregelmäßiger Bewegung. Dies zeigt die Brown'sche Bewegung von Rauchteilchen.

Die selbstständige Durchmischung von Teilchen bezeichnen Physiker als **Diffusion**. Wie lässt sich jedoch im Teilchenmodell erklären, dass die Diffusion bei einer Umgebung mit höherer Temperatur schneller vor sich geht? Je höher die Temperatur eines Körpers ist, umso schneller bewegen sich die Teilchen, aus denen er besteht. So werden auch die Stöße der Teilchen heftiger und sie verteilen sich schneller.

| Die Temperatur eines Körpers ist ein Maß für die Energie der Bewegung seiner Teilchen.
| Die ständige Teilchenbewegung ist die Ursache für die Diffusion.

Die mittlere Teilchengeschwindigkeit

Da sich die Teilchen durch ihre dauernde Bewegung ständig gegenseitig anstoßen, bewegen sich einige Teilchen schneller, andere dagegen langsamer. Je höher die Temperatur eines Gaskörpers ist, desto größer ist die durchschnittliche oder **mittlere Teilchengeschwindigkeit**. Bei Raumtemperatur beträgt diese etwa 420 m/s, bei einem Gas mit 125 °C etwa 490 m/s. Das Diagramm (Abb. ➤ 4) zeigt die Geschwindigkeitsverteilung der Teilchen eines Gaskörpers (ϑ = 125 °C).
Daraus lässt sich Folgendes ablesen:
Zu einem bestimmten Geschwindigkeitswert (demjenigen, der zum höchsten Punkt der Kurve gehört) findet man die meisten Teilchen. Von diesem Ausgangspunkt gesehen findet man aber immer weniger Teilchen mit einer bestimmten ausgewählten Geschwindigkeit, je höher oder niedriger man die Geschwindigkeit wählt.

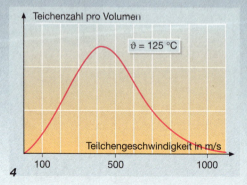

172 Druck

Druck in Gasen

Versuche

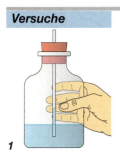

Fülle eine Flasche zur Hälfte mit Wasser. Verschließe sie mit einem Lochkorken, in den du ein langes Röhrchen bis knapp über den Boden der Flasche steckst (Abb. ➤ 1). Achte darauf, dass Korken und Röhrchen dicht abschließen.

V1 Was passiert, wenn du ein wenig Luft durch das Röhrchen in die Flasche bläst?

Die Luft in der Flasche presst das Wasser durch das Röhrchen nach oben.

V2 Was passiert, wenn du die Luft in der Flasche (z. B. mit einem Föhn) stark erwärmst? Auch hier presst die Luft in der Flasche das Wasser durch das Röhrchen nach oben.

Die Luft in der Flasche „steht unter Druck".

Grundwissen

Druck im Teilchenmodell

2

Auf eine Briefwaage prallen kleine Stahlkugeln, die aus gleicher Höhe fallen. Man beobachtet eine nahezu konstante Anzeige der Waage. Erhöht man die Anzahl der in einer bestimmten Zeit fallenden Kugeln, so vergrößert sich der Anzeigenwert der Waage (Abb. ➤ 2). Auch eine größere Fallhöhe der Kugeln lässt die Anzeige steigen, da sie schneller aufprallen. Ähnlich wie die Kugeln verhalten sich die Teilchen eines Gases: Wir denken uns die Teilchen der in einer Flasche eingeschlossenen Luft in einem quaderförmigen Volumen eines Kastenmodells. Dieses ist auf einer Seite von den Teilchen der Umgebungsluft durch eine bewegliche Wand getrennt. Erhöht man die Teilchenanzahl in einem bestimmten Volumen (z. B. durch Einpumpen zusätzlicher Luft), so stoßen in der gleichen Zeit mehr Teilchen der eingeschlossenen Luft auf die Trennwand als Teilchen der Luft außerhalb (Abb. ➤ 3a). Dies führt dazu, dass die Wand aufgrund der erhöhten Stoßzahl von links nach rechts gedrückt wird.

Erwärmt man die eingeschlossene Luft, so führt dies zu einer schnelleren Bewegung der Luftteilchen. Die Stöße der schnelleren Teilchen auf der linken Seite sind heftiger und zahlreicher als die der rechten Seite: Auch in dem Fall wird die Wand nach rechts gedrückt (Abb. ➤ 3b).

> Durch die ständigen Stöße der Teilchen eines Gases entstehen Kräfte an den Grenzflächen des Gaskörpers. Dies wird als **Druck** des Gases bezeichnet.

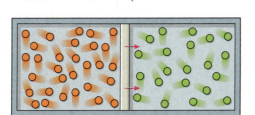

3a Druckerhöhung durch vergrößerte Teilchenanzahl

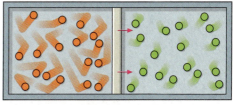

b Druckerhöhung durch vergrößerte Teilchengeschwindigkeit

Druck und Energie

siehe S. 235!

Die Erhöhung des Drucks in einem Gas kann durch Erhöhung der Teilchenzahl auf gleichem Raum („Kompression") oder bei gleicher Teilchenzahl durch Erhöhung der Temperatur (Erhöhung der Energie der Bewegung der Teilchen) erfolgen. Betrachtet man die Energie der Bewegungen aller Teilchen eines bestimmten Volumens zusammen, so erhält man für ein Gas unter erhöhtem Druck in beiden Fällen eine höhere Gesamtenergie der Teilchen. Bei einem festen Volumen erhöht sich somit die Energie pro Volumen.

> Der Druck eines Gaskörpers ist ein Maß für seine Energie pro Volumen. Diese kann durch Erhöhung der Teilchenzahl pro Volumen oder durch Erhöhung der Temperatur vergrößert werden.

Bei Abkühlung oder Expansion des Gaskörpers sinkt sein Druck entsprechend.

Druckunterschiede

Versuche

V1 Befestige einen Kraftmesser am Kolben eines Kolbenprobers. Der Kolben wird ganz hineingeschoben. Die Öffnung wird mit einem Hahn verschlossen und der Kolben am Kraftmesser langsam herausgezogen (Abb. ➤ 1). Beobachte dabei den Kraftmesser. Die zum Ziehen nötige Kraft bleibt ungefähr gleich.

V2 Stelle einen Schokokuss unter eine Glasglocke und pumpe die Luft ab (Abb. ➤ 2). Beobachte den Schokokuss: Er dehnt sich aus und platzt!
Lässt man die Luft wieder einströmen, so sackt der aufgeblähte Schokokuss wieder in sich zusammen!

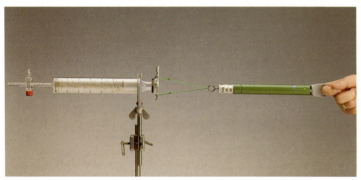

1 Aufziehen eines leeren Kolbenprobers

2 Schokokuss

Grundwissen

Überdruck, Unterdruck und Vakuum

Spricht man von „Überdruck" oder „Unterdruck" in einem Gas, so meint man damit, dass der Druck größer oder kleiner als in einem Vergleichsgas ist (in der Regel ist dabei der Druck der Umgebungsluft gemeint). Solche Angaben können jedoch nicht absolut gelten: Herrscht in einem Gasvolumen ein bestimmter Druck, so nennt man dies **„Überdruck"**, wenn der Druck der Umgebung kleiner ist. Entsprechend sagt man **„Unterdruck"**, wenn der Druck der Umgebung größer ist. Eine absolute Druckangabe macht also nur Sinn, wenn sie auf ein völlig druckloses Volumen bezogen ist, das **„Vakuum"**.

Durch die Druckunterschiede zwischen zwei Gasvolumina entstehen Kräfte. Unter „Vakuum" versteht man ein Volumen, das keine Teilchen enthält. Einem Vakuum kann man somit den Druck Null zuordnen.

In der Praxis ist es unmöglich, ein Vakuum zu erzeugen, da man es nie schafft, alle Teilchen aus einem bestimmten Volumen zu entfernen. Selbst im Weltraum zwischen den Galaxien trifft man etwa ein Teilchen pro Kubikzentimeter an. In der Erdatmosphäre dagegen sind es ungefähr 25 Trillionen Teilchen pro Kubikzentimeter.

**Hier sind die Erklärungen für V1 und V2 Kopf stehend.
Versuche erst einmal selbst zu überlegen, bevor du das Buch umdrehst!**

Beim Kolbenproberversuch muss geklärt werden, wo die Kraftwirkung her kommt. Nicht etwa der luftleere Raum im Innern des Kolbenprobers zieht den Kolben zurück (er enthält nämlich gar keine Teilchen, die ziehen könnten), sondern die Luftteilchen der umgebenden Luft drücken den Kolben hinein. Da der Druck der umgebenden Luft sich dabei nicht ändert, bleibt auch die Kraft zum Aufziehen des Kolbens immer gleich.

Im Innern des Schokokusses befinden sich feine Schaumblasen, die Luft enthalten. Normalerweise entspricht der Druck der Umgebungsluft dem Druck der Blasen im Schokokuss. Pumpt man jetzt die Umgebungsluft ab, so kommt es zu „Überdruck" in den Blasen, der den Schokokuss auseinander drückt. Lässt man die Umgebungsluft wieder einströmen, so werden die Blasen wieder zusammengedrückt.

174 Druck

Grundwissen

Zwischen zwei Gaskörpern mit unterschiedlichem Druck entsteht eine Kraft auf die Teilchen der Grenzfläche zwischen den Gasen. Das Zustandekommen dieser Kraft stellt man sich im Teilchenmodell als zahlreichere bzw. heftigere Stöße der Teilchen aus dem Körper mit höherem Druck auf die Grenzfläche vor (Abb. ➤ 1). Eine doppelt so große Grenzfläche bietet doppelt so viel Angriffsfläche für die Teilchenstöße, die die Kraft bewirken. Die Größe dieser Kraft ist also proportional zur Größe der Grenzfläche zwischen den Gaskörpern. Es gilt: $F \sim A$.
Weiterhin ist diese Kraft proportional zum Druckunterschied zwischen den beiden Gasen. Es gilt: $F \sim \Delta p$.
Beide Proportionalitäten kann man zu einer zusammenfassen: $F \sim \Delta p \cdot A$.

Größe und Einheit des Drucks legt man praktischerweise gerade so fest, dass daraus eine Gleichung wird: $F = \Delta p \cdot A$.

> Man kann die Größe des Druckunterschieds auch als Kraft pro Fläche interpretieren und erhält so die Gleichung: $\Delta p = F/A$.

Die Einheit des Drucks ergibt sich demnach zu 1 Pascal (1 Pa) = 1 N/m². Sie ist nach dem französichen Physiker **Blaise Pascal** (1623 – 1662) benannt.

Beispiel:

Der Kolben aus V1 hat die Querschnittsfläche 7 cm².
Zum Aufziehen des Kolbenprobers ist die Kraft 70 N erforderlich.
Daraus folgt, dass der Druckunterschied zwischen Luft und Kolbeninnerem etwa
$\Delta p = F/A = 70\,\text{N}/0{,}0007\,\text{m}^2 =$
100 000 N/m² = 100 000 Pa beträgt.
Da im Kolbeninneren praktisch keine Teilchen sind, also der Druck Null beträgt, bedeutet dies gleichzeitig, dass somit der Luftdruck 100 000 Pa beträgt.

Oft findet man für den Druck die Einheit 1 bar. Es gilt: 1 bar = 1000 mbar = 100 000 Pa = 1000 hPa.
Der mittlere Luftdruck auf Meereshöhe beträgt 1,013 bar = 1013 mbar = 101 300 Pa = 1013 hPa.

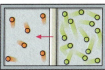
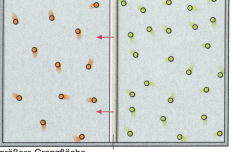

1 Kräfte auf Grenzflächen

Druck im Kolben

Mehrere Kolbenprober mit unterschiedlichen Durchmessern sind durch Schläuche verbunden. Belastet man die Kolben so, dass sie sich nicht mehr verschieben, so wird für den größeren Kolben eine größere Kraft benötigt als für einen kleineren (Abb. ➤ 2).

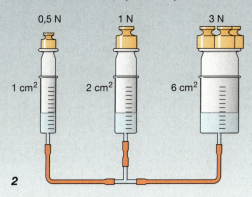

2

Da die Kolbenprober durch Schläuche miteinander verbunden sind, herrschen in ihnen die gleichen Druckverhältnisse. Deshalb ist die Druckdifferenz zum Luftdruck für alle drei Kolben die gleiche. Es gilt:
$\Delta p_1 = \Delta p_2 = \Delta p_3$.

Benutzt man nun die Formel für die Kraft auf Grenzflächen bei Druckunterschieden, so wird daraus:
$F_1/A_1 = F_2/A_2 = F_3/A_3$.

Damit wird deutlich, warum bei doppelter bzw. dreifacher Kolbenfläche auch die doppelte bzw. dreifache Kraft auf den Kolben wirken muss.
Solche Kolbenanordnungen werden benutzt, wenn kleine Kräfte in große Kräfte umgewandelt werden sollen (z. B. bei Pressen, Hebebühnen oder Bremsanlagen).

Druck 175

Werkstatt

Induktives Verfahren

Phänomen ↓ Vermutung ↓ Experiment ↓ Auswertung ↓ physikalisches Gesetz (Formel) ↓ mathematische Formulierung

Deduktives Verfahren

Phänomen ↓ bekannte physikalische Gesetze ↓ mathematische Herleitung ↓ physikalisches Gesetz (Formel) ↓ experimentelle Überprüfung

Der Schweredruck

Ein neues Phänomen: Wenn du im Schwimmbad tauchst, spürst du einen Druck auf deinem Trommelfell, der größer wird, je tiefer du tauchst.
Man bezeichnet diesen Druck als Schweredruck, da er auf der Gewichtskraft der Flüssigkeit beruht. Den Schweredruck kann man auf zwei verschiedenen Wegen genauer untersuchen.

Der experimentelle Weg

Wenn man ein physikalisches Gesetz mit Hilfe von Experimenten erforschen will, muss man genau planen, was man untersuchen muss. Zuerst überlegt man, welche Größen zu messen sind. In unserem Fall müssen wir Druck und Tiefe messen, um zu untersuchen, wie der Wasserdruck mit der Tauchtiefe wächst. Den Druck in einer Flüssigkeit können

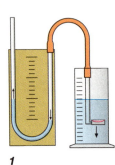

1

wir z. B. mit einer Druckdose und einem U-Rohr-Manometer (Abb. ➤1) messen. Die dünne Gummihaut der Dose wird vom Druck nach innen gewölbt. Durch die Luft im Verbindungsschlauch wird der Druck auf die Wassersäule im U-Rohr übertragen, an der man den Druck ablesen kann. In einem hohen Glasgefäß mit Wasser messen wir den Druck in 5 cm, 10 cm, …, 40 cm Tiefe. Da auch die Art der Flüssigkeit eine Rolle spielen kann, wiederholen wir das Experiment mit Spiritus und Glycerin. Die Ergebnisse werden in einem Diagramm (Abb. ➤2) eingetragen.

Die Messpunkte für Wasser, Spiritus und Glycerin liegen jeweils auf einer Geraden durch den Ursprung. Die Geraden sind unterschiedlich steil. Das bedeutet:

> Der Schweredruck in einer Flüssigkeit ist proportional zur Tiefe, $\Delta p \sim h$. Der Quotient aus Schweredruck und Tiefe hängt von der Art der Flüssigkeit ab.

In weiteren Experimenten kann man nun untersuchen, von welchen Eigenschaften der Flüssigkeit der Quotient aus Schweredruck und Tiefe genau abhängt. Dazu benötigt man eine Vermutung, mit der man dann ein entsprechendes Experiment planen kann. So erhält man das physikalische Gesetz als mathematische Formel, mit der man den Schweredruck aus der Tiefe und den Eigenschaften der Flüssigkeit berechnen kann. Den Weg vom Phänomen über Vermutungen und Experimente zum physikalischen Gesetz nennt man das *induktive Verfahren*.

Der theoretische Weg

Das Gesetz vom Schweredruck können wir auch ohne Experimente finden, indem wir bekannte physikalische Gesetze auf das neue Phänomen anwenden und sie in einer mathematischen Herleitung miteinander verbinden. Bei diesem Vorgehen spricht man vom *deduktiven Verfahren*. In unserem Fall wissen wir: die Kraft $F = \Delta p \cdot A$, die den Schweredruck Δp hervorruft, ist gleich der Gewichtskraft F_G der über der Fläche A stehenden Flüssigkeit mit der Dichte ϱ (Abb. ➤3). Damit folgt mathematisch:

$F = F_G$
$\Delta p \cdot A = m \cdot g$
$\Delta p \cdot A = \varrho \cdot V \cdot g$
$\Delta p \cdot A = \varrho \cdot A \cdot h \cdot g$
$\Delta p = \varrho \cdot h \cdot g$

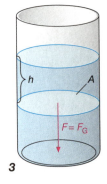

3

> Der Schweredruck Δp in der Tiefe h einer Flüssigkeit mit der Dichte ϱ beträgt: $\Delta p = \varrho \cdot h \cdot g$

Zuletzt überprüft man das neue Gesetz dann im Experiment.

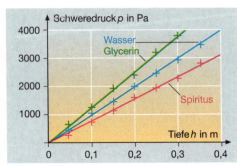

2 Der Schweredruck nimmt mit der Tiefe zu.

176 Druck

Das hydrostatische Paradoxon

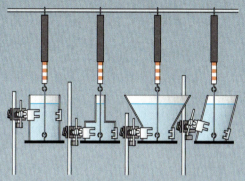

1 Gleicher Druck bei gleicher Höhe

Die losen Bodenflächen der unterschiedlich geformten Gefäße in Abb. ➤1 sind gleich groß. Sie werden von Kraftmessern mit gleicher Kraft nach oben gegen die Gefäßwände gezogen. Füllt man Wasser hinein, so löst sich der Boden bei allen Gefäßen bei der gleichen Höhe der Wassersäule.

Obwohl die zum Lösen des Bodens notwendige Kraft überall gleich ist, wird sie je nach Gefäßform durch verschieden viel Wasser hervorgerufen. Das liegt am Schweredruck, denn die Kraft auf die Bodenfläche hängt nur von der Höhe und Dichte der Flüssigkeit ab. Paradox (widersinnig) daran ist, dass man auf diese Weise mit einer kleinen Flüssigkeitsmenge dieselbe Kraft auf eine Fläche erzeugen kann wie mit einer großen.

Verbundene Gefäße

In miteinander verbundenen Gefäßen oder verschiedenen Teilen eines Gefäßes ist der Schweredruck in gleicher Tiefe gleich. Daher ist der Flüssigkeitsstand in allen Teilen des Gefäßes gleich (Abb. ➤3).

Der Versuch von Blaise Pascal

Von dem Mathematiker und Physiker **Blaise Pascal** (1623–1662), zu dessen Ehren die Druckeinheit ihren Namen hat, wird berichtet, er habe ungläubigen Zuschauern vorgeführt, wie mit wenigen Gläsern Wein ein stabiles Fass zum Platzen gebracht werden kann. Zu diesem Zweck steckte er ein langes dünnes Rohr in ein bereits volles Fass (Abb. ➤2), stieg auf den Balkon eines Hauses und begann, das Rohr mit Wein zu füllen, bis das Fass plötzlich mit lautem Knall zerbarst. Um zu erklären, dass so wenig Wein ein Fass zum Platzen bringen kann, muss man wissen, dass wegen der etwa 10-mal so hohen Flüssigkeitssäule der 10fache Druck im Weinfass herrscht.

Hydraulische Anlagen

Bei Hebevorrichtungen, Pressen oder Bremsanlagen von Fahrzeugen werden Kräfte mit Hilfe von Flüssigkeiten verstärkt. Das Prinzip ist am Beispiel der hydraulischen **Hebebühne** (Abb. ➤4a) erkennbar:

Mit einer kleinen Kraft F_1 auf einen Kolben, der eine kleine Querschnittsfläche A_1 hat, wird eine große Kraft F_2 an einem Kolben mit großer Querschnittsfläche A_2 hervorgerufen. Im Hydrauliköl ist der Kolbendruck überall gleich.

Aus $\Delta p_1 = \Delta p_2$ folgt: $\dfrac{F_1}{A_1} = \dfrac{F_2}{A_2}$, also ist:

$$F_1 = \dfrac{A_1}{A_2} \cdot F_2$$

Bei der Fußbremse im Auto (Abb. ➤4b) wird durch das Treten des Pedals ein großer Druck in der Bremsflüssigkeit erzeugt. Die Bremskolben pressen wegen ihrer großen Fläche die Bremsbeläge mit vergrößerter Kraft auf die Bremsscheiben.

2 Fassversuch von Pascal

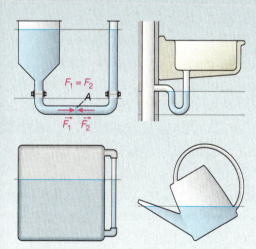

3 Flüssigkeitsniveau in verbundenen Gefäßen

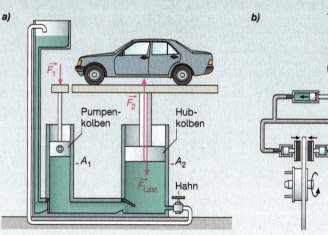

4 Hydraulische Hebebühne **(a)** und Bremsanlage eines Autos **(b)**

Druck

Höhe	Luftdruck
1 km	899 hPa
2 km	795 hPa
3 km	701 hPa
4 km	616 hPa
5 km	540 hPa
6 km	472 hPa
7 km	411 hPa
8 km	356 hPa
9 km	307 hPa
10 km	264 hPa

1 Der Druck in der Atmosphäre sinkt mit der Höhe.

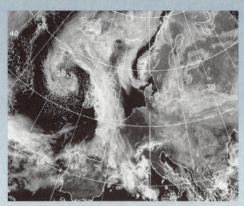

2 Aufnahme eines Wettersatelliten und daraus entwickelte Wetterkarte

Luftdruck und Höhe

In Meereshöhe beträgt der Luftdruck im Mittel 1013 hPa (**Normaldruck**). In etwa 5,5 km Höhe ist der Druck auf die Hälfte, in 11 km Höhe auf ein Viertel gesunken (Tabelle ➤1). Die Lufthülle geht ohne scharfe Grenze in den Weltraum über. Gemessen am Durchmesser der Erde bildet sie nur eine hauchdünne Schicht.
Da der Zusammenhang zwischen Luftdruck und Höhe bekannt ist, eignen sich Barometer zur Höhenmessung. Die Höhenmesser der Bergsteiger geben die Höhe auf etwa 20 m, die in Flugzeugen bis auf 10 m genau an.
Um den Luftdruck zur „absoluten" Höhenangabe des Messortes über Meereshöhe verwenden zu können, muss zuvor eine wetterbedingte Druckabweichung gegenüber dem Normaldruck berücksichtigt werden.

Luftdruck und Wind

Druckunterschiede in der Luft sind die Ursache für den Wind. Unterschiedliche klimatische Bedingungen sorgen für weiträumige Druckunterschiede. In Wetterkarten (Abb. ➤2) sind Orte mit gleichem Luftdruck durch Linien (Isobaren) miteinander verbunden. Diese Isobaren umschließen ein Hoch- bzw. ein Tiefdruckgebiet. Meistens hat der Luftdruck auf Meereshöhe Werte zwischen 970 hPa und 1030 hPa. Die Luft strömt nicht geradewegs vom Hoch- zum Tiefdruckgebiet, sondern in einer Kreisbewegung (Abb. ➤3), da sich je nach geografischer Breite der Erdboden verschieden schnell bewegt. Durch Reibung wird der Wind so gebremst, dass er auf der Nordhalbkugel aus einem Hochdruckgebiet im Uhrzeigersinn heraus- und gegen den Uhrzeigersinn in ein Tiefdruckgebiet hineinströmt.

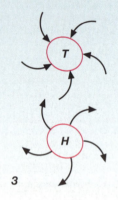

3

Der berühmte Versuch von Guericke

Lange Zeit war umstritten, ob es einen Raum, der nichts enthält, ein Vakuum, gibt. **Otto von Guericke** (1602–1686) ging der Frage nach und ließ aus verschiedenen Gefäßen die Luft herauspumpen.
Nach einigen erfolglosen Versuchen mit Holzfässern und Metallkugeln, die sich entweder als undicht erwiesen oder mit lautem Knall zusammengedrückt wurden, gelang ihm eine stabile Konstruktion aus glatt aufeinander liegenden kupfernen Halbkugeln. Sechzehn Pferde konnten die Halbschalen nicht auseinander reißen (Abb. ➤4).
Guericke deutete die Kräfte als Folge des Luftdrucks gegenüber dem Vakuum und hielt damit dessen Existenz für bewiesen.

4

Auftrieb in Flüssigkeiten und Gasen

Versuche

Einen Nichtschwimmer kannst du mit einer Hand halten, wenn er sich dabei flach im Wasser ausstreckt. Außerhalb des Wassers wird dir das nicht gelingen.

V1 In einer mit Wasser gefüllten Flasche soll ein teilweise mit Luft gefülltes Fläschchen, mit offenem Ende nach unten, gerade eben schwimmen (Abb. ▶1). Die Flasche wird mit einem Gummistopfen verschlossen. Durch Drücken des Stopfens kann das Fläschchen zum Sinken, Schweben oder Steigen gebracht werden.

V2 Miss die Gewichtskraft von Quadern gleicher Größe aus Messing, Eisen und Aluminium außerhalb von Wasser und bei ganz eingetauchtem Quader (Abb. ▶2). Die Differenz der Kräfte ist für jeden dieser Körper gleich.

V3 Wiederhole den zweiten Versuch mit Knetmasse. Verforme den Körper und wiederhole die Messungen. Die Form des Körpers beeinflusst das Ergebnis nicht.

V4 Zwei Körper gleicher Masse, aber aus unterschiedlichem Stoff, sind an einer Balkenwaage nicht mehr im Gleichgewicht, wenn man sie in Wasser eintaucht (Abb. ▶3).

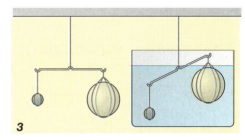

3

V5 Zwei Körper mit deutlich unterschiedlichem Volumen (Abb. ▶4) werden in Luft ins Gleichgewicht gebracht. Bringt man sie unter eine Glasglocke und pumpt Luft ab, so geht das Gleichgewicht verloren.

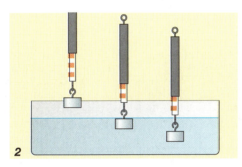

2

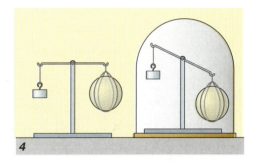

4

Grundwissen

Die Auftriebskraft

Taucht ein Körper in eine Flüssigkeit ein, so wird seine Gewichtskraft scheinbar kleiner. Diese Erscheinung nennt man **Auftrieb**. Ursache ist der Schweredruck: Zum Verständnis betrachten wir einen Quader, der teilweise in eine Flüssigkeit eingetaucht ist (Abb. ▶5). Der Schweredruck ruft an der Unterseite des Quaders eine Kraft $F = \Delta p \cdot A$ hervor. Diese Kraft ist nach oben, gegen die Gewichtskraft, gerichtet. Sie heißt **Auftriebskraft** F_A. Der Kraftmesser zeigt eine um den Betrag der Auftriebskraft verringerte Gewichtskraft an. Die vom Schweredruck auf die Seitenflächen des Quaders ausgeübten Kräfte heben sich paarweise auf und beeinflussen deshalb die Kraftanzeige nicht. Je tiefer der Quader eintaucht, desto größer wird die Auftriebskraft. Ist er vollständig eingetaucht, so verändert sich die Auftriebskraft nicht mehr.

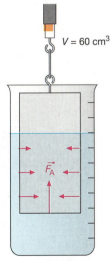

Eingetauchtes Volumen	Auftriebskraft in Wasser	Auftriebskraft in Spiritus
10 cm³	0,1 N	0,07 N
20 cm³	0,2 N	0,14 N
30 cm³	0,3 N	0,21 N
40 cm³	0,4 N	0,28 N
50 cm³	0,5 N	0,35 N
60 cm³	0,6 N	0,42 N

5 Zum Entstehen des Auftriebs und Messungen der Auftriebskraft

> Durch den Schweredruck erfährt jeder eingetauchte Körper eine nach oben wirkende Auftriebskraft. Sie verringert scheinbar seine Gewichtskraft.

Druck 179

Grundwissen

Das archimedische Gesetz

Der Schweredruck nimmt mit der Tiefe zu. Ist ein Quader vollständig in eine Flüssigkeit eingetaucht, so ist der Schweredruck Δp_2 an der unteren Fläche des Quaders größer als der Druck Δp_1 an der oberen Fläche. Für die Kräfte gilt (Abb. ▶ 1):

$$F_1 = \Delta p_1 \cdot A = \varrho_{Fl} \cdot h_1 \cdot g \cdot A \quad \text{und}$$
$$F_2 = \Delta p_2 \cdot A = \varrho_{Fl} \cdot h_2 \cdot g \cdot A$$

Die Differenz $F_2 - F_1$ ergibt die Auftriebskraft F_A:

$$F_A = \varrho_{Fl} \cdot (h_2 - h_1) \cdot g \cdot A$$
$$= \varrho_{Fl} \cdot h \cdot A \cdot g = \varrho_{Fl} \cdot V_{Körper} \cdot g$$

Das Volumen $V_{Körper}$ des Körpers und das Volumen $V_{verdrängt}$ der durch den Körper verdrängten Flüssigkeit sind gleich. Die Auftriebskraft beträgt also:

$$F_A = \varrho_{Fl} \cdot V_{verdrängt} \cdot g$$

Der Faktor $\varrho_{Fl} \cdot V_{verdrängt}$ gibt die Masse m der verdrängten Flüssigkeit an. Das Produkt $m \cdot g$ ist die Gewichtskraft dieser verdrängten Flüssigkeit. Damit folgt das **archimedische Gesetz**:

> Die Auftriebskraft hat den gleichen Betrag wie die Gewichtskraft der durch den Körper verdrängten Flüssigkeit.

Das archimedische Gesetz gilt für beliebig geformte Körper. So erfährt ein vollständig eingetauchter Klumpen Knetmasse unabhängig von seiner Form und seiner Lage in der Flüssigkeit immer die gleiche Auftriebskraft.

Auch in der Lufthülle der Erde treten Auftriebskräfte auf. Sie sind wegen der geringen Dichte der Luft wesentlich kleiner als in Flüssigkeiten.

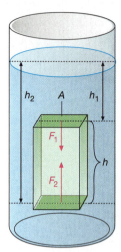

1 Bei ganz eingetauchtem Körper ist $V_{verdrängt} = V_{Körper}$

„Sherlock Archimedes"

Archimedes war ein griechischer Mechaniker, Physiker und Mathematiker. Er wurde 287 v. Chr. in Syrakus geboren. Das war damals eine griechische Kolonie auf Sizilien. Er fand heraus, wie Hebel wirken und konnte bereits nachweisen, dass die Erdoberfläche eine Kugelwölbung hat.

Archimedes hat entdeckt, dass ein Körper im Wasser so viel weniger wiegt, wie er selbst beim Eintauchen an Wasser verdrängt. Mit diesem von ihm gefundenen „archimedischen Gesetz" konnte er dem Herrscher von Syrakus helfen einen betrügerischen Goldschmied zu entlarven: Der Goldschmied hatte nämlich eine neue Krone geliefert, aber der Herrscher traute ihm nicht. Er hatte den Verdacht, dass der Goldschmied billigeres Silber in das Gold der Krone gemischt hatte. Archimedes sollte dafür einen Beweis liefern. Die Krone durfte er natürlich nicht beschädigen. Archimedes hatte eine Idee. Er wusste, dass Silber viel leichter ist als dieselbe Menge Gold. Er ließ sich einen Klumpen aus reinem Gold geben, der genauso schwer war wie die neue Krone. Dann hängte er den Goldklumpen und die Krone an den Balken einer Waage. Natürlich waren beide im Gleichgewicht. Der Goldschmied rieb sich schon die Hände und lachte sich heimlich ins Fäustchen. Nun aber ließ Archimedes zwei Wassergefäße bringen und auf den Tisch stellen. Er hob die ganze Waage hoch und setzte sie wieder auf den Tisch, aber so, dass der Goldklumpen und die Krone, an der Waage hängend, ganz im Wasser untertauchten. Jetzt wurde der Goldschmied blass und bat den Tyrannen von Syrakus um Gnade. Woran erkannte Archimedes, dass die Krone nicht aus reinem Gold bestand? Die Zeichnungen auf dieser Seite können dir helfen.

Archimedes wurde 212 v. Chr. bei der Eroberung von Syrakus getötet. Folgende Geschichte wird davon erzählt: Als die Römer in die Stadt eindrangen, saß Archimedes in Gedanken versunken auf einem Stein und zeichnete eine geometrische Figur vor sich in den Sand. Einer der römischen Soldaten stürzte auf ihn zu, um ihn gefangen zu nehmen. Archimedes fuhr ihn empört an: „Störe meine Kreise nicht!", woraufhin der Römer wütend wurde und ihn erschlug.

Die Messung des Blutdruckes

Unter Blutdruck versteht man den Druck des vom Herzen kommenden Blutes in den Blutgefäßen (Adern). Die erste Blutdruckmessung wurde 1726 in London von Reverent Stephen Hales durchgeführt, indem er einen spitzen Gänsekiel als Kanüle in die Halsarterie eines Pferdes stach (Abb. ➤1). Stephen Hales beobachtete, dass das Blut in einer senkrecht gehaltenen Glasröhre acht Fuß hoch stieg.
Der Blutdruck ist ein wichtiges Kennzeichen für unsere körperliche Verfassung. Eine regelmäßige Überprüfung des Blutdruckes ist daher wichtig.
Blut kann, wie jede Flüssigkeit, nur dann durch ein Gefäß wie ein Rohr fließen, wenn zwischen Anfang und Ende ein **Druckunterschied** besteht. Je länger das Rohr und je kleiner sein Radius ist, desto mehr bremst die Reibung das Strömen der Flüssigkeit. Ihr Druck sinkt. Besonders deutlich macht sich dies nach engen Stellen bemerkbar. Versuche wie in Abb. ➤2 zeigen dies. Die Druckanzeige geschieht durch kleine senkrecht zur Strömung angeordnete Röhrchen. Je kleiner der Druck in der vorbeiströmenden Flüssigkeit ist, umso weniger steigt sie in den senkrechten Röhrchen hoch.

1

In der **Medizin** wird als Druckeinheit neben dem Pascal (Pa) die alte, vom Schweredruck einer Quecksilbersäule herrührende Bezeichnung **Millimeter Quecksilbersäule (mmHg)** benutzt.
Es gilt:
  1 mmHg ≙ 133 Pa
  7,5 mmHg ≙ 1 kPa

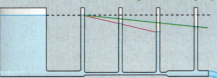

Niveau bei Ruhe   bei Strömung ohne Verengung

2   Niveau bei verengter Strömung

Das Herz pumpt das Blut stoßweise in die Arterien. Es erzeugt im Blut einen Druck von etwa 17 kPa. Dieser hohe Pumpdruck heißt **systolischer Druck** (Abb. ➤3).
Um neues Blut ins Herz einströmen zu lassen, entspannt sich der Herzmuskel. Wegen der Elastizität der Arterien sinkt der Druck dabei nicht völlig ab. Dieser niedrige Blutdruck heißt **diastolischer Druck**. Er beträgt etwa 10 kPa.
In den Venen fließt das Blut wieder zum Herzen zurück. Der Blutdruck beträgt nun nur noch 0,25 kPa.

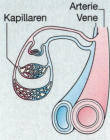

Kapillaren Arterie Vene

In Arterien fließt das Blut vom Herzen kommend, in Venen strömt es zurück.

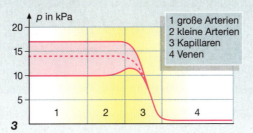

p in kPa
1 große Arterien
2 kleine Arterien
3 Kapillaren
4 Venen

3

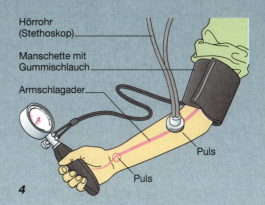

Hörrohr (Stethoskop)
Manschette mit Gummischlauch
Armschlagader
Puls
Puls

4

Übliche Blutdruckmessgeräte bestehen aus einer Gummimanschette, die an einem Druckmesser angeschlossen ist (Abb. ➤4). Die Manschette wird mit einem Gummiball aufgeblasen, bis sie die Oberarmarterie abdrückt. Der Blutfluss wird unterbrochen. Wird die Luft aus der Manschette langsam abgelassen, so hört man ab einem bestimmten Druck im Stethoskop ein pulsartiges Geräusch, das Blut beginnt wieder, durch die etwas geöffnete Armschlagader zu strömen. Der Blutdruck übersteigt in diesem Moment gerade den Druck in der Manschette. Dies ist der Wert für den systolischen Druck. Bei weiterer Druckminderung wird das Pulsgeräusch leiser, bis es schließlich verstummt. Der Druck entspricht nun dem diastolischen Blutdruck. Die Schlagader ist wieder frei passierbar.
Bei körperlicher Belastung und psychischer Anspannung steigt der Blutdruck; das ist ein normaler Vorgang. Tabelle ➤5 gibt Grenzwerte für den Ruhezustand an.

Blutdruck	systolischer	diastolischer Wert
zu niedrig	< 110	60
normal	110 – 130	60 – 85
zu hoch	≥ 140	90

5 Blutdruck in mm Hg im Ruhezustand

Sind die Blutdruckwerte an verschiedenen Tagen über den Normalwerten, so liegt **Bluthochdruck** (Hypertonie) vor. Dabei reicht es, wenn nur einer der beiden Werte erhöht ist. Bluthochdruck ist sehr gefährlich, weil er die Blutgefäße überlastet und auf Dauer eine Herzschwäche zur Folge hat. Die Ursache für zu hohen Blutdruck ist auch heute noch weitgehend unbekannt. Familiäre Veranlagung, Übergewicht, Nikotin- und Alkoholgenuss, Bewegungsarmut, Nebenwirkung der Anti-Baby-Pille, Nierenleiden, Arteriosklerose (Gefäßverengung) sind oft Auslöser.
Zu **niedriger Blutdruck** (Hypotonie) ist gesundheitlich weniger problematisch. Infolge zu schwacher Durchblutung des Gehirns kann es aber zu Sehstörungen, Schwindel und plötzlicher Ohnmacht kommen.

Druck   181

Rückblick

Begriffe
Was versteht man unter
- Brown'scher Bewegung?
- Diffusion?
- Druck?
- Schweredruck?
- Luftdruck?
- Auftriebskraft?

Beobachtungen
Was beobachtet man, wenn
- die Fläche, über die man eine Kraft auf eine Flüssigkeit ausübt, verringert wird?
- der Druck in verschiedenen Wassertiefen gemessen wird?
- zwei über einen Schlauch verbundene Gefäße, die mit Flüssigkeit gefüllt sind, sich in unterschiedlicher Höhe befinden?
- man Luft zusammenpresst?
- man einen Körper aus dem Wasser hebt?
- man Luft mit einer Luftpumpe zusammenpresst?

Erklärungen
Wie lässt sich begründen, dass
- ein Skifahrer nicht so tief wie ein Fußgänger in den Schnee einsinkt?
- man mit wenig Flüssigkeit einen hohen Druck erzeugen kann?
- es beim Schweredruck nur auf die Höhe der Flüssigkeitssäule ankommt?
- wenn ein Gas erwärmt wird, der Druck des Gases steigt?
- wenn ein Gas zusammengedrückt wird, der Druck des Gases steigt?

Gesetzmäßigkeiten
Beschreibe mit eigenen Worten
- das Druckgleichgewicht in verbundenen Gefäßen.
- das archimedische Gesetz.
- den Zusammenhang zwischen Druck und Volumen von Gasen.
- den Zusammenhang zwischen Druck und Temperatur von Gasen.

Erläutere die Erscheinungen in den folgenden Bildern und beantworte die Fragen!

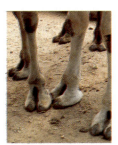

Warum hat ein Dromedar so breite Füße?

Warum muss sich die Ente zum Tauchen anstrengen?

Welche Erscheinung weist dieser Versuch nach?

Welche Eigenschaft der Luft nutzt dieser Indianer mit seinem Blasrohr?

Warum muss die Atemluft bei größeren Tauchtiefen unter Druck stehen?

Weshalb kann das Luftschiff fliegen?

Was zeigt der Versuch mit dem luftleeren Kolben?

Wieso haftet der Saughaken fest an glatten Flächen?

Beispiel

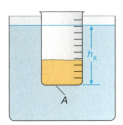

Zum Beispiel

Merke:
Ein schwimmender Körper verdrängt so viel Flüssigkeit, dass deren Gewichtskraft gleich der Gewichtskraft des Körpers ist.

Eintauchtiefe und Tragfähigkeit

Ein zylindrischer Becher mit der Masse 200 g, der Grundfläche 30 cm² und der Höhe 10 cm schwimmt in Wasser.
a) Wie tief sinkt der Becher ein?
b) Wie viel cm³ Sand der Dichte ϱ_{Sand} = 1,5 g/cm³ können maximal in den Becher gefüllt werden, bevor er untergeht?

Lösung:

a) Das vom schwimmenden Becher verdrängte Wasser hat das Volumen:

$$V = \frac{m}{\varrho_{Wasser}} = \frac{200\ g}{0{,}998\ \frac{g}{cm^3}} = 200\ cm^3$$

Bei der Grundfläche A des Bechers und der Eintauchtiefe h_x ergibt sich das Volumen des verdrängten Wassers andererseits zu:

$$V = A \cdot h_x$$

Also wird $h_x = \frac{V}{A} = \frac{200\ cm^3}{30\ cm^2} = 6{,}7\ cm$

Der Becher sinkt 6,7 cm weit ein.

b) Maximal kann der Becher das Volumen $V_{max} = A \cdot h = 30\ cm^2 \cdot 10\ cm = 300\ cm^3$ verdrängen. Das dabei verdrängte Wasser hat die maximale Masse:

$$m_{max} = \varrho_{Wasser} \cdot V_{max}$$
$$m_{max} = 0{,}998\ \frac{g}{cm^3} \cdot 300\ cm^3 = 300\ g$$

Es können also noch 100 g Sand eingefüllt werden. Dessen Volumen beträgt:

$$V_{Sand} = \frac{m}{\varrho_{Sand}} = \frac{100\ g}{1{,}5\ \frac{g}{cm^3}} = 67\ cm^3$$

In den Becher können noch 67 cm³ Sand eingefüllt werden, bevor er sinkt.

Heimversuche

Zu Versuch 2

Zu Versuch 4

1. Spitze Sachen

Nimm ein etwas stärkeres Stück Pappe (z. B. Verpackungsmaterial). Versuche mit der Spitze oder dem Kopf von Nägeln und Reißzwecken die Pappe zu durchstoßen (VORSICHT!). Erkläre die Beobachtungen mit dem Druckbegriff.

2. Die Eintauch-Waage

Nimm ein Glas mit einem schweren Boden. Bringe seitlich einen Klebestreifen an. Lass das Glas im Wasser schwimmen. Fülle mit Hilfe eines Messbechers nacheinander 20 cm³, 40 cm³, ... Wasser in das Glas und markiere jeweils auf dem Klebestreifen die Eintauchtiefe.
Die Markierungen entsprechen 20 g-Schritten. Trockne das Glas innen und bestimme damit die Masse anderer in das Glas gelegter Gegenstände.

3. Eine Kerze ausblasen

Eine Kerze auszublasen ist leicht? Versuche es einmal mit einem Trichter (siehe Abbildung). Wie verhält sich die Flamme? (VORSICHT!)

4. Sinken, Steigen, Schweben

Zerknülle ein Stück Alu-Folie (etwa DIN A5 Größe) so fest zu einer Kugel zusammen, dass sie gerade noch in Wasser schwimmt. Lege die Kugel in eine verschließbare Getränkeflasche aus Kunststoff und fülle die Flasche randvoll mit Wasser. Nach dem Verschließen der Flasche kannst du die Alu-Kugel durch Drücken auf die Flaschenwand im Wasser sinken, steigen und schweben lassen.

Fragen

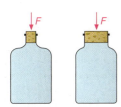

Welche Flasche platzt zuerst, wenn die Kraft F immer größer wird?

Zum Druck als Kraft pro Fläche

1a) Ein Mauerziegel (25 cm x 12 cm x 5 cm) mit der Masse 2,4 kg liegt mit seiner größten Fläche auf einer Unterlage. Wie groß ist der Auflagedruck?
b) Wie verändert er sich, wenn zwei, drei, ... Ziegel übereinander geschichtet werden?

2 Modische Damenschuhe haben oft sehr schmale Absätze.
Wie groß ist der Druck unter solch einem Pfennigabsatz mit 0,5 cm², wenn während des Gehens kurzzeitig das gesamte Körpergewicht, 600 N, auf einen Absatz wirkt?

3 Das Eis auf einem See soll einem Auflagedruck von 7 N/cm² standhalten. Schätze ab, ob du die Eisfläche betreten kannst.

4 Von einer Drahtrolle soll ein Stück Draht abgetrennt werden. Wie müsste eine dazu verwendete Zange am günstigsten beschaffen sein?

Druck in Flüssigkeiten

5 Wie groß ist der Druck in der Leitung, wenn du mit dem Daumen den geöffneten Wasserhahn (A = 2 cm²) mit der Kraft von 40 N zuhalten kannst?

Druck 183

Fragen

6 Jacques Piccard erreichte 1962 mit dem Tauchboot „Trieste" im Stillen Ozean eine Tauchtiefe von 10 916 m.
a) Berechne näherungsweise den Druck in dieser Tiefe.
b) Welche Kraft wirkte dabei auf jeden dm² der Tauchkugel?

7 Wie tief muss ein Druckmessgerät in Glycerin eintauchen, damit der Schweredruck so groß wie in 1 m Wassertiefe ist?

8a) Welcher Druck herrscht am Boden eines Zylinders, wenn er 30 cm hoch mit Petroleum eingefüllt wurde?
b) Berechne den Druck in dem am Rand abgebildeten Gefäß an den Stellen A, B und C, wenn es mit Petroleum gefüllt wird.

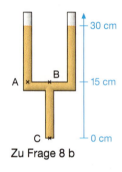

Zu Frage 8 b

9 Mit einer hydraulischen Hebebühne soll ein Körper der Gewichtskraft 60 kN um 2 m angehoben werden. Die Fläche des kleinen Kolbens an der Pumpe beträgt 5 cm², die des großen (für die Hebebühne) 400 cm².
a) Berechne den Druck in der Flüssigkeit.
b) Berechne die notwendige Kraft am Pumpenkolben.
c) Um welche Wegstrecke muss der Pumpenkolben bewegt werden?

10 Zwei Glasrohre mit den Querschnittsflächen 40 cm² und 20 cm² sind miteinander verbunden und teilweise mit Wasser gefüllt. In das engere Rohr wird 40 cm³ gefärbtes Petroleum geschüttet.

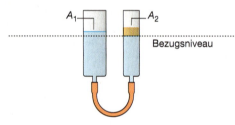

a) Berechne den Höhenunterschied der Flüssigkeitssäulen in beiden Rohren.
b) Wie viel Petroleum muss in das größere Rohr geschüttet werden, damit der Wasserspiegel im kleineren Rohr wieder die ursprüngliche Höhe einnimmt?

Zum Luftdruck

11a) Mit welcher Kraft wirkt die umgebende Luft auf deine Handfläche (A = 100 cm²)? Warum wird sie nicht zerquetscht?
b) Weshalb haben große Passagierflugzeuge Druckkabinen?

12 Wasser wird mit einem Trinkhalm in eine Höhe von 20 cm gesaugt. Wie groß ist der Luftdruck in der Mundhöhle?

13 Früher wurden häufig Quecksilberbarometer verwendet (siehe nebenstehendes Bild). Warum fließt das Quecksilber nicht aus dem Glasrohr? Wie hoch steht die Quecksilbersäule bei einem Luftdruck von 1013 hPa?

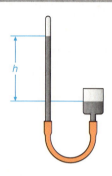

14 Entnimm dem unten stehenden p-h-Diagramm die Werte für den Luftdruck auf folgenden Bergen: Brocken 1142 m, Zugspitze 2963 m, Montblanc 4807 m, Mount Everest 8848 m. Schätze, wie hoch er am Meer und an deinem Heimatort ist. Lege eine Tabelle an!

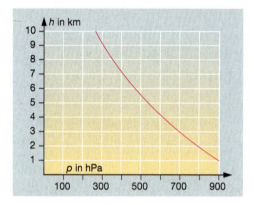

Zum Auftrieb

15a) Ein Körper hängt an einem Kraftmesser. Er zeigt in Luft 0,54 N an. Ist der Körper ganz in Wasser eingetaucht, so zeigt er 0,34 N an. Wie groß ist die Dichte des Körpers?
b) Welche Dichte hat die Flüssigkeit, wenn die Anzeige beim selben Körper 0,38 N ist?

16a) Ein Styroporblock (ϱ_{Styr} = 0,02 g/cm³) wird an einen Aluminiumblock mit gleichem Volumen geklebt. Schwimmt diese Kombination auf Wasser?
b) Körper aus Styropor und Eisen werden verklebt. Wie muss das Volumenverhältnis sein, damit die Kombination in Wasser schwebt?

17 Ein Ballon mit 2 m³ Volumen ist mit Helium gefüllt. Ballonhülle, Seile und Tragekorb wiegen zusammen 8,6 N. Welche Nutzlast kann der Ballon transportieren?

Weitere Probleme

18 Wie ändert sich das Volumen einer Luftblase, die vom Grunde eines Sees aufsteigt und warum?

Licht allein ist nicht genug!

Ein durch ein Dynamo betriebenes Licht ist dir nicht genug? Du willst noch mehr? Etwas Ungewöhnliches?
Wie wär's mit …

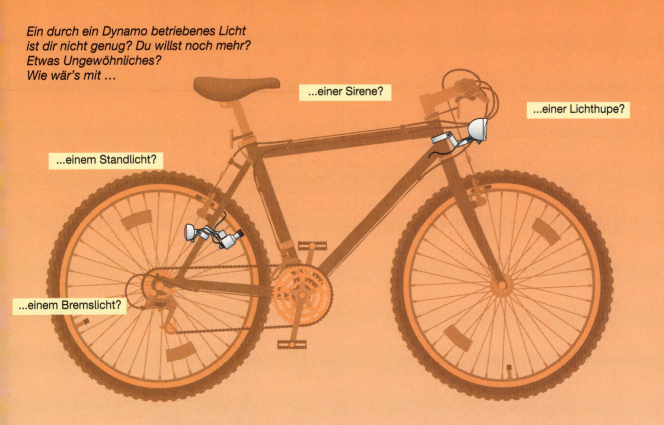

…einer Sirene?

…einer Lichthupe?

…einem Standlicht?

…einem Bremslicht?

Die fünf Stufen zum Beleuchtungswunder

Stufe 1 – Das Standlicht
Dein Licht soll durch einen Schalter am Lenker anschaltbar sein, wenn du an der Ampel stehst.

Stufe 2 – Das Bremslicht
Wenn du bremst, soll das Rücklicht aufleuchten, damit die Nachfolgenden vorbereitet sind.

Stufe 3 – Die Lichthupe
Wie wäre es, wenn du deinen Freunden und Freundinnen Lichtsignale über einen Taster am Lenker geben könntest?

Stufe 4 – Eine Sirene
Klingeln sind langweilig, Sirenen sind da schon spektakulärer. Bau eine über einen Taster zuschaltbare Sirene an dein Fahrrad.
Übrigens: Mit etwas Geschick kannst du diese Sirene in einem alten Klingelgehäuse verstecken.

Stufe 5 – Das „intelligente" Standlicht
Stufe 1 kann man noch verbessern: Das Standlicht soll angehen, sobald du stehen bleibst, ohne dass du einen Schalter bedienst. So wird man auch im Stand nie übersehen!

- Plane jede Stufe zuerst mit einem Schaltplan!
- Bevor du dein Fahrrad veränderst, überprüfe deine Überlegung durch eine Probeschaltung.
- Protokolliere zuverlässig.
- Entwickle und präsentiere dein Fahrrad.

Achtung!
Mit dem veränderten Rad am Straßenverkehr teilzunehmen ist verboten!

Vorhaben Elektrizitätslehre

Licht allein ist nicht genug!

Wichtige Kenntnisse zur Lösung

- Was versteht man unter einem elektrischen Strom?
- Welcher Unterschied besteht zwischen Wechselspannung und Gleichspannung?
- Wodurch unterscheiden sich Parallelschaltung und Reihenschaltung?
- Was ist eine Nennspannung?
- Was sind Schalter, Taster, Umschalter und Relais?
- Wozu verwendet man Relais, welche unterschiedlichen Relais gibt es?
- Was ist ein Schaltplan und wie zeichnet man ihn übersichtlich? Welche Schaltsymbole werden in Schaltplänen verwendet?

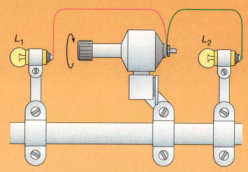

Versuchsaufbau zur Untersuchung der Standardbeleuchtung am Fahrrad

Zitat aus der Straßenverkehrs-Zulassungsordnung (StVZO)

Fahrrad-Lichtmaschinen

(1) Vor der Prüfung ist die Wicklung der Lichtmaschine im Leerlauf bei einer Drehzahl, die einer Geschwindigkeit von 15 km/h entspricht, bei 23 °C wenigstens fünfmal mindestens je 0,1 s lang kurzzuschließen.

(2) Die Leistungskennlinie muss bei konstantem Widerstand von 12 Ω folgende Spannungen anzeigen: bei 5 km/h mindestens 3 V, bei 15 km/h mindestens 5,7 V, bei 30 km/h höchstens 7 V. Der Widerstand des Spannungsmessers ist mit einzubeziehen.

(3) Werden die Lampen von Scheinwerfer (2,4 W) und Rücklicht (0,6 W) an getrennten Wicklungen angeschlossen, so sind diese gleichzeitig mit Widerständen entsprechend den Leistungen bei Nennspannung (laut DIN 49 848) zu belasten.

Wichtige Untersuchungen

- Wie fließt die Elektrizität bei deiner normalen Fahrradbeleuchtung? Zeichne einen Schaltplan.
- Untersuche, was für eine Spannung dein Dynamo liefert.
- Informiere dich über verschiedene Batterietypen und über Akkus.
- Überlege dir, was für eine Stromversorgung du für dein Projekt benötigst.
- Kann man Gleichspannung und Wechselspannung kombinieren? Wie verhalten sich hierbei die Lampen, der Dynamo und die Batterien?
- Informiere dich bei einem Elektronikversand über die verschiedenen Arten von Relais.

Hilfen:

Lasst euch von eurem Lehrer Kataloge von verschiedenen Elektronikversänden geben. Dort gibt es unzählige Schalter und Bauteile für raffinierte Lösungen:

- Bei Stufe 3 kannst du einmal ermitteln, was für unzählige Schaltertypen es gibt. Vielleicht willst du aber auch einen Schalter, der mit Magneten funktioniert.
- Bei Stufe 4 willst du vielleicht spezielle Geräusche für deine Klingel, zum Beispiel eine Lokomotive oder einen bellenden Hund, usw ...
- Bei Stufe 5 bekommst du, je nachdem was für eine Lösung du dir überlegt hast, vielleicht ein Problem mit der Spannung des Dynamos. Hier könnte dir ein Brückengleichrichter helfen. Wie er funktioniert, erfährst du in diesem Buch noch nicht. Bis dahin musst du ihn einfach als ein praktisches Bauteil betrachten.

Achtung:

Beim Verlegen von Kabeln, Schaltern und Tastern darfst du auf keinen Fall den Lenker oder den Rahmen deines Fahrrades anbohren! An den Bohrlöchern könnten sonst Rahmen oder Lenker brechen und ein schwerer Sturz wäre dann vermutlich nicht zu vermeiden!

Vorhaben Elektrizitätslehre

Magnetismus

Alter Kompass und Karte von William Gilbert (um das Jahr 1600) mit Richtungspfeilen einer Magnetnadel

Der Name „Magnetismus"

Über den Ursprung des Namens „Magnetismus" gibt es verschiedene Legenden. Eine besagt, er soll von der griechischen Stadt Magnesia herrühren, in deren Umgebung magnetische Steine gefunden wurden.
Eine andere Legende berichtet von einem Mann namens Magnes, dem vom magnetischen Erdboden die Eisennägel aus den Schuhsohlen gezogen wurden.
Magnetismus ist für viele Menschen noch heute geheimnisvoll, obwohl wir durch einfache Experimente seine Eigenschaften erkennen und beschreiben können.

Der Kompass und die Seefahrt

Der Magnetismus ist in China schon seit dem 4. Jahrhundert vor Christus bekannt. Damals wurde auch der Kompass erfunden und bei Seereisen benutzt.
In Europa wurde der Kompass erst im 11. Jahrhundert nach Christus bekannt. Vorher konnten die Seefahrer ihren Kurs auf dem offenen Meer nur ungenau nach dem Stand der Sonne oder der Sterne richten. Bei bedecktem Himmel war es unmöglich, die Richtung der Fahrt zu bestimmen. Reisen auf offenem Meer wurden deshalb vermieden. Wie funktioniert ein Kompass?

Ein einfacher Kompass zum Nachbauen

Bestreiche mehrfach eine Eisennadel der Länge nach mit einem Magnet. Sie wird dadurch magnetisiert. Befestige die Nadel auf einer Korkscheibe und lege sie auf eine Wasseroberfläche!
Langsam dreht sich die Korkscheibe und die Nadel stellt sich nach einiger Zeit in Nord-Süd-Richtung ein.
Auch wenn du die Nadel aus dieser Lage auslenkst, kehrt sie wieder zur Nord-Süd-Lage zurück. Sie zeigt diese Richtung wie ein Kompass an.

Magnetismus 187

Magnete und ihre Eigenschaften

Versuche

V1 Du hältst verschiedene Materialien (Eisen, Aluminium, Nickel, Plastik, Holz, Papier) an das Ende eines Stabmagnets.
Nur Eisen und Nickel werden von ihm angezogen.

V2 Streiche mit einem Magnet mehrmals in einer Richtung über einen Eisendraht (z. B. Stricknadel, aufgebogene Büroklammer; Abb. ➤ 1) und über einen Holzstab (Zahnstocher). Bringe sie danach in die Nähe von eisernen Stecknadeln oder Nägeln. Der Eisendraht wirkt nun selbst als Magnet und zieht sie an, der Holzstab hingegen ist weiterhin nicht magnetisch.

V3 Hänge einen Nagel an einen Stabmagnet. Versuche ihn wieder vom Magnet abzuziehen. Hänge ihn an einen anderen Punkt auf dem Magnet und wiederhole den Versuch. Je näher sich der Nagel an einem der beiden Enden befindet, umso größer ist die benötigte Kraft, ihn wieder abzuziehen.

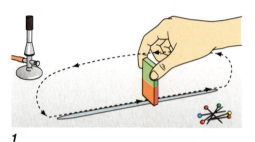

1

Grundwissen

Magnete

Magnete sind aus unserem Alltag nicht mehr wegzudenken. Sie halten z. B. Schranktüren geschlossen, eine Notiz am Kühlschrank fest und spielen eine tragende Rolle in vielen technischen Geräten.
Magnete sind Gegenstände, die eine anziehende Kraft auf Eisen, Cobalt und Nickel ausüben. **Dauermagnete** sind Magnete, deren magnetische Wirkung im Alltag anhält.
Je nach dem Zweck, für den man einen Magnet benötigt, erhält man sie in verschiedenen Bauformen (Abb. ➤ 2).

Die wirkenden Kräfte heißen **magnetische Kräfte**, sie wirken ohne Berührung. Magnetische Kräfte können von einem Magnet nur auf so genannte **magnetisierbare Stoffe**, zu denen auch Legierungen aus Eisen, Nickel und Cobalt gehören, ausgeübt werden. Körper aus diesen

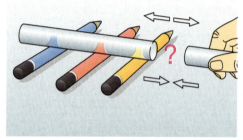

3 Anziehung und Abstoßung zwischen Dauermagneten

Stoffen werden von Magneten angezogen. Sie sind von sich aus aber nicht magnetisch, können gegenseitig also keine Kräfte aufeinander ausüben. Zwei Magnete jedoch können sich gegenseitig anziehen oder auch abstoßen (Abb. ➤ 3). Auf alle anderen Stoffe können Magnete nicht wirken.

> Ein Magnet kann einen anderen Magnet anziehen oder auch abstoßen.
> Magnetisierbare Stoffe werden von Magneten stets angezogen.

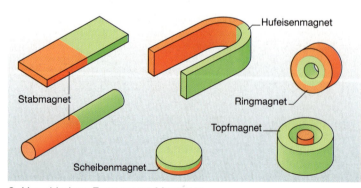

2 Verschiedene Formen von Magneten

1 Woran erkennt man einen Magnet?

2 Mit Magnetkränen können Lasten durch magnetische Kräfte gehoben werden, ohne sie zusätzlich zu befestigen. Unter welchen Bedingungen kann so ein Kran eingesetzt werden?

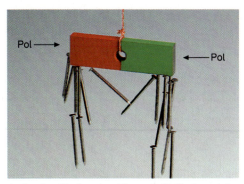

1 An den Enden des Magnets befinden sich die Bereiche mit der größten Kraft.

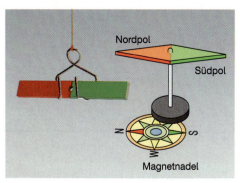

4 Ein horizontal frei drehbarer Stabmagnet zeigt immer in dieselbe Richtung.

Magnetpole

Die Kraftwirkung, die ein Magnet ausüben kann, ist an manchen Stellen des Magnets größer als an anderen. Wird z. B. ein Stabmagnet in eine Schachtel mit vielen Eisennägeln gelegt, so bleiben die meisten Nägel im Bereich der Enden hängen. In der Mitte werden die Nägel dagegen kaum angezogen. An den Enden des Stabmagnets beobachten wir die größten Wirkungen (Abb. ➤ 1). Diese Stellen heißen **Pole** des Magnets.

| Bereiche mit größter magnetischer Wirkung heißen Pole des Magnets.

Jeder Magnet hat zwei Pole. Nähert man einen Pol eines Magnets einem Pol eines anderen Magnets, so ziehen sie sich entweder an oder stoßen sich ab. Das hängt davon ab, welche Pole sich jeweils gegenüberstehen (Abb. ➤ 2). Dreht man einen Magnet um, so zeigt sich die entgegengerichtete Wirkung. Ein Magnet besitzt also zwei verschiedene Pole, einen mit anziehender und einen mit abstoßender Kraft, bezogen auf denselben Pol eines zweiten Magnets.

der befinden; liegen ungleichartige Pole nebeneinander, so schwächen sich diese gegenseitig.

Ein um die Mitte drehbar gelagerter Stabmagnet (Abb. ➤ 4) reagiert schon auf kleinste Kräfte. Das ist besonders bei einer kleinen **Magnetnadel** zu sehen. Sie richtet sich sogleich aus.

Aber auch wenn sich kein Magnet in der Nähe einer Magnetnadel befindet, stellt sie sich stets wie ein **Kompass** in Nord-Süd-Richtung ein. Diese Eigenschaft der Magnetnadel nutzt man zur Benennung der beiden Pole:

| Der nach Norden weisende Pol einer Magnetnadel heißt Nordpol, der andere Pol heißt Südpol.

Dieselbe Benennung erhalten auch die Pole aller anderen Magnete. Ein Pol ist ein Nordpol, wenn er den Südpol der Nadel anzieht oder ihren Nordpol abstößt.

Die Beobachtungen zur Kraftrichtung zwischen verschiedenen Polen fassen wir zusammen:

| Gleichnamige Pole stoßen einander ab, ungleichnamige Pole ziehen sich an.

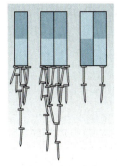

3 Magnetbündel

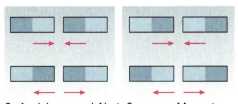

2 Anziehung und Abstoßung von Magneten

Bündelt man zwei Magnete (Abb. ➤ 3), so erhöht sich die magnetische Wirkung ihrer Pole, wenn sich gleichartige nebeneinan-

1 Oft ist die Magnethälfte des Nordpols rot gefärbt, die Südpolhälfte grün. Wie kann man mit einer Magnetnadel den Nord- und den Südpol eines ungefärbten Magnets finden?

2 Beschreibe das Aussehen einer Magnetnadel, nachdem man sie in Eisenfeilspäne getaucht hat!

Magnetismus **189**

Das Modell der Elementarmagnete

Versuche

V1 Nimm einen Eisendraht und magnetisiere ihn. Teile ihn mit einer Kneifzange in zwei Teile und prüfe ihre magnetische Wirkung. Teile die so erhaltenen Teile erneut und prüfe sie. Man stellt fest: Jedes Teil hat wieder einen magnetischen Nord- und einen Südpol. Es gelingt dir nie, einen Nordpol ohne Südpol und umgekehrt herzustellen.

V2 Halte einen Magnet in solcher Entfernung an eine Kompassnadel, dass sie gerade nicht mehr ausschlägt. Halte nun einen nicht magnetisierten Eisenstab mit dem einen Ende ein wenig neben einen Pol des Magnets und mit dem anderen Ende in die Nähe der Nadel. Jetzt schlägt die Kompassnadel wieder aus.

V3 Fülle ein Reagenzglas ganz mit Eisenfeilspänen, verschließe es und bestreiche es der Länge nach wie den Eisendraht in Versuch 1 mit einem Magnet. Mit einer Magnetnadel lassen sich an den Enden des Reagenzglases Magnetpole feststellen. Wird das Glas geschüttelt, sind die Pole verschwunden.

Grundwissen

Der innere Aufbau von Magneten

Teilt man eine Magnetnadel in der Mitte, so entstehen zwei Magnete. An der vorher unmagnetisch erscheinenden Mitte der Nadel sind zwei verschiedene Magnetpole entstanden. Zerteilt man weiter, so entstehen immer neue Magnete mit Polen an den Enden der Bruchstücke. Es sieht so aus, als ob die Nadel schon vorher aus lauter aneinandergereihten Magneten bestanden hätte (Abb. ▶ 1). Darauf beruht eine Vorstellung über den Aufbau von Magneten, das Modell der **Elementarmagnete**:

siehe S. 227!

> Alle magnetisierbaren Stoffe bestehen aus winzigen Bereichen, die sich wie kleine Magnete verhalten und ordnen.

Sind die Elementarmagnete ungeordnet, so heben sich ihre Wirkungen außerhalb des Körpers auf. Der Körper ist kein Magnet. Ist dagegen die Mehrzahl der Elementarmagnete in eine Richtung ausgerichtet, so wirkt der Körper als Magnet.

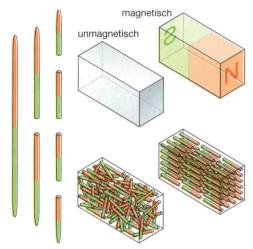

1 Ein großer Magnet lässt sich aus vielen kleinen Magneten zusammengesetzt denken.

1 Werden Magnete stark erwärmt, verschwindet die magnetische Wirkung. Worin kann die Ursache dafür liegen?

Die magnetische Influenz

Mit dem Modell von den Elementarmagneten können wir erklären, weshalb ein Stück Eisen selbst zum Magnet wird, sobald es sich in der Nähe eines anderen Magnets befindet (Abb. ▶ 2):
Die Elementarmagnete des Eisenklotzes werden von den Kräften, die im Feld auf sie wirken, teilweise gleichgerichtet, so dass sie gemeinsam als ein Magnet wirken. Diese Magnetisierung durch Fernwirkung heißt **magnetische Influenz** (lat. Beeinflussung). Lassen sich in einem magnetisierbaren Stoff die Elementarmagnete leicht ausrichten, so heißt der Stoff magnetisch weich. Ohne äußere Einwirkung eines Magnets geht die Ausrichtung der Elementarmagnete aber leicht wieder verloren.
Umgekehrt sind magnetisch harte Stoffe solche mit schwer veränderbaren Elementarmagneten. Aus ihnen stellt man Dauermagnete her.
Die einheitliche Ausrichtung der Elementarmagnete geht jedoch immer verloren, wenn man den Magnet stark erhitzt (über 600 °C) oder starken Erschütterungen (z. B. durch Hämmern) aussetzt.

2

190 Magnetismus

Das magnetische Feld

Versuche

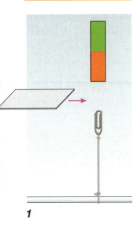

V1 Eine an einem Faden befestigte Büroklammer aus Eisendraht wird von einem Magnet so angezogen, dass sie mit gespanntem Faden vor ihm schwebt (Abb. ➤ 1). Wird zwischen Magnet und Büroklammer ein Stück Pappe, Holz oder eine Plastikfolie gehalten, so ändert sich dadurch nichts. Wird stattdessen ein Eisenblech verwendet, so fällt die Klammer nach unten.

V2 Lege eine Glasscheibe oder ein Blatt Papier auf einen Stabmagnet. Streue vorsichtig Eisenspäne darauf und klopfe dabei leicht an die Glasscheibe oder das Papier (Abb. ➤ 2). Wiederhole den Versuch mit einem Hufeisenmagnet. Die Eisenspäne ordnen sich je nach Magnet in einem bestimmten Muster an.

V3 Ein Magnet wird auf die Mitte einer Kompassnadel gerichtet. Befestige zwischen beiden eine Skala, an der du ablesen kannst, wie weit die Nadel vom Magnetende entfernt ist. Je näher sich die Nadel am Magnet befindet, umso größer ist der Auslenkungswinkel zur Nord-Süd-Richtung.

1

2

Grundwissen

siehe S. 231!

Magnetisches Feld und Feldlinien

Magnete üben Kräfte aufeinander aus, ohne dass sie sich berühren. Die Kraft nimmt mit der Entfernung der Magnete ab. Wir nehmen an, dass Magnete ihre Umgebung so verändern, dass auf andere Magnete Kräfte ausgeübt werden. Diesen Wirkungsbereich nennen wir **magnetisches Feld**.
Befindet sich statt Luft ein Vakuum zwischen zwei Magneten, so ändern sich die Kräfte zwischen ihnen nicht. Dies gilt auch für alle anderen nicht magnetisierbaren Stoffe. Nur Gegenstände aus magnetisierbaren Stoffen, die sich zwischen den Magneten befinden, verringern sie. So treten zwischen zwei Magneten keine Kräfte auf, wenn man ein Eisenblech zwischen sie hält.

> Den Raum um einen Magnet, in dem magnetische Wirkungen auftreten, nennen wir magnetisches Feld.
> Ein magnetisches Feld wird weder durch nicht magnetisierbare Stoffe noch Vakuum verändert.

Bringt man eine Kompassnadel in die Nähe eines Magnets, so stellt sie sich in eine für diesen Ort typische Richtung ein. Hat man mehrere kleine Magnetnadeln (Abb. ➤ 3), so ergibt sich ein Muster, bei dem sich die Nadeln in Linien aneinander reihen. Diese gedachten Linien veranschaulichen das magnetische Feld. Man nennt sie **magnetische Feldlinien**. An jedem Punkt einer Feldlinie zeigt sie in die Richtung der Kraft, die auf den magnetischen Nordpol eines anderen Magnets wirken würde. Deshalb beginnen sie am Nord- und enden am Südpol. Die Pfeilspitzen an den Feldlinien zeigen auf den Südpol des Magnets.
Magnetfeldlinienbilder sind aber nur ein Modell. Eigentlich existiert an jedem Punkt im Feld eine magnetische Kraft und somit eine Feldlinie, die uns die Richtung der Kraft zeigen müsste. Ansatzweise kann man dies mit Eisenfeilspänen zeigen (Abb. ➤ 2).

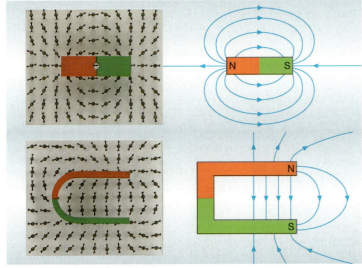

3 Kleine Magnetnadeln zeigen die Kraftrichtungen an. Daraus leitet man ein Feldlinienbild ab.

Magnetismus 191

Grundwissen

Die Stärke von Magneten und magnetischen Feldern

Man kann die Stärke von Magneten vergleichen, indem man Nägel in einer Kette an die Magnete hängt und die Kettenlänge vergleicht. Je länger die Kette wird, umso stärker ist ein Magnet. Mit dieser „Definition" kann man z. B. erkennen, dass man die Stärke zweier identischer Magnete bündeln kann, indem man die gleichartigen Pole nebeneinander bringt. Der so entstandene Magnet hat eine größere Stärke. Dreht man dagegen einen der Magnete um, dann entsteht ein Magnet mit kleinerer Stärke (Abb. ➤ 1).

Wenn allerdings ein schwacher Magnet sehr breit ist, dann kann man eventuell doch mehr Nägel an ihn hängen als an einen starken, aber dünnen Magnet. Deshalb ist nur die Länge der Kette, nicht die Anzahl der Nägel ein Maß für die Stärke des Magnets. Nicht nur beim Magnet kann man die Stärke bestimmen, auch beim magnetischen Feld kann man punktuell von der Stärke des Magnetfeldes sprechen. Natürlich ist es unmöglich, in die Umgebung eines Magnets eine Nagelkette zu hängen, ohne dass sie irgendwo befestigt ist.

Dennoch kann man feststellen, ob ein Nagel an einem Punkt im Magnetfeld stärker oder schwächer als an einem anderen Punkt angezogen wird. So nimmt etwa die anziehende Kraft umso mehr zu, je mehr man sich einem Magnetpol nähert (siehe Versuch 3).

| Das magnetische Feld wird mit der Nähe zu einem Magnetpol stärker.

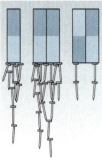

1 Magnetbündel

1 Jan sagt: „Komisch, direkt neben dem Magnet ist die anziehende Kraft kleiner als 1 cm vor ihm. Da stimmt doch etwas nicht." Macht Jan einen Fehler?

Das Magnetfeld der Erde

Drehbare Magnete richten sich auf der Erde in Nord-Süd-Richtung aus. Daraus schließt man, dass sich um die Erde ein Magnetfeld befindet, in dem sich diese Magnete ausrichten.

Das Magnetfeld der Erde lässt sich mit Feldlinien beschreiben (Abb. ➤ 2). Die magnetischen Pole des „Erdmagnets" liegen nicht auf der Drehachse der Erde. Man nennt die Punkte auf der Erdoberfläche, durch die die Drehachse der Erde verläuft, geografische Pole. Eine Magnetnadel zeigt also nicht genau die Nord-Süd-Richtung an. Die Abweichung heißt *Missweisung* des Kompasses (Abb. ➤ 3); für Orte auf der Linie Stralsund-Leipzig-Chiemsee ist die Missweisung zurzeit Null, westlich davon ist sie nach Westen, östlich davon nach Osten gerichtet. Messungen haben ergeben, dass sich die Lage der magnetischen Pole – allerdings sehr langsam – immer wieder etwas ändert (Abb. ➤ 4).

| In der Nähe des geografischen Nordpols der Erde liegt der magnetische Südpol; der magnetische Nordpol befindet sich in der Nähe des geografischen Südpols der Erde.

4 Magnetpolwanderung

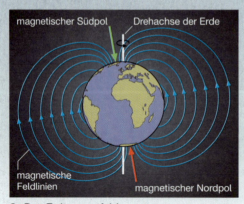

2 Das Erdmagnetfeld

3 Missweisung durch das Erdmagnetfeld

Werkstatt

Wir arbeiten mit dem Kompass

Hänsel und Gretel hätten aus dem dunklen Wald leichter herausfinden können, wenn sie einen Kompass besessen hätten. Allerdings hätten sie dann auch noch die Richtung wissen müssen, in der ihr Zuhause liegt, denn automatisch führt einen ein Kompass auch nicht heim. Wir wollen zunächst ganz einfache Kompasse selbst bauen und danach mit einem richtigen Kompass arbeiten.

Das brauchst du:
Einen Magnet, einige Nadeln, Briefklammern, einen Flaschenkorken, einen Marschkompass, eine Wanderkarte.

V1 Magnetisiere eine Nadel oder eine Briefklammer wie in Abb. ▶1! Befestige sie dann nach Abb. ▶2a bzw. 2b auf dem Korken! Fertig ist der Kompass!

1 Magnetisierung von Eisen

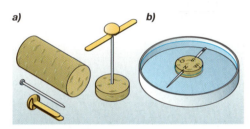

2 Selbstbau-Kompasse

V2 Ein echter Marschkompass (Abb. ▶4) besteht aus einer Magnetnadel, einer drehbaren Skala, einem Spiegel im Deckel und einer Visiereinrichtung (Kimme und Korn). Drei Aufgaben kannst du mit einem Kompass lösen:

a) Einnorden:
Wenn du erkennen willst, in welcher Himmelsrichtung die Orte liegen, musst du die Karte einnorden. Lege dazu die Kante des Kompasses an den Kartenrand oder eine Gitterlinie (Abb. ▶3)! Drehe nun die Karte so, dass die Magnetnadel in Nord-Süd-Richtung zeigt! Die Missweisung ist in Deutschland so klein, dass du sie nicht beachten musst.

b) Richtung gegeben – Marschzahl gesucht:
Bei Geländespielen will man manchmal einen bestimmten Weg in Marschzahlen „übersetzen", z. B. um den Meldeposten im Orientierungslauf zu verschlüsseln. Visiere dazu einen markanten Punkt im Gelände an! Im Deckspiegel siehst du das Bild der Kompassnadel. Drehe dann die Scheibe mit der Skala so, dass die Nadel auf die Nord-Süd-Richtung zeigt! Die gesuchte Marschzahl kannst du nun am Marschrichtungszeiger ablesen. Wenn du die Richtung änderst, musst du den nächsten Visierpunkt und damit eine neue Marschzahl suchen.

c) Marschzahl gegeben – Richtung gesucht:
Drehe die Scheibe mit der Skala so, dass der Marschrichtungszeiger auf die Marschzahl (Abb. ▶4) eingestellt wird. Nimm nun den Kompass vor das Auge und drehe dich so lange auf der Stelle, bis die Magnetnadel wieder auf die Nord-Süd-Richtung zeigt.
Wenn du jetzt über Kimme und Korn z. B. einen Baum siehst, dann musst du auf diesen Baum zulaufen. Ändert sich nach einer bestimmten Strecke die Marschzahl, dann musst du dir nach derselben Methode ein neues „Anlaufziel" suchen.

3 Eine Karte wird eingenordet.

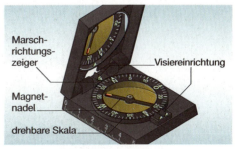

4 Marschkompass

Magnetismus **193**

Rückblick

Begriffe
Was versteht man unter
- einem Magnet?   – einem Magnetpol?
- einem magnetisierbaren Stoff?
- der Stärke eines Magnets?
- einem Magnetfeld?   – einer Feldlinie?
- einem Elementarmagnet?

Beobachtungen
Was beobachtet man, wenn man
- einen Magnet in eine Schachtel mit Eisennägeln taucht und wieder herauszieht?
- einen Magnet einem zweiten, beweglichen Magnet nähert?
- Eisenfeilspäne auf eine Glasplatte über einem Magnet streut und auf die Platte klopft?
- eine magnetische Nadel zerbricht und die Teile untersucht?

Erklärungen
Wie lässt sich begründen, dass
- die Pole eines Magnets Nord- und Südpol heißen?
- ein Magnet Kräfte auf einen entfernten anderen Magnet ausüben kann?
- eisenhaltige Körper in der Nähe von Magneten selbst zu Magneten werden?
- sich eine frei drehbare Magnetnadel stets in Nord-Süd-Richtung einstellt?

Gesetzmäßigkeiten
Beschreibe mit eigenen Worten
- die Regel für die Kraftrichtung zwischen zwei Magnetpolen.
- die Bedeutung der Feldlinien.
- die Kraftwirkung eines Magnets auf eisenhaltige Gegenstände.
- das Magnetfeld der Erde.

Erläutere die Erscheinungen in den Bildern und beantworte die Fragen!

⇐ Was zeigt das Bild mit den Eisenfeilspänen?

⇒ Weshalb befindet sich dieses Etikett auf Disketten?

Never
Nunca
Jamais
Nie
絶対禁止

Heimversuche

1. Der Datenkiller
Nimm eine alte Tonbandkassette und spiele einen kurzen Teil davon ab. Lass das Band wieder zurücklaufen. Überstreiche den nach außen zeigenden Teil des Bandes mit einem kleinen Magnet, während du den vorher abgehörten Abschnitt des Bandes mehrmals darunter hin und her ziehst (etwa mit einem Bleistift vor und zurück spulen).
Höre das so behandelte Tonband ab. Notiere und deute deine Beobachtungen.

2. Starke und schwache Magnete
Verwende verschiedene Magnete und untersuche sie daraufhin, wie viele Eisennägel maximal als Kette an einem Pol angehängt werden können.

Weshalb ist es sinnvoll, die Länge der längstmöglichen Kette und nicht die Gesamtzahl möglichst vieler am Magnet hängender Nägel als ein Maß für die Stärke des Magnets heranzuziehen?

Fragen

Magnet 1   Magnet 2

Magnet 1   Magnet 2

1 Zwei Paare von Stabmagneten stehen sich gegenüber. Welcher der Sätze beschreibt die Situation jeweils richtig:
- Magnet 1 übt auf Magnet 2 eine Kraft aus.
- Magnet 2 übt auf Magnet 1 eine Kraft aus.
- Beide Magnete üben wechselseitig Kräfte aufeinander aus.

2 Wie kann man die Pole eines nicht gekennzeichneten Magnets finden und identifizieren? Nenne mehrere Möglichkeiten.

3 Bei einem Stabmagnet ist nicht zu erkennen, welches Nord- bzw. Südpol ist. Kannst du das herausfinden? Zusätzlich hast du ein Stück Bindfaden, Eisennägel, ein Holz- und ein Eisenstativ und einen Kompass.

4 Das Gehäuse eines Kompasses besteht meist aus Kunststoff. Warum wohl?

5a) Warum kann man unter Umständen in Gebäuden die Himmelsrichtung mit Hilfe eines Kompasses nicht richtig bestimmen?
b) Auch im Freien gibt es Orte, an denen ein Kompass zur Orientierung nichts nützt. Wo befinden sich diese Orte?

6 Erkläre mit dem Modell der Elementarmagnete, wieso ein Eisenstück im Magnetfeld magnetisch und ohne Magnetfeld wieder unmagnetisch werden kann.

7 Auf welche Weise kann man Magnetfelder abschirmen?

194 Magnetismus

Elektrizität

Überall Elektrizität

Schon seit dem 16. Jahrhundert sind elektrische Erscheinungen bekannt. Doch erst im 19. Jahrhundert wurden die Geheimnisse der Elektrizität gelüftet und ihre technischen Anwendungen konnten sich dann allmählich überall auf der Erde durchsetzen.

Heute können wir uns ein Leben ohne elektrische Geräte kaum noch vorstellen. Es wäre schon eine Katastrophe, wenn irgendwo für längere Zeit der elektrische Strom ausfiele: Man müsste mit Kerzen oder Fackeln leuchten, in vielen Wohnungen könnte man nicht kochen, die Lebensmittel in den Kühl- und Gefrierschränken würden verderben, Straßenbahnen und Züge blieben stehen …

Wenn man nicht sachgerecht mit elektrischen Geräten umgeht, können allerdings auch gefährliche Situationen mit tödlichem Ausgang entstehen. Kennst du solche gefährlichen Situationen? Wie kannst du Unfälle mit elektrischem Strom vermeiden?

Batterie und Lämpchen

Einfache Lichtanlagen kannst du mit Glühlämpchen und Batterien bauen. Versuche ein Glühlämpchen zum Leuchten zu bringen.
Kannst du auch zwei Lämpchen so an die Batterie bzw. den Batteriehalter halten, dass sie gleichzeitig leuchten? Versuche verschiedene Möglichkeiten zu finden.

Elektrizität 195

Betrieb elektrischer Geräte

Versuche

V1 Schneide ein Stück eines Elektrokabels auf. Untersuche seinen Aufbau (Abb. ➤1). Es besteht meist aus Kupferdrähten, die von Kunststoff umhüllt sind.

V2 Ersetze – wie in Abb. ➤2 dargestellt – ein Stück des Kabels zwischen Batterie und Lämpchen durch einen Wollfaden, ein Plastiklineal, eine Bleistiftmine, einen Metalllöffel, einen Holzstift oder einen Radiergummi. Nur bei der Bleistiftmine und dem Metalllöffel leuchtet das Lämpchen.

1

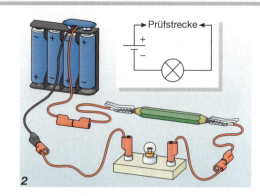

2

Grundwissen

Elektrische Geräte anschließen

Um ein Lämpchen zum Leuchten zu bringen oder ein anderes *elektrisches Gerät* wie z. B. eine Klingel, ein Radio, usw. zu betreiben, benötigt man elektrische Energie. Diese erhält man aus einer *elektrischen Energiequelle* (kurz: *elektrische Quelle* oder Quelle), wie z. B. Batterie, Solarzelle oder Steckdose. Zum Betrieb muss das elektrische Gerät an die elektrische Quelle angeschlossen werden. Gerät und elektrische Quelle haben hierzu je zwei Anschlussstellen, z. B. sind dies beim Lämpchen der Fußkontakt sowie das Gewinde. Bei elektrischen Quellen nennt man sie häufig Pole, die Symbole „+" und „-" bezeichnen den *Plus-* und den *Minuspol*.

Tastschalter

Stellschalter

Brückenschalter

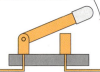

3 Verschiedene Schaltertypen

> Um ein elektrisches Gerät an eine elektrische Quelle anzuschließen, muss man jeden Pol der Quelle mit einer Anschlussstelle des Gerätes verbinden, man baut einen **Stromkreis**.

Zwei einfache Stromkreise zeigt Abb. ➤4. Man verwendet meist Leitungen. Da diese den Strom leiten, nennt man sie *Leiter*. Um einen Stromkreis zu öffnen und zu

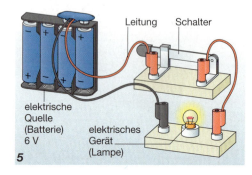

5

schließen verwendet man **Schalter** (Abb. ➤3). Sie werden in einer der Anschlussleitungen oder in dem Elektrogerät selbst eingebaut (Abb. ➤5). Bei offenem Schalter ist Luft zwischen den Leitern. Da Luft im Alltag ein *Nichtleiter (Isolator)* ist, leuchtet die Lampe nicht.

> Körper, die den Strom leiten, nennt man Leiter. Körper, die nicht leiten, nennt man Nichtleiter oder Isolatoren.

Nie darf man bei einem Schalter die leitenden Teile berühren. An der Berührstelle ist der Leiter daher meist von einem Isolator umgeben. Der Schalter „ist isoliert". Ob ein Körper ein Isolator oder ein Leiter ist, kann man z. B. mit V2 leicht selbst überprüfen. Hierzu muss man in Abb. ➤5 den Schalter durch verschiedene Gegenstände ersetzen, man nennt dies dann eine Prüfstrecke (Abb. ➤2).

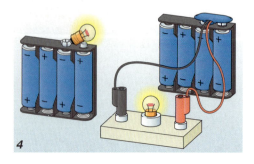

4

1 Lampen und Haushaltsgeräten besitzen oft nur ein Kabel. Wie kann dies sein?

2 Nenne fünf elektrische Geräte und fünf elektrische Quellen.

Grundwissen

Beachte stets folgende Sicherheitshinweise:

1. Experimentiere nie alleine und folge den Anweisungen des Lehrers genau!
2. Benutze als elektrische Quellen nur Batterien oder spezielle vorgesehene „Netzgeräte" der Schule.
3. Schalte stets am Ende des Versuches die elektrische Quelle ab.
4. Vermeide blanke Leitungen und Stecker und berühre nur isolierte Bauteile.

Jedes Gerät an die richtige Quelle

Wenn man zwei Lämpchen mit den Aufschriften 3,7 V und 7,0 V nacheinander an einen Batteriehalter für zwei und dann an einen für vier Mignonzellen anschließt, so erhält man die Ergebnisse aus Abb. ▶ 1.

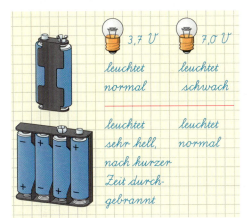

1 Welche elektrische Quelle passt zu welcher Glühlampe?

Solche Versuche mit unterschiedlichen elektrischen Quellen und Geräten zeigen: Nicht jedes elektrische Gerät kann mit jeder elektrischen Quelle betrieben werden. Wenn man dies nicht beachtet, können elektrische Geräte durch elektrische Quellen zerstört werden.

Wie kann man sicherstellen, dass elektrische Quellen und Geräte zueinander passen? Auf elektrischen Quellen und auch auf den Geräten befinden sich häufig Angaben über eine **Nennspannung** in der Einheit 1 Volt. Ein Batteriehalter von 3,0 V (gelesen: 3,0 Volt) kann eine 3,7 V-Glühlampe betreiben. Hat die Nennspannung auf der Quelle dagegen einen deutlich kleineren Wert als 3,0 V, so leuchtet die Lampe kaum oder gar nicht; ist sie erheblich größer als 3,7 V, so brennt die Lampe durch.

| Die Nennspannungen von elektrischem Gerät und elektrischer Quelle müssen (nahezu) übereinstimmen.

Ist die Nennspannung der Quelle kleiner als die des Geräts, funktioniert es nur schwach oder gar nicht, ist sie größer, geht das Gerät oft kaputt.

2 Elektrische Quellen und Geräte

Solarzelle	0,5 V
Knopfzelle	1,35 V
Mignonzelle	1,5 V
Monozelle	1,5 V
Flachbatterie	4,5 V
Fahrraddynamo	6 V
Blockbatterie	9 V
Autobatterie	12 V
Haushaltssteckdose	230 V
Kraftsteckdose	400 V
Eisenbahnfahrdraht	15 000 V

3 Spannungen verschiedener Quellen

Finger weg!

Gefahrenzeichen für hohe Spannung

Die Gefahren des elektrischen Stromes

Bei einem Streichholz sieht man sehr leicht, ob es gefährlich sein kann oder nicht: Brennt es, so droht Gefahr. Ist es aus, so ist es ungefährlich.
Elektrizität sieht man dagegen nicht. Somit ist die Gefahr, die hiervon ausgeht, auch nicht sichtbar. Wie können wir uns schützen?

| Merke: Elektrische Quellen können lebensgefährlich sein!

Deshalb darfst du NIE mit Steckdosen (230 V) experimentieren! Niemals mit Werkzeugen oder Gegenständen an Steckdosen hantieren, auch nicht an Leitungen und Geräten, die mit diesen verbunden sind.

Elektrizität 197

Werkstatt

Schaltpläne

In einem Versuchsprotokoll wird der Versuchsaufbau normalerweise durch einen Schaltplan wiedergegeben. Welche Vorteile hat er gegenüber einer Zeichnung oder einem Foto?

1 Versuchsaufbau

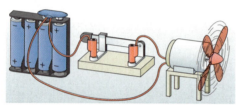

2 Zeichnung des Versuchsaufbaus

Abb. ▶1 zeigt einen einfachen Stromkreis bestehend aus elektrischer Quelle, Motor und Schalter. Für einen prinzipiellen Nachbau ist es nicht wichtig, genau die gleichen Bauteile zu haben. Man benötigt lediglich einen Motor, eine zu ihm passende Quelle und einen Schalter. Das Foto enthält hier mehr Informationen, als wir benötigen und kann somit Verwirrung stiften, ebenso wie eine Skizze (Abb. ▶2).

In komplizierten elektronischen Geräten (z. B. Radio, Fernseher, Computer) werden die Bauteile meist auf Platinen angebracht, auf deren Rückseite sie durch metallische Bahnen verbunden werden. Das Foto dieser Rückseite (Abb. ▶5) ist unübersichtlich und auch nicht ausreichend, da man nicht erkennen kann, welche Bauteile miteinander verbunden sind.

In beiden Fällen würde ein Schaltplan einfacher und präziser Auskunft über den Aufbau geben (Abb. ▶3).

5

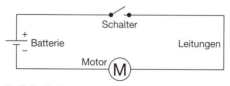

3 Schaltplan

Schaltpläne zeichnen

In einem Schaltplan verwendet man festgelegte Zeichen für Bauteile (Abb. ▶4). Für Schaltpläne gelten folgende Regeln:
– Nur die gültigen Zeichen verwenden.
– Die Verbindungen zeichnet man grundsätzlich mit dem Lineal.
– Dabei laufen die Leitungen parallel oder senkrecht zueinander.

Für deine Schaltskizzen kannst du u. a. die folgenden Symbole verwenden:

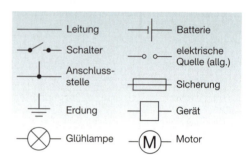

4 Schaltzeichen

Zeichne Schaltpläne und baue die folgenden Schaltungen auf:
V1 Der Motor befindet sich weit entfernt von der Batterie. Der Schalter soll sich in der Nähe des Motors befinden.
V2 Eine Glühlampe ist weit entfernt von der Batterie. Der Schalter soll sich in der Nähe der Batterie befinden.
V3 Drei Lämpchen in Fassungen sind so an eine Batterie geschaltet, dass zwei parallel geschaltet sind und das dritte zu ihnen in Reihe ist.
Überlege einmal, welches Lämpchen man aus der Fassung schrauben kann, ohne dass die anderen erlöschen und probiere es dann aus.

1 Überlege, wo eine Schaltung nach V1 oder nach V2 angewendet werden kann.

2 Welche Eigenschaften hat die Schaltung in Abb. ▶6? Warum wird sie wohl Wechselschaltung genannt?

6 So genannte Wechselschaltung

198 *Elektrizität*

Grundwissen

siehe S. 227 ff.!

Die Realität ist unanschaulich und kompliziert.

Modell-
bildung

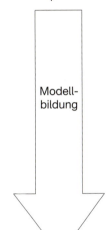

Das Modell ist anschaulich und einfach, jedoch entspricht es nicht der Wirklichkeit und hat daher Grenzen.

Wassermodell des elektrischen Stromes

Es ist nicht nur gefährlich, dass man Elektrizität nicht sehen kann, sondern dadurch auch sehr unanschaulich. Physiker wollen oft Dinge beschreiben, die man nicht sehen kann oder die sehr kompliziert sind.

> Sieht man etwas nicht oder ist es kompliziert, so nutzt man ein Modell, um es anschaulich zu machen.

Achtung: Jedes Modell hat seine Grenzen, an denen es nicht mehr mit der Realität übereinstimmt. Dann muss das Modell entweder verändert oder ein neues Modell aufgestellt werden.

Von einem Modell wird Folgendes gefordert:

> Ein Modell soll Beobachtungen so realitätsnah wie möglich, aber so allgemein und einfach wie möglich beschreiben, so dass man Vorhersagen anhand des Modells treffen kann.

Mit dem **Wassermodell** stellen sich Physiker das Geschehen im Stromkreis vor. Dabei wird der Stromkreislauf mit einem Wasserkreislauf verglichen. Dies verdeutlicht die Gegenüberstellung der beiden Kreisläufe.

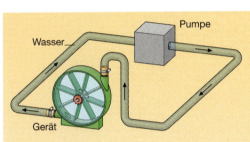

1 Der Kreislauf des Wassers

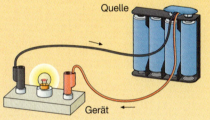

2 Der Kreislauf des elektrischen Stromes

Eine *Pumpe* bringt das *Wasser* in den *Wasserleitungen* des Wasserkreises zum Fließen. Fließendes Wasser wird auch als *Wasserstrom* bezeichnet.

Eine **Quelle** bringt **Elektrizität** in den **Stromleitungen** des Stromkreises zum Fließen. Fließende Elektrizität wird auch als **elektrischer Strom** bezeichnet.

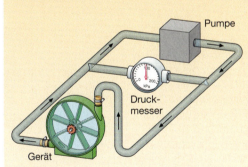

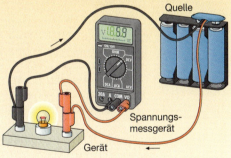

Die Pumpe erzeugt eine *Druckdifferenz* Δp zwischen der linken und der rechten Leitung.

Durch den hohen *Druck* in der einen Hälfte des Wasserkreises und den niedrigen Druck in der anderen Hälfte fließt das Wasser durch das Gerät. Ohne diesen Druckunterschied würde das Wasser nicht fließen.

Die Quelle erzeugt eine **Potenzialdifferenz** $\Delta \varphi$ (sprich: Delta Phi), auch **Spannung** genannt, zwischen der linken und der rechten Leitung.
Durch das hohe **Potenzial** φ_1 in der einen Hälfte des Stromkreises und das niedrige Potenzial φ_2 in der anderen fließt Elektrizität durch das Gerät. Ohne diesen Potenzialunterschied würde die Elektrizität nicht fließen.

Elektrizität **199**

Grundwissen

Mit einem Druckdifferenzmesser kann man die Druckdifferenz messen. Je größer die Druckdifferenz ist, umso größer ist der Ausschlag des Druckdifferenzmessers.

Wodurch wird das Gerät angetrieben?

Ist der Wasserkreislauf geschlossen, so kann das Wasser fließen, es wird dann Energie von der Pumpe zum Gerät transportiert (Abb. ➤ 1).

Mit einem Spannungsmessgerät kann man die Potenzialdifferenz messen. Je größer die Potenzialdifferenz ist, umso größer ist der Ausschlag des Spannungsmessgerätes.

Wodurch wird das Gerät angetrieben?

Ist der Stromkreislauf geschlossen, so kann die Elektrizität fließen, es wird dann Energie von der Quelle zum Gerät transportiert (Abb. ➤ 2).

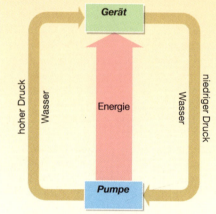

1 Energiestrom im Wasserkreislauf

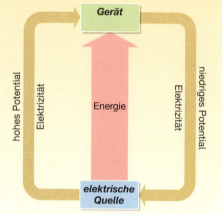

2 Energiestrom im elektrischen Stromkreis

Das Gerät kann diese Energie übertragen, z. B. eine Turbine dreht sich.

Das Gerät kann diese Energie übertragen, z. B. kann ein Lämpchen leuchten.

Das Messen von Spannungen

Die Potenzialdifferenz im Stromkreis wird mit der Größe **Spannung** mit dem Formelzeichen U beschrieben. Sie wird in der Einheit 1 Volt (1 V) – nach dem Italiener **Alessandro Volta** (1745 – 1827) – gemessen. Spannungsmessgeräte werden daher auch **Voltmeter** genannt.

| Die Potenzialdifferenz im Stromkreis heißt Spannung und wird in der Einheit 1 Volt (1 V) angegeben.

Da eine Differenz der Unterschied zwischen zwei Werten ist, muss das Messgerät an einen Punkt vor und einen Punkt hinter der Quelle oder dem Gerät angeschlossen werden (Abb. ➤ 3). Man sagt, das Messgerät wird parallel geschaltet.

| Messgeräte für die Spannung schaltet man parallel zur elektrischen Quelle.

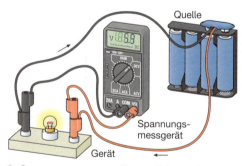

3 Spannungsmessgerät parallel geschaltet

1 Wie sieht ein Schalter im Wassermodell aus?

2 Erkläre anhand des Wassermodells, warum sich ein Schalter an einer beliebigen Stelle im Stromkreis befinden kann.

Potenziale und Nullpotenzial

Petra und Matthias waren am Wochenende Steilwandklettern. Matthias lacht Petra aus, weil sie nur auf einem 1500 Meter hohen Berg war, wohingegen er auf 2000 Meter Höhe geklettert ist. Petra entgegnet: „Dafür bin ich 1000 Meter hoch geklettert und du nur 500!" Kann das sein?
Die Höhenangaben im Gelände beziehen sich immer auf das so genannte Nullniveau, die Höhe des Meeresspiegels. Matthias kletterte bei seiner Tour auf einen Berg, dessen Gipfel 2000 Meter über dem Meeresspiegel (ü. M.) liegt. Er startete dabei aber von einem Punkt, der schon auf 1500 Meter ü. M. liegt, tatsächlich ist er also nur 500 Meter hoch geklettert. Petra startete dagegen von 500 Meter ü. M. und kletterte 1000 Meter hoch auf 1500 Meter ü. M. Somit kletterte Petra zwar auf einen niedrigeren Berg als Matthias, sie ist aber eine längere Strecke geklettert.

Grundwissen

Das Nullpotenzial

Auf den vorigen Seiten wurde schon die Potenzialdifferenz $\Delta\varphi$ (Spannung) eingeführt. Sie ist vergleichbar mit einer Höhendifferenz.
In der Technik legt man in Stromkreisen zunächst einmal fest, dass sich der negative Pol der Quelle auf dem **Nullpotenzial** befindet, vergleichbar mit dem Meeresspiegel als Nullniveau bei Höhenangaben. Wenn die Quelle nun z. B. eine 6 V-Batterie ist, so misst man zwischen dem negativen und dem positiven Pol eine Spannung von 6 V. Damit muss der Pluspol ein Potenzial besitzen, das um 6 V höher ist als das des Minuspols, also liegt er auf dem Potenzial 6 V.

> Potenzialangaben im Stromkreis beziehen sich immer auf das Nullpotenzial.

In Abb. ➤ 1 liegt A auf dem Nullpotenzial. Wie oben schon gezeigt wurde, liegt der Pluspol D der Batterie auf dem Potenzial 6 V. Wenn man die Spannung zwischen A und C misst, so zeigt das Spannungsmessgerät auch 6 V an.
Daraus kann man schließen, dass D und C auf dem gleichen Potenzial liegen und somit auch alle Punkte in der Leitung zwischen C und D. Das Gleiche gilt auch für die Punkte A und B sowie alle Punkte zwischen ihnen.

> In einer Schaltung liegen alle Punkte eines Leitungsstücks, das nicht durch elektrische Bauteile unterbrochen wird, praktisch auf dem gleichen Potenzial.

1 Ordne die Begriffe Potenzial, Nullpotenzial und Potenzialdifferenz vergleichbaren Begriffen im Wassermodell zu.

Die „verstopfte" Leitung

Bei langen Leitungen liegen Anfangspunkt und Endpunkt nicht auf dem gleichen Potenzial. Dies kann man zeigen, wenn man eine Kabeltrommel zur Verlängerung einer Leitung von einer 1,5 V-Batterie zu einem Lämpchen mit der Aufschrift (1,5 V/0,1 A) nimmt (Abb. ➤ 2).

Beim Bestimmen der Potenziale stellt der Elektriker fest, dass alle Punkte der Leitung, die vom Pluspol der Batterie aus zum Lämpchen führt, die sich zwischen dem Lämpchen und der Kabeltrommel befinden, auf einem Potenzial kleiner als 1,5 V liegen.

Das Potenzial nimmt also in der Leitung ab. Dadurch ist die Spannung im Lämpchen kleiner als 1,5 V, sie leuchtet nur schwach.

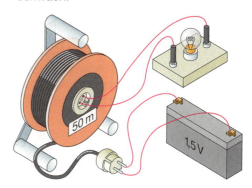

2 Stromkreis mit langen Leitungen

> In langen Leitungen besteht ein Potenzialunterschied $\Delta\varphi$ zwischen Anfang und Ende.

2 Weshalb sprechen Physiker davon, dass das Potenzial „im Gerät abfällt"?

Elektrizität **201**

Werkstatt

Reihen- und Parallelschaltung

Die Reihenschaltung (Abb. ➤1) hast du nun schon kennen gelernt. Sie wird auch unverzweigte Schaltung genannt. Neben den unverzweigten gibt es noch die verzweigten Schaltungen. In ihnen wird der Elektrizitätsfluss ein- oder mehrmals verzweigt (Abb. ➤2). Die Stromleitungen laufen nebeneinander, man sagt auch parallel. Aus diesem Grund werden solche Schaltungen Parallelschaltungen genannt.

Die beiden Schaltungsarten unterscheiden sich in einigen ihrer Eigenschaften. Diese Unterschiede sollst du durch die folgenden Versuche und Fragen entdecken und in dein Heft notieren. Gehe dabei wie nebenstehend beschrieben vor. Mache dir vor der Versuchsdurchführung noch einmal klar, dass man die Potenzialdifferenz vor und hinter einem Glühbirnchen messen kann, indem man das Voltmeter wie in Abb. ➤3 gezeigt in die Schaltung einbaut.

V1 Miss die Potenzialdifferenzen A-B und B-C in der Reihenschaltung (Abb. ➤1)
a) bei zwei identischen Lampen.
b) bei zwei verschiedenen Lampen.
c) Führe a) und b) mit drei Lampen durch. Welche Gesetzmäßigkeit kannst du aus deinen Messungen ableiten?

1 Was kann man aus V1 über die Summe der Potenzialdifferenzen aller in Reihe geschalteten Geräte aussagen?

V2 Miss die Potenzialdifferenzen an den Lampen einer Parallelschaltung (Abb. ➤2)
a) bei zwei identischen Lampen.
b) bei zwei verschiedenen Lampen.
c) Führe a) und b) mit drei Lampen durch. Welche Gesetzmäßigkeit kannst du aus deinen Messungen ableiten?

2 Was kann man aus V2 über die Potenzialdifferenz in einem der nebeneinander liegenden Stromkreise einer Parallelschaltung aussagen?

Vorgehensweise bei Versuchen

Fragen stellen und Versuche planen
↓
Schaltung überlegen
Schaltskizze zeichnen
↓
Ergebnisse voraussagen
↓
Versuche durchführen
↓
Ergebnisse mit Erwartungen vergleichen
↓
Übereinstimmung / Keine Übereinstimmung
↓
Ergebnissatz notieren und an weiteren Schaltungen überprüfen / Fehler in Erwartungen und/oder Schaltung suchen
↓
Neue Aufgabe

Ergebnisse der Versuche und Lösungen der Fragen:

V1: In einer Reihenschaltung ist die Summe aller auftretenden Potenzialdifferenzen genauso groß wie die Spannung der angelegten elektrischen Quelle.

V2: In einer Parallelschaltung ist die Spannung in jedem der parallelen Stromkreise genauso groß wie die Spannung der angelegten elektrischen Quelle.

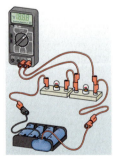

3 Messen des Potenzialunterschieds

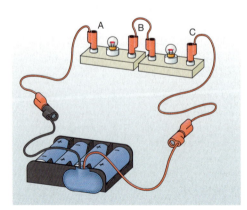

1 Reihenschaltung

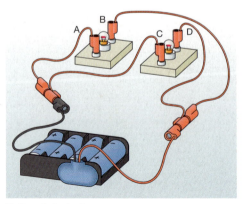

2 Parallelschaltung

202　Elektrizität

Die Messung der Stromstärke

Versuche

V1 Wir betrachten ein Wasserrad zu zwei verschiedenen Zeitpunkten, vor und nach einem Regenguss. Dadurch, dass der Bach nach dem Regen angeschwollen ist, dreht sich das Wasserrad schneller.

V2 Wir schließen ein Lämpchen an eine veränderbare elektrische Quelle an. Verändert man die Spannung der Quelle, so leuchtet das Lämpchen je nach Einstellung heller oder dunkler.

Grundwissen

1 Digitales Messinstrument

Ströme vergleichen

Im Wassermodell sehen wir, dass unterschiedlich viel Wasser fließen kann. Um verschieden starke Wasserströme miteinander vergleichen zu können, müssen wir ein Maß für die Stromstärke einführen. Hierzu muss man messen, wie viel Wasser in einer bestimmten Zeit aus der Pumpe kommt bzw. an jeder beliebigen Stelle im Wasserkreislauf vorbeifließt. Man könnte z. B. alle Wasserteilchen zählen, die innerhalb einer Sekunde an einer bestimmten Stelle vorbeiströmen. Da dies sehr viele sind, bestimmt man besser das Volumen der Wassermenge in der Einheit Liter. Somit würde die Angabe der Wasserstromstärke in der Einheit Liter pro Sekunde erfolgen.

Vergleichbar mit den Wasserteilchen sind im elektrischen Stromkreis die kleinsten fließenden Elektrizitätsportionen. Träger dieser kleinsten Elektrizitätsportionen sind die **Elektronen**. Auch hier ist es sinnvoll, nicht die Elektrizitätsportionen einzeln zu zählen, sondern ein geeigneteres Maß zu verwenden. Diese Menge an Elektrizitätsportionen nennt man **elektrische Ladung** mit dem Formelzeichen Q. Die Einheit der Ladung heißt 1 Coulomb (1 C) nach **Charles Augustin de Coulomb** (1736 – 1806). Sie ist vergleichbar mit dem Liter im Wasserkreislauf und entspricht den Elektrizitätsportionen von sechs Milliarden Milliarden Elektronen!

> Wie viel elektrische Ladung pro Zeitspanne durch einen Leiterquerschnitt geht, beschreibt die **elektrische Stromstärke** mit dem Formelzeichen I.

Ihre Einheit ist 1 Ampere (1 A) nach dem Franzosen **André Marie Ampère** (1775 – 1836). Es ist 1 A = 1 C/s. Sie wird also in Coulomb pro Sekunde gemessen.

Ströme messen

Wie misst man die Stromstärke? Zunächst benötigt man eine „Zählstelle", die die elektrische Ladung „zählt", die in einer Sekunde durch sie hindurch fließt. So ein Gerät nennt man Stromstärkemessgerät oder auch **Amperemeter**. Damit das Amperemeter auch die gesamte an der Zählstelle vorbeikommende Ladung pro Sekunde messen kann, muss es „in Reihe" in den Stromkreis eingebaut werden, sodass keine Ladung am Gerät „vorbeifließen" kann. In Abb. ➤ 2 ist links die Quelle und jeweils neben der Lampe ein Stromstärkemessgerät in Reihe geschaltet.

Die Elektrizität fließt durch beide Stromstärkemessgeräte, die Stromstärke vor und nach der Lampe ist gleich groß. Die Stromstärke wird durch die Lampe nicht kleiner, genauso wenig wie die Wasserstromstärke im Wassermodell hinter einem Wasserrad kleiner wird.

> Die Stromstärke im einfachen Stromkreis ist überall gleich.

In der Technik verwendet man meist digitale Multimeter (Abb. ➤ 1), mit denen man Spannungen und Ströme messen kann (Wahlrad in der Mitte). Zu beachten ist dann, dass man es bei Spannungsmessungen parallel und bei Stromstärkemessungen in Reihe schaltet.

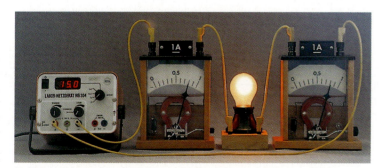

2 Vor und hinter der Glühlampe ist der elektrische Strom gleich.

1 Macht es Sinn, ein Stromstärkemessgerät parallel zur Lampe zu schalten?

Elektrizität **203**

Werkstatt

Gesetzmäßigkeiten in Reihen- und Parallelschaltungen

Du sollst nun die Gesetzmäßigkeiten der Stromstärke in Reihenschaltungen und Parallelschaltungen untersuchen. Überprüfe dazu jeweils die auftretenden Stromstärken vor und hinter den Lämpchen, Knotenpunkten, usw. Gehe folgendermaßen vor:

a) Plane zu jedem Schaltungstyp je einen Versuch mit zwei gleichen Lampen und einen Versuch mit zwei unterschiedlichen Lampen.

b) Zeichne die Schaltung, die du verwenden möchtest, mit Schaltzeichen in dein Heft.

c) Stelle anhand des Wassermodells Vermutungen auf, wie sich die Stromstärke in den Schaltungen verhält bzw. aufteilt. Schreibe diese in dein Heft.

d) Führe anschließend die Versuche durch und protokolliere die Ergebnisse.

a)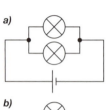
b)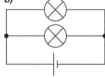
c)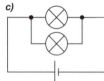
d)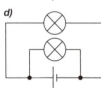

2 Dies sind alles erlaubte Schaltpläne derselben Parallelschaltung. a) und b) sind aber am gebräuchlichsten.

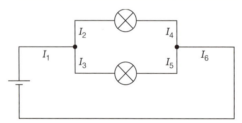

1 Beispiel für die Parallelschaltung: Messe die Stromstärken I_1 bis I_6!

Fragen:

1 In Abb. ➤ 1 sei $I_1 = 5\,A$ und $I_2 = 3\,A$. Wie groß sind I_3, I_4, I_5 und I_6?

2 Baue die Schaltung aus Abb. ➤ 3 nach und messe I_1 und I_2. Kannst Du nun I_3 und I_4 richtig vorhersagen? Schreibe deine Vorhersagen auf und überprüfe sie durch Messungen.

3 Baue weitere Schaltungen auf und bestimme mit möglichst wenig Messungen alle auftretenden Stromstärken.

4 Führe Aufgabe 3 auch für alle auftretenden Spannungen durch.

Lösungen:

Wir erkennen aus den Versuchen, dass die Stromstärke an allen Punkten einer Leitung gleich ist. Dies gilt auch, wenn mehrere verschiedene Geräte in Reihe geschaltet sind, also in jeder Reihenschaltung. Auch in jedem einzelnen Zweig einer Parallelschaltung stimmt dies, es folgt also in Abb. ➤ 1: $I_2 = I_4$ und $I_3 = I_5$. Wenn sich die Leitung verzweigt, so teilt sich auch der Strom auf die Zweige auf. Dabei gilt die so genannte **Knotenregel**:

> An einem Leitungsknoten ist die Summe aller zum Knoten fließenden Ströme gleich groß wie die Summe aller vom Knoten wegfließenden Ströme.

In Abb. ➤ 1 gilt mit der Knotenregel:
$I_1 = I_2 + I_3$
$I_6 = I_4 + I_5 = I_2 + I_3$.

Da $I_2 + I_3$ sowohl so groß wie I_1 als auch so groß wie I_6 sind, folgt auch, dass I_1 und I_6 gleich groß sind. Stellt man sich vor, die ganze Parallelschaltung sei ein Gerät mit zwei Lampen, so deckt sich dies mit unseren bisherigen Erkenntnissen über Stromkreise.

Im Wassermodell lässt sich dies ganz einfach erklären. Im geschlossenen Kreislauf geht kein Wasser verloren. Sind nun mehrere Turbinen in Reihe geschaltet, so muss die gleiche Menge Wasser, die pro Sekunde von der Pumpe (vgl. mit elektrischer Quelle) in den Wasserkreislauf hineingebracht wird, an jeder der Turbinen (vgl. mit Glühbirnen) vorbeikommen und am Ende wieder an der Pumpe ankommen. Sind die Turbinen nun parallel geschaltet, so muss sich das Wasser auf die beiden möglichen Wege aufteilen. Addiert man die fließenden Wassermassen pro Sekunde auf den beiden möglichen Wegen, so muss hier zusammen genauso viel Wasser pro Sekunde fließen, wie die Pumpe in den Kreislauf pumpt.

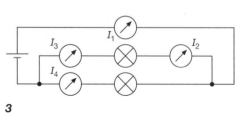

3

204 Elektrizität

Spannung und Stromstärke

Versuche

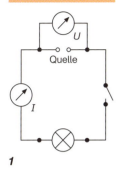

1

V1 Mit der Schaltung aus Abb. ▶1 untersuchen wir den Zusammenhang zwischen Spannung und Stromstärke in einer Glühlampe. Als elektrische Quelle nehmen wir einen so genannten Trafo, bei dem man die Spannung von 0 V bis 7 V variieren kann. Man erhält dadurch z. B. die folgende Tabelle:

U in V	0	1,0	2,0	3,0	4,0	5,0	6,0
I in A	0	0,13	0,22	0,30	0,36	0,40	0,45

V2 Mit demselben Versuchsaufbau untersuchen wir anstelle der Glühlampe auch noch einen gewickelten Eisendraht, einen Draht aus Konstantan und einen Graphitstab (z. B. Bleistiftmine). Folgende Messwerte wurden ermittelt:

U in V	0	1,0	2,0	3,0	4,0	5,0
Eisen: I in A	0	0,34	0,60	0,80	0,98	1,08
Graphit: I in A	0	0,19	0,39	0,62	0,85	1,16

Konstantan:

U in V	0	1,0	2,0	3,0	4,0	5,0	6,0
I in A	0	0,12	0,24	0,36	0,49	0,61	0,74

Grundwissen

guter Leiter kleiner Widerstand

Silber
Kupfer, Gold
Aluminium, Eisen
Graphit, Beton
Säuren, Laugen
Salzlösungen
Leitungswasser
Erde, Marmor
Luft
Benzin, Öl
Papier, Textilien
Glas
PVC
Porzellan

schlechter Leiter großer Widerstand

3 Je besser ein Körper leitet, umso kleiner ist sein elektrischer Widerstand.

ACHTUNG: „Widerstände" nennt man auch Bauteile mit bestimmten Widerstandswerten.

Der elektrische Widerstand

Wie sich die Stromstärke bei variabler Spannung der Quelle verändert, kann man grafisch veranschaulichen. Ein Diagramm, das die gemessene Stromstärke in einem Gerät bei verschiedenen Spannungen zeigt, nennt man **U-I-Kennlinie**.

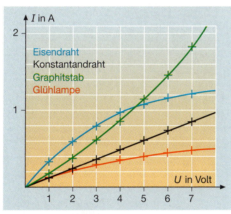

4 U-I-Kennlinien verschiedener Drähte

Mithilfe der U-I-Kennlinien in Abb. ▶4 kann man Folgendes feststellen:
Bei gleicher Spannung in unterschiedlichen Geräten erhält man verschieden große Werte für die Stromstärke. So ist z. B. die Stromstärke im Eisendraht bei der Spannung $U = 2{,}0$ V größer als bei der Glühlampe.

Dies bedeutet, dass bei 2 V die Ladungen im Eisendraht „leichter" fließen können als in der Glühlampe, der Eisendraht also bei 2 V die Elektrizität besser leitet. Man sagt, bei der Spannung 2 V hat der Eisendraht einen kleineren **elektrischen Widerstand** als die Glühlampe.

> Bei gleicher Spannung gilt: Je besser ein Gerät den elektrischen Strom leitet, umso größer ist die Stromstärke und umso kleiner ist sein elektrischer Widerstand.

Dies kann man sich so veranschaulichen: Wenn man etwas Wasser in den Mund nimmt und es, so stark man kann, einmal durch einen dünnen Strohhalm und einmal durch einen dicken, gleich langen Strohhalm drückt, so wird man beim dicken Strohhalm schneller sein. Also ist die Wasserstromstärke (in l/s) bei gleichem Druck beim dicken Strohhalm größer und man verspürt beim dicken Strohhalm einen kleineren Widerstand. Entsprechend dem Wassermodell erfährt der Elektrizitätsfluss abhängig vom Leiter einen Widerstand. Bei einem guten Leiter spricht man somit davon, er habe „einen kleinen Widerstand" (Abb. ▶3).

Den **elektrischen Widerstand** (mit dem Formelzeichen R) eines Gerätes kann man durch den Quotienten U/I erfassen. Man legt fest:

> Misst man in einem Gerät bei einer bestimmten Spannung die Stromstärke, so gilt für seinen elektrischen Widerstand: $R = U/I$.

Die Einheit des elektrischen Widerstandes ist 1 Ohm = 1 Ω. Die Benennung der Einheit erfolgt zu Ehren des deutschen Physikers **Georg Simon Ohm** (1789 – 1854). Aus der Definition des Widerstandes folgt: $1\,\Omega = 1\,V / 1\,A$.

Elektrizität

Grundwissen

Spannung und Widerstand

Aus den Versuchsergebnissen von V1 und der Definition des elektrischen Widerstandes kann man die so genannte **U-R-Kennlinie** der Geräte aufstellen:

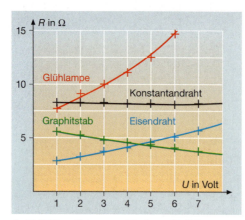

1 U-R-Kennlinie verschiedener Drähte

Aus ihr kann man den Zusammenhang zwischen der Spannung und dem Widerstand im Bereich $U = 0\,V$ bis $7\,V$ ablesen. Danach gilt für die Glühlampe und den Eisenstab: Je größer die Spannung ist, desto größer ist der elektrische Widerstand. Der Graphitstab verhält sich anders, bei ihm gilt: Je größer die Spannung ist, desto kleiner ist der Widerstand. Für Konstantan erhalten wir ein besonderes Ergebnis: Egal welchen Wert zwischen $0\,V$ und $7\,V$ wir für die Spannung einstellen, der Widerstand bleibt gleich groß, er ist konstant. Aus $R = U/I$ folgt bei Konstantan daraus die Proportionalität $U \sim I$.

Widerstand und Temperatur

Der elektrische Widerstand vieler Stoffe verändert sich, wenn man ihre Temperatur verändert. Dies zeigt ein Versuch nach Abb. ➤2, bei dem die Stromstärke gemessen und der Widerstand über $R = U/I$ berechnet wird.

Abb. ➤3 zeigt für gewickelte Eisen-, Aluminium- und Kupferdrähte, wie sich der Widerstand verändert. Dazu wurde der Widerstand bei verschiedenen Temperaturen gemessen und in ein Temperatur-Widerstand-Diagramm eingetragen. Man erkennt, dass bei den untersuchten Metallen der Widerstand mit steigender Temperatur zunimmt. Dieses Verhalten kann man auch bei anderen Metallen finden.

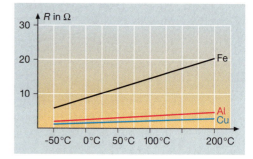

3 T-R-Diagramm

> Bei vielen metallischen Leitern nimmt der Widerstand mit der Temperatur zu.

Stoffe mit diesem Verhalten nennt man **Kaltleiter** oder PTC-Widerstände. PTC bedeutet **p**ositiver **T**emperatur-**C**oeffizient, d. h. mit steigender Temperatur erhöht sich der Widerstand. Es gibt auch so genannte **Heißleiter** oder NTC-Widerstände (Negativer TC).

In der Technik werden sowohl PTC- als auch NTC-Widerstände (Abb. ➤4) verwendet, um als Temperaturfühler die Temperatur von Heiz- und Backgeräten sowie Kühlschränken zu regeln. Mit ihrer Hilfe lassen sich auch temperaturabhängige Vorgänge steuern und elektronische Schaltungen gegenüber Temperaturänderungen unempfindlich machen.

Heißleiter NTC   **Kaltleiter** PTC

4 NTC- und PTC-Widerstände

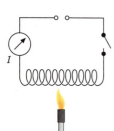

2 Erhöhung der Temperatur bei gleicher Spannung

1 Begründe, welche der beiden T-R-Kurven (rot und blau) zu einem PTC- (NTC-) Widerstand gehört!

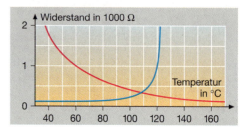

206 Elektrizität

Werkstatt

Die „verstopfte" Leitung: Drähte sind Widerstände!

1

I in A	U in V	l in m
0,52	8,0	0,25
0,25	8,0	0,50
0,18	8,0	0,75
0,13	8,0	1,0

2 Messreihe für Konstantandrähte mit $d = 0,1$ mm

I in A	U in V	d in mm
0,13	8,0	0,10
0,52	8,0	0,20
1,2	8,0	0,30
2,1	8,0	0,40

3 Messreihe für Konstantandrähte mit $l = 1$ m

Für die Preisverleihung bei einem Sportfest wurden in großer Entfernung vom Verstärker Lautsprecher aufgestellt. Die erste Hörprobe war ein Misserfolg. Der Ton war kaum zu hören. Erst als dickere Kabel installiert wurden, brachten die Lautsprecher die gewohnte Leistung (Abb. ➤ 1). Weshalb?

In vielen elektrischen Geräten spielen Drähte als Bauteile eine wichtige Rolle, z. B. in Glühlampen oder in elektrischen Heizgeräten. Drähte bilden auch meistens die Leitungen in den Stromkreisen. Wenn die Spannung der Quelle konstant bleibt, bestimmt der Widerstand die Stromstärke in den Stromkreisen.

Abhängigkeiten richtig untersuchen

Wir wissen bereits, dass der elektrische Widerstand eines Drahtes vom Material und von seiner Temperatur abhängt. Es stellt sich nun die Frage, ob verschiedene Drähte aus dem gleichen Material unterschiedliche Widerstände haben können.

Es könnte zum Beispiel sein, dass der Widerstand von der Länge und von der „Dicke" des Drahtes abhängt.

Wie kann man so etwas untersuchen? Wir verdeutlichen uns das an einer Alltagssituation: Du willst wissen, ob der Laden Blix billiger ist als der Laden Blax. Hierzu kannst du den Preis von einer Tafel Schokolade bei Blix nicht mit dem Preis eines Kaugummis bei Blax vergleichen. Man kann den Einfluss des Ladens auf den Preis nur dann beurteilen, wenn man außer dem Laden nichts ändert, d. h. wir können nur Schokolade mit Schokolade oder Kaugummi mit Kaugummi vergleichen.

Übertragen wir dieses Prinzip auf unsere ursprüngliche Fragestellung: Wollen wir den Einfluss der Länge eines Drahtes auf den Widerstand bestimmen, so muss der Draht immer gleich dick sein. Wollen wir den Einfluss der Dicke untersuchen, so muss er immer gleich lang sein.

Fragen:

1 Untersuche den Einfluss der Größen Wassermenge, Wassertemperatur und Zuckermenge auf die Auflösungszeit von Zucker in Wasser.

2 a) Plane einen Versuch, in welchem du den Einfluss der Querschnittsfläche und der Länge eines Drahtes auf den elektrischen Widerstand bestimmst.
b) Zeichne ein Länge-Widerstand-Diagramm (zur Not anhand Abb. ➤ 2) und überlege dir aus dem Diagramm, welcher Zusammenhang zwischen der Länge und dem Widerstand besteht.
c) Wiederhole Teil b) für den Querschnittsfläche-Widerstand-Zusammenhang (z. B. mit Hilfe Abb. ➤ 3).

Lösungen zu 2:

b) Der Widerstand eines Drahtes ist proportional zu seiner Länge: $R \sim l$.

c) Wenn man die Querschnittsfläche eines Drahtes verdoppelt, halbiert sich der Widerstand. Der Widerstand eines Drahtes ist somit proportional zum Kehrwert seiner Querschnittsfläche: $R \sim 1/A$.

Diese Leiterstücke leiten gleich gut: Silber, Kupfer, Aluminium, Eisen, Konstantan, Heizdraht NiCr, Kohle

Auch diese Stücke leiten gleich gut: Ag, Cu, Al, Fe, Konst., NiCr, C

4 Drahtstücke mit gleichem Widerstand

Elektrizität 207

Ein Lehrer wird berühmt

Georg Simon Ohm

Georg Simon Ohm wurde 1789 in Erlangen geboren. Sein Vater war Schlossermeister. Mit 16 Jahren ging Ohm zur Universität und wurde Lehrer am Gymnasium in Köln. Dort untersuchte er den Zusammenhang von Stromstärke und Spannung bei verschiedenen Drähten. Zuerst hat er dazu eine zuverlässige elektrische Quelle und ein Messgerät für die Stromstärke erfunden.
Dann schrieb er 1826: „ … Ich hatte mir 8 verschiedene Leiter vorgerichtet, die 2, 4, 8, 10, 18, 34, 66, 130 Zoll lang, 7/8 Linie dick und insgesamt aus einem Stück sogenanntem platirtem Kupferdraht geschnitten waren …" Aus seinen Messreihen ließ sich die heute nach ihm benannte Gesetzmäßigkeit ableiten:

Wenn für ein Material in einem bestimmten Bereich die Stromstärke I proportional zur Spannung U ist, dann sagt man, es erfüllt in diesem Bereich das Ohm'sche Gesetz. Man sagt, es ist ein Ohm'scher Widerstand.
1842 erhielt Georg Simon Ohm aus England eine goldene Medaille, die dem heutigen Nobelpreis vergleichbar ist. Daraufhin wurde er Professor in München.

Widerstände in elektrischen Geräten

1 Schichtwiderstand

Beispiel:
1. Ring
2. Ring
3. Ring
4. Ring

25 x 10 MΩ ± 1%
= 250 MΩ ± 1%

In elektronischen Geräten werden Bauteile aller Art eingesetzt. Oftmals sind so genannte Schichtwiderstände die darin am häufigsten vorkommenden Bauteile (Abb. ➤1). Diese Widerstände bestehen aus einem Keramikröhrchen, auf das eine dünne Kohle- oder Metallschicht als Leiter aufgedampft ist. Außen werden vier farbige Ringe aufgemalt, mit deren Hilfe man nach einem Farbcode den Widerstandswert ablesen kann (Abb. ➤2). Die ersten beiden Ringe bestimmen die ersten beiden Ziffern, der dritte Ring die Anzahl der an diese beiden Ziffern anzuhängenden Nullen. Damit wird der Widerstand in Ohm angegeben. Die Farbe des vierten Ringes informiert über die mögliche Abweichung des Widerstandes vom angegebenen Wert.

Farbcode für Kohleschicht-Widerstände

Ringfarbe	1. Ring 1. Ziffer	2. Ring 2. Ziffer	3. Ring	4. Ring
schwarz	0	0	x 1 Ω	
braun	1	1	x 10 Ω	± 1%
rot	2	2	x 100 Ω	± 2%
orange	3	3	x 1 kΩ	
gelb	4	4	x 10 kΩ	
grün	5	5	x 100 kΩ	
violett	6	6	x 1 MΩ	
blau	7	7	x 10 MΩ	
grau	8	8	x 100 MΩ	
weiß	9	9		
gold			x 0,1 Ω	± 5%
silber			x 0,01 Ω	± 10%

Supraleitung

Die Temperaturabhängigkeit des elektrischen Widerstandes zeigt bei einigen Stoffen eine Besonderheit: Bei Abkühlung unterhalb einer bestimmten Temperatur verschwindet der Widerstand plötzlich. Es entsteht **Supraleitung**. Supraleitende Stoffe haben keinen Widerstand. Ein einmal in Gang gesetzter Strom im Supraleiter bleibt auch ohne angeschlossene Quelle ständig bestehen; in einem Experiment geschieht dies schon mehrere Jahre lang. Der Nachteil ist, dass man hierfür sehr niedrige Temperaturen benötigt.
Lange Zeit benötigte man flüssiges Helium (-269 °C) zum Kühlen.
Erst J.G. Bednorz (D) und K.A. Müller (CH) entdeckten, dass es Stoffe gibt, die schon bei einer Kühlung mit flüssigem Stickstoff (-196 °C) supraleitend werden. Da dies eine deutlich höhere Temperatur ist als bisher benötigt, nennt man dies die **Hochtemperatursupraleitung**. 1987 erhielten sie dafür den Physiknobelpreis.
Diese Entdeckung verbilligte den Einsatz der Supraleitung erheblich und ebnete dadurch

den Weg zur Anwendung z. B. zum Bau starker Elektromagnete für medizinische Geräte. Auch Computer mit Supraleitern werden entwickelt.

Das Bild zeigt eine mit flüssigem Stickstoff gekühlte supraleitende Probe, über der ein kleiner Magnet schwebt. Ein Kreisstrom in ihr erzeugt ein Magnetfeld, das so gerichtet ist, dass es den Magnet abstößt. Ohne Kühlung hört der Strom wegen des entstehenden Widerstandes auf – der Magnet fällt herunter.

Werkstatt

Versuchsprotokolle

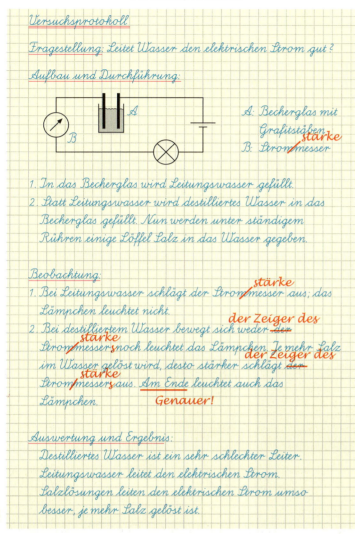

1 Korrigiertes Versuchsprotokoll eines Schülers

Stelle dir vor, ihr habt in der Schule einen Versuch durchgeführt und du sollst einem Mitschüler, der nicht dabei war, erklären, was und wie ihr es herausgefunden habt. Die gleiche Aufgabe haben auch Physiker, die ein Experiment durchgeführt haben. Sie müssen es für die anderen Wissenschaftler, die nicht dabei sein konnten, so festhalten, dass diese das Experiment nachvollziehen können. Diese so genannte Reproduzierbarkeit eines Versuches ist sehr wichtig. Nur wenn ein Versuch nachvollzogen werden kann und andere zu gleichen Ergebnissen kommen, werden die Ergebnisse international anerkannt.

Als Anleitung dazu dient ein so genanntes **Versuchsprotokoll** (Abb. ➤ 1). Dies ist üblicherweise folgendermaßen aufgebaut:

1. Fragestellung: Was wird untersucht?

2. Aufbau und Durchführung: Wie ist der Versuch aufgebaut? Zur Veranschaulichung dient eine Skizze bzw. ein Schaltplan. Welche einzelnen Schritte werden beim Versuch durchgeführt?

3. Beobachtung: Was stellt man bei den einzelnen Schritten fest? Achtung: Dabei wird nur notiert, was man tatsächlich wahrnimmt bzw. misst und nicht, was man daraus schließen kann! Für ganze Messreihen legt man eine Tabelle an.

4. Auswertung und Ergebnis: Wie lassen sich die Beobachtungen erklären oder deuten? – Welche Antwort ergibt sich auf die Ausgangsfrage?

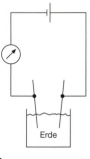

2

Übung: Der „Gießroboter"
Oft vertrocknen Blumen, weil man im Urlaub ist und sie nicht gießen kann. Jetzt wäre ein Gießroboter nützlich, der die Blumen gießt, wenn die Erde zu trocken ist. Wie aber kann er das feststellen? Und wenn er gießt, wie lange muss er dies tun, damit die Blumen nicht „ertrinken"? Er müsste die Feuchtigkeit der Erde messen. Dazu überlegen wir: Der elektrische Widerstand der Erde hängt von ihrer Feuchtigkeit ab.
Anders herum: Wenn man den elektrischen Widerstand der Erde kennt, kennt man ihren Feuchtigkeitszustand. Zuvor muss man den genauen Zusammenhang aber in einem Versuch bestimmen.

1 Baue den Versuch nach Abb. ➤ 2 auf. Messe den Widerstand bei trockener Erde. Gib dann zwei Löffel Wasser gleichmäßig über die Erde und messe den Widerstand erneut. Führe Protokoll!

2 Für eine Pflanze sollte die Feuchtigkeit der Erde zwischen vier und acht Löffeln Wasser in Aufgabe 1 betragen. Wie muss der Roboter, der den elektrischen Widerstand messen kann, programmiert werden? Überlege dir dazu, bei welchen Widerstandsmesswerten der Roboter wie viel Wasser gießen sollte.

Elektrizität 209

Wirkungen des elektrischen Stromes

Versuche

Modellgrenze!
Wir stoßen das erste Mal an eine Modellgrenze des Wassermodells:
Diese Wirkungen sind nicht mit dem Wassermodell zu erklären!

siehe S. 227!

Elektrischen Strom kann man nicht sehen. Er ruft jedoch Wirkungen hervor, die wir beobachten können.

V1 Wir untersuchen die Temperatur eines dünnen Eisendrahtes bei verschiedenen Stromstärken und stellen fest: Je größer die Stromstärke in einem dünnen Eisendraht ist, desto höher wird seine Temperatur.

V2 Wenn man nun die Stromstärke konstant hält und die Drahtdicke (das Drahtmaterial) verändert und wiederum die Temperatur des Drahtes untersucht, so stellt man fest: Je dicker der Draht (je leitfähiger das Drahtmaterial) ist, desto niedriger ist seine Temperatur.

V3 Wickle einen 3 Meter langen, dünnen und isolierten Draht mindestens 50-mal um eine Eisenschraube mit Mutter, deren Durchmesser größer als 5 mm ist. Verbinde die Enden des Drahtes mithilfe von Lüsterklemmen mit einem Batteriehalter (Abb. ➤ 1). Lege die angeschlossene Spule auf einen ganzen Haufen Büroklammern (einen Schlüsselbund) und ziehe sie dann wieder nach oben. Die Eisenschraube ist magnetisch geworden und zieht die Büroklammern an.

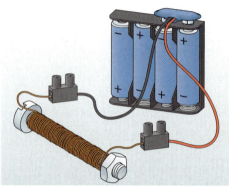

1 Selbstbau-Elektromagnet

Grundwissen

Wärmewirkung

2 Haushaltsglühlampe

3 Kochplatte

Die **Lichtwirkung** hängt direkt mit der Wärmewirkung zusammen, denn die Glühlampe leuchtet, da sich der gewendelte Glühdraht stark erhitzt. Genauso leuchtet auch die heiße Kochplatte rechts.

Fließt Elektrizität durch einen Leiter, so erwärmt sich dieser, dies nennt man die Wärmewirkung des elektrischen Stromes.

| Der elektrische Strom bewirkt eine Temperaturerhöhung des Leiters.

Wenn man einen Draht aufwickelt, wird er heißer und glüht deutlich heller als der gestreckte Draht. Die einzelnen Windungen der Wendel heizen sich gegenseitig auf und werden von der Luft nicht so gut gekühlt wie der gestreckte Draht.

Dieses Prinzip wird bei vielen elektrischen Geräten verwendet, z. B. in einer Kochplatte (Abb. ➤ 3).

Magnetische Wirkung

4 Elektromagnet auf einem Schrottplatz

Fließt Elektrizität durch einen Leiter, so wird dieser von einem Magnetfeld umgeben, dies nennt man die magnetische Wirkung des elektrischen Stromes.

| Der elektrische Strom erzeugt ein Magnetfeld um einen Leiter.

Dieses Magnetfeld kann man „bündeln", indem man den Draht in Form einer Spule aufwickelt. Wickelt man den Draht zusätzlich um einen Eisenstab, so wird das Magnetfeld noch verstärkt. Solche Elektromagnete sind aus der Technik nicht mehr wegzudenken (z. B. Abb. ➤ 4). Einen einfachen Elektromagnet kann man sich leicht selber bauen (siehe V3).

Wirkungen des elektrischen Stromes in Technik und Haushalt

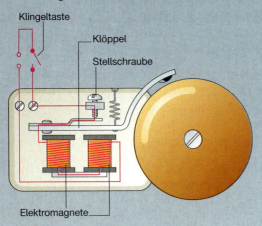

1 Elektrische Klingel

Die Klingel
Wird die Klingeltaste gedrückt (Abb. ▶1), so wird der Stromkreis (rot) geschlossen. Er besteht aus der Quelle, der Klingeltaste, der Stellschraube – ihre Spitze berührt das Kontaktblech –, dem Kontaktblech und zwei hintereinander geschalteten Elektromagneten. Bei geschlossenem Stromkreis ziehen die beiden Elektromagnete den Klöppel zusammen mit dem Kontaktblech an. Der Klöppel schlägt gegen die Glocke. Dabei wurde aber bei der Stellschraube der Stromkreis am Kontaktblech unterbrochen – der Klöppel wird nicht mehr nach unten gezogen und schwingt zurück. Der Stromkreis ist wieder geschlossen, der ganze Vorgang wiederholt sich, bis man die Klingeltaste loslässt.

Der Reed-Kontakt
Ein Reed-Kontakt (Abb. ▶2) besteht aus zwei biegsamen Metallplättchen, die in ein Glasröhrchen eingeschmolzen sind. Nähert man diesen Plättchen einen Magnet, so werden sie magnetisiert, die Plättchen ziehen sich an und schließen dadurch den Kontakt. Das Material ist so gewählt, dass die Magnetisierung der Plättchen wieder verschwindet, sobald man den Magnet enfernt. Dadurch wird der Kontakt wieder geöffnet. Reed-Kontakte werden z. B. als Signalgeber für elektronische Fahrrad-Tachometer eingesetzt. Man kann einen Reed–Kontakt auch als Umschalter verwenden (Abb. ▶4). Verwendet man statt des Dauermagneten eine Spule, so hat man ein Reed–Relais.

2 Reed-Kontakt

Das Relais
Manchmal ist es praktisch in einem Stromkreis – dem Lastkreis – einen Schalter zu haben, der durch einen Stromkreis – den Steuerkreis – gesteuert wird. Ein Relais ist ein solcher Schalter.
Im Steuerkreis des Relais befindet sich ein Elektromagnet. Fließt im Steuerkreis ein Strom, so entsteht am Elektromagnet ein Magnetfeld. Dieses zieht ein Blech aus Eisen an. Je nachdem, wo die Kontakte K sind, wird hierdurch der Lastkreis geöffnet oder geschlossen (in Abb. ▶3).

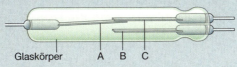

4 Reed-Umschalter

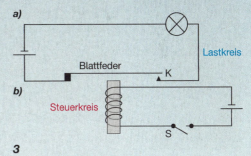

3

Das Bimetall-Thermostat
Ein Bimetallstreifen verbiegt sich, wenn sich seine Temperatur ändert. Dies wird bei der Temperaturregelung eines elektrischen Bügeleisens verwendet (Abb. ▶5):
Wenn das Bügeleisen kalt ist, hält die Rückholfeder den Schalter geschlossen. Der Strom kann durch die Heizwendel fließen und das Bügeleisen wird heiß. Hierbei biegt sich der Bimetallstreifen nach unten und öffnet den Schalter. Dadurch wird der Strom unterbrochen und das Bügeleisen kühlt sich ab, der Bimetallstreifen biegt sich zurück und der Schalter wird wieder geschlossen. Das Bügeleisen wird wieder heiß und so weiter.

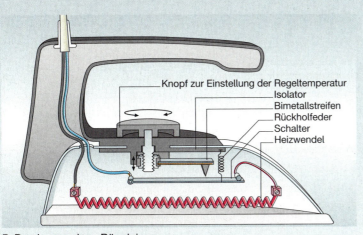

5 Das Innere eines Bügeleisens

Elektrizität 211

Unerwünschte elektrische Ströme

Wohnungsbrand – Es war ein Leguan

Kamp-Lintfort. DPA. Ausgerechnet eine Steckdose hat sich ein Leguan in Kamp-Lintfort am Niederrhein als „stilles Örtchen" ausgesucht und so einen Wohnungsbrand entfacht. Das Feuer wurde schnell gelöscht.

Versuche

V1 Schließe ein Lämpchen mit abisolierten Kabeln an eine Batterie und überbrücke es dann mit einem Stück Draht (Abb. ➤ 1). Nach einem Moment leuchtet das Lämpchen nicht mehr und das Kabel sowie die Batterie werden heiß! (Vorsicht, Verbrennungsgefahr!)

V2 Wir schalten nacheinander zwei, drei, … Lampen parallel zu einer Quelle und messen den Strom in der Zuleitung (Abb. ➤ 2). Je mehr Lämpchen wir verwenden, umso größer wird die Stromstärke.

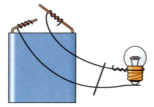

1 Kurzschluss

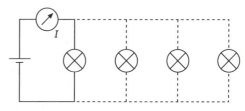

2 Überlastung

Grundwissen

3 Die Folgen eines Kabelbrandes im Moskauer Fernsehturm am 27. August 2000

Überlastung und Kurzschluss

Fließt in einer Leitung ein „starker" Strom, so wird diese aufgrund der Wärmewirkung des Stromes heiß. Sind brennbare Gegenstände in der Nähe, so können diese Feuer fangen. Wie kommt es aber zu einem „starken" Strom?
Jedes Gerät ist durch seinen elektrischen Widerstand ein „Strombegrenzer", der verhindert, dass in einem Stromkreis ein zu starker Strom fließt. Sind die Leitungen richtig dimensioniert, d. h. ist die Kabeldicke an die Geräte angepasst, so ist die Erhitzung ungefährlich.

Wird ein Gerät mit einem Leiter überbrückt (Abb. ➤ 1), also ein **Kurzschluss** verursacht, so fehlt die Strombegrenzung und ein sehr großer Strom beginnt zu fließen.

> Bei einem Kurzschluss erhitzen sich die Leitungen stark und es besteht Brandgefahr!

Sind zu viele Geräte parallel an eine Quelle angeschlossen, so fließt ebenfalls ein starker Strom. Man spricht hier von einer **Überlastung** der Leitungen.

Sicherungen

Um einen zu starken Strom zu verhindern, benützt man Sicherungen (Abb. ➤ 4).
Bei einer **Schmelzsicherung** wird die Wärmewirkung des Stromes ausgenutzt: Die Leitung wird durch den starken Strom heiß. Baut man an einer Stelle im Stromkreis einen dünnen Draht ein, so wird dieser viel heißer als die restlichen dickeren Kabel. Ist er zu heiß, so brennt er durch und der Stromkreis ist unterbrochen. Es kann kein Strom mehr fließen und die Schaltung bzw. das Gerät sind geschützt. Schmelzsicherungen kommen in fast allen Fahrzeugen und Elektrogeräten vor.

> Eine Schmelzsicherung unterbricht den Stromkreis selbsttätig bei Kurzschluss oder Überlastung.

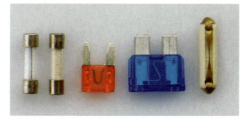

4 Verschiedene Schmelzsicherungen

212 Elektrizität

Sicherheit im Haus

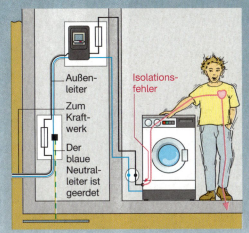

1a Trotz Sicherung Lebensgefahr!

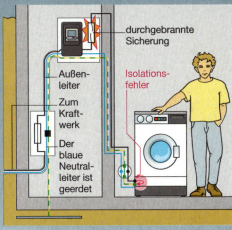

b Sicherheit durch Schutzleiter

2 Zeichen für „schutzisoliert"

3 Euro- und Schukostecker

4 LEBENSGEFAHR!

Der Schutzleiter

Für einen geschlossenen Stromkreis benötigt man nur zwei Kabel. Diese kommen auch vom Kraftwerk zu uns ins Haus. Das eine Kabel hat das Potenzial Null und wird **Neutralleiter** genannt (Farbe: blau). Der Neutralleiter wird im Kraftwerk mit der Erde verbunden („geerdet"), um das Nullpotenzial festzulegen. Das andere Kabel wechselt 50 Mal in der Sekunde zwischen einem positiven und einem negativen Potenzial. Man spricht von **Wechselspannung,** das Kabel heißt **Außenleiter** (Farbe: schwarz, oft auch braun). Was passiert aber, wenn der Außenleiter bricht und mit dem Gehäuse z. B. einer Waschmaschine leitend verbunden ist (Abb. ➤ 1a)? Es fließt kein Strom, da der Stromkreis nicht geschlossen ist. Jemand kommt zur Waschmaschine und berührt diese. Da der menschliche Körper ein Leiter ist und man auf dem Boden steht (Potenzial Null), fließt ein Strom durch den Körper. Dieser ist zu klein, als dass die Sicherung auslöst, aber groß genug, um einen Menschen zu töten. Es besteht also LEBENSGEFAHR!
Was unternimmt man gegen eine solche Gefahr (Abb. ➤ 1b)? Man baut ein drittes Kabel ein, den **Schutzleiter** (Farbe: grün-gelb gestreift). Dieses Kabel ist mit der Erde und dem Neutralleiter verbunden und besitzt somit das Potenzial Null. Der Schutzleiter wird mit allen leitenden Gerätegehäusen verbunden. Bricht nun ein Außenleiter und bekommt Kontakt zum Gehäuse, so entsteht ein Kurzschluss, da ein geschlossener Stromkreis entsteht; die Sicherung löst aus. Berührt man nun die Waschmaschine, so besteht keine Gefahr mehr, da die Sicherung schon lange durchgebrannt ist. Geräte mit metallischen Gehäusen werden mit einem **Schu**tz**ko**ntakt**stecker** (Abb. ➤ 3) angeschlossen.

Haben Geräte ein nicht leitendes Plastikgehäuse, so muss man sie nicht erden, da der Stromkreis nicht über das isolierende Gehäuse geschlossen werden kann. Sie sind **schutzisoliert** (Abb. ➤ 2). Hier verwendet man den billigeren **Eurostecker** (Abb. ➤ 3).

Mehr Sicherheit: FI-Schutzschalter

Eine Sicherung ist nur ein vorbeugender Schutz, sie beseitigt jedoch nicht die Gefahr der Elektrizität bei direktem Kontakt: Die Sicherung brennt erst bei einer Stromstärke von 16 A durch und das oft erst nach einigen Sekunden. Bei einem Menschen kann aber schon ein Hundertstel (!) dieser Stromstärke innerhalb von Bruchteilen einer Sekunde zum Tod führen! Elektrogeräte im Bad oder Experimente mit der Steckdose sind also LEBENSGEFÄHRLICH (Abb. ➤ 4)!
Ein **FI-Schutzschalter** reduziert die Gefahr durch die Elektrizität erheblich. Fließt ein Strom über einen anderen Weg als den Nullleiter ab, so nennt man dies einen Fehlerstrom.
Der FI–Schalter reagiert auf kleinste Fehlerströme innerhalb von Sekundenbruchteilen. Jedoch bietet er keinen hundertprozentigen Schutz, da bei sehr großen Strömen selbst dies zu lange sein kann!
Leider gibt es noch heute viel zu viele Haushalte, in denen kein FI-Schutzschalter eingebaut ist.

1 Weshalb verwendet man im Haus nicht nur zwei Kabel?

2 Warum bietet eine (Schmelz-)Sicherung keinen ausreichenden Schutz?

3 Besitzt ihr zu Hause einen FI-Schutzschalter?

Elektrizität 213

1 Gewitter über einer Großstadt mit mehreren Blitzen zur gleichen Zeit; die Wolke leuchtet im roten Widerschein.

2 Hier schlug der Blitz ein!

Blitze

Gewitter mit Blitz und Donner beeindrucken uns zugleich in ihrer Schönheit und Gefahr. Früher glaubte man, dass ihre Ursache übernatürliche Kräfte sein müssten! So dachten die Germanen, dass der Donnergott Donar im Zorn Speere zur Erde schleudert, wenn Blitze zucken. Noch bis zur Mitte des 18. Jahrhunderts glaubte man, durch Läuten von Kirchenglocken Gewitter zu vertreiben. Innerhalb von 33 Jahren wurden deshalb damals 103 Glöckner durch Blitzschlag getötet.
1752 bestätigte Benjamin Franklin durch ein gefährliches Experiment die Vermutung, dass Blitze elektrische Entladungen sind. Er ließ dazu an einem Draht einen Drachen steigen. Während eines Gewitters konnte er damit einen Kondensator (Leidener Flasche) laden.

Beim Gewitter hat man den Eindruck, dass Blitze vom Himmel zur Erde zucken. Wir wissen heute, dass dieser Eindruck nicht richtig ist. Abb. ➤1 zeigt, dass ein Blitz ein kompliziertes Gebilde ist, bestehend aus vielen kurzen, fast geradlinigen Abschnitten und vielen Verzweigungen. Es bildet sich zunächst ein unsichtbarer Vorblitz aus, der innerhalb weniger tausendstel Sekunden in Schritten von 50 bis 100 m Länge in der Gewitterwolke nach unten wandert. Er macht die Luft in einem Kanal leitend. Vom Boden kommt diesem Vorblitz ebenfalls ein Vorblitz entgegen. Sobald sich beide treffen, wird der sichtbare Hauptblitz ausgelöst. In dem wenige Zentimeter breiten Entladungskanal wird die Luft so stark erhitzt, dass sie sich explosionsartig ausdehnt: es donnert.
Die Stromstärke kann bis zu 20 000 A betragen und es werden bis zu 300 kWh Energie übertragen. Ein vom Blitz getroffener Baum platzt (Abb. ➤2), weil das Wasser in ihm schlagartig verdampft.
Ein Blitzschlag besteht aus mehreren Stromstößen, die in Abständen von einigen hundertstel Sekunden jeweils etwa vier zehntausendstel Sekunden lang dauern. Insgesamt dauert ein Blitz maximal eine Sekunde, was aber wegen der Blendwirkung länger erscheint.
Es ist auch heute noch nicht genau bekannt, wie es zur Aufladung von Wolken kommt. Man weiß, dass eine Gewitterwolke drei unterschiedlich geladene Bereiche umfasst. Die Verteilung der Ladung mit der Höhe und der Temperatur zeigt schematisch Abb. ➤4. Wahrscheinlich erfolgt die Aufladung durch Reibung zwischen Graupeln und kleinen Eiskristallen, die mit unterschiedlicher Geschwindigkeit fallen und wieder nach oben gerissen werden. Mit den Luftströmungen entstehen Bereiche verschiedener Ladung. Die meisten Blitze bleiben in der Wolke.

3 Benjamin Franklin

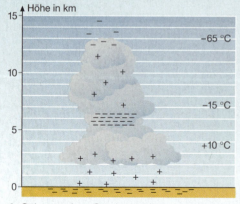

4 Schema einer Gewitterwolke

⚡ **Achtung!** Niemals bei Gewitter Drachen steigen lassen! Es besteht **Lebensgefahr!**

214 *Elektrizität*

Teilspannungen

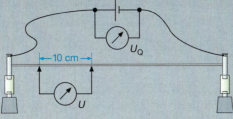

1 Spannung zwischen Punkten am Draht

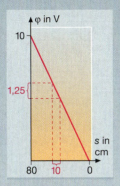

2 Potenzialverlauf am Draht

Wir messen an einer Quelle die Spannung $U_Q = 10\,\text{V}$ und schließen einen 80 cm langen, dünnen Draht aus Konstantan an (Abb. ➤ 1). Rechts legen wir das Nullpotenzial fest. Ein zweites Messgerät für die Spannung wird so an den Draht geschaltet, dass die Kontakte 10 cm Abstand haben. Verschieben wir die Kontakte bei konstantem Abstand, so messen wir stets die Potenzialdifferenz $U = 1{,}25\,\text{V}$. Bei anderen Abständen messen wir z. B.:

s in cm	15,0	40,0	60,0	80,0
U in V	1,9	5,0	7,5	10,0

Trägt man den Potenzialverlauf in einem Schaubild ab, so erhält man Abb. ➤ 2. Hier kann man zu jeder Strecke (auf der s-Achse) eine Potenzialdifferenz (auf der φ-Achse) ablesen.

Schlägt ein Blitz in den Boden ein, so ist das Potenzial dort einige Millionen Volt gegenüber dem Nullpotenzial Erde. Ähnlich wie im Draht fällt auch hier das Potenzial mit der Entfernung zum Einschlagspunkt ab. Da jedoch in jeder Richtung ein Nullpotenzial ist, fällt es nach allen Richtungen ab (Abb. ➤ 3). Die Ringe in der Zeichnung sind Linien, auf denen das Potenzial überall gleich groß ist. Mann nennt solche Linien Äquipotenziallinien. Welches Potenzial so eine Linie hat, kann man am Schaubild darunter ablesen: Man muss nur von einer Linie senkrecht nach unten gehen, bis die Kurve geschnitten wird und dann waagerecht nach links (oder rechts) zur Potenzialachse und dort den Wert ablesen. Die Kurve im Schaubild nennt man Potenzialkurve, ebenso die Gerade aus Abb. ➤ 2.

Nun können wir überlegen was passiert, wenn man in der Nähe eines Blitzes steht: Steht man breitbeinig da, so schließen die Füße unterschiedliche Potenziallinien ein (wie der Jäger). Ist die Potenzialdifferenz zwischen den Beinen zu groß, so fließt dann ein gefährlich großer Strom durch den Körper, dies ist meist tödlich. Mit viel Glück steht man mit beiden Beinen auf der gleichen Potenziallinie (wie der Sterngucker). In diesem Fall wäre die Potenzialdifferenz Null und es würde nichts passieren. Ist man sehr weit vom Einschlagort entfernt (wie der Mechaniker), so ist die Potenzialdifferenz zwischen den Füßen schon so klein, dass auch bei einem großen Abstand der beiden Füße nichts mehr passiert.

Bei einem Gewitter muss man sich also immer mit geschlossenen Beinen hinstellen! Zudem sollte man sich möglichst auch niederkauern, um dem Blitz erst gar keine direkte Einschlagsmöglichkeit zu bieten.

1 Weshalb können die Vögel auf der Hochspannungsleitung sitzen, ohne einen tödlichen Stromschlag zu bekommen?

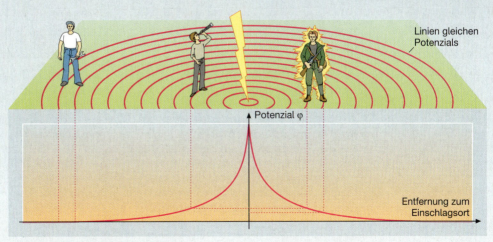

3 Potenzialverlauf bei Blitzschlag

Elektrizität

Die elektrische Ladung

Versuche

V1 Wir legen ein Stück Aluminiumfolie unter die Kunststofffolie eines Schnellhefters und pressen die Folien fest aufeinander. Berühren wir die Folien mit einer Glimmlampe, so leuchtet sie nicht.
Nun ziehen wir die Kunststofffolie hoch, ohne dabei die Aluminiumfolie anzufassen. Berühren wir die Kunststofffolie an verschiedenen Stellen mit der Glimmlampe (Abb. ➤ 1), so leuchtet diese mehrmals auf.
Halten wir die Glimmlampe an die Aluminiumfolie, so leuchtet sie nur beim ersten Berühren auf, allerdings am anderen Ende als vorher.

V2 Zwei leichte, mit einer Metallschicht überzogene Kugeln hängen an langen Fäden (Abb. ➤ 2). Reiben wir einen Hartgummistab mit einem weichen Tuch und berühren dann mit dem Stab beide Kugeln, so stoßen sich diese ab.
Berühren wir beide Kugeln mit einem Glasstab, den wir vorher mit einem Ledertuch gerieben haben, so beobachten wir wieder eine Abstoßung. Berühren wir dagegen die eine Kugel mit dem Glasstab, die andere mit dem Hartgummistab, so ziehen sie sich an.

V3 Wir wiederholen Versuch 2 mit einer geeigneten Quelle, wobei wir beide Kugeln kurz mit den Polen der Quelle verbinden. Die Kugeln stoßen sich ab, wenn sie mit dem gleichen Pol, und ziehen sich an, wenn sie mit verschiedenen Polen in Berührung waren.

V4 Wir berühren mit einer Experimentierkugel den Pluspol der Quelle aus Versuch 3 und danach die Platte eines Blättchen-Elektro-

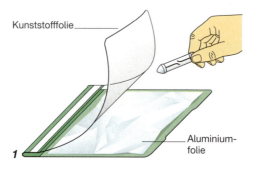

1

2

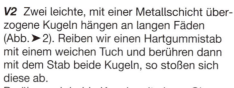

3

skopes (Abb. ➤ 3). Die Blättchen stoßen sich ab. Berühren wir das Elektroskop mit der Hand, so geht der Ausschlag zurück. Wir wiederholen den Versuch mit dem Minuspol der Quelle und beobachten denselben Ausschlag. Laden wir zwei gleich große Kugeln, die eine am Plus- und die andere am Minuspol der Quelle und berühren sie miteinander, so zeigt das Elektroskop anschließend bei keiner der beiden Kugeln einen Ausschlag.

Grundwissen

Leiter und Nichtleiter lassen sich elektrisch laden

Wenn wir bei trockenem Winterwetter einen Pullover ausziehen, so knistert es häufig und die Haare auf unserem Kopf stehen ab. In der Dunkelheit können wir dabei sogar Funken sehen. Manchmal erhalten wir einen elektrischen Schlag beim Berühren von Metallteilen. Wir sagen, wir sind **elektrisch geladen** oder haben **elektrische Ladung** erhalten.
Genauso ist es, wenn ein Kunststoffstab mit einem Lappen gerieben wird. Streift man dann an dem Stab mit einer Glimmlampe entlang, so leuchtet diese mehrmals auf. Man sagt, der Kunststoffstab, ein Nichtleiter, ist durch Reiben geladen worden und wird über die Glimmlampe entladen.

| Durch Reiben lassen sich Nichtleiter elektrisch laden. Das Aufleuchten einer Glimmlampe weist Ladung nach.

Berührt man mit einer am Isoliergriff gehaltenen Experimentierkugel kurz einen Pol einer geeigneten Quelle und danach eine Glimmlampe, so leuchtet die Glimmlampe ebenfalls auf, aber nur einmal. Offenbar kann sich die Ladung im Metall zur Berührungsstelle bewegen, so dass die einmalige Berührung zur völligen Entladung führt. Das weist auf die Abgabe von elektrischer Ladung der Quelle hin.

| Die Pole einer elektrischen Quelle können elektrische Ladung abgeben.

216 Elektrizität

Es gibt zwei Sorten von Ladung

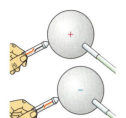

Wird eine Kugel am Pluspol einer Quelle geladen und über eine Glimmlampe entladen, so leuchtet die Glimmlampe nur an der der Kugel abgewandten Seite auf. Wird sie am Minuspol geladen, so leuchtet beim Entladen die andere Seite der Glimmlampe. Die Kugel erhält also von den Polen der Quelle verschiedenartige Ladung. Berührt die Kugel den Minuspol, sagt man, sie wird **negativ geladen**. Am Pluspol wird sie **positiv geladen**.

Kräfte zwischen geladenen Körpern

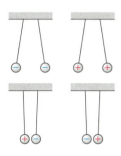

Körper, die elektrisch geladen sind, üben Kräfte aufeinander aus. Dies erkennt man, wenn leicht bewegliche Körper, wie etwa an Fäden hängende Kugeln, elektrisch geladen werden. Die Richtung dieser Kräfte ist von der Art der Ladung abhängig.

> Gleichartig geladene Körper stoßen sich gegenseitig ab. Verschiedenartig geladene Körper ziehen sich an.

Beim **Elektroskop** (Abb. ➤ 1) wird die Abstoßung gleichartig geladener Körper zur Ladungsmessung genutzt. Das Zeiger-Elektroskop besteht aus einem Metallstab, an dem ein leichter Zeiger aus

1

Metall drehbar befestigt ist. Der Stab mit dem Zeiger ist gegenüber dem Gehäuse isoliert. Wird der Metallstab geladen, so verteilt sich die Ladung über alle Metallteile, die mit dem Stab leitend verbunden sind. Der Zeiger ist damit gleichartig geladen wie der Stab und wird deshalb von ihm abgestoßen.

1 Wie kommt man dazu, von zwei Ladungsarten zu sprechen?

Neutralisation und Ladungstrennung

Zwei gleiche Metallkugeln erhalten an den Polen einer Quelle verschiedenartige Ladung. Bei jeder Kugel zeigt ein Elektroskop den gleichen Ausschlag, man kann nicht erkennen, welche Ladungsart ihn hervorruft. Berührt man das Elektroskop mit der einen Kugel und anschließend mit der anderen, so geht der Ausschlag ganz zurück. Berühren sich beide Kugeln vor dem Kontakt mit dem Elektroskop, so ruft keine von ihnen mehr einen Ausschlag hervor. Die Wirkung positiver und negativer Ladung hebt sich offenbar auf, sie **neutralisiert** sich.

> Positive und negative Ladung neutralisiert sich gegenseitig.

Manche Gegenstände aus verschiedenen Stoffen werden elektrisch geladen, wenn man sie aneinander reibt oder sie voneinander trennt. Insbesondere schlechte Leiter, wie Kunststoffe, Textilien, Papier, Glas, aber auch Wassertröpfchen in Wolken zeigen diese Aufladung. Reibt man einen Kunststoffstab an einem Tuch, so wird er negativ geladen, wie eine Glimmlampe zeigt. Auch das Tuch wird beim Reiben geladen, allerdings positiv. Daraus ergibt sich eine Vorstellung, ein **Modell**, über die elektrische Ladung in Körpern: In allen Körpern ist elektrische Ladung vorhanden. Bei nicht geladenen Körpern ist die Menge positiver und negativer Ladung gleich. Sie neutralisiert sich daher. Reibt man Körper aneinander, so kann der eine Körper vom anderen einen Teil der Ladung abstreifen. Damit entsteht auf beiden Körpern ein Überschuss einer Ladungsart. Negativ geladene Körper haben einen Überschuss an negativer Ladung. Im positiv geladenen Körper besteht ein Mangel an negativer Ladung (Abb. ➤ 2).

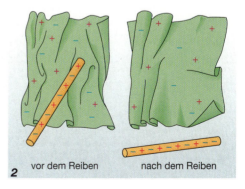

2   vor dem Reiben   nach dem Reiben

Elektrizität **217**

Bewegte Ladung

Versuche

V1 Der Stromkreis mit den Glimmlampen in Abb. ▶1 ist zwischen den Platten unterbrochen. Berühren wir abwechselnd die Platten mit einer Metallkugel, so leuchtet jeweils die an derselben Platte angeschlossene Glimmlampe kurz auf. Hängen wir die Kugel an einem langen Faden auf und berühren mit der Kugel kurz eine Platte, so pendelt sie selbstständig weiter von einer Platte zur anderen.

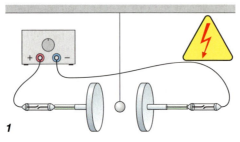

1

V2 In einem flachen Glastrog bringen wir kleine Elektroden aus Kohlestäben an (Abb. ▶2).

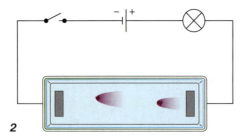

2

Den Boden des Troges bedecken wir mit einer Kochsalzlösung. Schalten wir den Trog und eine Glühlampe in einen Stromkreis, so leuchtet die Lampe, wenn der Schalter geschlossen wird. Legen wir zusätzlich einige kleine Körner von Kaliumpermanganat in die Lösung, so bilden sich um die Körner rote „Wolken". Schließen wir den Schalter, so treiben die Farbwolken zum Pluspol hin.

V3 In einem luftleer gepumpten Glaskolben sind ein Glühdraht und eine Metallplatte eingeschmolzen. Diese haben Anschlüsse nach außen. Wir verbinden die Metallplatte mit einem Elektroskop und laden dieses positiv auf (Abb. ▶3).
Danach erhitzen wir den Glühdraht und beobachten das Elektroskop. Es entlädt sich.

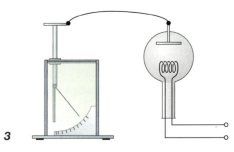

3

V4 Wir wiederholen den Versuch, laden aber das Elektroskop negativ auf. Diesmal entlädt sich das Elektroskop nicht.

Grundwissen

Elektrischer Strom ist bewegte Ladung

Eine Glimmlampe wird mit einem Pol einer geeigneten elektrischen Quelle verbunden (Abb. ▶4). Wird das freie Ende der Glimmlampe mit einer am Isoliergriff gehaltenen Metallkugel berührt, dann leuchtet die Glimmlampe kurz auf und zeigt so einen elektrischen Strom an.

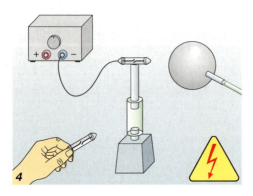

Wird die Glimmlampe noch einmal mit der Kugel berührt, so leuchtet sie nicht mehr auf. Eine andere in der Hand gehaltene Glimmlampe leuchtet jedoch beim Berühren der Kugel kurz auf.
Beim Kontakt mit dem Pol der Quelle wird die Kugel elektrisch geladen, bis sie keine weitere Ladung mehr aufnehmen kann. So lange leuchtet die Glimmlampe. Die Kugel kann die **Ladung** an einen anderen Körper abgeben. Den Übergang der Ladung von der Quelle zur Kugel bzw. von dort zur Hand zeigen die Glimmlampen an. Könnten wir die Kugel sehr schnell zwischen den Glimmlampen hin- und herbewegen, so würden sie dauernd leuchten. Der Strom ergibt sich durch die Bewegung geladener Körper.

| Beim elektrischen Strom wird elektrische Ladung transportiert.

218   Elektrizität

Rückblick

Begriffe
Was versteht man unter
- einem elektrischen Stromkreis?
- elektrischen Leitern und Nichtleitern?
- der magnetischen/thermischen Wirkung des elektrischen Stromes?
- einem elektrischen Strom?
- einem Potenzial?
- dem Nullpotenzial?
- einer elektrischen Spannung?
- der elektrischen Stromstärke?
- einer Reihen-/Parallelschaltung?
- einem elektrischen Widerstand?
- einer Kennlinie?
- einem Kurzschluss?

Beobachtungen
Was beobachtet man, wenn
- eine Glimmlampe mit einer elektrischen Quelle verbunden wird?
- ein geladener Körper einem ungeladenen Elektroskop genähert wird?
- man einen Kompass neben einen Leiter hält, in dem ein Strom besteht?
- die Temperatur eines metallischen Leiters gesenkt wird?
- man in eine Prüfstrecke Metall-, Kunststoff- oder Glasstäbe einbaut?

Erklärungen
Wie lässt sich begründen,
- dass eine Schmelzsicherung vor einer großen Stromstärke schützen kann?
- dass die elektrische Stromstärke in einer Reihenschaltung überall gleich groß ist?
- weshalb man im Haushalt elektrische Geräte im Allgemeinen parallel schaltet?
- weshalb man Schaltpläne zeichnet?
- dass bei einer Reihenschaltung der Defekt eines Gerätes alle anderen Geräte außer Betrieb setzt?
- wie sich ein elektrisches Relais in Aufbau und Funktion von einer elektrischen Klingel unterscheidet?

Gesetzmäßigkeiten
Beschreibe mit eigenen Worten den Zusammenhang zwischen
- Spannung und Stromstärke in einem Draht mit konstanter Temperatur.
- Temperatur und Widerstand bei Graphit.
- Widerstand und den Abmessungen eines Drahtes.

Erläutere die Erscheinungen in den folgenden Bildern und beantworte die Fragen!

Wie verläuft beim Zug der Stromkreis?

Weshalb stehen ihr die Haare hoch?

Wieso zeigt das Messgerät einen Strom an?

Um was für Bauteile handelt es sich hier? Welche Bedeutung haben die Farben?

Welche Vorteile hat die Energiesparlampe?

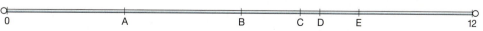

Welcher Abschnitt des Drahtes, zwischen dessen Enden die Spannung 12 V beträgt, hat die Teilspannung 2 V (3 V)?

Elektrizität 219

Beispiele

1. Energie unterwegs

Zeichne ein Energiestromdiagramm für einen Tauchsieder, der Wasser erhitzt.

Lösung:

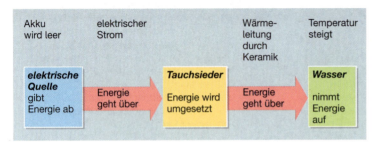

2. Sicherheit im Stromkreis

Warum baut man Sicherungen direkt an der elektrischen Quelle in Stromkreise ein?

Lösung:

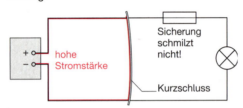

Ein Kurzschluss zwischen den Zuleitungen vor der Sicherung führt nicht zum Auslösen der Sicherung! Dann könnte der starke Strom im Kurzschlussstromkreis einen Brand verursachen.

3. Zusammengesetzte Schaltung mit Lämpchen

Drei identische Lämpchen sind so an eine Batterie geschaltet, dass zwei parallel und das dritte dazu in Reihe ist. Zeichne einen Schaltplan. Welches Lämpchen leuchtet am hellsten?

Lösung:
Die Stromstärke durch L3 ist so groß wie die Stromstärken durch L1 und L2 zusammen. Da die Wirkung bei größerer Stromstärke größer ist, leuchtet L3 am hellsten.

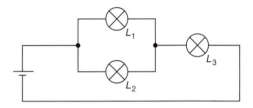

Heimversuche

1. Energie„spar"lampen

Berühre vorsichtig das Glas einer Leuchtstoffröhre oder Energiesparlampe. Vergleiche Helligkeit und Temperatur mit einer Glühlampe. Was bedeutet das für die übertragene Energie?

2. Der Sicherungskasten

Lass dir einmal den Sicherungskasten in eurer Wohnung zeigen. Welche Art von Sicherungen enthält er? Zeichne die Sicherungen auf und schreibe jeweils dazu, für welche Räume oder Elektrogeräte die einzelnen Sicherungen bestimmt sind.

3. Kartoffelbatterie

Ist eine Kartoffel eine elektrische Quelle? Versuch dies herauszufinden, indem du zwei Stifte (Eisennägel, blanke Kupferdrahtstücke) in sie steckst und diese Stifte mit einem Messgerät (oder einer Leuchtdiode/einem Kopfhörer) leitend verbindest (s. Abbildung). Wähle einmal beide Stifte aus Kupfer oder aus Eisen und dann je einen Stab aus Kupfer und einen aus Eisen.

Zu Versuch 3: die Kartoffelbatterie

4. Ein elektrischer Kraftmesser

Fülle eine Streichholzschachtel ganz voll mit Holzkohlekörnchen. Schiebe auf der Ober- und Unterseite je einen Aluminiumblechstreifen so in die Schachtel, dass sie die Kohlekörnchen berühren. Schließe ein passendes Lämpchen und eine Batterie an. Durch Daumendruck auf die Schachtel verändert sich seine Helligkeit.

5. Ein Feuermelder

Baue mit einem 1 m langen, lackierten Blumendraht und einem Lämpchen aus einer Taschenlampe die Schaltung in der Abbildung nach. Bei geschlossenem Stromkreis wird das Lämpchen leuchten. Erhitze kurz das Drahtknäuel mit einer Kerzen- oder Feuerzeugflamme. (VORSICHT!) Beobachte und erkläre!

Fragen

Zu Frage 1

Zu Frage 13

Stromkreis, Leiter und Schaltplan

1 In der Abbildung in der Randspalte siehst du ein aufgeschnittenes Haushaltskabel. In einem Hauhaltskabel sind normalerweise drei Kabel zusammengefasst. Jedes einzelne Kabel besteht aus einem gut leitenden Material, meistens Kupfer, im Inneren und einem isolierenden Material, meistens Kunststoff als so genannte Ummantelung.
Wie heißen die einzelnen Leitungen (braun, blau, gelbgrün) und welche Funktion haben sie?

2a Kabel sind mit Kunststoff ummantelt. Welche Aufgabe hat der Kunststoff?
b Weshalb haben Überlandleitungen keine Ummantelung?

3 Weshalb sind nasse Hände beim Umgang mit Elektrizität besonders gefährlich?

4 Aus welchen Teilen und wie ist der Stromkreis deiner Taschenlampe aufgebaut?

5 Warum kann die Fahrradlampe leuchten, obwohl sie mit dem Dynamo nur durch einen Draht verbunden ist?

6 In manchen Städten gibt es Busse mit Elektromotor. Im Gegensatz zur Straßenbahn haben sie zwei Oberleitungen für die Stromzuführung. Warum reicht eine (wie bei der Straßenbahn) nicht aus?

7 Im Auto befinden sich eine Batterie und eine Lichtmaschine (Dynamo). Welche Nennspannung haben beide? Weshalb hat man zwei elektrische Quellen?

8 Ab welcher Nennspannung können elektrische Quellen lebensgefährlich sein?
Bei welchen elektrischen Quellen bei dir zu Hause darfst du die Pole deswegen nicht berühren?

9 Angenommen: Obwohl du den Schalter betätigst, leuchtet die Zimmerlampe nicht. Woran könnte das liegen? Nenne mehrere Möglichkeiten! Wo ist dabei der Stromkreis jeweils unterbrochen?

10 Formuliere die Knotenregel im Wassermodell.

11a Warum wäre die Angabe, wie viele Liter Wasser in einem Wasserstrom fließen, keine sinnvolle Maßeinheit für die Wasserstromstärke?
b Formuliere die Frage a) mit den entsprechenden Begriffen aus der Elektrizitätslehre und beantworte sie.

12 Erkläre anhand des Wassermodells, weshalb man ein Spannungsmessgerät parallel und ein Strommessgerät in Reihe schalten muss.

13 In einem Modell wird der elektrische Strom mit einem Autostrom auf einer Autobahn verglichen (siehe Abbildung in der Randspalte): Um die Autostromstärke zu messen, muss man zählen, wie viele Autos pro Sekunde eine Zählstelle passieren.
a Was entspricht bei der Elektrizität den Autos? Finde weitere Analogien zwischen der Elektrizität und dem Automodell.
b Formuliere die Knotenregel im Automodell.

Spannung, Stromstärke und Ladung

14 Zeichne den Schaltplan eines Stromkreises mit zwei hintereinander angeordneten Lämpchen.

15 Was ist an den folgenden Schaltplänen nicht in Ordnung?

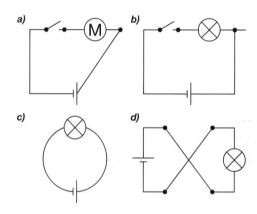

16 Die meisten digitalen Messgeräte sind so genannte Multimeter. Sie können sowohl als Voltmeter als auch als Amperemeter eingesetzt werden.
Welche Funktion sollte sinnvoll in der Schaltung (siehe Abbildung) für das Messgerät A und welche für B gewählt werden?

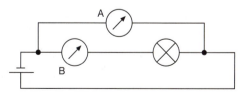

17 Begründe, weshalb man bei einem Gewitter mit geschlossenen Beinen stehen soll.

18 Sterben alle Lebewesen im Meer, wenn man einen eingeschalteten Föhn hinein wirft?

Elektrizität **221**

Fragen

19 Warum ist es falsch zu sagen, in einer elektrischen Quelle sei „Strom drin"?

20 Auf einer Autobatterie steht die Angabe „50 Ah". Begründe, warum damit die Ladung der Batterie beschrieben wird. Wie viele Coulomb sind das?

21 Eine CD wird mit einem weichen Tuch gerieben und über Papierstückchen gehalten, die auf einem Tisch liegen. Die Papierstückchen hüpfen einige Male auf und ab. Erkläre!

22 Drei verschiedene Stoffe A, B, C werden gerieben. Sie verhalten sich zueinander so, wie es die Abbildung zeigt: Was lässt sich über ihre elektrische Ladung sagen?

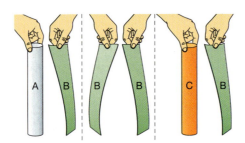

Parallel- und Reihenschaltung

23a Wie lässt sich bei einer Schaltung mehrerer Bauteile prüfen, ob eine Reihen- oder eine Parallelschaltung vorliegt?
b Welche Gesetze gelten bei gleicher Spannung für die Stromstärken in einer Reihen- bzw. in einer Parallelschaltung? Formuliere in Worten und durch Gleichungen.

24 Für eine Festbeleuchtung sind 25 gleiche Glühlampen parallel geschaltet. Die Gesamtstromstärke beträgt 20 A.
a Berechne die Stromstärke in jeder Lampe.
b Wie viele Glühlampen dürfen in gleicher Weise hinzugeschaltet werden, wenn die Gesamtstromstärke 25 A nicht überschreiten darf?

25 Drei Lämpchen mit Nennspannungen von jeweils 3 V sollen in Reihe (parallel) geschaltet werden. Wie groß muss die angelegte Spannung sein?

26a Zeichne rechts oben stehende Abbildung in dein Heft. Was kannst du über die Potenzialdifferenzen an den drei Lämpchen sagen?
b Überlege dir mit dem Ergebnis aus a), welche Aufschrift (Nennspannungen) die einzelnen Lämpchen haben sollten. Baue mit ihnen die Schaltung nach und überprüfe deine Aussagen.

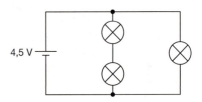

27a Warum sind im Haushalt die elektrischen Geräte parallel und nicht in Reihe geschaltet?
b Was wäre, wenn alle elektrischen Geräte in einem Haus in Reihe und nicht parallel geschaltet wären?

28 Wie verhalten sich die eingeschalteten Glühlampen bei einer Lichterkette für den Christbaum bzw. bei einem Kronleuchter, wenn eine Glühlampe „durchbrennt"?

29 An eine Batterie sind drei Lämpchen so angeschlossen, dass zwei in Reihe geschaltete Lämpchen zu einem dritten parallel angeordnet sind.
Fertige eine Schaltskizze an.
Welche Lampe kann man aus der Fassung drehen, ohne dass die anderen erlöschen?

30 In einem Stromkreis soll die Spannung zwischen zwei Stellen gemessen werden. Wie muss das Messgerät geschaltet werden? Zeichne einen Schaltplan.

31 Jede der vier Batterien in der Abbildung hat eine Spannung von 1,5 V. Welche Spannung erhält man mit den folgenden Schaltungen?

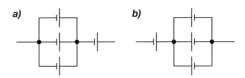

32 Mit zwei Batterien zu je 1,5 V und einer Batterie mit 9,0 V möchte man möglichst viele verschiedene Spannungen erzeugen. Zeichne für jede mögliche Kombination der Quellen einen Schaltplan.

Widerstand und Kennlinie

33 Welche Eigenschaft eines Leiters (bzw. Nichtleiters) wird durch die Größe „Widerstand" erfasst?

34 In einem Stromkreis werden die Spannung der elektrischen Quelle und der Widerstand des Leiters verdoppelt. Wie ändert sich die Stromstärke?

Fragen

35a Bei einem Leiter aus Konstantandraht gilt $U \sim I$. Wie heißt diese Proportionalität?
b Woran ist die Proportionalität $U \sim I$ bei Konstantan schon aus der U-I-Kennlinie ersichtlich?

36a Wie kann man den Widerstand eines Leiters bestimmen?
Fertige eine Schaltskizze an. Beschreibe die Versuchsdurchführung und -auswertung.
b Wie kann man überprüfen, ob für einen Leiter $U \sim I$ gilt?

37a Was versteht man unter der Kennlinie eines Leiters?
b Beschreibe die Kennlinie einiger Leiter.

38 Berechne die fehlenden Größen:

U	30,0 V	200 V	.....	0,5 V	.....
I	.....	.....	5,0 A	3 mA	2 mA
R	210 Ω	1,50 kΩ	10 Ω	.....	5 Ω

39 Weshalb ist die Stromstärke in einer Glühlampe unmittelbar nach dem Einschalten größer als später?

40 Bei einem Leiter wurde die Stromstärke in Abhängigkeit von der Spannung gemessen. Es ergaben sich folgende Werte:

U in V	1,0	2,0	3,0	4,0	5,0	6,0
I in A	0,15	0,20	0,24	0,28	0,31	0,35

a Zeichne die Kennlinie des Leiters.
b Aus welchem Stoff könnte er bestehen?
c Bestimme mit Hilfe der Kennlinie die Stromstärke bei 4,5 V. Wie groß ist die Spannung, falls die Stromstärke 0,18 A beträgt?
d Bestimme zu jedem gemessenen Wert den Widerstand des Leiters und zeichne ein I-R-Diagramm. Welche Eigenschaft hat der Widerstand des Leiters?

41 Beschreibe die Kennlinien und erläutere die Unterschiede zueinander für
– einen ungekühlten Eisendraht,
– einen gekühlten Eisendraht,
– eine Bleistiftmine?

42 Der Widerstand des menschlichen Körpers kann je nach Zustand der Haut unter 3 kΩ sinken.
a Welche Stromstärke tritt beim Berühren von 230 V auf? Rechne einmal mit $R = 3$ kΩ (nasse Haut) und einmal mit $R = 30$ kΩ (trockene Haut).
b Ströme ab einer Stärke von 1,5 mA sind gefährlich. Sicherheitshalber vermeidet man Ströme von mehr als 1 mA.
Welche Spannungen können demnach gefährlich sein?

43 Übertrage die Tabelle in dein Heft und ergänze sie unter der Annahme, dass $U \sim I$ gilt:

U in V	20	35	.....	45
I in A	.....	0,50	1,3	.....

44 Mit Hilfe von PTC- und NTC-Widerständen lassen sich Heiz- und Kühlanlagen und somit ihre Temperaturen regeln. Welchen Widerstandstyp würdest du zur Temperaturregelung in einem Backofen einsetzen? Welchen in einem Kühlschrank? Erkläre das Regelungsprinzip.

Elektrischer Strom und Energie

45 Welche Energieüberträger gibt es im Haushalt, beim Auto, beim Fahrrad? Wohin geht die Energie jeweils? Wo geht Energie in die Umgebung?

46 Der Elektrizitätszähler im Haus misst die Energie, die vom Kraftwerk angeliefert wird. Beobachte ihn, wenn jemand eine Glühlampe, ein Bügeleisen, den Wäschetrockner oder ein anderes elektrisches Gerät einschaltet. Was stellst du fest?

47 Zeichne ein Energiestromdiagramm für den in folgender Abbildung dargestellten Modelleisenbahnversuch, bei dem die Lok einen Güterwagen anschiebt.

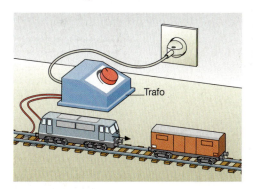

Wirkungen des elektrischen Stromes

48 Beschlagene oder vereiste Heckscheiben eines Autos lassen sich mit Hilfe von dünnen Drähten verhindern. Wie geht das?

49 Wie funktioniert eine Schmelzdrahtsicherung?
Warum ist es gefährlich und deshalb auch streng verboten, durchgebrannte Sicherungen mit einem Draht zu flicken?

50 Nenne Geräte, in denen Elektromagnete Verwendung finden!

Fragen

51 Manche Fährschiffe legen mit Hilfe eines Elektromagnets an. Erkläre, wie das funktioniert. Welche Vorrichtung muss der Anlegesteg hierfür zur Verfügung stellen?

52 Die Abbildung zeigt einen Hausgong. Drückt man auf den Klingelknopf, ertönt ein hoher Ton. Lässt man den Knopf los, ertönt ein tiefer Ton. Erkläre!

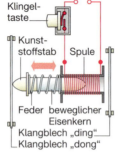

53 Nenne Beispiele für die Anwendung eines Relais und erkläre die Wirkungsweise.

Spezifischer Widerstand

Stoffe	$\Omega \cdot mm^2/m$
Konstantan (Legierung)	0,49
Silber	0,016
Kupfer	0,017
Gold	0,020
Aluminium	0,027
Wolfram	0,049
Nickel	0,07
Quecksilber	0,958
Eisen, Stahl	0,1 – 0,5
Kohle	50 – 100

54 Die Ergebnisse der Werkstatt „Drähte sind Widerstände" und die Abhängigkeit des Widerstandes vom Material lassen sich durch eine einzige Formel beschreiben: $R = \varrho \cdot l/A$. ϱ ist ein konstanter Faktor, mit dem man den Einfluss der Stoffart erfasst. Er heißt spezifischer Widerstand. Seine Einheit ergibt sich aus $\varrho = R \cdot A/l$ durch Einsetzen als $\Omega \cdot mm^2/m$. Vergleiche die aufgeführten spezifischen Widerstände in der voranstehenden Tabelle und überlege dir, welches Material du für Leitungen einsetzen würdest. Wie ist es in der Praxis?

Weitere Fragen

55 Warum bestehen die elektrischen Zuleitungen zu Häusern aus besonders dicken Drähten?

56 Wieso können durch Sicherungen Brände verhindert werden?

57 Beim Aufbau einer Schaltung soll man aus Sicherheitsgründen die Verbindung zur elektrischen Quelle zuletzt herstellen. Warum?

58 Eine Monozelle bringt eine Haushaltsglühlampe nicht zum Leuchten, obwohl ein geschlossener Stromkreis vorliegt. Warum?

59 Eltern verschließen oft die Steckdosen, damit kleine Kinder nicht spitze, dünne Gegenstände in sie stecken. Warum ist es lebensgefährlich, mit solchen Gegenständen an Steckdosen zu hantieren, obwohl es doch den Schutzleiter gibt?

Schwierigere Probleme

60 In dem Diagramm links sind die Gefahren durch elektrischen Strom in Abhängigkeit von Stromstärke und Zeitdauer dargestellt. Der Weg des Stromes verläuft dabei von einer Hand durch den Körper eines Erwachsenen zu seinen Füßen.
Welche Informationen lassen sich dem Diagramm entnehmen? Es ist auch die Kennlinie eines Fehler-Strom-(FI)-Schutzschalters eingetragen. Er reagiert auf Unterschiede der Stromstärke in den Verbindungen mit der Quelle. Weshalb bietet er keinen absoluten Schutz? Vor welchen Gefahren schützt eine 16-A-Haushaltssicherung?

61 Überlandleitungen („Hochspannungsleitungen") zur Übertragung elektrischer Energie über große Entfernungen werden meist aus Aluminium gefertigt. Warum erscheint dies auf den ersten Blick verwunderlich? Hilfe: Betrachte Abb. ▶ 1. Welche Gründe könnten trotzdem dafür sprechen, Aluminium zu verwenden? Denke dabei vor allem auch an wirtschaftliche Argumente und weitere Stoffeigenschaften von Aluminium!

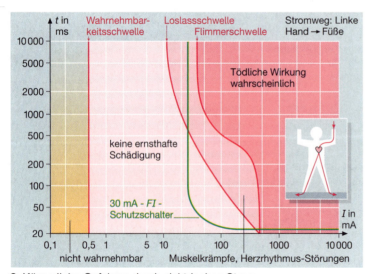

2 Körperliche Gefahren durch elektrischen Strom

224 *Elektrizität*

Analogien und Strukturen

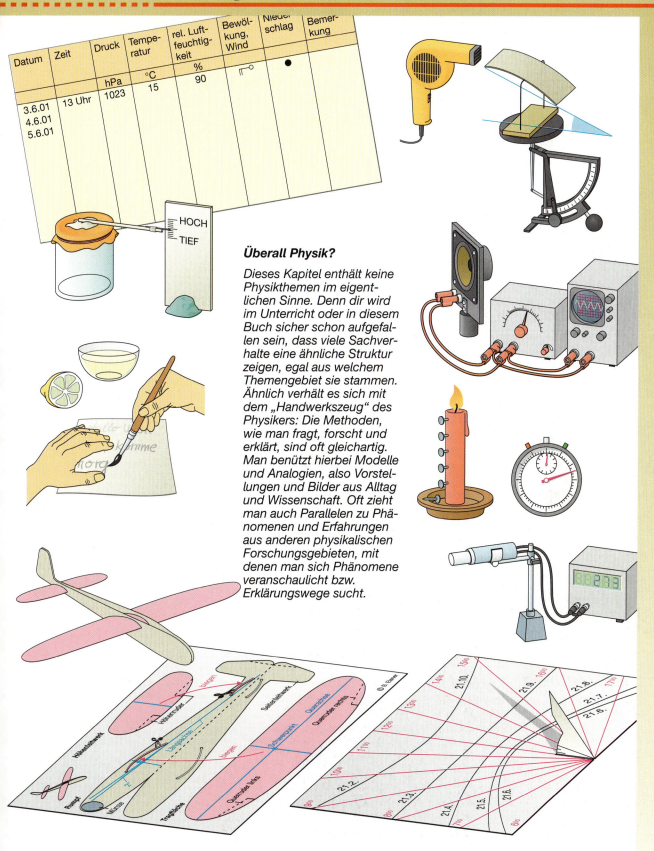

Überall Physik?

Dieses Kapitel enthält keine Physikthemen im eigentlichen Sinne. Denn dir wird im Unterricht oder in diesem Buch sicher schon aufgefallen sein, dass viele Sachverhalte eine ähnliche Struktur zeigen, egal aus welchem Themengebiet sie stammen. Ähnlich verhält es sich mit dem „Handwerkszeug" des Physikers: Die Methoden, wie man fragt, forscht und erklärt, sind oft gleichartig. Man benützt hierbei Modelle und Analogien, also Vorstellungen und Bilder aus Alltag und Wissenschaft. Oft zieht man auch Parallelen zu Phänomenen und Erfahrungen aus anderen physikalischen Forschungsgebieten, mit denen man sich Phänomene veranschaulicht bzw. Erklärungswege sucht.

Eine Streichholzschachtel-Kamera

Der Rahmen

Vorderseite der Hülse

Rückseite der Hülse

Die komplette Kamera

Der Rahmen:
Aus einer Streichholzschachtel wird die Innenseite gemäß dem nebenstehenden Bild bearbeitet. Auf diesen Rahmen wird nun ein Stück Pergamentpapier geklebt, das als Bildschirm dient. Wenn du stattdessen Fotopapier verwendest, kannst du damit sogar fotografieren.
Die Rückseite der Außenschachtel enthält ebenfalls ein Fenster, durch das das Bild später betrachtet werden kann.

Das Loch:
Anschließend wird in die Vorderseite der Außenschachtel mit einer Nadel ein Loch (∅ = 0,5 – 1,0 mm) gestanzt.
Nun kannst du die Öffnung der Lochkamera auf deine Umgebung richten. Wenn du auf die Außenschachtel ein Transparentpapier legst, kannst du versuchen, das Bild deiner Umgebung nachzuzeichnen. Ein ähnliche Anordnung wurde früher als Hilfsmittel in der Landschaftsmalerei benutzt.

Welche Eigenschaften hat das Bild in der Lochkamera?
Betrachte einen hell beleuchteten Gegenstand durch die Kamera und untersuche die Eigenschaften des Bildes. Welche Lage hat es? Ist es seitenverkehrt oder seitenrichtig? Veränderst du die Entfernung des Gegenstands, so erhältst du Bilder unterschiedlicher Größe. Wie verändert sich die Bildgröße, wenn du dich von dem Gegenstand entfernst? Kannst du eine Gesetzmäßigkeit finden?

Welchen Einfluss hat die Lochgröße?
Untersuche nun unterschiedliche Lochdurchmesser. Wie wirken sich kleine und große Löcher auf die Qualität und die Helligkeit der Bilder aus?
Wie verändert sich das Bild, wenn du ein quadratisches Loch verwendest?

Was passiert, wenn du zwei oder mehr Löcher in die Vorderseite der Schachtel stichst?
Wenn du die Möglichkeit hast, kannst du mit einer Lochkamera auch richtig fotografieren. Du musst nur statt des Transparentpapiers ein geeignetes Fotopapier verwenden. Vielleicht hilft dir deine Physiklehrerin oder dein Physiklehrer beim Entwickeln der Bilder.

Die naturwissenschaftliche Methode

Wir **beobachten** unsere Umwelt und fragen nach den Ursachen der **Erscheinungen**.

Wir suchen nach einer Erklärung der Erscheinungen. Wir **vermuten** bestimmte **Zusammenhänge** zwischen ihnen.

Wir **überprüfen** unsere Vermutungen mit **Experimenten**. Dabei beobachten wir die Erscheinungen genau. **Messen** heißt vergleichen mit einer allgemeingültigen Einheit.

Bestätigen die Experimente unsere Vermutungen **nicht**, dann müssen wir wieder neu beobachten und nachdenken.

Bestätigen die Experimente unsere Vermutungen, dann können wir die Vermutungen als eine **Gesetzmäßigkeit** ansehen.

Kennen wir Gesetze, dann können wir andere Beobachtungen **erklären**. Mit Hilfe der Gesetze lassen sich bestimmte Erscheinungen **vorhersagen** und in technischen Anwendungen **nutzen**.

226 Analogien und Strukturen

Eine Welt – viele Modelle!

Grundwissen

Wozu Modelle?

Die Auswahl des richtigen Kartenmaterials ist in vielen Fällen entscheidend. Jede Karte ist ein unterschiedliches **Modell** ein und derselben realen Welt. Trotzdem macht je nach Situation eine bestimmte Karte mehr oder weniger Sinn als eine andere. Umgekehrt kann man mit einer „falschen" Karte nichts anfangen oder sogar zu falschen Ergebnissen kommen:

– Mit einem Globus kann man zwar die Entstehung der Jahreszeiten erklären, aber keine bestimmte Straße auffinden.

– Eine flache Landkarte könnte einem Unwissenden als Beweis angeführt werden, dass die Erde eine Scheibe sei.

– Eine normale Autobahn müsste mehr als 200 m breit sein – wenn man ihre Abmessung maßstäblich aus einer Straßenkarte bestimmt!

– Benutzt man für die Planung einer Radtour eine Straßenkarte, so kann das lebensgefährlich werden, da auf solchen nur Hauptverkehrsstraßen für Autos hervorgehoben sind.

Physikalische Modelle sind – ähnlich wie Landkarten – keine exakten Kopien der wirklichen Welt, sondern vereinfachte Darstellungen, um uns eine Vorstellung eines Sachverhalts zu vermitteln.

Modelle müssen funktionieren
Liefert ein Modell eine falsche Voraussage, so ist es unbrauchbar – ähnlich einer Landkarte, auf der Straßen falsch eingezeichnet sind.

Modelle müssen einfach sein
Je mehr Details ein Modell enthält, umso unübersichtlicher wird es. Dies erschwert Voraussagen und Erklärungen.

Modelle sind begrenzt
Ein bestimmtes Modell gibt nur die Aspekte der Wirklichkeit wieder, die zur Erklärung der entsprechenden Fragen nötig sind.

Modelle können erweitert werden
Beobachtet man Phänomene, die mit aktuellen Modellen nicht erklärbar sind, so versucht man das Modell zu ändern bzw. zu ergänzen.

Analogien und Strukturen

1 Demokrit von Abdera

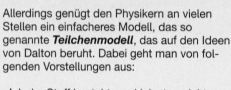

2 C. Huygens (1629 – 1695)

Das Teilchenmodell

Schon vor fast 2500 Jahren hatten **Leukippos von Milet** und sein Schüler **Demokrit von Abdera** (460 – 375 v. Chr.) die Vorstellung, dass Stoffe aus gleichartigen kleinsten unteilbaren Teilchen bestehen. Allerdings hatten sie die Vorstellung, dass die verschiedenen Stoffe durch unterschiedliche Lage und Anordnung dieser kleinsten Urteilchen zustande kommen.

Diese Vorstellung geriet für 2000 Jahre in Vergessenheit. Erst im 17. und 18. Jahrhundert wurde diese Vorstellung wieder von **Boyle** und **Newton** aufgegriffen und von dem Chemiker **John Dalton** (1766 – 1844) weitergeführt. Er ging davon aus, dass jedes chemische Element aus gleichen unteilbaren Teilchen, den Atomen, besteht. Diese Vorstellung ist nicht die letzte, die sich Physiker bis heute gemacht haben. Weitere verfeinerte Modelle folgten von **Thomson**, **Rutherford** und **Bohr**. Und auch heute werden immer neue Modelle gesucht beziehungsweise alte Modelle erweitert.

Allerdings genügt den Physikern an vielen Stellen ein einfacheres Modell, das so genannte **Teilchenmodell**, das auf den Ideen von Dalton beruht. Dabei geht man von folgenden Vorstellungen aus:

a) Jeder Stoff besteht aus kleinsten nicht teilbaren Teilchen.

b) Die Teilchen eines Reinstoffes unterscheiden sich weder in der Masse noch in der Größe.

c) Es können Kräfte zwischen den Teilchen wirken.

d) Die Teilchen sind ständig in Bewegung.

Mit diesem Modell kann man den Aufbau der Stoffe sehr gut veranschaulichen und auch eine Erklärung der Aggregatzustände und deren Übergänge ist sehr gut möglich. Aber das Teilchenmodell ist wie jedes Modell keine Darstellung oder Kopie der Wirklichkeit. Es erfasst lediglich Aspekte der Wirklichkeit und hat somit Grenzen.

Joseph J. Thomson entdeckte 1897, dass Atome doch teilbare Teilchen sind. Er konnte Elektronen aus dem Atom austreten lassen. Er ging bei seinem Modell davon aus, dass das Atoms gleichmäßig massiv ist.

1911 erkannte **Ernest Rutherford**, dass der größte Teil des Atoms nicht massiv sein kann, als er eine sehr dünne Goldfolie mit kleinen Teilchen beschoss und diese zum größten Teil durch die Folie hindurchflogen.

Modelle für das Licht

Das so alltägliche Licht ist für die Physik eine sehr vielfältige und schwierige Sache. Deswegen haben Physiker auch Modelle für das Licht entwickelt. Ein Modell des Lichts ist das **Lichtstrahlenmodell**. Bei Versuchen hat man immer Lichtbündel. Wenn man diese Lichtbündel in Gedanken unendlich dünn macht, würde nur noch ein gerader Strahl übrig bleiben. Diese Idee hat zum (Denk-)Modell der Lichtstrahlen geführt. Mit Hilfe der Geometrie und der Vorstellung der Licht-strahlen können einige Phänomene der Optik sehr gut erklärt beziehungsweise vorhergesagt werden.

Die Phänomene Licht, Schatten und Halbschatten und in diesem Zusammenhang die Mond- und Sonnenfinsternisse lassen sich sehr gut veranschaulichen. Auch die Reflexion und das Entstehen von Spiegelbildern ist leicht vorhersagbar.

Die Brechung ist allein mit dem Lichtstrahlenmodell nicht mehr erklärbar. Aber erweitert man das Modell mit dem Brechungsgesetz, kann man mit dieser Erweiterung Vorhersagen machen. An eine weitere Grenze stößt das Modell des Lichtstrahls bei der Dispersion. Hier stellt sich die Frage, wie aus dem „weißen" Lichtstrahl farbiges Licht entstehen kann.

Eine mögliche Erweiterung des Modells wäre hier, dass man sich den Lichtstrahl aus vielen Einzelteilchen bestehend vorstellt, die alle eine unterschiedliche Farbe haben. Dies wäre eine Möglichkeit, das Lichtstrahlenmodell zu erweitern, ohne es verwerfen zu müssen.

Im 17. Jahrhundert entwarf **Newton** ein neues Modell für das Licht, das so genannte **Korpuskelmodell**, in welchem er annahm, dass Licht aus kleinsten „Körperchen", also Teilchen, besteht. Gleichzeitig entwickelte **Christiaan Huygens** (1629 – 1695) ein **Wellenmodell** des Lichts. Unterstützung erfuhr seine Idee der Wellentheorie des Lichts später durch den Franzosen **Augustin Fresnel** (1788 – 1827), der wichtige Experimente zur Überlagerung und Beugung des Lichts durchführte und auch das mathematische Fundament herleitete. Man stellte im Laufe der folgenden hundert Jahre fest, dass manche Phänomene nur mit dem einen oder dem anderen Modell erklärbar sind. Man kennt heute auch Phänomene, die mit keinem der Modelle alleine beschreibbar sind.
Seit Ende des 19. Jahrhunderts wird die **Lichtquantentheorie** entwickelt und ist noch heute ein bedeutendes Forschungsgebiet der Physik, da die Natur des Lichts die Grundlage für die Erklärung viele Phänomene im Universum darstellt.

228 Analogien und Strukturen

Wasserwellen – Schallwellen: eine Analogie

Schallwellen kann man nicht sehen. Wasserwellen geben uns aber eine Vorstellung vom Verhalten von Wellen. Sie breiten sich aus, können reflektiert und gebeugt werden. Indem wir die Eigenschaften des Schalls mit Wasserwellen vergleichen, erkennen wir, dass die Ausbreitung des Schalls in Form von Wellen beschrieben werden kann. Wasserwellen und Schallwellen verhalten sich analog, also „gleichartig".

Ausbreitung

Bei der Wasserwelle

Die auf einer Wasseroberfläche in regelmäßigen Abständen verursachten Störungen wandern als Wasserwellen von der Quelle weg. Die Welle besteht aus einer Folge von Wellenbergen und Wellentälern. Der Abstand zwischen zwei aufeinanderfolgenden Wellentälern oder -bergen heißt **Wellenlänge** der Wasserwelle.

Bei der Schallwelle

Von der Schallquelle werden periodisch Verdichtungen und Verdünnungen der Luft erzeugt. Die Folge der Verdichtungen und Verdünnungen breitet sich als Schallwelle von der Quelle in den Raum aus. Der Abstand zwischen zwei aufeinanderfolgenden Verdichtungen oder Verdünnungen heißt **Wellenlänge** der Schallwelle.

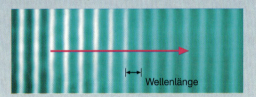

Reflexion

Bei der Wasserwelle

Treffen Wasserwellen auf eine Wand, so werden sie dort reflektiert. Ihre neue Richtung, in die sie weiterwandern, erfüllt ein **Reflexionsgesetz**: Der Einfallswinkel zum Lot (auf die reflektierende Wand) ist gleich dem Reflexionswinkel zum Lot.

Bei der Schallwelle

Treffen Schallwellen auf eine Wand, so werden sie dort reflektiert. Ihre neue Richtung, in die sie weiterwandern, erfüllt ein **Reflexionsgesetz**: Der Einfallswinkel zum Lot (auf die reflektierende Wand) ist gleich dem Reflexionswinkel zum Lot.

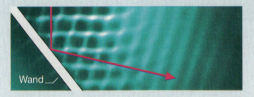

Beugung

Bei der Wasserwelle

Treffen Wasserwellen – aus einer Richtung kommend – auf eine kleine Öffnung, so dringen sie durch und breiten sich hinter der Öffnung in alle Richtungen aus. An den Kanten eines Körpers geschieht dasselbe. Dort entstehen ebenfalls Wasserwellen, die in alle Richtungen gehen. Die Wellen werden **gebeugt** und gelangen in „Schatten"-Bereiche hinter den Körper.

Bei der Schallwelle

Treffen Schallwellen auf eine Öffnung in der Wand (z. B. ein offenes Fenster), so breitet sich der Schall hinter der Öffnung in alle Richtungen (z. B. im ganzen Zimmer) aus. Auch an den Kanten eines Gebäudes werden die Schallwellen in alle Richtungen umgelenkt, ohne dass eine Reflexion erfolgt. Der Schall wird **gebeugt** und gelangt so auch um die Ecke weiter.

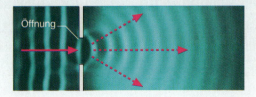
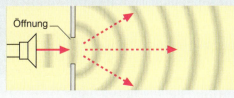

Analogien und Strukturen

Teilchenmodell und Schall

Stoffe bestehen aus Teilchen. Um verschiedene Phänomene und Eigenschaften von Körpern erklären zu können, benötigt man ein Modell über deren Aufbau, das Teilchenmodell. Wir wissen nicht, wie die Teilchen aussehen, das Aussehen der Teilchen ist für unser Modell hier auch nicht von Bedeutung.

Hierzu stellen wir uns ein Gas als eine Ansammlung frei im „Nichts" umherschwirrender Teilchen vor. Das „Nichts" ist nicht gleichbedeutend mit „Luft", denn Luft ist ja ein Gasgemisch und besteht folglich selbst aus Teilchen!
Man könnte sich auch die Kugeln eines Billardtisches vorstellen (Abb. ➤ 1), die sich geradlinig fortbewegen. Sie stoßen aneinander und ändern dabei ihre Richtung. Die Berandung des Billardtisches und die Tischplatte sind der Behälter, in dem sich das Gas befindet.
Eine Flüssigkeit stellen wir uns als eine Ansammlung von vielen Teilchen vor, die eng aneinandergedrängt sind, sich aber untereinander frei bewegen können, ähnlich den Menschen auf einem Konzert oder Volksfest (Abb. ➤ 2). In Wirklichkeit befindet sich ein Gas bzw. eine Flüssigkeit natürlich im Raum und nicht auf einer Ebene, das ist aber für die meisten Vorstellungen unwichtig.

Einen Festkörper stellen wir uns als eine starre Ansammlung von Teilchen vor, die ihren Platz beibehalten, ähnlich den Legosteinen in einer Legomauer (Abb. ➤ 3).

Beim Modellgas sind die Billardkugeln unsere Teilchen, bei der Modellflüssigkeit die Konzertbesucher und beim Modellfestkörper die Legosteine.

Die Schallausbreitung

Wir wissen, dass immer dann Töne entstehen, wenn etwas schwingt. Was würde nun passieren, wenn auf einem Billardtisch ein großes Blatt aus Karton hin und her schwingen würde?

Würde sich der Karton auf die Billardkugeln zu bewegen, dann gäbe es eine „Verdichtung" der Billardkugeln, auf der Rückseite eine „Verdünnung". Wie eine Stoßwelle würde sich die Verdichtung in Schwingrichtung ausbreiten. So kann man sich die Schallausbreitung in Gasen vorstellen. Würde ein Krankenwagen auf einem Konzert vor und zurück fahren, dann würden die Menschen immer vor ihm ausweichen beziehungsweise den freien Platz hinter ihm wieder auffüllen. So könnte man sich die Schallausbreitung in Flüssigkeiten vorstellen.

Die Schallgeschwindigkeit

Da die Billardkugeln weiter auseinander sind als die Menschen auf einem Konzert, würde sich die Störung durch den Krankenwagen im Vergleich schneller ausbreiten. Ein Mensch, der vor dem Krankenwagen ausweicht, könnte ja nur ausweichen, wenn er einen anderen Menschen wegschiebt.
Hingegen die Störung der Billardkugeln durch den Karton würde sich langsamer ausbreiten, da die Billardkugeln ein Stück rollen können, bevor sie einen Nachbarn treffen.
So kann man sich erklären, dass die Schallgeschwindigkeit in flüssigen Körpern größer ist als in gasförmigen.

1 Billardtisch

2 Konzert

3 Legomauer

1 Warum ist die Schallgeschwindigkeit in Festkörpern noch größer?

230   Analogien und Strukturen

Von Feldern und Strömen

Versuche

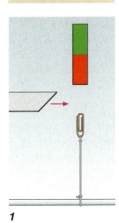

1

V1 Eine an einem Faden befestigte Büroklammer aus Eisendraht wird von einem Magnet so angezogen, dass sie mit gespanntem Faden vor ihm schwebt (Abb. ➤ 1). Wird zwischen Magnet und Büroklammer ein Stück Pappe, Holz oder eine Plastikfolie gehalten, so ändert sich dadurch nichts. Wird stattdessen ein Eisenblech verwendet, so fällt die Klammer nach unten.

V2 Lege eine Glasscheibe oder ein Blatt Papier auf einen Stabmagnet. Streue vorsichtig Eisenspäne darauf und klopfe dabei leicht an die Glasscheibe oder das Papier (Abb. ➤ 2). Wiederhole den Versuch mit einem Hufeisenmagnet. Die Eisenspäne ordnen sich je nach Magnet in einem bestimmten Muster an.

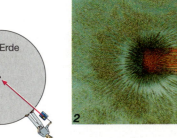

2

V3 Eine Metallplatte wird isoliert aufgestellt und mit dem Pluspol einer elektrischen Quelle verbunden. Eine an einem Faden aufgehängte leitende Kugel wird negativ aufgeladen. Nähert man die Platte der Kugel, so wird sie in ihre Richtung ausgelenkt.

V4 Auf eine Glasplatte mit aufgeklebten Elektroden streuen wir Kunststoffspäne. Die Elektroden sind mit den Polen einer geeigneten elektrischen Quelle verbunden (Abb. ➤ 3). Die Kunststoffspäne ordnen sich zu bestimmten Linienbildern.

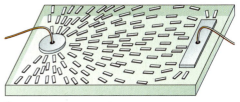

3

V5 Wir binden ein Buch an ein Seil und lassen los. Sofort fällt es nach unten zur Erde hin und spannt die Schnur. Auch für Australier, die von uns aus gesehen „auf dem Kopf" stehen, fällt es zur Erde hin (Abb. ➤ 4). Die Erdkugel zieht also das Buch an.

V6 Ein Astronaut auf dem Mond würde erkennen, dass sein Buch in Richtung Mond gezogen wird. Auch die Mondkugel zieht die Masse des Buches an.

Grundwissen

Kraftfelder

Kräfte können nicht nur durch direkten Kontakt – wie z. B. bei zusammenstoßenden Billardkugeln – wirken. Es gibt auch Erscheinungen, bei denen ein Objekt A auf ein Objekt B eine Kraft ausübt (und umgekehrt), ohne dass sich die beiden berühren. Man sagt dann: B ist „im Kraftfeld" von A und umgekehrt. Diese Kraftfelder besitzen prinzipiell keine Grenze, die Beträge der Kräfte sinken aber stark mit der Entfernung.
In den Versuchen V1 bis V6 treten drei verschiedene Arten von Kraftfeldern auf:

Das magnetische Feld:

Magnete und magnetisierbare Stoffe erfahren in der Umgebung eines Magnets Kräfte. Diese können anziehend (z. B. Nordpol – Südpol) oder abstoßend sein. Man sagt, der Magnet erzeugt ein Magnetfeld.

Das elektrische Feld:

Elektrisch geladene Körper erfahren in der Umgebung eines anderen geladenen Körpers Kräfte. Diese können anziehend (positive elektrische Ladung – negative elektrische Ladung) oder abstoßend (negativ – negativ oder positiv – positiv) sein. Man sagt, der geladene Körper erzeugt ein elektrisches Feld.

Das Gravitationsfeld („Schwerefeld"):

Alle Objekte, die eine Masse besitzen, erfahren in der Umgebung eines Körpers mit einer bestimmten Masse (z. B. der Erde) anziehende Kräfte. Man sagt, der Körper erzeugt ein Gravitationsfeld (Schwerefeld).

1 Schreibe Unterschiede und Gemeinsamkeiten der drei Feldarten auf.

Analogien und Strukturen **231**

Grundwissen

Feldlinien

Wenn sich ein Körper in einem auf ihn wirkenden Feld befindet (z. B. Eisen im Magnetfeld, Mensch im Gravitationsfeld der Erde, usw.) so wirkt in jedem Punkt des Feldes eine Kraft auf ihn. Diese Kräfte kann man nicht sehen, deshalb veranschaulicht man sie durch ein Modell, das so genannte **Feldlinienmodell**.
In Abb. ➤1 rechts sind sie durch Grießkörner veranschaulicht. Grießkörner haben, wie auch die Kunststoffspäne aus V4, die Eigenschaft, dass sie sich im elektrischen Feld ausrichten (ähnlich wie Eisenspäne im Magnetfeld). Im Bild links sind die Feldlinien eines elektrischen Feldes zwischen zwei unterschiedlich geladenen Platten dargestellt.

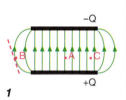

1

Die Richtung der Pfeile ist festgelegt: Bringt man ein positiv geladenes Teilchen an den Punkt A, dann erfährt es eine Kraft in Pfeilrichtung.
Im Punkt B erhält man die Richtung der Kraft (nicht der Bewegungsrichtung!) auf eine positive Ladung, indem man eine Tangente an die Feldlinie durch B zeichnet und die Pfeilrichtung übernimmt.
Was ist nun im Punkt C? Natürlich gibt es für C, wie für alle Punkte, eine Feldlinie, die durch C geht. Wenn man alle Feldlinien zeichnen würde, wäre die Skizze allerdings komplett grün. Nun hilft uns die folgende Überlegung weiter:
Feldlinien können sich nicht schneiden, denn an einem Schnittpunkt gäbe es sonst zwei Kräfte in verschiedene Richtungen an einem Punkt. Dies kann nicht sein.
Dadurch ist der Verlauf der Feldlinie durch C durch die gezeichneten „Nachbarlinien" eingeschränkt, man kann sich ihren Verlauf also denken.

> Feldlinien können sich nie schneiden, sie zeigen an jedem Punkt in eine eindeutige Richtung. Diese Richtung zeigt
>
> – im Magnetfeld an, in welche Richtung die Kraft auf einen magnetischen Nordpol wirkt.
> – im elektrischen Feld an, in welche Richtung die Kraft auf einen positiv geladenen Körper wirkt.
> – im Gravitationsfeld an, in welche Richtung die Kraft auf eine Masse wirkt.

1 Denke dir die geladenen Platten in Abb. ➤1 weg. Die Feldlinien seien die Feldlinien eines
a) magnetischen Feldes
b) elektrischen Feldes
c) Gravitationsfeldes.
Du setzt nacheinander verschiedene Körper an die Stelle A. Mit welcher Eigenschaft erfahren sie eine Kraft in welche Richtung? Notiere alle möglichen Fälle.

Feldlinienbilder und Kraftbeträge

Aus einem Feldlinienbild kann man nur etwas über die Richtung und den Angriffspunkt einer Kraft aussagen, nicht aber über ihren Betrag.
Um wenigstens Wertevergleiche in einem Feldlinienbild zu dokumentieren, kann man sie nach der folgenden Regel zeichnen: Je mehr Feldlinien durch eine Vergleichsfläche (z. B. 1 cm²) gezeichnet werden, umso größer sind das Kraftfeld in diesem Bereich und die daraus resultierenden Kräfte (Abb. ➤2). Durch die Vergleichsfläche bei C verläuft nur eine Feldlinie, in der durch B zwei, durch A drei. Die Kraft auf den gleichen Körper ist somit in A am größten und in C am kleinsten.

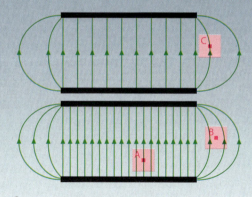

2

232 *Analogien und Strukturen*

Strom, Antrieb und Widerstand

Versuche

1 Stromkreis mit Dynamo und Amperemeter

V1 In einer großen Wanne, die zu einem Drittel mit Wasser gefüllt ist, schüttest du einen Sandberg auf, der deutlich über das Wasser hinausragt. Oben formst du eine Vertiefung, einen „Stausee". Von dort aus drückst du eine breite Rinne bis zum Fuß des Berges. Nun beginnst du, mit einem Trinkglas Wasser vom „Meer" in den Stausee zu schöpfen. Ist die Rinne breit genug, stürzt das ganze Wasser auf einmal wieder hinunter. Der Wasserstrom versiegt, bis du erneut Wasser geschöpft hast. Es gelingt also nicht, dass ein kontinuierlicher Wasserstrom den Berg hinunter fließt. Kieselsteine, die wir in die Rinne legen, hindern das Wasser am Ablauf. Dadurch wird der Strom langsamer und es gibt einen Rückstau, der Zeit zum Schöpfen verschafft. Legst du zu viele Kiesel (einen „Staudamm") in den Weg, dann fließt gar kein Wasser mehr ab.

V2 Wir nehmen einen Dynamo mit Handkurbel als Stromquelle. Die zwei Ausgänge verbinden wir über Leitungen mit einem Stromstärkemessgerät (mit Zeiger) und beginnen zu drehen (Abb. ➤ 1). Bitte den Messbereich des Messgerätes beachten! Immer im höchsten Messbereich beginnen! Die Kurbel lässt sich nur sehr schwer drehen und der Zeiger schlägt stark aus, während wir eine Drehung durchführen. Wenn wir nun eine Glühbirne in Reihe schalten, dreht sich die Kurbel leichter. Das Instrument schlägt nicht mehr so stark aus, sondern lässt sich bei rhythmischem Drehen bei einem Wert halten. Wenn wir den Drehrhythmus beibehalten und noch mehr Lämpchen in Reihe schalten, dann geht die Stromstärke immer weiter zurück, bis bei sehr vielen Lämpchen nahezu keine Elektrizität mehr fließt.

Grundwissen

Wasserströme und elektrische Ströme – eine Analogie

Der Unterschied zwischen Seen und Flüssen ist, dass das enthaltene Wasser ruht bzw. fließt. Wodurch wird das Wasser in Flüssen zum Fließen angetrieben? Das Wasser fließt immer von hoch gelegenen Stellen zu niedrigeren Stellen der Erde. Zum Beispiel fließt die Donau vom Schwarzwald (ca. 900 m ü. M.) bis ins Schwarze Meer (0 m ü. M.). Könnte man die Gravitation in Gedanken „außer Betrieb" setzen, so würde die Donau nicht mehr fließen. Der Antrieb des Wassers in Flüssen ist somit das Gravitationsfeld der Erde und der damit verbundene Potenzialunterschied zwischen den verschieden hoch gelegenen Stellen auf der Erde. Das Wasser fließt immer von Stellen mit hohem Potenzial zu Stellen mit niedrigem Potenzial.

Wenn sich nun zwischen einem Punkt A (hohes Potenzial) und einem Punkt B (niedriges Potenzial) nur eine Steilwand befindet, so hat man einen Wasserfall. Je flacher und somit länger der Weg wird, umso langsamer wird das Wasser, da ein Teil seiner Energie der Lage durch Reibung im Flussbett „entwertet" wird und nicht als Energie der Bewegung des Wassers zur Verfügung steht. Man sagt, das Wasser erfährt einen Widerstand auf dem Weg durch das Flussbett. Im Extremfall staut der Wasserstrom und versiegt.

Analog zum Wasserfluss ist der Elektrizitätsfluss: Die Pole einer Batterie sind die Punkte A und B. Sie befinden sich auf unterschiedlichem elektrischen Potenzial (A sei der Punkt auf hohem Potenzial). Wenn man die beiden Punkte sehr gut leitend verbindet, z. B. mit einem kurzen Stück Kupferdraht, so hat man einen „elektrischen Wasserfall" erzeugt. Angetrieben durch den Potenzialunterschied „stürzt" die Elektrizität von A nach B. Dies nennt man auch einen Kurzschluss, dabei ist die Stromstärke sehr hoch, der Draht wird heiß.

Die Stromstärke kann man nun auf zwei Arten verringern: Entweder man verlängert den Draht (dadurch wird sein elektrischer Widerstand größer) oder man baut praktischerweise „Steine" in Form von Bauteilen bzw. Geräten, die selbst elektrisch schlecht leiten, also einen bestimmten Widerstand besitzen, in Reihe in den Stromkreis. Dies kann man fortsetzen bis hin zu elektrisch isolierenden Materialien, sie sind die „Staudämme" für die Elektrizität, der elektrische Strom kommt zum Erliegen.

2 Wasserfall in Island

1 Weshalb geht der Batterie beim einem Kurzschluss deutlich schneller „die Energie aus" als bei Betrieb eines Lämpchens?

Analogien und Strukturen **233**

Physikalische Größen

Versuche

V1 Nimm ein DIN A4-Blatt und zerschneide es in sechzehn gleich große Rechtecke. Zeichne dann auf jedes dieser Rechtecke, die im Querformat vor dir liegen, eine Horizontale immer an die gleiche Stelle. Dann zeichnest du jeweils einen Ball auf die Horizontale, links beginnend und dann jeweils ein Stück nach rechts rückend (die Abstände sollten möglichst gleich sein), so dass du am Ende sechzehn Momentaufnahmen eines Balles hast, der über diese Horizontale rollt. Nummeriere die Blätter auf der Rückseite und lege sie übereinander.
Jetzt hast du ein Daumenkino, mit dem du die Bewegung des Balles ablaufen lassen kannst. Ordne nun die Zettel so um, dass du das Daumenkino „rückwärts" laufen lassen kannst. Beschreibe diese beiden Bewegungen. Kann man ihnen physikalisch einen Anfang oder ein Ende zuordnen?

V2 Erstelle ein Daumenkino von einem Fadenpendel auf die gleiche Weise. Beschreibe diese Bewegung! Entspricht der gleichmäßige Ablauf der Bilderfolge der Wirklichkeit? Was lässt sich über den Anfang und das Ende der Bewegung sagen?

V3 Fülle ein Waschbecken voll Wasser und miss die Temperatur. Füllt man einen Teil des Wassers in ein kleineres Behältnis um und misst auch dort die Temperatur, so ändert sich diese nicht, egal wie viel Wasser sich darin befindet.

V4 Ermittle die Längenausdehnung eines Eisenrohres, wenn es von 80 °C warmem Wasser durchflossen wird. Führe den Versuch nach Abkühlung mit demselben Eisenrohr durch, nur drehe es dazu um. Es ergibt sich derselbe Wert für die Längenausdehnung.

Grundwissen

Symmetrie und Analogie

Der Begriff **Symmetrie** sagt aus, dass ein an einer Achse oder einem Punkt gespiegeltes Bild mit dem Originalbild übereinstimmt. Im Alltag verbindet man damit oft Gleichmaß und Regelmäßigkeit. Regelmäßigkeit kommt der Beschreibung von symmetrischen Prozessen sehr nahe. Die Schwingungen eines Faden- oder Federpendels sind im Idealfall Beispiele hierfür. Zu beachten ist hier, dass es keine bevorzugte Form der Energieübertragung gibt, die Prozesse könnten also vorwärts und rückwärts ablaufen. Eine **Analogie** (auch: ein Analogon) heißt im Griechischen *Entsprechung* bzw. *Ähnlichkeit*. Das bedeutet, dass unanschauliche und schwer verständliche Zustände oder Ereignisse durch anschauliche und allgemein bekannte Situationen repräsentiert werden. Man kann sie vergleichen!

Größen und Teilchenzahl

Ermittelt man die Dichte von Eisen, so ist es dabei gleichgültig, wie viel Eisen man hierfür verwendet. Ebenso verhält es sich, wenn man die Temperatur eines Körpers misst. Ob man nun die Temperatur von Schnee im Vorgarten bestimmt, indem man in einen Eimer voll Schnee oder eine Schubkarre voll Schnee sein Thermometer steckt, es ergibt sich der gleiche Wert. Physikalische Größen, die nicht von den Abmessungen des Systems (bzw. der Menge des Stoffes), in dem sie gemessen werden, abhängen, nennt man **intensive Größen**. Es ist also gleichgültig, wie viel eines Stoffes bzw. wie viele Teilchen bei der Messung vorliegen, dies hat keinen Einfluss auf die gemessene Größe. Umgekehrt gibt es aber auch Größen, die sich mit der Menge ändern. Dazu gehört natürlich jede Größe, die selbst Mengen oder Anzahlen angibt, z. B. die Anzahl selbst oder auch Länge und Volumen. Auch die Masse gehört zu diesen Größen. Solche Größen nennt man **extensive Größen**.

Größen und Richtung

Man kann Größen auch danach unterscheiden, ob sie von der Richtung bzw. Bewegung abhängen oder nicht. Beispielsweise Energie, Masse oder Temperatur hängen nicht mit der Richtung oder Bewegung des Körpers zusammen. Solche Größen sind **skalare Größen**. Dagegen bei Geschwindigkeit oder Impuls kann man sehr wohl außer einem Betrag auch eine Richtung für die Größe angeben. Solche Größen nennt man **vektorielle Größen**. Ändert sich die Richtung, dann ändert sich auch die Größe, auch wenn der Betrag gleich bleibt. Fahren wir gleich schnell durch die Kurve, ändert sich also die Größe Geschwindigkeit!

234 Analogien und Strukturen

Grundwissen

Proportionalitäten

An der Tankstelle kostet bei einer Werbeaktion ein Liter Benzin genau 0,50 €. Was kosten dann zwei, drei, X Liter?
Natürlich kosten zwei Liter das Doppelte, drei Liter das Dreifache und x Liter das „x-fache". Man sagt dazu, das getankte Volumen an Benzin (in der Einheit „1 Liter") ist **proportional** zu den Kosten dieser Menge. Wenn man V und K als Formelzeichen für das Volumen bzw. die Kosten nimmt, dann ist die zur **Proportionalität** gehörende Kurzschreibweise $V \sim K$.

Es gibt drei Möglichkeiten, die Proportionalität zweier Größen A und B zu erkennen:

a) Wenn man A „ver-x-facht" und dadurch B automatisch auch „ver-x-facht" wird, so gilt: $A \sim B$.
Im Beispiel mit V und K wurde dies oben schon gezeigt.

b) Wenn man ein Schaubild zeichnet, in dem man A auf der x-Achse und B auf der y-Achse aufträgt, dann entsteht bei Proportionalität von A und B eine **Ursprungsgerade**. Für unser Beispiel sieht man dies in Abb. ➤ 1.

c) Wenn man den Quotienten aus den beiden Größen bildet, so ist dieser immer gleich groß, also **konstant**.
An der Tankstelle gilt beispielsweise:
1.) $V = 1\,l$, $K = 0{,}5\,€$ => $V/K = 2\,l/€$
2.) $V = 2\,l$, $K = 1\,€$ => $V/K = 2\,l/€$
3.) $V = x\,l$, $K = 0{,}5 \cdot x\,€$ => $V/K = 2\,l/€$
Somit ist $V/K = 2\,l/€$ = konstant.

In der Physik spielen Proportionalitäten und die dazugehörenden **Proportionalitätskonstanten** eine große Rolle. Deshalb ist es sehr wichtig, dass man Proportionalitäten erkennt, da man aus ihnen recht einfach Gesetze ableiten kann.

Aber auch das Umgekehrte kommt gelegentlich vor: Wenn eine Größe A zum Kehrwert $1/B$ einer Größe B proportional ist, dann sagt man: A und B sind **antiproportional**.

Das bedeutet, dass sich der Wert von B halbiert, wenn sich der Wert von A verdoppelt (und umgekehrt).

Die Dichte einer physikalischen Größe

Paul trägt einen kleinen Koffer und stöhnt: „Der ist viel zu schwer!" Lisa trägt einen viel größeren Koffer und sagt, er sei ganz leicht. Wie kann das sein?

Ob ein Koffer schwer oder leicht ist, hängt nicht allein von seiner Größe ab, sondern auch davon, wie viel Gepäck darin ist. Im Alltag ist es daher sinnvoller zu sagen, der Koffer ist „sehr voll" oder „fast leer". In der Physik muss man oft davon sprechen, dass ein Volumen oder eine Fläche „voll oder leer" ist. Physiker nennen diese Eigenschaft **Dichte**.

Die Dichte ϱ (rho) als eine physikalische Eigenschaft eines Stoffes ist das Verhältnis der Masse eines Körpers zu seinem Volumen:
$\varrho = m/V$.
Die Einheit der Dichte ist $1\,kg/m^3$.

Mit Dichte (oder „Massendichte") meinen Physiker also immer Masse pro Volumen. Aber auch in anderen Situationen geht es um „voll und leer" in einem Volumen oder einer Fläche. Als Analogie verwendet man auch hier das Wort Dichte:

Die **Bevölkerungsdichte** z. B. ist die Anzahl der Einwohner pro Fläche eines bestimmten Gebiets (Kontinent, Land oder Stadt). Man erhält sie, indem man die Einwohnerzahl des Gebiets durch seine Fläche teilt. Die Niederlande haben zwar weniger Einwohner als Deutschland, aber sie haben eine höhere Bevölkerungsdichte. Die Fläche ist also „voller" an Einwohnern:

	Niederlande	Deutschland
Einwohner	16 135 000	82 525 000
Fläche	41 526 km²	357 022 km²
Bev.dichte	477 Ew./km²	231 Ew./km²

Als **Teilchendichte** bezeichnet man die Anzahl der Teilchen (Moleküle, Atome etc.) pro Volumen. Man errechnet sie, indem man die Gesamtzahl der Teilchen durch das Volumen teilt.

Energiedichte ist die Größe, die die Energie pro Volumen angibt. Sie hat somit die Einheit $1\,J/m^3$. Energie und Energiedichte sind also nicht dasselbe!

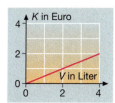

1 $V \sim K$

Kennst du die folgenden Beispiele schon?

In der Mechanik gilt: $m \sim F_G$, d. h. die Masse ist proportional zur Gewichtskraft.

In der Akustik gilt: $f \sim 1/T$, d. h. die Frequenz ist antiproportional zur Periodendauer.

Analogien und Strukturen 235

Murmelspiel und Energie – eine Analogie

Theo und Felix spielen auf der Straße. Sie haben vierzig bunte Glaskugeln. Mit einer Kreide zeichnen sie eine geschlossene Spielstrecke auf den Gehweg, die in hundert Felder unterteilt ist. Jeder erhält zehn Glaskugeln, die „Benzin" darstellen sollen. Die restlichen Kugeln werden in einer „Tankstelle" deponiert. Gespielt wird mit einem Würfel. Beide starten auf dem gleichen Feld.

Würfelt man eine gerade Zahl, so darf man die entsprechende Anzahl an Feldern vorrücken, muss aber gleichzeitig diese Anzahl an „Benzinkugeln" abgeben. Bei einer ungeraden Zahl darf man „tanken", also die gewürfelte Augenzahl aufnehmen. Felix hält seine Kugeln fest in der Hand, aber Theo legt sie auf den Weg; es dauert nicht lange, da sind einige seiner Kugeln im Gulli und den Ritzen des Gehwegs verschwunden. Er hat sie zwar wiederentdeckt, kann sie aber nicht herausholen und im Spiel einsetzen.
Nach einigen Runden hören sie auf, denn sie konnten dann nicht mehr feststellen, wer der Gewinner ist.
Wir vergleichen unsere „Spielgeschichte" mit dem Phänomen „Energie":

Murmelspiel	Energie
Theo, Felix, die Strasse, der Kreiderundkurs	Das betrachtete physikalische System
Vierzig Glaskugeln	Gesamtmenge an Energie
Von zuhause mitgebracht	Energie ist transportierbar
Verteilung der Kugeln	Teilbarkeit, Aufteilung in kleinere Mengen
Bunte Glaskugeln	Verschiedene Formen/Ausprägungen von Energie, aber immer mit den gleichen Eigenschaften
Der Spielverlauf	Energie wird übertragen, es läuft ein Prozess ab („Arbeit")
Kugeln fest in der Hand	An manchen Stellen lässt sich Energie gut speichern
Kugeln auf dem Weg	Energie ist leicht zugänglich, „verflüchtigt" sich aber schnell …
Kugeln im Gulli und in den Ritzen des Gehwegs	Energie ist entwertet, man kann nicht mehr darauf zugreifen …
Zwar entdeckt	Sie ist nicht vernichtet, also immer noch vorhanden!
Keine neuen Kugeln	Energie kann nicht erzeugt werden

Was ist also Energie?
Was Energie wirklich ist, lässt sich nur schwer formulieren. Dem Begriff lassen sich aber folgende Eigenschaften zuordnen, mit denen man dann Energiestromdiagramme (Abb. ➤ 1) erstellen kann:

Energie ist
– mengenartig und speicherbar,
– übertragbar, aber unsichtbar,
– nicht erzeugbar und nicht vernichtbar (also eine so genannte Erhaltungsgröße).

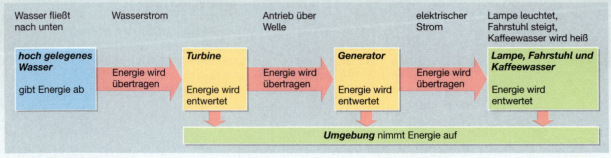

1 Energiestromdiagramm

Analogien und Strukturen

Wichtige Größen und ihre Einheiten

Größe	Zeichen	Einheitenname	Zeichen	Festlegung
Länge	s, l	Meter	1 m	Lichtgeschwindigkeit c_0 mal Zeit
Fläche	A	Quadratmeter	1 m²	$1\,m^2 = 1\,m \cdot 1\,m$
Volumen	V	Kubikmeter	1 m³	$1\,m^3 = 1\,m \cdot 1\,m \cdot 1\,m$
Masse	m	Kilogramm	1 kg	Grundeinheit, festgelegt durch ein Normal
Dichte	ϱ		$1\,\frac{kg}{m^3};\ 1\,\frac{g}{cm^3}$	Masse durch Volumen
Stoffmenge	n	Mol	1 mol	Grundeinheit, festgelegt durch ein Normal
Zeit	t	Sekunde	1 s	Grundeinheit, festgelegt durch ein Normal
Geschwindigkeit	v		$1\,\frac{m}{s};\ 1\,\frac{km}{h}$	Weglänge durch Zeit
Frequenz	f	Hertz	1 Hz	$1\,Hz = 1\,\frac{1}{s}$; Anzahl Perioden durch Sekunde
Kraft	F	Newton	1 N	Grundeinheit, festgelegt durch ein Normal
Druck	p	Pascal	1 Pa	$1\,Pa = 1\,\frac{N}{m^2}$; Kraft durch Fläche
Arbeit	W	Joule, Wattsekunde	1 J, 1 Ws	Kraft mal Weg in Kraftrichtung
Energie	E	Joule, Wattsekunde	1 J, 1 Ws	$1\,J = 1\,Ws = 1\,N \cdot 1\,m$
Leistung	P	Watt	1 W	$1\,W = 1\,\frac{J}{s}$; Arbeit durch Zeit
Temperatur	ϑ	Grad Celsius	1 °C	festgelegte Skala Temperaturunterschied:
	T	Kelvin	1 K	festgelegte Skala $1\,°C = 1\,K$
Ladung	Q	Coulomb	1 C	$1\,C = 1\,A \cdot 1\,s$; Stromstärke mal Zeit
Stromstärke	I	Ampere	1 A	Grundeinheit, festgelegt durch ein Normal
Spannung	U	Volt	1 V	$1\,V = 1\,\frac{Ws}{C}$; Arbeit durch Ladung
Widerstand	R	Ohm	1 Ω	$1\,\Omega = 1\,\frac{V}{A}$; Spannung durch Stromstärke

Vorsilben für dezimale Vielfache und Teile von Einheiten

Vorsilbe	Exa (E)	Peta (P)	Tera (T)	Giga (G)	Mega (M)	Kilo (k)	Hekto (h)	Deka (da)
bedeutet	10^{18}	10^{15}	10^{12}	10^{9}	10^{6}	10^{3}	10^{2}	10^{1}
Vorsilbe	Dezi (d)	Zenti (c)	Milli (m)	Mikro (µ)	Nano (n)	Piko (p)	Femto (f)	Atto (a)
bedeutet	10^{-1}	10^{-2}	10^{-3}	10^{-6}	10^{-9}	10^{-12}	10^{-15}	10^{-18}

Spezielle Einheiten, ausländische Einheiten

1 geographische Meile	= 7420 m
1 Seemeile (sm)	= 1852 m
1 Knoten (kn) = 1 sm/h	= 0,5144 m/s
1 Faden	= 1,829 m
1 Registertonne	= 2,832 m³
1 internat. Karat	= 0,2051 g
1 Feinunze (troy ounce)	= 31,1035 g
1 inch (in, Zoll)	= 2,54 cm
1 foot (ft) = 12 in	= 30,48 cm
1 yard (yd) = 3 ft	= 91,44 cm
1 mile = 1760 yd	= 1609 m
1 acre	= 4047 m²

	englisch	amerik.
1 pint (liq. pt.)	= 0,5683 l	0,4732 l
1 quart = 2 pints	= 1,1365 l	0,9464 l
1 gallon = 4 quarts	= 4,5460 l	3,7854 l
1 petroleum barrel	= 159,11 l	158,99 l
1 °Fahrenheit (°F)	= $\frac{5}{9}$ °C (0 °C ≙ 32 °F)	
	x °C = $(\frac{9}{5} x + 32)$ °F	
1 ounce (oz)	=	28,35 g
1 pound (lb) = 16 oz	=	453,6 g
1 quarter (qu) = 28 lbs	=	12,70 kg
1 short ton = 2000 lbs	=	907,2 kg
1 long ton = 2240 lbs	=	1016 kg

Veraltete Einheiten

Druck

1 at	= 98 066,5 Pa
1 atm	= 101 325 Pa
1 Torr	= 133 Pa

Energie

1 kcal	= 4 186,8 J
1 kp m	= 9,80665 J

Leistung

1 PS	= 736 W
1 kcal/h	= 1,16 W
1 kp m/s	= 9,80665 W

Tabellen **237**

Eigenschaften verschiedener Stoffe

ϱ = Dichte bei 20 °C, für Gase bei 0 °C und 1013 hPa;
α = Längenausdehnungszahl bei 18 °C;
γ = Volumenausdehnungszahl bei 20 °C;
c = spezifische Wärmekapazität;
v = Schallgeschwindigkeit in Gasen bei 0 °C;

ϑ_f = Schmelztemperatur, bei Gasen bei konstantem Druck;
ϑ_d = Siedetemperatur;
s = spezifische Schmelzenergie;
r = spezifische Verdampfungsenergie

Feste Stoffe	ϱ g/cm³	α 1/(10⁶ K)	c kJ/(kg·K)	ϑ_f °C	s kJ/kg	ϑ_d °C	r kJ/kg
Aluminium	2,70	23,8	0,896	660	404	2400	10539
Beton	2,2 – 2,5	12	0,879				
Blei	11,35	29,4	0,129	327	24,7	1750	871
Cobalt	8,8	12,6	0,419	1493	260	2880	4815
Eis (–4 °C)	0,92	37	2,09	0	334	100	257
Eisen (Stahl)	7,86	11,5 – 12	0,452	1535	270	2800	6322
Glas	2,23	3,2	0,799	815			
Gold	19,3	14,2	0,129	1063	64,5	2660	1578
Graphit	2,25	19	0,711	3800		4400	
Iod	4,93	64,1	0,214	114	124	183	163
Kochsalz	2,16	48	0,854	808	519	1461	2789
Kupfer	8,93	16,8	0,385	1083	205	2582	4798
Messing (MS 7,2)	8,6	18,5	0,375	~320		1160	
Natrium	0,97	71	1,23	98	113	890	4600
Paraffin	0,8 – 0,9	150	2,51	50			
Platin	21,45	9,1	0,134	1769	111	4300	2470
Plexiglas	1,16	75	1,30	~110			
Porzellan	2,3	4	0,846	1670			
Quarzglas	2,20	5,6	0,712	1585			
Schwefel	2,06	56,5	0,720	113	50,2	445	293
Silber	10,5	19,3	0,237	961	105	2180	2361
Silicium	2,4	2,5	0,703	1423	166	2350	12561
Wolfram	19,27	4,5	0,142	3390	192	5500	4354
Zink	7,13	26,3	0,389	420	111	907	1754
Zinn	7,30	27	0,226	232	59,5	2680	2387

Flüssigkeiten	ϱ g/cm³	γ 1/(10³ K)	c kJ/(kg·K)	ϑ_f °C	s kJ/kg	ϑ_d °C	r kJ/kg
Aceton	0,791	1,43	2,22	–95	82,1	56	519
Benzol	0,879	1,23	1,70	6	126	80	394
Ethanol, Brennspiritus	0,789	1,10	2,40	–114	105	78	854
Ether	0,714	1,62	2,26	–116		34,6	356
Glycerin	1,260	0,50	2,39	18	201	291	
Petroleum	0,847	0,96	2,14			150	
Quecksilber	13,546	0,181	0,138	–39	11,8	357	285
Schwefelsäure (rein)	1,834	0,22	1,42	10,4	109	338	
Wasser	0,998	0,21	4,19	0	334	100	2257

Gase	ϱ g/dm³	v m/s	c kJ/(kg·K)	ϑ_f °C	s kJ/kg	ϑ_d °C	r kJ/kg
Ammoniak	0,771	415	2,16	–77,7	332	–33,4	1374
Chlor	3,214	206	0,486	–101,5	90,4	–34,7	289
Helium	0,179	965	5,23	–		–268,98	20,5
Kohlenstoffdioxid	1,977	266	0,837	–78,5	181	–57	574
Kohlenstoffmonooxid	1,25	337	1,05	–204	29,7	–191,5	216
Luft	1,293	332	1,005	–213		–193	
Propan	2,010	260	1,63	–187,7	80,0	–42,1	427
Sauerstoff	1,429	315	0,917	–219	13,8	–182,97	214
Stickstoff	1,251	334	1,04	–210,5	25,5	–195,8	201
Wasserstoff	0,0899	1286	14,32	–259,5	58,2	–252,8	448
Xenon	5,897	170	0,126	–111,8	17,6	–108,1	99,2

Dichten von Gebrauchsstoffen in g/cm³

Benzin	0,70 – 0,74	Koks	0,9 – 1,2		
Bernstein	1,0 – 1,1	Kork	0,22 – 0,29		
Braunkohle	1,3	Marmor	2,5 – 2,8		
Diamant	3,25	Mauerwerk	2,1 – 2,5		
Erde	1,3 – 2,0	Mehl	0,6		
Erdgas L	0,00083	Papier	0,8 – 1,1		
Essig, wasserfrei	1,05	Polystyrol (Styropor)	0,03		
Fette	0,9	Polyvinylchlorid (PVC)	1,3		
Gas (Haushalt)	2,4 – 2,9	Polyethylen (PE)	0,95		
Gummi	0,9 – 1,1	Stahl	7,6 – 7,8		
Heizöl EL	0,86	Steinkohle	1,4		
Holz (Buche, Eiche)	0,7	Terpentin	0,85		
Holz (Kiefer, Tanne)	0,5	Tetrachlorkohlenstoff	1,59		
Holz (Balsa)	0,1 – 0,3	Zement	3,1		
Keramik	2,0	Ziegel	1,4 – 1,8		
Kerzenwachs	0,9	Zucker	1,6		

Schüttdichten in kg/dm³

Äpfel	0,3
Braunkohle	0,7
Hafer	0,5
Heu	0,1
Holzscheite	0,4
Kartoffeln	0,7
Kies	1,8 . . . 2,0
Koks	0,4
Roggen	0,7
Sand, trocken	1,6 – 1,8
Sand, nass	1,9 – 2,1
Schnee, frisch	0,1
Schnee, nass	0,5 – 0,9
Torf, gepresst	0,2
Stroh	0,04 – 0,07
Weizen	0,8

Haftreibungszahlen f_h

	auf	f_h
Stahl	Holz	0,6 – 0,7
	Stahl	0,15 – 0,3
	Eis	0,027
Holz	Holz	0,3 – 0,6
	Stein	0,7
Leder	Grauguss	0,6 – 0,8
Auto-reifen	Asphalt	0,4 – 0,8
	Beton	0,6 – 1
	Makadam	0,6 – 0,9

Werte gelten für trockene Flächen, bei nassen sind sie rund 30 % niedriger.

Gleitreibungszahlen f_{gl}

	auf	f_{gl}
Holz	Holz	0,2 – 0,4
	Stein	0,3 – 0,4
	Metall	0,4 – 0,5
Stahl	Stahl	0,15 – 0,25
	Eis	0,01
Bremsbelag	Stahl	0,5 – 0,6
Auto-reifen	Asphalt	0,3 – 0,6
	Beton	0,35 – 0,7
	Eis	0,05 – 0,2

Werte gelten für trockene Flächen, bei gefetteten sind sie rund 30 % niedriger.

Rollreibungszahlen f_r/r (r in cm)

	auf	f_r/r
Stahl	Stahl	0,005
	Stahl, gehärtet	0,001
Zahnrad	Zahnrad	0,01 – 0,05
Auto-reifen	Asphalt	0,010
	Beton	0,015
	Pflaster	0,015
	Schotter	0,022
	Erdweg	0,05 – 0,15
	Sand	0,15 – 0,3

Werte sind stark geschwindigkeitsabhängig, mit steigender Geschwindigkeit abnehmend.

Widerstandbeiwert c_w verschiedener Körperformen (mit gleicher Querschnittsfläche)

Kreisscheibe	1,11	Kegel	30°	0,34	Kleinwagen	0,4
Kugel	0,4	Kegel	60°	0,51	großer Pkw	0,35
Halbkugel	1,33	Walze		0,85	Sportwagen	0,28
Halbkugel	0,34	Stromlinienform		0,1	Fallschirm	0,9

Luftwiderstandskraft: $F_L = \frac{1}{2} c_w \cdot \varrho_L \cdot A \cdot v^2$ (ϱ_L = Dichte der Luft; A = Querschnittsfläche; v = Geschwindigkeit)

Beaufort-Skala und Windgeschwindigkeit   (International festgelegt: Messhöhe 10 m über Grund im freien Gelände)

Wind-stärke	Auswirkungen	Geschwindig-keit in m/s	Wind-stärke	Auswirkungen	Geschwindig-keit in m/s
0	Rauch steigt senkrecht hoch	0 – 0,2	7	fühlbare Hemmung beim Gehen	13,9 – 17,1
1	nur durch Rauch angezeigt	0,3 – 1,5	8	bricht Zweige von den Bäumen, erschwert erheblich das Gehen im Freien	17,2 – 20,7
2	Blätter säuseln, Windfahne zeigt an	1,6 – 3,3			
3	Blätter und dünne Zweige bewegen sich	3,4 – 5,4	9	kleine Schäden an Häusern (Dachziegel werden abgeworfen)	20,8 – 24,4
4	Zweige und dünne Äste bewegen sich	5,5 – 7,9	10	entwurzelt Bäume, bedeutende Schäden an Häusern	24,5 – 28,4
5	kleine Laubbäume beginnen zu schwanken	8,0 – 10,7	11	verbreitete Sturmschäden (sehr selten im Binnenlande)	28,5 – 32,6
6	starke Äste in Bewegung	10,8 – 13,8	12	schwerste Verwüstungen	32,7 – 36,9

Dichte und Wärmeleitzahl von Baustoffen

Baustoff	Dichte	Wärmeleitzahl	Baustoff	Dichte	Wärmeleitzahl
Ziegel	1400 kg/m³	0,58 W/(m·K)	Mineralfaser	110 kg/m³	0,041 W/(m·K)
Kalksandstein	1600 kg/m³	0,79 W/(m·K)	Hartschaum	30 kg/m³	0,041 W/(m·K)
Beton	2400 kg/m³	2,10 W/(m·K)	Kork	160 kg/m³	0,044 W/(m·K)
Gasbeton	600 kg/m³	0,19 W/(m·K)	Fichte	800 kg/m³	0,20 W/(m·K)

Heizwert (Endprodukte gasförmig bei 1013 hPa auf 20 °C abgekühlt) in MJ/kg

Anthrazit	32,3	Benzin	44 – 53	Acetylen	48,2
Braunkohle (roh)	7,6 – 11,6	Benzol	40	Butan	45,7
Braunkohlebrikett	21	Brennspiritus	39	Erdgas	38,2
Holz frisch/trocken	10,0/15,5	Dieselkraftstoff	41 – 44	Kohlenstoffmonooxid	10,1
Hüttenkoks	29,0	Erdöl	42 – 48	Methan	50,0
Ruß	34	Ethanol	27	Propan	46,5
Torf (trocken)	15,5	Heizöl (EL)	43	Schwefelwasserstoff	15,2
Trockenspiritus	19,0	Methanol	20	Steinkohlegas	36,0
Steinkohle	32,5	Petroleum	50	Wasserstoff	120,0

Sättigungsdampfdruck und Dichte von Wasser

ϑ in °C	0	10	20	30	40	50	60	70	80	90	100
ϱ in kg/dm³	0,99984	0,9997	0,9982	0,9957	0,9922	0,9881	0,9832	0,9778	0,9718	0,9653	0,9584
p_s in Pa	613	1227	2293	4240	7313	12332	19865	31197	42329	70127	101325

Maximale Feuchte (Dichte von Wasserdampf)

ϑ in °C	ϱ_d in g/m³	ϑ in °C	ϱ_d in g/m³	ϑ in °C	ϱ_d in g/m³	ϑ in °C	ϱ_d in g/m³	ϑ in °C	ϱ_d in g/m³
−20	0,88	−8	2,53	4	6,37	16	13,65	28	27,27
−18	1,06	−6	2,99	6	6,80	18	15,40	30	30,40
−16	1,27	−4	3,52	8	8,28	20	17,31	32	33,82
−14	1,52	−2	4,14	10	9,41	22	19,45	34	37,58
−12	1,81	0	4,85	12	10,68	24	21,80	36	41,62
−10	2,14	2	5,57	14	12,09	26	24,40	38	46,11

Schallgeschwindigkeit

Luft (trocken)	c in m/s	bei 18 °C	c in m/s	bei 15 °C	c in m/s	bei 0 °C	c in m/s
0 °C	331	Aluminium	5100	Petroleum	1330	Kohlenstoffdioxid	260
10 °C	337	Glas	5200	Wasser (rein)	1468	Stadtgas	490
15 °C	340	Eisen (Stahl)	5170	Meerwasser	1500	Helium	981
20 °C	349	Beton	4000	Ethanol	1150	Sauerstoff	315
		Ziegelstein	3600	Quecksilber	1400	Ammoniak	415
		Messing	3500	Glycerin	1900	Wasserstoff	1270
		Eichenholz	3400	Benzin	1130	Eis	3250

für die Temperatur T in K gilt:

$$c_T = 331 \cdot \sqrt{\frac{T}{273\ \text{K}}}\ \text{m/s}$$

Schwingungsfrequenzen der Tonleiter in Hz

Ton	c'	cis'	d'	dis'	e'	f'	fis'	g'	gis'	a'	ais'	h'	c"
rein	264	278	297	313	330	352	374	396	418	440	467	495	528
temperiert *	262	277	294	311	330	349	370	392	415	440	466	494	524

* temperierte (gleichschwebende) Stimmung mit gleich großen Halbtonschritten des $\sqrt[12]{2} \approx 1,059$fachen der Frequenz des vorherigen Tones

Spezifischer Widerstand bei 18 °C

Reinstoffe	Ω mm²/m	Legierungen	Ω mm²/m	Nichtleiter	Ω mm²/m
Silber	0,016	Messing	0,08	Wasser (dest.)	10^{10}
Kupfer	0,017	(66 % Cu, 34 % Zn)		Glas	$10^{16} - 10^{19}$
Gold	0,020	Nickelin	0,42	Polystyrol	$5 \cdot 10^{18}$
Aluminium	0,027	(58 % Cu, 41 % Ni, 1 % Mn)		Porzellan	$10^{19} - 10^{20}$
Wolfram	0,049	Manganin	0,43	Glimmer	$10^{19} - 10^{21}$
Nickel	0,07	(84 % Cu, 4 % Ni, 12 % Mn)		Hartgummi	$10^{19} - 10^{21}$
Quecksilber	0,958	Konstantan	0,49	Paraffin	$10^{20} - 10^{22}$
Eisen, Stahl	0,1 – 0,5	(60 % Cu, 40 % Ni)		Siegellack	10^{22}
Kohle	50 – 100	Chromnickelstahl	1,10	Bernstein	$> 10^{22}$

Ausgewählte Isotope

Angegeben sind in Spalte *1* – Element, *2* – Kernladung, *3* – Massenzahl, *4* – Kernmasse in u (1 u = 1,66053873·10^{-27} kg), *5* – Halbwertszeit bzw. Häufigkeit im natürlichen Isotopengemisch

1	*2*	*3*	*4*	*5*	*1*	*2*	*3*	*4*	*5*
H	1	1	1,0078250	stabil, 99,985 %	I	53	123	122,9055979	γ/13,27 h
	1	2	2,0141018	stabil, 0,015 %		53	127	126,9044684	stabil, 100 %
	1	3	3,0160493	β^-/12,346 a		53	128	136.9058053	β^-/25 min
He	2	3	3,0160293	stabil, 0,00013 %		53	131	130,9061242	β^-/8,02070 d
	2	4	4,0260325	stabil, 99,99987 %	Cs	55	137	136,9070835	β^-,γ/30 a
	2	6	6,0188807	β^-/0,8067 s	Ba	56	137	136,9058214	stabil, 11,2 %
Li	3	6	6,0151223	stabil, 7,4 %		56	138	137,9052413	stabil, 71,9 %
	3	7	7,0160040	stabil, 92,6 %		56	144	143,9229405	β^-/11,5 s
Be	4	9	9,0121821	stabil, 100 %	Pb	82	206	205,9744490	stabil, 24,1 %
B	5	10	10,012937	stabil, 20 %		82	207	206,9758806	stabil, 22,1 %
	5	11	11,009305	stabil, 80 %		82	208	207,9766359	stabil, 52,4 %
C	6	12	12,000000	stabil, 98,89 %	Po	84	210	209,9828574	α/138,376 d
	6	13	13,003355	stabil, 1,11 %		84	218	218,0089658	α/3,10 min
	6	14	14,003242	β^-/5730 a	Rn	86	219	219,0094745	α/3,96 s
O	8	16	15,994915	stabil, 99,756 %		86	220	220,0113841	α/55,6 s
K	19	39	38,963707	stabil, 93,2 %		86	222	222,0175705	α/3,835 d
	19	40	39,963999	β^-/1,277·10^9 a	Ra	88	224	224,0202020	α/3,66 d
	19	41	40,961826	stabil, 6,7 %		88	226	226,0254026	α/1600 a
Fe	26	56	55,934942	stabil, 91,8 %		88	228	228,0310641	β^-/5,75 a
Co	27	60	59,933822	β^-,γ/5,271 a	U	92	233	233,0396282	α/1,592·10^5 a
Kr	36	82	81,913485	stabil, 11,6 %		92	234	234,0409456	α/2,455·10^5 a
	36	83	82,914136	stabil, 11,5 %		92	235	235,0439231	α/7,04·10^6 a
	36	84	83,911507	stabil, 57,0 %		92	236	236,0455619	α/2,342·10^7 a
	36	85	84,912527	β^-/10,779 a		92	237	237,0487240	β^-/6,75 d
	36	86	85,910610	stabil, 17,3 %		92	238	238,0507826	α/4,468·10^9 a
						92	239	239,0542878	β^-/23,45 min
					Pu	94	239	239,05215653	α/2,4110·10^4 a

Transurane (Beispiel mit einem Isotop und seiner Halbwertszeit)

Neptunium ($^{237}_{93}$Np; 2,1·10^6 a)   Berkelium ($^{247}_{97}$Bk; 1400 a)   Mendelevium ($^{258}_{101}$Md; 55 d)   Dubnium ($^{262}_{105}$Db; 40 s)

Plutonium ($^{244}_{94}$Pu; 8·10^7 a)   Californium ($^{251}_{98}$Cf; $\approx$800 a)   Nobelium ($^{259}_{102}$No; 59 min)   Seaborgium ($^{263}_{106}$Sg; 0,9 s)

Americium ($^{243}_{95}$Am; 7,4·10^3 a)   Einsteinium ($^{254}_{99}$Es; 276 d)   Lawrencium ($^{260}_{103}$Lr; 3 min)   Bohrium ($^{262}_{107}$Bh; 102 ms)

Curium ($^{247}_{96}$Cm; 1,6·10^7 a)   Fermium ($^{257}_{100}$Fm; 100 d)   Rutherfordium ($^{261}_{104}$Rf; 65 s)   Hassium ($^{265}_{108}$Hs; 1,8 ms)

Meitnerium ($^{266}_{109}$Mt; 3,4 ms)

Nuklide mit $Z > 109$ sind bereits entdeckt; Namensgebung ab $Z = 104$ noch nicht endgültig

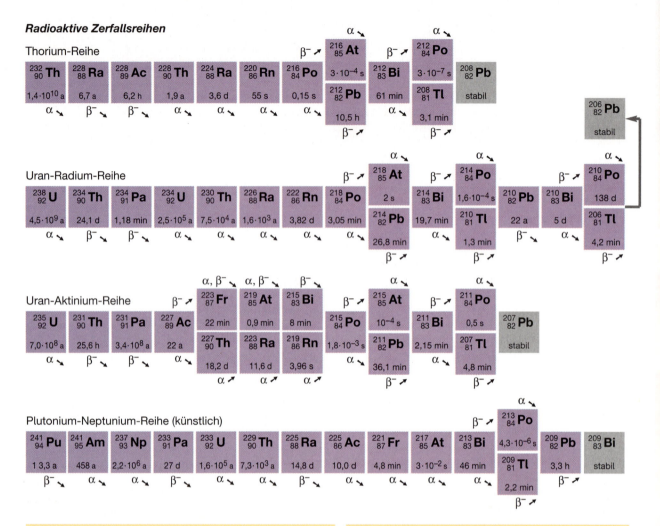

Naturkonstanten

absoluter Nullpunkt*	$\vartheta = -273{,}15\,°\text{C} \triangleq 0\,\text{K}$
Avogadro'sche Konstante	$N_A = 6{,}02214 \cdot 10^{23}\,\text{1/mol}$
Faraday'sche Konstante	$F = 9{,}6485309 \cdot 10^{4}\,\text{C/mol}$
Lichtgeschwindigkeit* (Vakuum)	$c_0 = 2{,}99792458 \cdot 10^{8}\,\text{m/s}$
Solarkonstante	$S = 1{,}368 \cdot 10^{3}\,\text{W/m}^2$
Molvolumen idealer Gase	$V_{m0} = 22{,}4140\,\text{dm}^3\text{/mol}$
Normdruck*	$p_0 = 101\,325\,\text{Pa} = 1013{,}25\,\text{hPa}$
Elementarladung	$e = 1{,}60217733 \cdot 10^{-19}\,\text{C}$
Masse des Elektrons	$m_e = 9{,}1096 \cdot 10^{-31}\,\text{kg}$
Masse des Protons	$m_p = 1{,}67262 \cdot 10^{-27}\,\text{kg}$
Masse des Neutrons	$m_n = 1{,}67492 \cdot 10^{-27}\,\text{kg}$

* ... Zahlenwert ist durch Definition festgelegt

Spezielle Einheiten

atomare Masseneinheit	$1\,\text{u} = 1{,}66053873 \cdot 10^{-27}\,\text{kg}$
Elektronvolt	$1\,\text{eV} = 1{,}60217733 \cdot 10^{-19}\,\text{J}$
Lichtjahr	$1\,\text{LJ} = 9{,}4605 \cdot 10^{15}\,\text{m}$
1 Parsec	$1\,\text{pc} = 3{,}086 \cdot 10^{16}\,\text{m} = 3{,}262\,\text{LJ}$
1 mittlerer Sonnentag	$1\,\text{d} = 24\,\text{h} = 1440\,\text{min} = 86400\,\text{s}$
1 tropisches Jahr	$= 365{,}242199$ mittlere Sonnentage

Astronomische Konstanten

Sonne Masse $m_S = 1{,}989 \cdot 10^{30}\,\text{kg}$
Radius $r_S = 6{,}96 \cdot 10^{8}\,\text{m}$
Oberflächentemperatur $T = 5780\,\text{K}$
Leuchtkraft $L_S = 3{,}86 \cdot 10^{26}\,\text{W}$
Abstand zum nächsten Fixstern $d = 4{,}24\,\text{LJ}$
(Proxima Centauri)

Mond Masse $m_M = 7{,}349 \cdot 10^{22}\,\text{kg}$
Radius $r_M = 1{,}738 \cdot 10^{6}\,\text{m}$
Abstand zur Erde (mittlerer) $d = 3{,}844 \cdot 10^{8}\,\text{m}$
Umlaufzeit um Erde[1] 1 Monat = 29,53051 d

Erde Masse der Erde $m_E = 5{,}974 \cdot 10^{24}\,\text{kg}$
Erdradius (mittlerer) $r_E = 6{,}368 \cdot 10^{6}\,\text{m}$
  Polradius $= 6{,}35680 \cdot 10^{6}\,\text{m}$
  Äquatorradius $= 6{,}37820 \cdot 10^{6}\,\text{m}$
Abstand zur Sonne $1\,\text{AE} = 1{,}4959787 \cdot 10^{11}\,\text{m}$
Umlaufzeit um Sonne[2] $1\,\text{a} = 365{,}2564\,\text{d}$
mittlere Dichte $\varrho_E = 5{,}520 \cdot 10^{3}\,\text{kg/m}^3$

[1] ... synodisch: von Neumond zu Neumond
[2] ... siderisch: Umrundung der Sonne um 360°

Periodensystem der Elemente

Periode → | **Hauptgruppen** | **Nebengruppen**

Gruppenbezeichnungen: I, II (Hauptgruppen) — IIIa, IVa, Va, VIa, VIIa, VIIIa, Ia, IIa (Nebengruppen) — III, IV, V, VI, VII, VIII/0 (Hauptgruppen)
Gruppennummern: 1, 2, 3, 4, 5, 6, 7, 8, 9, 10, 11, 12, 13, 14, 15, 16, 17, 18

Jede Zelle: Atommasse (links oben) · **Symbol** · Ordnungszahl · Name · (Zahl der Bindungselektronen, rechts oben); ✳ = alle Isotope radioaktiv.

Periode 1
Gruppe 1	Gruppe 18
1,008 **H** 1 Wasserstoff (1)	4,002 **He** 2 Helium (–)

Periode 2
I (1)	II (2)	III (13)	IV (14)	V (15)	VI (16)	VII (17)	VIII/0 (18)
6,94 **Li** 3 Lithium (1)	9,01 **Be** 4 Beryllium (2)	10,81 **B** 5 Bor (3)	12,01 **C** 6 Kohlenstoff (4)	14,00 **N** 7 Stickstoff (5)	16,00 **O** 8 Sauerstoff (6)	19,00 **F** 9 Fluor (7)	20,18 **Ne** 10 Neon (–)

Periode 3
I (1)	II (2)	III (13)	IV (14)	V (15)	VI (16)	VII (17)	VIII/0 (18)
22,99 **Na** 11 Natrium (1)	24,31 **Mg** 12 Magnesium (2)	26,98 **Al** 13 Aluminium (3)	28,09 **Si** 14 Silicium (4)	30,97 **P** 15 Phosphor (5)	32,07 **S** 16 Schwefel (6)	35,45 **Cl** 17 Chlor (7)	39,95 **Ar** 18 Argon (–)

Periode 4
39,10 **K** 19 Kalium (1)	40,08 **Ca** 20 Calcium (2)	44,96 **Sc** 21 Scandium (3)	47,87 **Ti** 22 Titan (4)	50,94 **V** 23 Vanadium (5)	52,00 **Cr** 24 Chrom (6)	54,94 **Mn** 25 Mangan (7)	55,85 **Fe** 26 Eisen (8)	58,93 **Co** 27 Cobalt (9)
58,69 **Ni** 28 Nickel (10)	63,55 **Cu** 29 Kupfer (11)	65,39 **Zn** 30 Zink (2)	69,72 **Ga** 31 Gallium (3)	72,61 **Ge** 32 Germanium (4)	74,92 **As** 33 Arsen (5)	78,96 **Se** 34 Selen (6)	79,90 **Br** 35 Brom (7)	83,80 **Kr** 36 Krypton (–)

Periode 5
85,47 **Rb** 37 Rubidium (1)	87,62 **Sr** 38 Strontium (2)	88,91 **Y** 39 Yttrium (3)	91,22 **Zr** 40 Zirconium (4)	92,91 **Nb** 41 Niob (5)	95,94 **Mo** 42 Molybdän (6)	97,91 ✳**Tc** 43 Technetium (7)	101,1 **Ru** 44 Ruthenium (8)	102,9 **Rh** 45 Rhodium (9)
106,4 **Pd** 46 Palladium (10)	107,9 **Ag** 47 Silber (11)	112,4 **Cd** 48 Cadmium (2)	114,8 **In** 49 Indium (3)	118,7 **Sn** 50 Zinn (4)	121,8 **Sb** 51 Antimon (5)	127,6 **Te** 52 Tellur (6)	126,9 **I** 53 Iod (7)	131,3 **Xe** 54 Xenon (–)

Periode 6
132,9 **Cs** 55 Caesium (1)	137,3 **Ba** 56 Barium (2)	138,9 **La** 57 Lanthan (3)	178,5 **Hf** 72 Hafnium (4)	180,9 **Ta** 73 Tantal (5)	183,8 **W** 74 Wolfram (6)	186,2 **Re** 75 Rhenium (7)	190,2 **Os** 76 Osmium (8)	192,2 **Ir** 77 Iridium (9)
195,1 **Pt** 78 Platin (10)	197,0 **Au** 79 Gold (11)	200,6 **Hg** 80 Quecksilber (2)	204,4 **Tl** 81 Thallium (3)	207,2 **Pb** 82 Blei (4)	209,0 **Bi** 83 Bismut (5)	209,0 ✳**Po** 84 Polonium (6)	210,0 ✳**At** 85 Astat (7)	222,0 ✳**Rn** 86 Radon (–)

Lanthanoide (III, Gruppe 3, bei La)

Periode 7
223,0 ✳**Fr** 87 Francium (1)	226,0 ✳**Ra** 88 Radium (2)	227,0 ✳**Ac** 89 Actinium (3)	261,1 ✳**Rf** 104 Rutherfordium (4)	262,1 ✳**Db** 105 Dubnium (5)	266,1 ✳**Sg** 106 Seaborgium (6)	264,1 ✳**Bh** 107 Bohrium (7)	269,1 ✳**Hs** 108 Hassium (8)	268,1 ✳**Mt** 109 Meitnerium (9)
273,1 ✳**Ds** 110 Darmstadtium (10)	272,2 ✳**Rg** 111 Roentgenium (11)	277 ✳**Cn** 112 Copernicium (2)		289 ✳**?** 114 (4)				

Actinoide (bei Ac)

Lanthanoide
Periode 6													
140,1 **Ce** 58 Cer (4)	140,9 **Pr** 59 Praseodym (5)	144,2 **Nd** 60 Neodym (6)	144,9 ✳**Pm** 61 Promethium (7)	150,4 **Sm** 62 Samarium (8)	152,0 **Eu** 63 Europium (9)	157,3 **Gd** 64 Gadolinium (10)	158,9 **Tb** 65 Terbium (11)	162,5 **Dy** 66 Dysprosium (12)	164,9 **Ho** 67 Holmium (13)	167,3 **Er** 68 Erbium (14)	168,9 **Tm** 69 Thulium (15)	173,0 **Yb** 70 Ytterbium (16)	175,0 **Lu** 71 Lutetium (3)

Actinoide
Periode 7													
232,0 **Th** 90 Thorium (4)	231,0 **Pa** 91 Protactinium (5)	238,0 **U** 92 Uran (6)	237,0 ✳**Np** 93 Neptunium (7)	244,1 ✳**Pu** 94 Plutonium (7)	243,1 ✳**Am** 95 Americium (6)	247,1 ✳**Cm** 96 Curium (6)	247,1 ✳**Bk** 97 Berkelium (11)	251,1 ✳**Cf** 98 Californium (12)	252,1 ✳**Es** 99 Einsteinium (13)	257,1 ✳**Fm** 100 Fermium (14)	258,1 ✳**Md** 101 Mendelevium (15)	259,1 ✳**No** 102 Nobelium (16)	262,1 ✳**Lr** 103 Lawrencium (3)

✳ Alle Isotope dieses Elements sind radioaktiv; es wird das langlebigste Isotop angegeben.

Elementsymbol

Beispiel: ✳ | 3 · 238,0 **U** · 92 · Uran

Im Kästchen rechts oben ist die Zahl der für chemische Bindungen in Frage kommenden Elektronen angegeben. Links oben am Elementsymbol steht die Atommasse in u (1 u ≈ 1,661 · 10^{-27} kg) der natürlichen Isotopenmischung, die untere Zahl ist die Kernladungs- bzw. Ordnungszahl.

Stichwortverzeichnis

A

Abbildung 36
Abbildungsfehler 68
Abbildungsgesetz 36, 72
Abbildungsmaßstab 36, 72
absorbieren 31, 42
Achse, optische 67
actio 144
Adaption 77
Aggregatzustand 92
Airbag 135
Akkommodation 77
Akustik 6, 9
Alterssichtigkeit 78
Ampere 203
Amperemeter 203
Amplitude 12
Analogie 229, 233, 234, 236
Angriffspunkt 139
Anomalie des Wassers 104
antiproportional 235
Anziehung, wechselseitige 142
archimedisches Gesetz 180
Aufheller, optischer 61
Auftrieb 179
Auftriebskraft 179
Auge 77
Augenlinse, elastische 77
Ausdehnung 98, 102
Außenleiter 213

B

Beamer 74
Belichtungszeit 76
beschleunigt 123
–, gleichmäßig 124
Beschleunigung 125
Beugung 17, 229
Bewegung 38, 123, 126
–, gleichförmige 124, 125
–, beschleunigte 124, 125
Bewegungsarten 123
Bewegungsformen 123
Bezugssystem 134
Bild 32, 36
–, reelles 70
–, virtuelles 44, 70
Bild, umgekehrt 36
Bildkonstruktion 70
Bimetallstreifen 101
Blende 30, 75, 76
Blendenzahl 76
blinder Fleck 77
Blitz 214
Blutdruck 181
–, systolischer, diastolischer 181
Bluthochdruck 181
Brechkraft 78

Brechung 45
–, in der Atmosphäre 47
Brechungswinkel 45
Brennebene 67
Brennpunkt 67, 69
Brennweite 67, 69
Brown'sche Bewegung 172

C

Camera obscura 37
Celsius-Skala 107
Coulomb 203

D

Dämpfung 12
Dauermagnete 188
deduktives Verfahren 176
Destillieren 111
Dichte 113
–, Bevölkerungs- 235
–, Energie- 235
–, Teilchen- 235
Diffusion 172
Dispersion 56
Drehmoment 147
Druck 173
–, im Kolben 175
durchscheinend 31, 42
Durchschnittsgeschwindigkeit 125
durchsichtig 31, 42

E

Echo 17
Echolot 17
Eichung 106
Eigenfrequenz 18
Einfallswinkel 43, 45
elektrisch geladen 216
elektrische Quelle 196
Elektrizitätslehre 6, 195
Elektronen 203
Elektroskop 217
Elementarmagnete 190
Endoskopie 49
Energie 158, 236
–, der Bewegung 158
–, der Lage 158
–, der Spannung 158
–, potenzielle 158
Energie „sparen" 165
Energiesparlampe 31, 165
Energie speichern 159
Energie übertragen 158, 159
Energieerhaltung 158
Energiequelle, elektr. 196
Energiestrom 161
Energiestromdiagramm 161, 236
Energiestromstärke 161

Entwertung von Energie 162
Erstarren 110
Eurostecker 213

F

Farbaddition 58
Farbe 56
Farbenkreis 59
Farbensehen 60
Farbfernsehen 61
Farbfilter 59
Farbsubtraktion 59
Fehlsichtigkeit 78
Feld, elektrisches 231
–, Gravitations- 231
–, magnetisches 191
Feldlinien, magnetische 191
Feldlinienmodell 232
Fernrohr 82
Feuersetzen 100
Fieber 109
Film 75
FI-Schutzschalter 213
Fixpunkte 106
Flüssigkeitsfaden 102
Fotografie 76
Frequenz 12

G

gebeugt 17, 229
Gegenkraft 144
geladen, elektr. 216
Gemisch 92
geradlinig 123
Gerät, elektrisches 196
Geräusch 14
Geschwindigkeit 124 ff.
Geschwindigkeit des Lichtes 38
gestreut 31
Getriebe 149
Gewichtskraft 142
Glasfaser 49
gleichförmig 123, 124
Gleichgewicht 147, 151
Gleichgewichtslage 151
–, labil, stabil, indifferent 151
Glühlampe 30, 31, 165
Grad Celsius 107
Grenzfläche 45
Grenzwinkel 48
Größe, physikalische 90
–, extensive 234
–, intensive 234
–, skalare 234
–, vektorielle 234
Grundgleichung der Mechanik 137

H

Halbschatten 33
Halbschattenraum 33
Hauptregenbogen 57
Hebebühne, hydraul. 177
Hebel 146 ff.
Hebelarm 147
Hebelgesetz 147
Heißleiter (NTC) 206
Hertz 12
Hochtemperatursupraleitung 208
hören 20 ff.
Hubmagnet 210
Huygens 133
hydraul. Hebebühne 177
hydrostat. Paradoxon 177

I

indifferentes Gleichgewicht 151
Impuls 133
Impulsänderung 136
Impulserhaltungssatz 136
induktives Verfahren 176
Influenz, magnetische 190
Infraschall 20
Isolator 196

J

Joule 160

K

Kaltleiter (PTC) 206
Kamera 75, 76
Kennlinie 205, 206
Kernschatten 33
Kernschattenraum 33
Kettenschaltung 149
Kilogramm 112
Klang 14
Knall 14
Knotenregel 204
Kolbendruck 175
Kompass 189, 193
Komplementärfarbe 58
Kondensieren 110
Kondensorlinse 74
konstant 235
Kontrastfarben 60
Körper 92
–, feste, flüssige, gasförmige 93, 96
Korpuskelmodell 228
Kraft 137, 139
–, Betrag, Richtung, Angriffspunkt 139
Kräfte, magnetische 188
Kraftfelder 231

Kraftmesser 140
Kraftpfeil 139
Kraftwerke 163, 164
Kreisbewegung 123
Kurzschluss 212
Kurzsichtigkeit 78

L

labiles Gleichgewicht 151
Ladung, negative 217
–, elektrische 203, 216
–, positive 217
Länge 90
Lärm 23
Lärmschutz 24
Leistung 161
Leiter 196
Leitung, elektrische 196
Licht 30
Lichtausbreitung 30
Licht im Verkehr 50
Lichtempfänger 30
Lichtquantentheorie 228
Lichtquelle 30
–, punktförmig 32
Lichtstrahlen 30
Linsen, optische 67
Linsengesetz 73
–, Newton'sches 73
Linsensysteme 74
Lochkamera 36, 37
Luftdruck 178
Luftspiegelung 48
Lupe 79

M

Magnet 188 ff.
Magnetfeld 191, 231
Magnetfeld der Erde 192
magnetisierbare Stoffe 188
Magnetismus 187
Magnetnadel 189
Magnetpole 189
Malaria 109
Masse 112
Mechanik 6
mechanisches System 158
Meerwasserentsalzung 111
Messen 90
Messfehler 127
Messgenauigkeit 91
Methode, naturwissen-
    schaftliche 226
Mikroskop 80
Minuspol 196
Mitschwingen 18
Mittelebene 67
Modell, (allg.) 227
–, (elektr. Ladung) 217
–, (Elementarmagnete) 190
–, (Feldlinien-) 232
–, (Lichtstrahlen-) 30, 228

–, (Schallausbreitung) 15,
    230
–, (Teilchen-) 96
Modellversuch 97, 105
Momentangeschwindigkeit
    125
Mondfinsternis 35
Mondphasen 34

N

Nachhall 17
Nahpunkt 79
naturwissenschaftliche
    Methode 226
Nebenregenbogen 57
negativ geladen 217
Nennspannungg 197
Neutralleiter 213
Newton 137, 140
Nichtleiter 196
Normaldruck 178
Nullpotenzial 201
Nutzbarkeit v. Energie 162

O

Objektiv 75, 80, 82
Ohm 205
Ohr 20
Okular 80, 82
Optik 6
optisch dicht 46
optisch dünn 46
Ortsfaktor 143
Oszilloskop 13

P

Parallelschaltung 202
Pascal 175
Periode 12
Periodendauer 12
Perpetuum mobile
    157, 162
Phasenübergang 110
Physikalische Größe 90
Pluspol 196
Pol, elektrischer 196
–, magnetischer 189
positiv geladen 218
Potenzial 199
Potenzialdifferenz 199
Prisma 56
proportional 235
Proportionalität 235
Proportionalitätskonstante
    235
Prismengläser 82
Pumpspeicher-Kraftwerk
    159
Pupille 77

Q

Quelle, elektrische 196

R

Rakete 145
Randstrahlen 32
reactio 144
Reed-Kontakt 211
reell 70
reflektieren 16, 42
Reflektor 50
Reflexion, gerichtet 42
–, ungerichtet 42
Reflexionsgesetz 43
Reflexionswinkel 43
Regenbogen 57
Reihenschaltung 202
Reinstoff 92
Relais 211
Resonanz 18
Resonanzkasten 19
Resonanzkatastrophe 18
Richtung einer Kraft 139
Rücklicht 50
Rückstoß 145
Ruhelage 12

S

Saiteninstrumente 19
Sammellinse 67
Schall 10
–, Beugung 17
–, Reflexion 16
Schallausbreitung 15
Schallempfänger 10
Schallgeschwindigkeit 16
Schallquellen 10
Schallträger 16
Schallwelle 15
Schaltplan 198
Schaltzeichen 198
Schärfentiefe 76
Schatten 32
Schattenbild 32
Schattenraum 32
Scheinwerfer 50
Schichtwiderstand 208
schmelzen 110
Schukostecker 213
schutzisoliert 213
Schutzleiter 213
schwer 142
Schweredruck 176
Schwerpunkt 150
Schwingung 11, 123
–, erzwungene 18
Schwingungskurve 12
sehen 30, 70, 71, 77
Sehwinkel 78
Sicherung 212
–, Schmelz- 212
Sieden 110
Simultanfarben 60
Skala, Skalen 90, 106
Sonnenfinsternis 35

Spannung, elektrische 200
–, Teil- 215
Spektralfarbe 57
Spektrum 57
Spiegel 42, 44
Spiegelbild 44
Stäbchen 60
stabiles Gleichgewicht 151
Stabmagnet 188
Standfestigkeit 151
Steigrohr 102, 106
Stereoaufnahme 22
Stoff 92
Strahlengang, Linse 68
Streuung von Licht 31, 42
Strom, elektrischer 196,
    199, 203, 210, 212
Stromkreis 196
Stromstärke, elektrische
    203
Supraleitung 208
Symmetrie 234
System, mechanisches 158

T

Tag und Nacht 34
Tageslicht-Projektor 74
Teilchen 96
Teilchengeschwindigkeit,
    mittlere 172
Teilchenmodell 96, 228
–, (des Schalls) 15, 230
Teilspannung 215
Temperatur 106
– skala 107
– kurve 108
Thermographie 61
Thermometer 106
–, Flüssigkeits- 106
Thermostat 105
Töne 14
Totalreflexion 48
träge 134
Trägheit 134
–, im Straßenverkehr 135
Trägheitssatz 134

U

Überdruck 174
Überlastung 212
Übersetzungsverhältnis 149
U-I-Kennlinie 205
Ultraschall 20
ungleichförmig 123
Unterdruck 174
U-R-Kennlinie 206

V

Vakuum 174
verdampfen 110
verdunsten 110
Vergrößerung 79, 80, 82

Stichwortverzeichnis **245**

Verschluss 75
Verschlusszeit 76
Versuchsprotokoll 209
verzögert 123
–, gleichmäßig 124
Verzögerung 125
virtuell 44, 70, 73
Voltmeter 200
Volumen 92, 93
Volumenbestimmung 94
Vorratsbehälter 102, 106

W

Wasserkraftwerk 163
Wassermodell des
  elektrischen Stromes 199
Wasserwelle 229
Watt 161
wechselseitige Anziehung
  142
Wechselspannung 213
Wechselwirkungen 134
Wechselwirkungsprinzip
  144
Weglänge 124
Weitsichtigkeit 78
Weitsichtigkeit, Alters- 78
Wellenmodell des Lichtes
  228
Widerstand,
  elektrischer 205
–, Farbcode 208
Wirkungen des elektrischen
  Stromes 210

Z

Zapfen 60
Zeit-Ort-Diagramm 124
Zeitspanne 124
Zerstreuungslinse 69

Personenverzeichnis

Abbe, Ernst 81
Ampère, André Marie 203
Archimedes 146, 180
Aristoteles 134
Bohr, Niels 228
Brown, Robert 172
Cavendish, Henry 142
Celsius, Anders 106
Christin, Jean-Pierre 106
Coulomb,
  Charles Augustin de 203
Dalton, John 228
Demokrit von Abdera 228
Fahrenheit, Gabriel 107
Fizeau, Armand 38
Franklin, Benjamin 214
Fresnel, Augustin 228
Galilei, Galileo 38, 134
Goethe,
  Johann Wolfgang von 60
Guericke, Otto von 178
Hertz, Heinrich 12
Hooke, Robert 81
Huygens,
  Christiaan 228, 133
Joule, James Prescott 160
Kepler, Johannes 82
Leeuwenhoek,
  Anthony van 81
Leukippos von Milet 228
Newton, Isaac 56, 134, 140,
  144, 228
Ohm, Georg Simon 205,
  208
Pascal, Blaise 175, 177
Römer, Olaf 38
Rutherford, Ernest 228
Thomson, Joseph T. 228
Volta, Alessandro 200
Watt, James 161
Zeiss, Carl 81

Bildquellenverzeichnis

Einband: Cello (Zuckerfabrik digital), Hummel (Okapia, Jef Meul, Frankfurt)

6.1: IFA (Horizon), Ottobrunn; 6.2: Adam Opel AG, Rüsselsheim; 6.3: MEV, Augsburg; U1.1: Klett-Archiv, Stuttgart; U4.1: Klett-Archiv, Stuttgart; U4.1: Okapia (Jef Meul), Frankfurt, U4.2: Klett-Archiv, Stuttgart; 7.1: Mauritius (Rawi), Mittenwald; 9.1: Helga Lade (Bildart), Frankfurt; 9.3: Bredthauer, Wilhelm, Wunstorf; 11.1: Klett-Archiv, Stuttgart; 11.2: Klett-Archiv, Stuttgart. 11.3: Angermayer, Holzkirchen; 18.1: Klett-Archiv, Stuttgart; 19.2: Klett-Archiv, Stuttgart; 22.1: Okapia (Stephen Dalton), Frankfurt; 22.3: Okapia (Jeff Foott), Frankfurt; 23.1: FOCUS (Prof. P. Motta), Hamburg; 24.1: Helga Lade (Klaus Baier), Frankfurt; 24.2: Stuttgarter Luftbild Elsässer, Ennepetal; 25.1: Klett-Archiv (Georg Trendel), Stuttgart; 25.2: Klett-Archiv, Stuttgart; 25.3: Klett-Archiv (Werkstatt Fotografie), Stuttgart; 25.4: Helga Lade (W. Krecichwost), Frankfurt; 25.5: Mauritius (AGE), Mittenwald; 25.6: Angermayer (E. Elfner), Holzkirchen; 25.7: Werlein, Jens, Schwäbisch Gmünd; 25.8: Klett-Archiv, Stuttgart; 26.1: Mauritius (AGE), Mittenwald; 29.2: Mauritius (Raavenswaay), Mittenwald; 28.1: Schott, Mainz; 28.2: Stolzenburg, Dr. Klaus, Calw; 29.1: Visum (Rudi Meisel), Hamburg; 31.2: Osram, München; 31.3: Osram, München; 31.4: Conrad Electronic GmbH, Hirschau; 31.4: Conrad Electronic GmbH, Hirschau; 32.3: Klett-Archiv, Stuttgart; 32.1A: Wilhelm Bredthauer, Wunstorf; Peter Wessels, Bremen; 32.1B: Wilhelm Bredthauer, Wunstorf; Peter Wessels, Bremen; 32.2A: Klett-Archiv (Silberzahn), Stuttgart; 32.2B: Klett-Archiv, Stuttgart; 34.1: Carl Zeiss, Oberkochen; 34.3: Klett-Archiv (Fahrenhorst), Stuttgart; 35.3: Astrofoto (Bouillon), Sorth; 40.1: Astrofoto (Akira Terunuma), Sorth; 41.1: IFA (Robert G. Everts), Ottobrunn; 41.2: Bilderberg (Michael Engler), Hamburg; 41.3: Klett-Archiv (Zuckerfabrik digital), Stuttgart; 41.4: Klett-Archiv (Zuckerfabrik digital), Stuttgart; 42.1: Klett-Archiv (Werkstatt Fotografie), Stuttgart; 43.1: Das Fotoarchiv (Jochen Tack), Essen; 44.1: Klett-Archiv (Werkstatt Fotografie), Stuttgart; 44.2: Heinz, Volkmar, Threna; 44.3: Klett-Archiv (Werkstatt Fotografie), Stuttgart; 45.3: Klett-Archiv (Werkstatt Fotografie), Stuttgart; 45.1A: Klett-Archiv (Zuckerfabrik digital), Stuttgart; 45.1B: Klett-Archiv (Zuckerfabrik digital), Stuttgart; 46.3: Klett-Archiv (M. Wagner), Stuttgart; 46.4: Klett-Archiv (Silberzahn), Stuttgart; 46.5: Klett-Archiv (Johann Leupold), Stuttgart; 47.3: Zippel, Klaus, Bremen; 48.1: Klett-Archiv (Werkstatt Fotografie), Stuttgart; 48.2: Klett-Archiv (Werkstatt Fotografie), Stuttgart; 48.4: Unbekannter Lieferant, Stuttgart; 49.1: Schott Glaswerke, Mainz; 49.4: Karl Storz, Tuttlingen; 49.5: Karl Storz, Tuttlingen; 49.6: ANT Nachrichtentechnik Backnang; 49.8: Philips AG Köln; 50.1: Mauritius (Rossenbach), Mittenwald; 50.2: Globus-Press (DVAG), Köln; 50.3: IVB-Report, Kappelrodeck; 50.4: Klett-Archiv (Werkstatt Fotografie), Stuttgart; 51.1: Klett-Archiv (Silberzahn), Stuttgart; 51.3: Werlein, Jens, Schwäbisch Gmünd; 51.4: Werlein, Jens, Schwäbisch Gmünd; 51.5: Mauritius (K.W. Gruber), Mittenwald; 51.6: Stolzenburg, Dr. Klaus, Calw; 52.1: Leitz Wetzlar; 53.1: Mauritius (Fotofile), Mittenwald; 54.4: IFA (Aberham), Ottobrunn; 55.1: H.P. Arnaud Photovideo, Soulac sur Mer; 55.2: Klett-Archiv (Werkstatt Fotografie), Stuttgart; 55.3: Klett-Archiv (Werkstatt Fotografie), Stuttgart; 61.2: Klett-Archiv (Werkstatt Fotografie), Stuttgart; 61.3: AGA Optronic GmbH, Oberursel; 62.1: Mauritius (Albinger), Mittenwald; 62.2: Klett-Archiv (Silberzahn), Stuttgart; 62.3: Klett-Archiv (Silberzahn), Stuttgart; 62.4: EVS; 64.4: Corbis (Galen Rowell), Düsseldorf; 65.1: Klett-Archiv (Werkstatt Fotografie), Stuttgart; 68.2: Klett-Archiv (Werkstatt Fotografie), Stuttgart; 68.2: Klett-Archiv (Werkstatt Fotografie), Stuttgart; 69.3: Carl Zeiss, Oberkochen; 74.3: Klett-Archiv (Dorn), Stuttgart; 75.2: Werlein, Jens, Schwäbisch Gmünd; 75.3: Klett-Archiv, Stuttgart; 76.1A: Helga Lade (S.K.), Frankfurt; 76.1B: Helga Lade (S.K.), Frankfurt; 76.1C: Helga Lade (S.K.), Frankfurt; 76.2A: Kuhaupt, Helmut, Twistetal; 76.2B: Kuhaupt, Helmut, Twistetal; 76.3A: Kuhaupt, Helmut, Twistetal; 76.3A: Kuhaupt, Helmut, Twistetal; 76.3B: Kuhaupt, Helmut, Twistetal; 76.3B: Kuhaupt, Helmut, Twistetal; 78.1: Image Bank (Jeff Hunter), München; 79.1: Klett-Archiv (Werkstatt Fotografie), Stuttgart; 79.2: Helga Lade (Fischer), Frankfurt; 80.1: Manfred P. Kage / Christina Kage, Lauterstein; 80.2: Euromex microscopes BV, Arnhem; 81.1: Universitätsbibliothek Leipzig, Leipzig; 81.2: Deutsches Museum, München; 81.4: Sächsische Landesbibliothek, Dresden; 81.5: Deutsches Museum, München; 83.1: H. Janus; 83.2: Reinhard-Tierfoto, Heiligkreuzsteinach; 83.4: Klett-Archiv (Werkstatt Fotografie), Stuttgart; 83.5: Angermayer, Holzkirchen; 84.1: IFA (BCI), Ottobrunn; 85.3: Klett-Archiv, Stuttgart; 86.1: Mt. Wilson Observatorium Kalifornien; 88.3: Helga Lade (Mula), Frankfurt; 87.1: MEV, Augsburg; 87.2: Universität Kassel, Kassel; 88.1: Anselment, Peter, Stuttgart; 88.2: Universität Kassel, Kassel; 88.3: Unbekannter Lieferant, Stuttgart; 89.1: Creativ Collection Verlag GmbH, Freiburg; 89.2: FOCUS (SPL), Hamburg; 89.3: Getty Images (stone/Andy Sacks), München; 89.4: Mauritius (Aourell), Mittenwald; 90.1: Corbis (Steve Prezant), Düsseldorf; 91.2: PCE Group oHG, Meschede; 91.2: PCE Group oHG, Meschede; 92.1: IFA (Ventura), Ottobrunn; 92.2: IFA (Kneer), Ottobrunn; 93.1: FIRE Foto - Thomas Gaulke (Thomas Gaulke), München; 96.B: Klett-Archiv (Zuckerfabrik Digital), Stuttgart; 96.C: Klett-Archiv (Zuckerfabrik Digital), Stuttgart; 96.1A: Bilderberg (Michael Engler), Hamburg; 96.1A: Klett-Archiv (Zuckerfabrik Digital), Stuttgart; 96.1B: Klett-Archiv (Zuckerfabrik Digital), Stuttgart; 96.1C: Klett-Archiv (Zuckerfabrik Digital), Stuttgart; 96.1D: Klett-Archiv (Zuckerfabrik Digital), Stuttgart; 97.1A: Klett-Archiv, Stuttgart; 97.1B: Klett-Archiv, Stuttgart; 98.3: Leupold, Johann, Wendisch-Evern; 98.4: Leupold, Johann, Wendisch-Evern; 98.2A: Klett-Archiv (Werkstatt Fotografie), Stuttgart; 98.2B: Klett-Archiv (Werkstatt Fotografie), Stuttgart; 98.2C: Klett-Archiv (Werkstatt Fotografie), Stuttgart; 102.3: Fahrenhorst, Hartmut, Unna; 104.3: Fahrenhorst, Hartmut, Unna; 105.1: Robert Bosch GmbH / Thermotechnik, Wernau; 106.1: Klett-Archiv (Werkstatt Fotografie), Stuttgart; 108.1: Das Fotoarchiv (Peter Hollenbach), Essen; 109.2: FOCUS (Martin Dohrn), Hamburg; 109.1A: Scala electronic, Grünwald; 109.1B: Mauritius (Poehlmann), Mittenwald; 109.1C: Mauritius (Poehlmann), Mittenwald; 110.1: Carlson, Mark, Atlanta, GA 30332-0280; 110.2: Welker, Horst, Waiblingen; 111.1: Bilderberg (Till Leeser), Hamburg; 111.4: Gesellschaft für technische Zusammenarbeit, Eschborn; 112.2: Getty Images (AFP / JAVIER SORIANO), München; 112.3: Klett-Archiv (Dorn), Stuttgart; 112.4: Physikalisch-Technische Bundesanstalt (E. Claus), Braunschweig; 113.2: Klett-Archiv (H. Fahrenhorst), Stuttgart; 114.2: Helga Lade (Mula), Frankfurt; 115.1: Klett-Archiv (Werkstatt Fotografie), Stuttgart; 115.2: Klett-Archiv (Johann Leupold), Stuttgart; 115.3: Ursula Walter Frankfurt; 115.4: Klett-Archiv, Stuttgart; 115.5: Klett-Archiv, Stuttgart; 118.2: BASF Ludwigshafen; 119.1: Mauritius (fact), Mittenwald; 120.2: Fischer, Christian, Koblenz; 120.3: Österreich Werbung, Wien; 121.1: Bongarts (Vivien Venzke), Hamburg; 123.1: Klett-Archiv (Zuckerfabrik Digital), Stuttgart; 123.2: Klett-Archiv (Zuckerfabrik Digital), Stuttgart; 123.3: Das Fotoarchiv (Peter Hollenbach), Essen; 124.4: Klett-Archiv (H. Fahrenhorst), Stuttgart; 125.4: Klett-Archiv, Stuttgart; 125.4: Mauritius (ACE), Mittenwald; 129.1: FOCUS (SPL), Hamburg; 129.2: DaimlerChrysler, Aerospace Airbus GmbH; 129.3: Mauritius (H. Schön), Mittenwald; 129.4: Angermayer (Fritz Pölking), Holzkirchen; 129.5: Deutsches Museum, München; 129.6: Mauritius (age fotostock), Mittenwald; 130.1: Klett-Archiv (Michael Wagner), Stuttgart; 130.2: Klett-Archiv, Stuttgart; 130.3: Klett-Archiv, Stuttgart; 130.4: Helga Lade (Lothar Reupert), Frankfurt; 131.1: AKG, Berlin; 131.2: Süddeutscher Verlag, München; 132.1: Anselment, Peter, Stuttgart; 132.2: Getty Images RF (Photodisc Grün), München; 132.3: Mauritius (Cash), Mittenwald; 132.4: Corbis (SYGMA /Keline Howard), Düsseldorf; 134.1: AKG, Berlin; 134.3: Getty Images RF (Stockbyte Platinum), München;

135.1: DaimlerChrysler, Stuttgart; 136.1: Höllerer, Conrad, Stuttgart; 136.2: Klett-Archiv (Zuckerfabrik Digital), Stuttgart; 137.1: DaimlerChrysler, Stuttgart; 137.2: Motor-Presse International, Stuttgart; 137.3: DaimlerChrysler, Stuttgart; 138.1: Klett-Archiv (Werkstatt Fotografie), Stuttgart; 142.1: dpa, Frankfurt; 142.2: US Information Service Bonn; 143.1: Klett-Archiv (Dorn), Stuttgart; 143.2: Klett-Archiv (Werkstatt Fotografie), Stuttgart; 143.3: US Information Service Bonn; 144.2: Sven Simon Fotoagentur, Essen; 144.3: AKG, Berlin; 145.1: Anselment, Peter, Stuttgart; 146.3: Klett-Archiv, Stuttgart; 150.4: Klett-Archiv (Werkstatt Fotografie), Stuttgart; 151.2: Mauritius (H. Schwarz), Mittenwald; 151.3: Unbekannter Lieferant, Stuttgart; 152.1: DVR COMMON, Wiesbaden; 152.2: Klett-Archiv, Stuttgart; 152.3: Klett-Archiv, Stuttgart; 152.4: Baumann, Dieter, Ludwigsburg; 152.5: Helga Lade (Rainer Binder), Frankfurt; 152.6: Klett-Archiv (Dorn), Stuttgart; 152.7: AKG, Berlin; 152.8: Bongarts (Mark Sandten), Hamburg; 152.9: Bongarts (Andreas Rentz), Hamburg; 154.1: Klett-Archiv (Marzell), Stuttgart; 156.1: Klett-Archiv (Werkstatt Fotografie), Stuttgart; 159.3: RWE Essen; 160.1: Anselment, Peter, Stuttgart; 160.2: Anselment, Peter, Stuttgart; 160.3: Anselment, Peter, Stuttgart; 160.4: Anselment, Peter, Stuttgart; 161.1: Image Bank (Steven E. Sutton), München; 162.2: H. Geissler/U. Weng, F. H. Darmstadt; 165.1: Klett-Archiv, Stuttgart; 165.2: Klett-Archiv, Stuttgart; 166.1: dpa (Haid), Frankfurt; 166.2: Klett-Archiv (Werkstatt Fotografie), Stuttgart; 166.3: Mauritius (West Studios), Mittenwald; 166.4: ZEFA (Reinhard), Düsseldorf; 166.5: Mauritius (Schmidt-Luchs), Mittenwald; 166.6: Werlein, Jens, Schwäbisch Gmünd; 166.7: AKG (Jost Schilgen), Berlin; 168.4: Mauritius, Mittenwald; 169.1: Unbekannter Lieferant, Stuttgart; 170.1: Unbekannter Lieferant, Stuttgart; 170.2: Thu Data, Sandnes; 170.3: Touristinformation, Freudenstadt; 171.1: Okapia (NAS/E.R. Degginger), Frankfurt; 171.2: Helga Lade (AJG), Frankfurt; 171.3: Unbekannter Lieferant, Stuttgart; 172.1: Klett-Archiv, Stuttgart; 172.2: Klett-Archiv, Stuttgart; 174.1: Klett-Archiv (Werkstatt Fotografie), Stuttgart; 174.2: Frank, Elisabeth, Stuttgart; 178.1: Deutscher Wetterdienst, Offenbach; 182.1: Okapia, Frankfurt; 182.2: Reinhard-Tierfoto, Heiligkreuzsteinach; 182.3: Klett-Archiv (Erwin Spehr, Pfullingen), Stuttgart; 182.4: Das Fotoarchiv (Marzell), Essen; 182.5: Okapia (Jürgen Freund), Frankfurt; 182.6: Mauritius (Weinhäupl), Mittenwald; 182.7: Wessels, Peter, Bremen; 182.8: Klett-Archiv, Stuttgart;

194.1: Klett-Archiv, Stuttgart; 195.1: Fridmar Damm, Köln; 195.2: Mauritius (Schön), Mittenwald; 195.3: Klett-Archiv, Stuttgart; 196.1: Klett-Archiv (Werkstatt Fotografie), Stuttgart; 198.1: Grote, Manfred, Lüchow; 198.5: Klett-Archiv, Stuttgart; 201.1: Mauritius (Pigneter), Mittenwald; 203.1: Fnoxx (Arnulf Hettrich), Stuttgart; 203.2: Müller, Eckhard, Böbingen an der Rems; 203.3: Leybold Didactic, Hürth; 206.4: Klett-Archiv (Werkstatt Fotografie), Stuttgart; 206.4: Klett-Archiv (Werkstatt Fotografie), Stuttgart; 208: Deutsches Museum, München; 208.1: Klett-Archiv (Werkstatt Fotografie), Stuttgart; 208.3: Leybold Didactic (Hartwich), Hürth; 210.2: Mauritius (Ypps), Mittenwald; 210.3: Klett-Archiv (Werkstatt Fotografie), Stuttgart; 210.4: Klett-Archiv (Werkstatt Fotografie), Stuttgart; 212.3: dpa (epa stringer EPA Archiv-a bs/rh), Frankfurt; 212.4: Klett-Archiv (Zuckerfabrik Digital), Stuttgart; 213.3: Conrad Electronic GmbH, Hirschau; 213.4: Conrad Electronic GmbH, Hirschau; 214.1: IFA (Horizon), Ottobrunn; 214.2: IFA, Ottobrunn; 214.3: Pixtal, New York NY; 215.4: Silvestris (Dietmar Nill), Dieflen; 217.1A: Klett-Archiv (Werkstatt Fotografie), Stuttgart; 217.1B: Klett-Archiv, Stuttgart; 219.1: Mauritius (Schön), Mittenwald; 219.2: Klett-Archiv (Werkstatt Fotografie), Stuttgart; 219.3: Leupold, Johann, Wendisch-Evern; 219.4: Werlein, Jens, Schwäbisch Gmünd; 219.5: Klett-Archiv, Stuttgart; 219.6: Klett-Archiv, Stuttgart; 221.1: Klett-Archiv (Werkstatt Fotografie), Stuttgart; 226.1: Wolf, Christian, Untersiemau-Scherneck; 226.2: Wolf, Christian, Untersiemau-Scherneck; 226.3: Wolf, Christian, Untersiemau-Scherneck; 226.4: Wolf, Christian, Untersiemau-Scherneck; 227.1: Silvestris (Telegraph Colour Lib), Dieflen; 227.3: Stadtmessungsamt Stuttgart, Stuttgart; 227.4: Landesvermessungsamt Baden-Württemberg, Stuttgart; 228.1: AKG; 228.2: Pixtal, New York NY; 230.1: Lahoti, Krishna, Esslingen; 230.2: Mediacolor's (Joseph/cmi), Zürich; 230.3: Anselment, Peter, Stuttgart; 231.2: Klett-Archiv, Stuttgart; 232.1: Klett-Archiv, Stuttgart; 233.2: Mauritius (SDP), Mittenwald; 236.1: Corbis (Kelly/Mooney Photography), Düsseldorf.

Nicht in allen Fällen war es uns möglich, den Rechtsinhaber ausfindig zu machen.
Berechtigte Ansprüche werden selbstverständlich im Rahmen der üblichen Vereinbarungen abgegolten.